高职高专"十一五"规划教材
★农林牧渔系列

动物微生物及免疫

DONGWU
WEISHENGWU JI MIANYI

刘莉　王涛　主编

化学工业出版社
·北京·

本书是高职高专“十一五”规划教材★农林牧渔系列之一。全书共分四篇十四章。第一篇微生物基本知识与检验技术，着重介绍了微生物的形态结构、主要的生理特性及相应的检验技术，微生物与环境的相互关系及其利用，微生物的致病作用与传染，微生物的遗传变异及其应用等；第二篇免疫学基础及应用，着重介绍了免疫应答的物质基础、免疫应答过程及作用、变态反应、免疫学诊断技术及其免疫在传染病预防方面的应用等；第三篇主要的病原微生物及检验，着重介绍了比较有代表性的病原性细菌、病毒及其他微生物的生物学特性、致病性与免疫性、实验室诊断方法及其防制措施等；第四篇微生物在生产实践中的应用，着重介绍了微生物在动物饲养、动物性产品加工及检验方面的应用等。

本书适用于高职高专畜牧兽医专业、兽医专业和动物防疫检疫专业，也可作为基层畜牧兽医管理人员的培训教材，并可供畜牧兽医相关行业的工作人员参考。

图书在版编目（CIP）数据

动物微生物及免疫/刘莉，王涛主编. —北京：化学工业出版社，2010.3（2020.3重印）
高职高专“十一五”规划教材★农林牧渔系列
ISBN 978-7-122-07541-3

Ⅰ.动… Ⅱ.①刘…②王… Ⅲ.①兽医学：微生物学-高等学校：技术学院-教材②动物学：免疫学-高等学校：技术学院-教材 Ⅳ.S852

中国版本图书馆 CIP 数据核字（2010）第 008507 号

责任编辑：李植峰　梁静丽　郭庆睿　　　装帧设计：史利平
责任校对：宋　玮

出版发行：化学工业出版社（北京市东城区青年湖南街 13 号　邮政编码 100011）
印　　装：北京七彩京通数码快印有限公司
787mm×1092mm　1/16　印张 17　字数 481 千字　　2020 年 3 月北京第 1 版第 6 次印刷

购书咨询：010-64518888　　　售后服务：010-64518899
网　　址：http://www.cip.com.cn
凡购买本书，如有缺损质量问题，本社销售中心负责调换。

定　　价：40.00 元

“高职高专‘十一五’规划教材★农林牧渔系列”建设单位

（按汉语拼音排列）

安阳工学院
保定职业技术学院
北京城市学院
北京林业大学
北京农业职业学院
本钢工学院
滨州职业学院
长治学院
长治职业技术学院
常德职业技术学院
成都农业科技职业学院
成都市农林科学院园艺研究所
重庆三峡职业学院
重庆水利电力职业技术学院
重庆文理学院
德州职业技术学院
福建农业职业技术学院
抚顺师范高等专科学校
甘肃农业职业技术学院
广东科贸职业学院
广东农工商职业技术学院
广西百色市水产畜牧兽医局
广西大学
广西职业技术学院
广州城市职业学院
海南大学应用科技学院
海南师范大学
海南职业技术学院
杭州万向职业技术学院
河北北方学院
河北工程大学
河北交通职业技术学院
河北科技师范学院
河北省现代农业高等职业技术学院
河南科技大学林业职业学院
河南农业大学
河南农业职业学院
河西学院
黑龙江农业工程职业学院
黑龙江农业经济职业学院
黑龙江农业职业技术学院
黑龙江生物科技职业学院
黑龙江畜牧兽医职业学院
呼和浩特职业学院
湖北生物科技职业学院
湖南怀化职业技术学院
湖南环境生物职业技术学院
湖南生物机电职业技术学院
吉林农业科技学院
集宁师范高等专科学校
济宁市高新技术开发区农业局
济宁市教育局
济宁职业技术学院
嘉兴职业技术学院
江苏联合职业技术学院
江苏农林职业技术学院
江苏畜牧兽医职业技术学院
金华职业技术学院
晋中职业技术学院
荆楚理工学院
荆州职业技术学院
景德镇高等专科学校
丽水学院
丽水职业技术学院
辽东学院
辽宁科技学院
辽宁农业职业技术学院
辽宁医学院高等职业技术学院
辽宁职业学院
聊城大学
聊城职业技术学院
眉山职业技术学院
南充职业技术学院
盘锦职业技术学院
濮阳职业技术学院
青岛农业大学
青海畜牧兽医职业技术学院
曲靖职业技术学院
日照职业技术学院
三门峡职业技术学院
山东科技职业学院
山东理工职业学院
山东省贸易职工大学
山东省农业管理干部学院
山西林业职业技术学院
商洛学院
商丘师范学院
商丘职业技术学院
深圳职业技术学院
沈阳农业大学
沈阳农业大学高等职业技术学院
苏州农业职业技术学院
温州科技职业学院
乌兰察布职业学院
厦门海洋职业技术学院
仙桃职业技术学院
咸宁学院
咸宁职业技术学院
信阳农业高等专科学校
延安职业技术学院
杨凌职业技术学院
宜宾职业技术学院
永州职业技术学院
玉溪农业职业技术学院
岳阳职业技术学院
云南农业职业技术学院
云南热带作物职业学院
云南省曲靖农业学校
云南省思茅农业学校
张家口教育学院
漳州职业技术学院
郑州牧业工程高等专科学校
郑州师范高等专科学校
中国农业大学

《动物微生物及免疫》编写人员

主　　编　刘　莉　王　涛

副 主 编　王　珅　李明彦　郭洪梅

编　　者　（以姓名笔画为序）

王　珅　辽宁医学院畜牧兽医学院

王　涛　江苏畜牧兽医职业技术学院

王汝都　河南农业职业学院

刘　莉　黑龙江畜牧兽医职业学院

向金梅　湖北生物科技职业学院

牟永成　黑龙江畜牧兽医职业学院

李明彦　信阳农业高等专科学校

张素丽　河南省周口职业技术学院

姜　鑫　黑龙江农业经济职业学院

郭洪梅　山东畜牧兽医职业学院

雷莉辉　北京农业职业学院

主　　审

罗国琦　河南省周口职业技术学院

陆桂平　江苏畜牧兽医职业技术学院

序

当今，我国高等职业教育作为高等教育的一个类型，已经进入到以加强内涵建设，全面提高人才培养质量为主旋律的发展新阶段。各高职高专院校针对区域经济社会的发展与行业进步，积极开展新一轮的教育教学改革。以服务为宗旨，以就业为导向，在人才培养质量工程建设的各个侧面加大投入，不断改革、创新和实践。尤其是在课程体系与教学内容改革上，许多学校都非常关注利用校内、校外两种资源，积极推动校企合作与工学结合，如邀请行业企业参与制定培养方案，按职业要求设置课程体系；校企合作共同开发课程；根据工作过程设计课程内容和改革教学方式；教学过程突出实践性，加大生产性实训比例等，这些工作主动适应了新形势下高素质技能型人才培养的需要，是落实科学发展观、努力办人民满意的高等职业教育的主要举措。教材建设是课程建设的重要内容，也是教学改革的重要物化成果。教育部《关于全面提高高等职业教育教学质量的若干意见》（教高［2006］16号）指出“课程建设与改革是提高教学质量的核心，也是教学改革的重点和难点”，明确要求要“加强教材建设，重点建设好3000种左右国家规划教材，与行业企业共同开发紧密结合生产实际的实训教材，并确保优质教材进课堂。”目前，在农林牧渔类高职院校中，教材建设还存在一些问题，如行业变革较大与课程内容老化的矛盾、能力本位教育与学科型教材供应的矛盾、教学改革加快推进与教材建设严重滞后的矛盾、教材需求多样化与教材供应形式单一的矛盾等。随着经济发展、科技进步和行业对人才培养要求的不断提高，组织编写一批真正遵循职业教育规律和行业生产经营规律、适应职业岗位群的职业能力要求和高素质技能型人才培养的要求、具有创新性和普适性的教材将具有十分重要的意义。

化学工业出版社为中央级综合科技出版社，是国家规划教材的重要出版基地，为我国高等教育的发展做出了积极贡献，曾被新闻出版总署领导评价为“导向正确、管理规范、特色鲜明、效益良好的模范出版社”，2008年荣获首届中国出版政府奖——先进出版单位奖。近年来，化学工业出版社密切关注我国农林牧渔类职业教育的改革和发展，积极开拓教材的出版工作，2007年底，在原“教育部高等学校高职高专农林牧渔类专业教学指导委员会”有关专家的指导下，化学工业出版社邀请了全国100余所开设农林牧渔类专业的高职高专院校的骨干教师，共同研讨高等职业教育新阶段教学改革中相关专业教材的建设工作，并邀请相关行业企业作为教材建设单位参与建设，共同开发教材。为做好系列教材的组织建设与指导服务工作，化学工业出版社聘请有关专家组建了“高职高专‘十一五’规划教材★农林牧渔系列建设委员会”和“高职高专‘十一五’规划教材★农林牧渔系列编审委员会”，拟在“十一五”期间组织相关院校的一线教师和相关企业的技术人员，在深入调研、整体规划的基础上，编写出版一套适应农林牧渔类相关专业教育的基础课、专业课及相关外延课程教材——“高职高专‘十一五’规划教材★农林牧渔系列”。该套教材将涉及种植、园林园艺、畜牧、兽医、水产、宠物等专业，于2008～2009年陆续出版。

该套教材的建设贯彻了以职业岗位能力培养为中心，以素质教育、创新教育为基础的教育理念，理论知识“必需”、“够用”和“管用”，以常规技术为基础，关键技术为重点，先进技术为导向。此套教材汇集众多农林牧渔类高职高专院校教师的教学经验和教改成果，又得到了相关行业企业专家的指导和积极参与，相信它的出版不仅能较好地满足高职高专农林牧渔类专业的教学需求，而且对促进高职高专专业建设、课程建设与改革、提高教学质量也将起到积极的推动作用。希望有关教师和行业企业技术人员，积极关注并参与教材建设。毕竟，为高职高专农林牧渔类专业教育教学服务，共同开发、建设出一套优质教材是我们共同的责任和义务。

介晓磊

2008年10月

本教材是依据教育部《关于全面提高高等职业教育教学质量的若干意见》、《关于加强高职高专教育教材建设的若干意见》的文件精神在“高职高专‘十一五’规划教材★农林牧渔系列”建设委员会和编审委员会的指导下开发建设的。

教材本着高等职业教育培养学生职业能力这一重要核心，围绕职业需要对教材内容进行系统化设计，提出课程的总体能力目标与知识目标。能力目标在强调专业能力目标的同时兼顾社会能力和方法的设计；知识目标注意过程性知识目标的设计；进而构建出适应于当前高等职业教育提倡的教、学、做一体化的教材模式。突出做到了以下几点。

1.每章都均提出具有可操作性和可检测性的能力目标和知识目标，不仅使学生明确需要掌握的相关知识，更重要的是使学生明确了需要掌握的技能。

2.每章内容均将技能与相关知识相融为一体，便于项目引导、任务驱动教学方法的运用，使学生通过完成相关的技能学习与训练，掌握相关的专业基本知识，从而实现培养学生职业能力的目的。

3.教材体系设计中充分考虑了学生的认知规律，技能的设计、知识的序化均注重循序渐进；每章结束后都设有复习思考题，帮助学生掌握和巩固重点内容。

4.适当将相关科学技术的新进展、新方法融汇于教材之中，为学生进一步了解相关专业知识与技术打下基础，增强学生的可持续发展能力。

全书共分四篇十四章。第一篇微生物基本知识与检验技术，着重介绍了微生物的形态结构、主要的生理特性及相应的检验技术，微生物与环境的相互关系及其利用，微生物的致病作用与传染，微生物的遗传变异及其应用等；第二篇免疫学基础及应用，着重介绍了免疫应答的物质基础，免疫应答过程及作用，变态反应，免疫学诊断技术及其免疫在传染病预防方面的应用等；第三篇主要的病原微生物及检验，着重介绍了比较有代表性的病原性细菌、病毒及其他微生物的生物学特性、致病性与免疫性、实验室诊断方法及其防制措施等；第四篇微生物在生产实践中的应用，着重介绍了微生物在动物饲养、动物性产品加工及检验方面的应用等。各学校在使用中可以根据本地区生产实际和本校授课情况选择教学内容。

本教材的编写分工是：绪言由刘莉和王涛编写；第一章由姜鑫和王珅编写；第二章由郭洪梅和牟永成编写；第三章由张素丽和刘莉编写；第四章由王汝都和李明彦编写；第五章由王涛和刘莉编写；第六章由向金梅和雷莉辉编写；第七章由向金梅和雷莉辉编写；第八章由刘莉和王涛编写；第九章由雷莉辉和向金梅编写；第十章由郭洪梅和牟永成编写；第十一章由李明彦和王汝都编写；第十二章由牟永成和郭洪梅编写；第十三章由王珅和姜鑫编写；第十四章由王涛和张素丽编写；全书由刘莉和王涛统稿。

本书是由具有多年本课程教学经验和一定生产实践经验的人员编写，除可作为全国高职高专院校畜牧兽医专业、兽医专业和动物防疫检疫专业的教材外，也可作为基层畜牧兽医管理人员的培训教材，以及畜牧兽医相关行业工作人员的自学参考书。

本教材由河南省周口职业技术学院罗国琦教授、江苏畜牧兽医职业技术学院陆桂平教授审定，他们在审稿过程中，提出了诸多宝贵意见；教材编写过程中，也收到了许多兄弟学校老师提出的有益的建议和意见；同时，教材编写过程中也参考了相关专家的成果文献，在此一并表示感谢！

限于编者的经验和水平，请使用本书的师生及其同行，对本教材在内容和文字上的疏漏和不当之处给予批评指正。

编　者

2010年1月

目
录

绪 言

【能力目标】

明确本课程的地位与任务。

【知识目标】

掌握微生物和病原微生物的概念；熟悉微生物的特点及分类；理解微生物与人类的关系；了解微生物学发展简史。

一、微生物的概念及分类

1. 微生物的概念

微生物是广泛存在于自然界中的一群肉眼不能直接看见，必须借助光学显微镜或电子显微镜才能观察到的微小生物的总称。它们包括细菌、真菌、放线菌、螺旋体、霉形体、衣原体、立克次体和病毒等八类，具有形体微小、结构简单、繁殖迅速、容易变异及适应环境能力强等共同特点。研究微生物及其生命活动规律的科学则称为微生物学，即研究微生物在一定条件下的形态结构、代谢活动、致病机理、遗传变异及其与人类、动植物及自然界相互关系等问题的科学，是一门既有独特的理论体系，又有很强实践性的学科。

微生物在自然界中的分布极为广泛，土壤、空气、水、人和动植物的体表及其与外界相通的腔道都有数量不等、种类不一的微生物存在。绝大多数微生物对人类和动植物的生存是有益而必需的。如自然界中有机物质的合成主要是由绿色植物利用光能将无机态碳、无机态氮以及无机盐合成作为生命基础的蛋白质及进行生命活动的主要能量来源的碳水化合物；而有机物质的彻底分解则主要是依靠细菌和其他微生物来进行的，它们将有机态碳转化为二氧化碳，有机态氮转化为铵盐或硝酸盐，以供植物生长需要。这种由绿色植物完成的有机物的合成和由细菌及其他微生物完成的有机物的分解的过程，构成了自然界元素的生物小循环。可见，没有微生物的代谢活动，人及动植物将无法生存。另外，人们还在工业、农业、食品、医药等行业利用微生物为人类服务。例如，在工业生产上利用微生物酿酒、制面包、做酸奶、熟皮革；在农业生产上利用微生物制造菌肥、杀虫剂、植物生长刺激素；在医药生产上利用微生物制造抗生素、疫苗、维生素；在畜牧业生产上利用微生物生产饲料等。但也有一小部分微生物能引起人类或动、植物疾病，这些具有致病作用的微生物称为病原微生物，简称病原体。有些微生物在正常情况下不致病，而在特定条件下可引起疾病，称为条件性病原微生物。

2. 微生物的分类

微生物种类繁多，以细胞形态为基准，根据其结构和化学组成的不同，将八类微生物分为原核细胞型微生物、真核细胞型微生物、非细胞型微生物三大类型。

（1）原核细胞型微生物　细胞核分化程度低，仅有原始核质，无核膜和核仁，缺乏完整的细胞器。属于此类型的微生物有：细菌、放线菌、螺旋体、霉形体、衣原体和立克次体。

（2）真核细胞型微生物　细胞核的分化程度较高，有核膜、核仁和染色体；胞质内有完整的细胞器。真菌属于此类型微生物。

（3）非细胞型微生物　体积微小，没有典型的细胞结构，亦无代谢必需的酶系统，只能在活细胞内生长繁殖。病毒属于此类型微生物。20 世纪 70 年代以来，还陆续发现了比病毒更小、结构更简单的亚病毒因子，包括卫星病毒、类病毒和朊病毒三类。卫星病毒是需要依赖辅助病毒才能完成增殖的亚病毒，如丁型肝炎病毒；类病毒为植物病毒；朊蛋白可导致人和动物的海绵状脑病。

二、动物微生物学及免疫学的研究内容

随着微生物学的不断发展，已形成了基础微生物学和应用微生物学两大体系。根据应用领域的不同，可分为工业微生物学、农业微生物学、医学微生物学、动物微生物学、食品微生物学等。随着现代理论和技术的发展，新的微生物学分支学科正在不断形成和建立。

动物微生物学主要阐述与动物生产有关的微生物的生物学特性、与外界环境的相互关系、在畜禽及畜产品生产中的作用，还介绍常见病原微生物的致病作用及诊断要点和防治原则。

免疫学是研究抗原性物质、机体的免疫系统和免疫应答的规律与调节、免疫应答的各种产物和各种免疫现象的一门生物科学。动物免疫学则侧重于免疫血清学诊断与免疫学防治的研究，主要阐述的是免疫系统的结构与功能，免疫应答，免疫应答产物与抗原反应的理论和技术，以及如何应用其对机体有益的防卫功能，防止有害的病理作用，发挥有效的免疫学措施，达到诊病、防病、治病目的。因动物免疫学侧重研究的免疫血清学诊断和免疫学防治多与微生物有关，所以现在高职高专院校多将两者合并为一门课程来讲授。

掌握动物微生物学与免疫学的知识和技能，有助于进行动物及人畜共患传染病的诊断、防治，保障人类的食品安全与卫生，保障畜牧业的生产，保障动物的健康及生态环境免于破坏。

三、微生物学与免疫学的发展简史

17 世纪以前，人们在认识微生物前表现为视而不见、嗅而不闻、触而不觉、食而不察、得其益而不感其好、受其害而不知其恶，这从历史上多次严重瘟疫流行的事实可得到充分的证明。如鼠疫、天花、麻风、梅毒和肺结核的大流行等，其中的鼠疫更是猖獗。清朝乾隆年间，我国师道南在《天愚集·鼠死行》中写到“东死鼠，西死鼠，人见死鼠如见虎，鼠死不几日，人死如圻堵。”生动地描述了当时鼠疫流行的凄惨景象。微生物的发现是在 17 世纪后半叶，而微生物学和免疫学作为一门学科是在 19 世纪以后的事。了解微生物学与免疫学的发展历史，将有助于人们总结规律，寻找正确的研究方向和防治方法，进一步发展微生物学与免疫学。

1. 史前期

又称朦胧时期，指人类还未见到微生物个体的一段漫长时期，大约距今 8000 年前一直至 1676 年间。在这个时期，实际上各国劳动人民在生产与日常生活中积累了不少关于微生物作用的经验规律，并且应用这些规律，创造财富，减少和消灭病害。我国 8000 年前就开始出现了酿酒工艺，在出土的商代甲骨文中就已有酒的记载。在 2500 年前的春秋战国时期，已知制酱和醋等。北魏时期（公元 386～534 年）的《齐民要术》一书中对酒曲、醋、豆豉等的做法也有详细的记载。宋真宗时代（公元 998～1022 年）峨眉山人用天花病人的痂皮接种儿童鼻内或皮肤划痕以预防天花，创立了种痘技术，并将这一技术传到了国外。4000 年前古埃及人也早已掌握制作面包和配制果酒的技术。长期以来民间常用的盐腌、糖渍、烟熏、风干等保存食物的方法，实际上正是通过抑制微生物的生长而防止食物的腐烂变质。尽管这些还没有上升为微生物学理论，但都是控制和应用微生物生命活动规律的实践活动。

2. 初创期

又称形态学时期，指从微生物学的先驱荷兰人安东尼·冯·列文虎克（Anthony Von Leeuwenhoek，1632～1723）1676 年首次观察到了细菌个体起，直至 1861 年近 200 年的时间。这一时期的特点是发明了显微镜和发现了微生物，能进行微生物个体观察和形态描述，但对于微生物作用的规律仍一无所知，微生物学还未形成一门独立的学科。

这一时期的代表人物是荷兰人列文虎克，他没有上过大学，原来是一个只会荷兰语的小商人，但却在 1680 年被选为英国皇家学会的会员。他的主要贡献是利用单式显微镜，于 1676 年首

次观察到细菌，解决了认识微生物世界的第一个障碍；他一生制作了419架显微镜或放大镜，放大倍率为50～200倍，最高者达266倍；发表过约400篇论文，其中绝大部分在英国皇家学会发表。

3. 奠基期

又称生理学时期，指从1861年巴斯德根据曲颈瓶试验彻底推翻生命的自然发生学说并建立胚种学说起，直至1897年的一段时间。此期特点是建立了一系列独特的微生物研究方法；开创了寻找病原微生物的“黄金时期”；微生物学研究上升到生理学研究的新水平；以“实践—理论—实践”的辩证唯物主义思想指导科学实验；微生物学以独立的学科形式开始形成。

本时期主要代表人物是法国的巴斯德（Louis Pasteur，1822～1895）和德国的柯赫（Robert Koch，1843～1910），他们被分别称为微生物学之父和细菌学奠基人。

巴斯德的一生给人类生活带来了史无前例的影响，其贡献几乎包括微生物学的各个主要方面。如发现并证实发酵是由微生物引起的，提出了初步的发酵理论；彻底否定了“自然发生”学说；创立了巴氏消毒法；发明并使用了狂犬病疫苗、禽霍乱菌苗、炭疽芽孢苗等。

柯赫的业绩主要是建立了研究微生物的一系列重要方法，尤其在分离微生物纯种方面，建立了细菌纯培养的方法，设计了各种培养基，实现在实验室内对各种微生物的培养，为微生物的分离、纯化、形态结构、生理和致病性研究开创了新纪元；发明了流动蒸汽灭菌法；创立了染色观察和显微摄影技术；寻找并分离到炭疽杆菌（1877年）、结核杆菌（1882年）、链球菌（1882年）和霍乱弧菌（1883年）等多种传染病的病原菌，并于1905年获诺贝尔奖。他提出了证明某种微生物是否为某种疾病病原体的基本原则——柯赫原则，即在同一疾病的病人中能分离到同一致病菌，但不能在其他疾病患者或健康人中找到；分离到的致病菌可在体外获得纯培养，并可传代；可感染动物引起典型的疾病，并可从动物体内分离到致病菌。

在巴斯德的影响下，1860年，英国外科医生李斯特（Joseph Lister，1827～1912）创用石炭酸喷洒手术室和煮沸手术用具，为防腐、消毒以及无菌操作打下基础，并创立了无菌的外科手术操作方法。此外，其他学者如俄国科学家伊凡诺夫斯基（Д. И. Ивановский，1864～1920）于1892年首先发现了烟草花叶病毒，扩大了微生物的类群范围，从而创立了传染病的病毒学说。在免疫理论方面，德国化学家欧立希（Paul Ehrlich，1854～1915）提出了体液免疫学说，俄国动物学家梅契尼科夫（И. И. Мечников，1845～1916）提出了细胞免疫学说，虽然两派学说长期争持不下，但却促进了免疫学的发展。现在看来，体液免疫和细胞免疫在机体免疫上均有重要意义，两种作用是相辅相成的。

4. 发展期

又称生化时期。1897年生物化学奠基人德国人布赫纳（E. Buchner）等发现了乙醇发酵，把酵母菌的生命活动和酶化学联系起来，推动了微生物生理学的发展，开创了微生物生化研究的新时代。

此期的主要特点是进入了微生物生化水平的研究；应用微生物的分支学科更为扩大，出现了抗生素等新学科；开始出现微生物学史上第二个“淘金热”——寻找各种有益微生物代谢产物的热潮；在各微生物应用学科较深入发展的基础上，一门以研究微生物基本生物学规律的综合学科——普通微生物学开始形成；出现了摇瓶培养技术、深层发酵工艺、连续培养等微生物工业化培养技术；各相关学科和技术方法相互渗透，相互促进。

1910年，欧立希首先合成化学治疗剂砷凡纳明，用于治疗梅毒；接着又合成新砷凡纳明，开创了微生物性疾病的化学治疗途径。之后又有一系列磺胺类药物相继合成，在治疗传染性疾病中广泛应用。1929年，英国微生物学家弗来明发现青霉素，开创了用抗生素治疗疾病的新纪元。青霉素的发现和应用极大地鼓舞了微生物学家，随后链霉素、氯霉素、金霉素、土霉素、四环素、红霉素等抗生素不断被发现并广泛应用于临床。

5. 成熟期

又称分子生物学时期。从1953年沃森（Watson）和克里克（Crick）在英国的《自然》杂志上发表关于DNA结构的双螺旋模型起，整个生命科学就进入了分子生物学研究的新阶段，沃森和克里克当之无愧地获得了1962年诺贝尔奖，成为分子生物学奠基人，同样也是微生物学发展史上成熟期到来的标志。

此期的主要特点是微生物学从应用学科迅速成为热门的前沿基础学科；基础理论的研究方面逐步进入到分子水平的研究，微生物成为分子生物学研究的主要对象；应用研究方面，向着更自觉、更有效和可人为控制的方向发展，微生物成为新兴的生物工程中的主角。

从20世纪初开始，随着科学技术的发展，微生物学与免疫学也得以发展。特别是近几十年由于电子显微镜、色谱仪、同位素示踪原子、电子计算机、免疫标记、单克隆抗体技术、核磁共振仪、分子生物学技术等新技术的应用，以及生物化学、遗传学、细胞生物学、分子生物学等学科的发展，人们得以从分子水平上探讨病原微生物的基因结构与功能、致病的物质基础及诊断方法，使人们对病原微生物的活动规律有了更深刻的认识。相继发现了一些新的病原微生物，如军团菌、弯曲菌、拉沙热病毒、马堡病毒、人类免疫缺陷病毒及朊病毒等，大大促进了微生物学及免疫学的发展，免疫学也已成为独立学科。

20世纪初至中叶，是免疫学发展的腾飞期。这一时期对组织移植、免疫耐受的研究，使免疫从抗传染免疫的概念中彻底解脱出来，成为一门研究机体自我识别和对抗原性异物排斥反应的科学，即以识别“自己”与“异己”为中心，从而维持机体自身生理稳定的一门独特的生物学科。根据免疫学发展的需要，于1969年7月在美国华盛顿成立了国际免疫学协会联合会，并于1971年在华盛顿召开了第一次国际免疫学大会，以后是每三年召开一次。该联合会的成立，标志着现代免疫学的建立。此后，免疫学研究更加深入。如阐明了免疫活性细胞在免疫调节中的作用；发现了许多具有重要功能的细胞表面分子，并对多种细胞因子及其受体的基因和功能进行了广泛深入的研究；而免疫系统的起源与演化、免疫应答过程中信号传导的分子基础以及免疫分子在机体整体中的作用正是当代免疫学研究的主要前沿内容。这些成就也有赖于免疫标记、单克隆抗体、聚合酶链反应、生物芯片、基因敲除及小鼠转基因等高新免疫技术的应用。另外，由于免疫学的研究已渗透到化学、生物学、组织学、生理学、病理学、药理学、遗传学及临床医学等很多领域，使免疫学又出现了新的分支。如免疫化学、免疫生物学、免疫组织学、免疫生理学、免疫病理学、免疫药理学、免疫血液学、免疫遗传学、神经-内分泌免疫学和临床免疫学等。

我国在动物微生物学及免疫学方面也取得了一定的成绩，如在世界上首先发现小鹅瘟病毒、兔出血热病毒；研制了猪瘟疫苗等十几种疫苗，其中猪瘟疫苗获国际殊荣；创造了饮水免疫、饲喂免疫和气雾免疫法；对马传染性贫血的研究走在了世界的前列等。

四、学习微生物学及免疫学的目的和任务

动物微生物及免疫是畜牧兽医、动物医学、动物防疫与检疫专业的一门重要专业基础课，学习动物微生物及免疫的目的在于了解病原微生物的生物学特性与致病性；认识动物对病原微生物的免疫作用，感染与免疫的相互关系及其规律；了解动物传染病的实验室诊断方法及预防原则。掌握了动物微生物及免疫的基础理论、基本知识和基本技能，可为学习兽医基础、兽医临床、兽医卫生检验等课程奠定基础；有利于将有益的微生物和免疫学技术用于生产实践，并且有效地控制和消灭有害的微生物。

学习微生物学是为了解病原微生物的生物学特性和致病机理，目的是为动物传染病的预防、诊断和治疗服务。学习微生物学应以病原微生物的致病性为核心，将各部分内容有机联系，有助理解和记忆种类庞杂的各种病原微生物，切忌死记硬背。微生物学和免疫学都是实践性很强的学科，并和临床有密切联系。在学习过程中必须贯彻理论联系实际的原则，既重视理论，又重视基本技能的训练，使理论与实践密切地结合起来，学会用所学的微生物学和免疫学知识解决生产实践问题。

【复习思考题】

1. 名词解释：微生物　病原微生物　条件性病原微生物
2. 简述微生物的分类。
3. 动物微生物和免疫研究的内容及学习目的。
4. 用具体事例说明微生物与人类的关系。

（刘　莉　王　涛）

第一篇

微生物基本知识与检验技术

第一章　细菌的基本知识及检验

【能力目标】

能正确使用和保养微生物实验室常用仪器设备，熟练使用实验室常用玻璃器皿；会制作细菌标本片，掌握常用染色方法，能辨认生物显微镜下细菌的形态结构；会制备常用细菌培养基，能进行细菌的分离培养和生化试验；具备良好的微生物实验室安全防护意识和环境保护意识。

【知识目标】

掌握细菌的基本构造、特殊构造及医学意义；掌握细菌的生长繁殖条件和呼吸的类型；掌握菌落和纯培养的概念。熟悉细菌的大小和形态；熟悉细菌的繁殖方式、速度与生长曲线；熟悉细菌学检查的程序。了解细菌代谢的医学意义；了解细菌的营养及摄取营养的方式。

细菌是原核生物界中的一大类个体微小、形态与结构简单的具有细胞壁的单细胞微生物，需经过染色后才能在光学显微镜下看见。

第一节　细菌的形态结构

各种细菌在一定的环境条件下，具有相对恒定的形态、结构和生理生化特性，了解细菌的形态结构特点和特性，对于细菌的分类鉴别、疾病的诊断、细菌的致病性与免疫性的研究，均有重要意义。

一、细菌的形态

（一）细菌的形态和排列

细菌的形态比较简单，基本形态有球形、杆形和螺旋形三种。据此可将细菌分为球菌、杆菌和螺旋菌三大类。

细菌是以简单的二分裂繁殖方式进行增殖。有些细菌分裂后彼此分离，单个存在；有些细菌分裂后彼此仍有原浆带相连，形成一定的排列方式。各种细菌的个体外形和其排列的方式，在正常情况下是相对稳定且有特征性的，可以作为细菌分类、鉴定的依据。

1. 球菌

多数球菌呈正球形或近似球形。按其分裂方向及分裂后的排列情况，又可分为以下几种球菌（图 1-1）。

（1）单球菌　分裂后的细胞分散而单独存在的为单球菌。如尿素微球菌。

（2）双球菌　向一个平面分裂，分裂后两个球菌细胞成对排列，其接触面有时呈扁平或凹陷，菌体变成肾状、扁豆状或矛头状。如肺炎双球菌呈矛头状，脑膜炎双球菌呈肾状，淋病双球菌呈半月状。

（3）链球菌　向一个平面连续进行多次分裂，即多次分裂的分裂面近于平行，分裂后三个以上的球菌细胞排列成链状。如猪链球菌、化脓性链球菌、马腺疫链球菌。

（4）四联球菌　先后向两个互相垂直的平面分裂，分裂后四个球菌细胞联在一起，排成田字

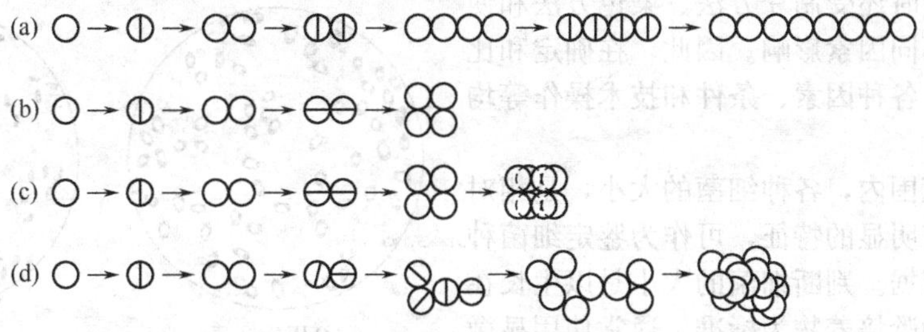

图 1-1 各种球菌的形态和排列

(a) 球菌向一个平面分裂形成双球菌或链球菌；(b) 球菌向两个相互垂直的平面分裂形成四联球菌；
(c) 球菌向三个互相垂直的平面分裂，形成八叠球菌；(d) 球菌无定向地向多个平面分裂，形成葡萄球菌

形。如四联微球菌。

(5) 八叠球菌　先后向三个互相垂直的平面分裂，分裂后八个球菌细胞成立体形叠在一起，似捆扎的包裹状。如尿素八叠球菌。

(6) 葡萄球菌　向多个不规则的平面分裂，分裂后多个球菌细胞不规则地堆在一起似葡萄串状。如金黄色葡萄球菌。

2. 杆菌

杆菌是细菌中种类最多的类型，一般呈圆柱形，也有近似卵圆形的，其长短、大小、粗细差别很大（图 1-2）。长的杆菌呈圆柱形，有的甚至呈丝状，如坏死梭杆菌。短的杆菌有的接近椭圆形，称球杆菌，如多杀性巴氏杆菌。有些杆菌能形成侧枝或分枝，称为分枝杆菌，如结核分枝杆菌。有的杆菌一端大一端小，呈棒状，称棒状杆菌，如膀胱炎棒状杆菌。杆菌菌体平直，少数稍有弯曲，如腐败梭菌。菌体的两端多为钝圆，少数是平截的，如炭疽杆菌；也有少数两端尖锐的，呈梭状，如尖端梭菌。杆菌两端的形态在鉴定杆菌上具有一定的意义。

杆菌只有一个分裂方向，其分裂面与菌体长轴垂直。多数菌分裂后彼此分离，单独存在，如大肠杆菌。有的杆菌分裂后成对存在，称双杆菌，如乳杆菌。有的杆菌分裂后呈链状存在，称链杆菌，如炭疽杆菌。

少数细菌分裂后，呈铰链状彼此粘连，菌体互成各种角度，继续分裂可以呈丛、栅栏样及V、Y、L等字样排列，如马棒状杆菌。

3. 螺旋菌

菌体呈弯曲或螺旋状，两端圆或尖突。根据弯曲程度的不同分为弧菌和螺菌（图 1-3）。

(1) 弧菌　菌体一般长 2～3μm，只有一个弯曲，呈弧形或逗号状，如霍乱弧菌。

(2) 螺菌　菌体一般长 3～6μm，有两个以上的弯曲，回转呈螺旋状，如鼠咬热螺菌。

细菌的形态与培养温度、培养基的成分与浓度、培养的时间等环境因素有关。各种菌在幼龄期和适宜的环境条件下表现出正常的形态；当环境条件不良或菌体变老时，常常会引起菌体形态改变，称为衰老型或退化型。形态异常的菌体一般在重新处于正常的培养环境时，可恢复正常的形态。但也有些细菌，即使在适宜的环境中生长，其形态也很不一致，这种现象称多形性，如嗜血杆菌。

(二) 细菌的大小

细菌是一种单细胞原核微生物，个体微小，一般要在光学显微镜下放大几百倍到几千倍才能看见。测定细菌大小的度量单位是微米，用“μm”来表示，1μm＝10^{-3}mm。

各种细菌的大小和表示有一定的差别。球菌用直径表示，常为 0.5～2.0μm。杆菌用“宽×长”来表示，一般较大的杆菌为（1～1.25）μm×（3～8）μm；中等大小的杆菌为（0.5～1）μm×（2～3）μm；较小的杆菌为（0.2～0.4）μm×（0.7～1.5）μm。螺旋菌是以其两端的直线距离作长度，其大小为（0.3～1）μm×（1～50）μm。

细菌的大小因菌种不同而异，即使是同一种细菌的大小也受菌龄、生长的环境条件等因素影

响。在实际测量时还受制片方法、染色方法和使用的显微镜等不同因素影响。因此，在确定和比较细菌大小时，各种因素、条件和技术操作等均应一致。

但在一定范围内，各种细菌的大小，是相对稳定的，并具有明显的特征，可作为鉴定细菌种类的一个重要依据。判断细菌的大小是以生长在适宜条件下的幼龄培养物为标准。通常使用显微测微尺来测量细菌的大小。

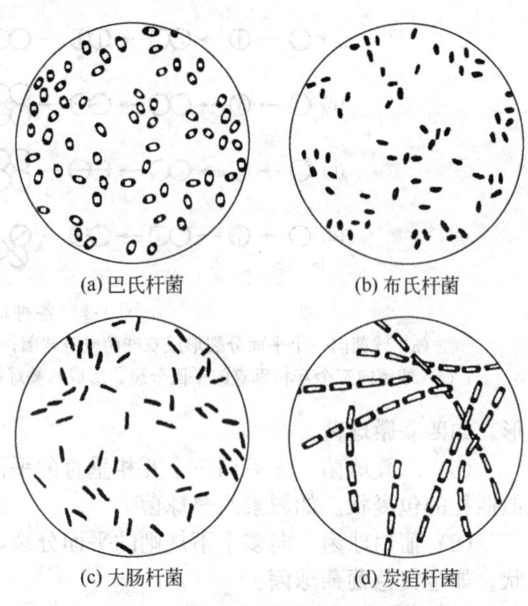

(a) 巴氏杆菌 (b) 布氏杆菌 (c) 大肠杆菌 (d) 炭疽杆菌

图 1-2 各种杆菌的形态和排列

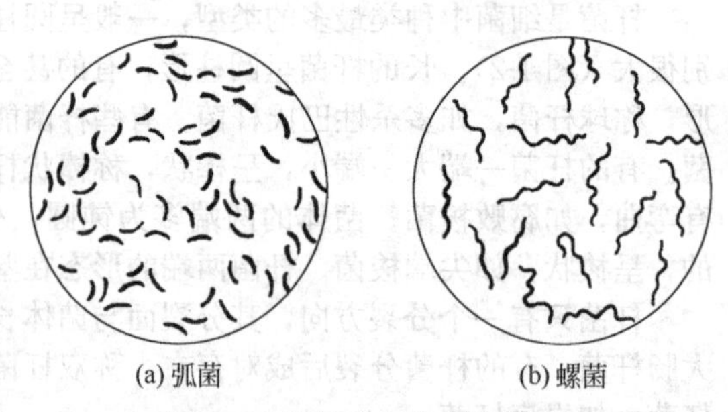

(a) 弧菌 (b) 螺菌

图 1-3 螺旋菌的形态和排列

二、细菌的基本结构

细菌的基本结构包括细胞壁、细胞膜、细胞质和核质，这是任何一种细菌都具有的结构。

（一）细胞壁

细胞壁是位于细菌细胞外围的一层无色透明、坚韧而具有一定弹性的膜结构。细胞壁的折光性和对染料的亲和力较低。细胞壁厚度均匀一致，用特殊方法处理质壁分离后染色，或用特殊方法染色，在光学显微镜下可见。若将细菌制成超薄切片，用电子显微镜观察可看到细胞壁。

1. 功能

细胞壁具有保护菌体及维持菌体形态的功能。失去细胞壁的菌体都将有多形态的改变。细菌在一定限度内的高渗溶液中细胞质收缩，但细胞仍可保持原来的形态；在一定限度内的低渗溶液中细胞则会膨胀变大，但不致破裂。这些都与细胞壁具有一定坚韧性及弹性有关。细菌细胞壁的化学组成还与细菌的抗原性、致病性、对噬菌体与药物的敏感性及革兰染色特性有关。细胞壁的存在也是鞭毛运动所必需的，有鞭毛的细菌在失去细胞壁后，仍可保持其鞭毛但不能运动，可能是细胞壁可为鞭毛运动提供可靠的支点。此外，细胞壁是多孔性的，可允许水及一些化学物质通过，并对大分子物质有阻拦作用。

2. 化学组成与结构

用革兰染色法染色，可以把细菌分为革兰阳性菌和革兰阴性菌两大类，它们的细胞壁化学成分和结构有所不同（图 1-4）。

革兰阳性细菌（用 G^+ 表示）的细胞壁较厚，厚约 15～80nm，其化学成分主要为肽聚糖，占细胞壁物质干重的 40%～95%，并形成具有 15～50 层的聚合体。此外，还有磷壁酸、多糖和蛋白质等，有的细菌还含有大量的脂类，如分枝杆菌。革兰阴性细菌（用 G^- 表示）的细胞壁较薄，厚约 10～15nm，其成分和结构较复杂，由周质间隙和外膜组成。外膜由脂多糖、磷脂、蛋白质和脂蛋白等复合构成，周质间隙是一层薄的肽聚糖，占细胞壁物质干重的 10%～20%。

（1）肽聚糖　又称黏肽或糖肽，是构成细菌细胞壁的主要物质。革兰阳性菌细胞壁的肽聚糖是由 *N*-乙酰葡萄糖胺、*N*-乙酰胞壁酸交替排列，通过 β-1,4-糖苷键连接成聚糖骨架；在 *N*-乙酰胞壁酸分子上连接四肽侧链；并有一组甘氨酸五肽与四肽侧链上的氨基酸桥相连，构成机械强度高的三维空间网格结构。革兰阴性菌的肽聚糖层很薄，其单体结构与革兰阳性菌有差异，聚糖链支架相同，但四肽侧链中第 3 个氨基酸常被二氨基庚二酸取代，没有五肽联桥，所以其结构不如革兰阳性细菌的坚固。溶菌酶能水解肽聚糖链骨架中的 β-1,4-糖苷键，所以能裂解肽聚糖。青霉

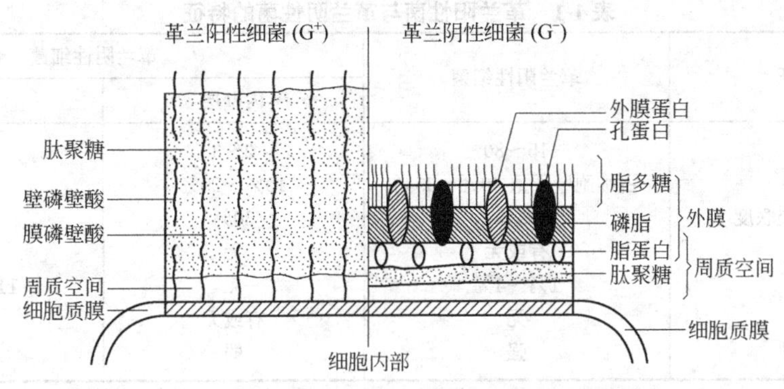

图 1-4 G^+ 细菌与 G^- 细菌细胞壁构造的比较

素能抑制五肽交联桥和四肽侧链之间的连接，故能抑制革兰阳性菌肽聚糖的合成。

(2) 磷壁酸　又称垣酸，是一种由核糖醇或甘油残基经磷酸二酯键相互连接而成的多聚物，并带有一些氨基酸或糖。约 30 个或更多的磷壁酸分子组成长链，插于肽聚糖层中。磷壁酸是革兰阳性细菌所特有的成分，是特异的表面抗原。磷壁酸带有负电荷，能与镁离子结合，以维持细胞膜上一些酶的活性。此外，某些细菌的磷壁酸如 A 群链球菌对宿主细胞具有黏附作用，可能与致病性有关；或者是噬菌体的特异性吸附受体。

(3) 脂多糖　革兰阴性菌细胞壁所特有的成分，位于外壁层的最外层，厚约 8～10nm。它由类脂 A、核心多糖和侧链多糖三部分组成。类脂 A 是细菌内毒素的主要成分，具有多种生物学效应，可使动物体发热，白细胞增多，直至休克死亡。革兰阴性细菌的类脂 A 无种属特异性。核心多糖位于类脂 A 的外层，由葡萄糖、半乳糖等组成，有种属特异性。侧链多糖位于脂多糖的最外侧，构成菌体（O）抗原，具有种、型特异性。

(4) 外膜蛋白　革兰阴性菌外膜层中的多种蛋白质的统称。外膜蛋白主要包括微孔蛋白和脂蛋白等。微孔蛋白镶嵌或贯穿于外膜层中，形成跨越外膜层的微小孔道，只允许双糖、氨基酸、二肽、三肽、无机盐等小分子的物质通过，起到分子筛的作用。因此溶菌酶之类的大分子物质不易作用到革兰阴性细菌的肽聚糖。某些特异的微孔蛋白还与细菌对宿主细胞的黏附或与某些特定物质的摄入有关。脂蛋白的作用是使外膜层与肽聚糖牢固地连接，可作为噬菌体的受体，或参与铁及其他营养物质的转运。

3. 革兰染色与细胞壁的关系

革兰染色是微生物学中最常用的一种染色方法，是由丹麦医生、细菌学家革兰（Hans Christian Gram）在 1884 年创建的。关于革兰染色的机理很多，许多观点都涉及细菌细胞壁的组成与结构，以及结晶紫 - 碘复合物与细胞壁的关系。用人工方法破坏细胞壁后，再经革兰染色，则所有细菌都表现为阴性反应。从表 1-1 中可以看出，革兰阳性细菌与革兰阴性细菌细胞壁的化学组成与结构不同，革兰阳性细菌细胞壁中肽聚糖含量高，肽聚糖亚单位交联程度高，脂类物质含量低，故在革兰染色中的乙醇处理时被脱水，引起细胞壁肽聚糖层中的孔径变小，通透性降低，使结晶紫 - 碘复合物保留在细胞内，细胞不被脱色，再用红色的复红复染后仍为紫色。而革兰阴性细菌细胞壁中肽聚糖含量低，肽聚糖亚单位交联程度低，脂类物质含量高。在革兰染色中的乙醇处理后，溶解了脂类物质，使革兰阴性细菌细胞壁通透性增强，结晶紫-碘复合物亦被乙醇抽提出来，于是革兰阴性细菌被脱色，用复红复染后就被染成红色。

4. 细菌的 L 型

1935 年李斯特（Lister）预防医学研究所首先发现细胞壁缺陷的细菌，并以该研究所的第一个字母“L”命名此菌。L 型细菌具有多形性，大小不一，革兰染色多呈阴性。其生长要求与细菌相似，但培养基要有较高的渗透压，在培养基中一般要加入 3％～5％的氯化钠、10％～20％的蔗糖或 7％的聚乙烯吡咯酮。L 型细菌生长缓慢，在马血清软琼脂平板（含琼脂 0.8％～1％）

表 1-1　革兰阳性菌与革兰阴性菌的特征

特　征	革兰阳性细菌	革兰阴性细菌	
		内壁层	外壁层
壁厚度/nm	15～80	2～3	8～12
肽聚糖含量	占细胞壁干重 40%～95%	10%～20%	无
肽聚糖亚单位的交联度	75%	30%	
磷壁酸	有或无	无	无
脂多糖	1%～4%	无	11%～22%
脂蛋白	无	有或无	有
对青霉素的敏感性	强	弱	

上形成荷包蛋样的小菌落。在液体培养基中形成疏松的絮状颗粒，沉于管底，且上面液体澄清。有的不能返祖成为稳定的变异株；有的能返祖，恢复到亲代状态，成为“不稳定”的变异株。L型细菌在体内仍可分裂繁殖和致病，对作用于细胞壁的抗生素产生耐药性。

（二）细胞膜

又称细胞质膜，是位于细胞壁内侧，包围在细胞质外的一层柔软而具有一定弹性的半透性膜。将细菌细胞质壁分离后，在光学显微镜下可以见到它的存在，厚约 5～10nm。

1. 功能

细胞膜可以选择性地吸收和运输物质。它作为细胞内外物质交换的主要屏障和介质，允许水、水溶性气体及某些小分子可溶性物质顺膜内外的浓度梯度差进出细胞，而糖、氨基酸及离子型电解质则需经膜上具有的特殊运输机制进入细胞。

细胞膜是细菌细胞能量转换的重要场所。细胞膜上有细胞色素和其他呼吸酶，包括某些脱氢酶，可以转运电子，完成氧化磷酸化过程，参与细胞呼吸及能量的产生、贮存和利用。

细胞膜有传递信息功能。膜上的某些特殊蛋白质能接受光、电及化学物质等产生的刺激信号并发生构象变化，从而引起细胞内的一系列代谢变化和产生相应的反应。此外，细胞膜还参与细胞壁的生物合成。

2. 化学组成与结构

细胞膜的主要成分是磷脂和蛋白质，也有少量的碳水化合物和其他物质。细胞膜的结构是由磷脂双分子层构成骨架，每个磷脂分子的亲水基团（头部）向外，疏水基团（尾部）向膜中央；蛋白质结合于磷脂双分子层表面或镶嵌、贯穿于双分子层（图 1-5）。

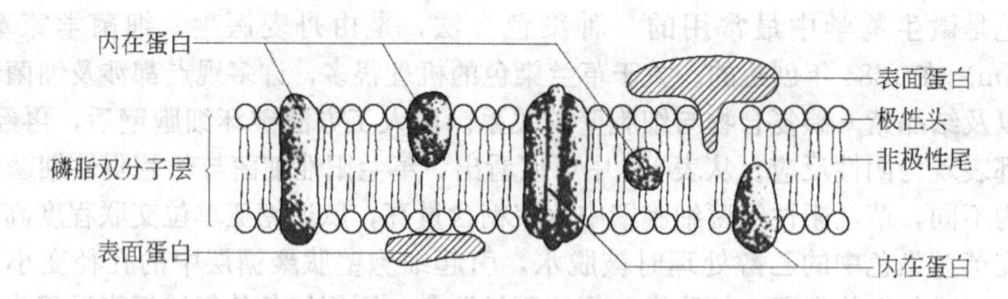

图 1-5　细胞膜结构示意图

细胞膜中的蛋白质镶嵌入于双分子层的或穿过双分子层的叫内在蛋白，位于膜外的蛋白质叫外在蛋白或表面蛋白。

（三）细胞质

细胞质位于细胞膜内，是除核质以外的无色透明的黏稠的胶体状物质。

1. 功能

细胞质中含有多种酶系统，是细菌合成蛋白质与核酸的场所，也是细菌细胞进行物质代谢的场所。

2. 化学组成

基本成分是水、蛋白质、核酸、脂类及少量的糖和无机盐等。此外，细胞质中还含有多种重要的结构。

（1）核糖体 细菌细胞合成蛋白质的场所。其数量与蛋白质合成直接相关，随菌体生长速度而异，在细菌生长旺盛时最多，在细菌生长缓慢时最少。细胞内的核糖体常成串联在一起，称多聚核糖体。有些药物，如红霉素和链霉素能与细菌的核糖体相结合，干扰蛋白质的合成，从而将细菌杀死，但对人和动物细胞的核糖体不起作用。

（2）质粒 在核质 DNA 以外能进行自我复制的游离的小型双股 DNA 分子，多为共价闭合的环状，也有线状。质粒是细菌生命非必需的，但能控制细菌产生菌毛、毒素、耐药性和细菌素等遗传性状。质粒不但能独立进行自我复制，有些还能与核质 DNA 整合或脱离，整合到核质 DNA 上的质粒叫附加体。由于质粒有能与外来 DNA 重组的功能，所以在基因工程中常被用作载体。

（3）包含物 细菌细胞内一些贮藏营养物质或其他物质的颗粒样结构，叫包含物或内含物。主要有脂肪滴、肝糖粒、淀粉粒、异染颗粒、气泡和液泡等。

（四）核质

细菌的核物质无核膜，无核仁，没有固定形态，并且结构也很简单。因此它是原始形态的核，也称拟核或称核体。

1. 功能

核质含细菌的遗传基因，控制细菌的遗传和变异。

2. 化学组成与结构

核质是一个共价闭合环状的双链超螺旋 DNA 分子，不与蛋白质相结合。

（五）间体

又称中间体，是细菌的细胞膜折皱陷入到细胞质内形成的一些管状、囊状或层状的结构；在革兰阳性细菌中较为常见。其中酶系统发达，是能量代谢的场所，与细菌细胞分裂、呼吸、细胞壁的合成、芽孢的形成以及核质的复制有关。

三、细菌的特殊结构

某些细菌除了具有上述的基本结构外，在生长的特定阶段还能形成荚膜、鞭毛、芽孢和菌毛等特殊结构。特殊结构只限于某些种类的细菌才有，是细菌分类鉴定的重要依据。

（一）荚膜

某些细菌（如巴氏杆菌、炭疽杆菌）可在细胞壁外周产生一层松散透明的黏液样物质，包围整个菌体，叫荚膜（图 1-6）。当多个细菌的荚膜融合形成一个大的胶状物，内含多个细菌细胞时，则称菌胶团（图 1-7）。

荚膜的折光性低，普通的染色法不易着色，因此必须用特殊的荚膜染色法染色。一般用负染色法，使背景和菌体着色，而荚膜不着色，从而衬托出荚膜，在光学显微镜下可观察到。荚膜不是细菌的主要结构。除去荚膜对菌体的生长代谢没有影响。很多有荚膜的菌株可产生无荚膜的变异。

1. 化学组成和结构

荚膜的化学组成因菌种而异，大多由多聚糖组成，如肺炎球菌；少数细菌的荚膜由多肽组成，如炭疽杆菌；也有少数菌两者兼具的，如巨大芽孢杆菌。荚膜的厚度在 0.2μm 以下时，用光学显微镜不能看见，但可在电子显微镜下看到，称为微荚膜。有些细菌菌体外周分泌一层很疏松、与周围边界不明显，而且易与菌体脱离的黏液样物质，则称为黏液层。

细菌产生荚膜或黏液层可使液体培养基具有黏性，在固体培养基上则形成表面湿润、有光泽的光滑（S）型或黏液（M）型的菌落；失去荚膜后的菌落则变为粗糙（R）型。

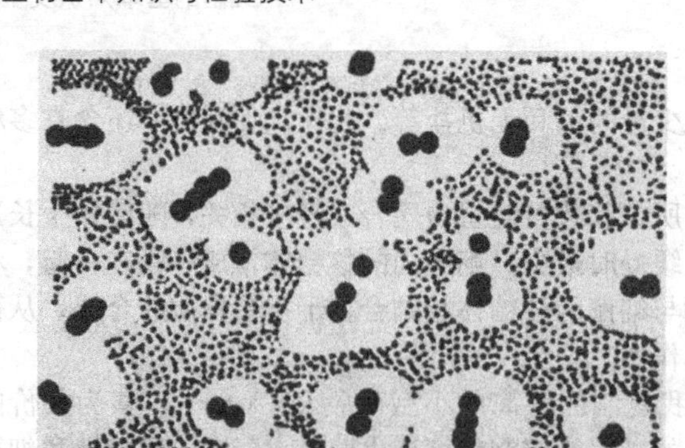
图 1-6　细菌的荚膜

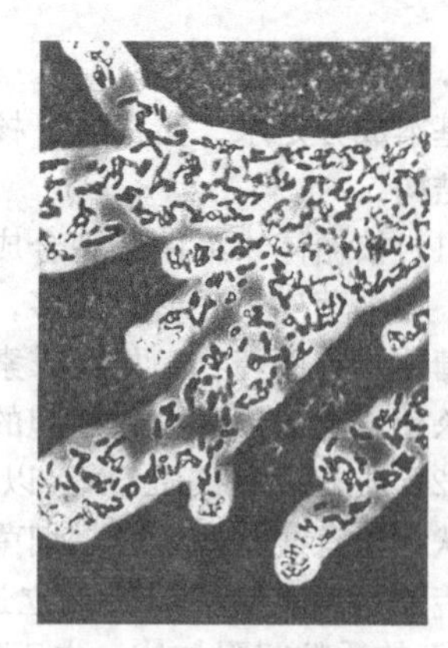
图 1-7　细菌的菌胶团

2. 功能

荚膜具有保护菌体的功能。可保护细菌免受干燥和其他不良环境因素的影响。当营养缺乏时可作为碳源及能源而被利用。可抵抗机体吞噬细胞的吞噬和抗体的作用，对宿主有侵袭力。荚膜和微荚膜成分具有抗原性，并有种和型特异性，可用于细菌的鉴定。此外，荚膜也是废物的排出之处。

（二）鞭毛

某些细菌的菌体表面着生有细长而弯曲的丝状物，称为鞭毛。鞭毛呈波状弯曲，直径约 10～20nm，长约 10～70μm。排列有一端单生鞭毛菌，如霍乱弧菌；两端单生鞭毛，如鼠咬热螺菌；偏端丛生鞭毛菌，如铜绿假单胞菌；两端丛生鞭毛菌，如红色螺菌和产碱杆菌；周身鞭毛，如大肠杆菌（图 1-8）。

1. 化学组成与结构

提纯的细菌鞭毛（亦称鞭毛素），其化学成分主要为蛋白质，有的还含有少量多糖以及类脂等。鞭毛蛋白是一种很好的抗原物质，称为鞭毛抗原，又叫 H 抗原。各种细菌的鞭毛蛋白由于氨基酸组成不同，导致 H 抗原性质上的差别，故可通过血清学反应进行细菌分类鉴定。

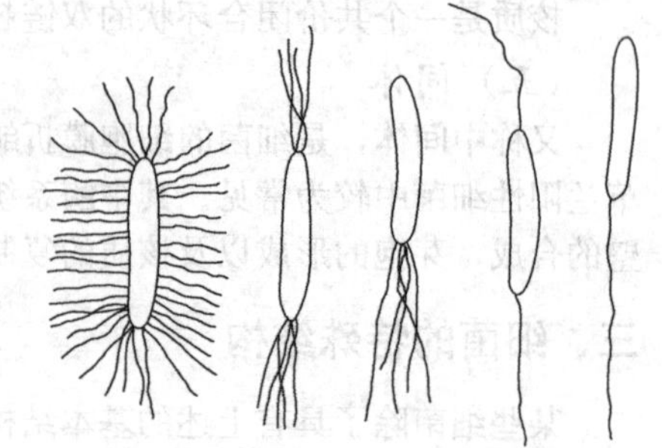
图 1-8　细菌鞭毛排列示意图

2. 功能

鞭毛是运动器官，鞭毛有规律地收缩，引起细菌运动。细菌的运动具有趋向性。运动的方式与鞭毛的排列有关，单鞭毛菌和偏端丛鞭毛菌一般呈直线快速运动，周身鞭毛菌则呈无规律地缓慢运动或滚动。细菌的运动速度也有差别，最快的是一端具鞭毛的菌。在菌种衰老或处于不适宜的外界环境中，细菌不但运动缓滞甚至不能运动。鞭毛与细菌的致病性有关。

（三）菌毛

大多革兰阴性菌和少数革兰阳性菌的菌体上生长的一种较短的毛状细丝，叫菌毛，也称纤毛或伞毛。它的数量比鞭毛多，直径约 5～10nm，长约 0.2～1.5μm，少数可达 4μm，只有在电镜下才能直接见到。

1. 化学组成与结构

菌毛分为普通菌毛和性菌毛。普通菌毛是由菌毛蛋白质组成的中空管状结构，较细、较短，数量较多，每个细菌有 150～500 条，周身排列。性菌毛是由性菌毛蛋白质组成的中空管状结构，比普通菌毛较粗较长，每个细菌有 1～4 条。

2. 功能

普通菌毛主要起吸附作用，可牢固吸附在动物细胞上，吸取营养；与细菌的致病性有关。性菌毛可传递质粒或转移基因，带有性菌毛的细菌具有致育性，称 F^+ 菌或雄性菌；不带性菌毛的

称 F^- 菌或雌性菌。在雌雄菌株发生结合时，F^+ 菌能通过性菌毛将质粒传递给 F^- 菌，从而引起后者某些性状的改变。此外，性菌毛也是某些噬菌体吸附于细菌表面的受体。

（四）芽孢

某些革兰阳性菌在一定的环境条件下，可在菌体内形成一个圆形或卵圆形的休眠体，称芽孢，又叫内芽孢。未形成芽孢的菌体称为繁殖体或营养体；带芽孢的菌体叫芽孢体。芽孢成熟后，菌体崩解，芽孢离开菌体单独存在，则称为游离芽孢。

各种细菌的芽孢形状、大小以及在菌体中的位置不同，具有种的特征。如炭疽杆菌的芽孢位于菌体中央，呈卵圆形，比菌体小，称中央芽孢；破伤风梭菌的芽孢位于顶端，正圆形，比菌体大，菌体形似鼓槌，称顶端芽孢；肉毒梭菌芽孢的位置偏于菌端，菌体呈网球拍状，称近端芽孢（图 1-9）。

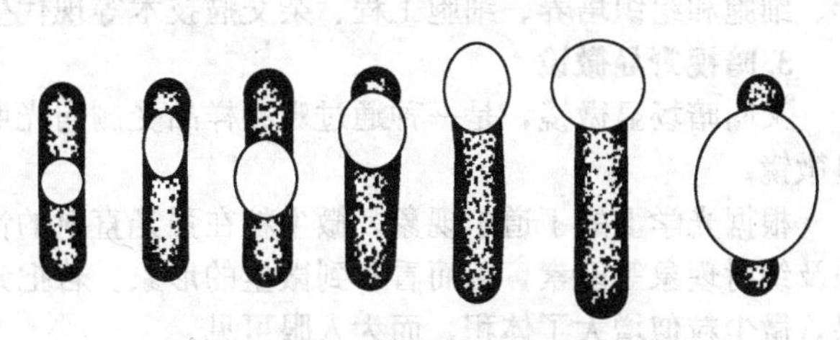

图 1-9　细菌芽孢的类型

一个细菌只能形成一个芽孢，一个芽孢经过发芽也只能形成一个菌体。芽孢不是细菌的繁殖器官，而是生长发育过程保存生命的一种休眠状态的结构，此时菌体代谢相对静止。芽孢的形成需要一定的条件，菌种不同，条件也不尽相同，如炭疽杆菌需要在有氧的条件下形成芽孢，而破伤风梭菌要在厌氧条件下才能形成芽孢。芽孢的萌发也需要有许多激活因素，如适当的温度、适宜的 pH，在培养基中加入 L-丙氨酸、二价锰离子、葡萄糖等有促进芽孢活化的作用。

芽孢具有较厚的芽孢壁和多层芽孢膜，其结构坚实，含水量小，代谢极低。芽孢内含有一种特有的吡啶二羧酸，与钙结合后形成的复合物能提高芽孢的耐热性和抗氧化能力。此外，芽孢内含有一类特殊蛋白质，称为酸溶性芽孢小蛋白，与芽孢芯髓内的 DNA 紧密结合，可使其免受辐射、干燥、高温等的破坏，在萌发时又可作为碳源和能源。因此，芽孢对外界不良环境的抵抗力比繁殖体强，特别能耐高温、干燥、渗透压、化学药品和辐射的作用。如炭疽杆菌芽孢在干燥条件下能存活数十年，破伤风杆菌的芽孢煮沸 1～3h 仍然不死。

四、细菌形态结构检查技术

人的眼睛只能看见 0.2mm 以上的物体，细菌只有 0.2～20μm 大小，所以肉眼不能直接看到细菌，必须借助光学显微镜或电子显微镜将细菌放大后才能观察到细菌的形态或结构。

（一）光学显微镜观察

光学显微镜以可见光为光源，光波长为 0.4～0.7μm，平均约 0.5μm。细菌经放大 100 倍的物镜和放大 10 倍的目镜联合放大 1000 倍后，达到 0.2～2mm，肉眼才能看见。光学显微镜中有普通显微镜、相差显微镜、暗视野显微镜等，分别用于观察不同状态的细菌形态或结构，最常用的是明视野显微镜。

1. 普通光学显微镜

由光学放大系统和机械支持及调节系统组成。

(1) 机械系统部件　显微镜的机械系统部件是整个显微镜装配的骨架，包括镜座、载物台、物镜转换器、镜筒和调节器等。

(2) 光学放大系统部件　包括反光镜、聚光器、物镜和目镜等。

细菌细胞微小，无色，半透明，经过染色后，在普通光学显微镜下才能清楚地观察到细菌的形态和结构。细菌的染色方法很多，有单染色法，如美蓝染色法；复染法，又称鉴别染色法，如革兰染色法、姬姆萨染色法和抗酸性染色法等。此外，还有荚膜、鞭毛、芽孢等特殊染色法。

2. 相差显微镜

相差显微镜又叫相衬显微镜，是一种将光线通过透明标本细节时所产生的光程差（即相位差）转化为光强差的特种显微镜。相差显微镜与普通光学显微镜的基本结构是相同的，所不同的是它具有四部分特殊结构：即环状光阑、相板、合轴调节望远镜及绿色滤光片。

人的眼睛只能在光的波长（颜色）和光的振幅（亮度）有变化的情况下，才能在显微镜下看到被检物体的存在。但活的透明的生物体标本，由于它们各部分的结构透明，折射率的差异并不太大，因此，光的波长和振幅变化不显著，用一般明视野显微镜来观察它们时，标本的细微结构是看不清的。相差显微镜的特点就是利用光的干涉现象，将人眼不可分辨的相位差转化为人眼可以分辨的振幅差，从而使活体透明标本清晰可见。相差显微镜能观察透明样品的细节，适用于对活体细胞生活状态下的生长、运动、增殖情况及细微结构的观察。因此，是微生物学、细胞生物学、细胞和组织培养、细胞工程、杂交瘤技术等现代生物学研究的必备工具。

3. 暗视野显微镜

又叫暗场显微镜，是一种通过观察样品受侧向光照射时所生的散射光来分辨样品细节的特殊显微镜。

根据光学上的丁道尔现象，微尘粒在强光直射的情况下，不能为人们所见，这是因为光线过强及绕射现象等因素，因而看不到微尘的形象。若把光线斜射它们，则由于光的反射或衍射的结果，微尘粒似增大了体积，而为人眼可见。

暗视野显微镜的结构与一般光学显微镜基本相同，只是采用的不是一般的聚光器，而是暗视野显微镜专用的暗场聚光器。其特点是不让光束由下至上地通过被检物体，而是将光线改变途径，使其斜射投向被检物体，使照明光线不直接进入物镜，利用被检物体表面反射或衍射光而形成明亮图像。当照明光有足够的强度而背景黑暗时，这些散射光便可通过物镜和目镜被观察到，从而可以分辨出普通光学显微镜所不能分辨的0.004～0.2μm大小的细节。

（二）电子显微镜的观察

电子显微镜简称电镜，是利用电子流代替可见光波，电磁圈代替放大透镜的放大装置。电子流波长极短，约0.005μm，可放大数十万倍，分辨率约0.1nm。电镜包括透射电镜和扫描电镜。

透射电镜是一种以电子束为照明源，电磁透镜成像，并配以特殊机械装置和高真空技术的大型精密电子光学仪器。这种电镜可作金属样品、生物样品的透射及电子衍射观察分析。细菌的超薄切片，经负染、冰冻蚀刻等处理后，在透射电镜中可清晰观察到细菌内部的超微结构。经金属喷涂的细菌标本，在扫描电镜中能清楚地显示细菌表面的立体形象。电镜观察的细菌标本必须干燥，并在高度真空的装置中接受电子流的作用，所以电镜不能观察活的细菌。

技能 1-1　显微镜的使用及细菌形态结构观察

［学习目标］

掌握显微镜油镜的使用及操作、保养与维护方法；会进行细菌形态的观察与描绘。

［仪器材料］

① 器材：普通光学显微镜、擦镜纸等。

② 试剂：香柏油、二甲苯。

③ 其他：球菌、杆菌、螺旋菌、荚膜、芽孢及鞭毛标本片。

［方法步骤］

1. 油镜的使用与保养

（1）油镜的识别　油镜是显微镜物镜的一种，其放大倍数较大，使用时必须浸于香柏油内，故称油镜，具有以下特点。

① 油镜一般是所有物镜中最长的。

② 油镜头的镜片是所有物镜中最小的。

③ 油镜头上标有其放大倍数100×或90×字样，进口油镜头常标有“oil”字样。

④ 显微镜各物镜头上标有不同颜色的线圈以示区别，油镜一般标为白色圈，使用时应先根据放大倍数熟悉线圈的颜色，以防用错物镜。

（2）油镜的工作原理　油镜工作时，需在油镜与标本片之间滴加香柏油，然后才能调整光源进行检查。其原理是：香柏油对光线的折射率为1.515，与玻璃对光线的折射率1.52极为相近，镜检时滴加香柏油的作用是使光源尽可能多地进入物镜中，避免光线通过折射率低的空气（折射率1.0）而散失，因而能提高物镜的分辨力，使物象明亮清晰（图1-10）。

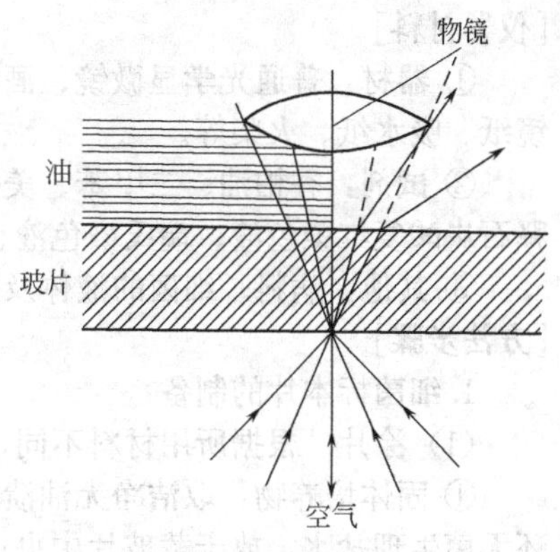

图1-10　油镜的使用原理

（3）使用方法

① 对光。将光圈完全打开，升高集光器与载物台同高。对于电光源显微镜，接通电源后可通过亮度调节钮调节光源的强弱；对于普通显微镜，则通过调节反光镜来完成，使用天然光源或较强的光线宜用平面反光镜，使用普通灯光或较弱的光线宜用凹面反光镜。凡检查染色标本时，光线应强；检查未染色标本时，光线不要太强。

② 滴加香柏油。在细菌标本片的欲检部位滴加一滴香柏油，将标本片放在载物台上，使待检部位位于集光器亮圈上，用片夹固定好玻片，将油镜头调到正中。

③ 调焦点。先从侧面注视镜头，轻轻上升载物台或转动粗调节螺旋使油镜头下降，最终使油镜头浸入油滴中，直到与标本片几乎接触为止。然后，用左眼看目镜，用右手微微转动粗调节螺旋，使载物台轻轻下沉或使油镜头慢慢上升，待看到模糊物象时，再轻轻转动细调节螺旋调节焦点，直到出现完全清晰的物像为止。

④ 观察物象。观察时，调换视野可调节推进器，使标本片前后、左右移动。如没有看清视野，按上述方法重做。

⑤ 保养。镜检完毕，转动粗调节螺旋将载物台下降或使油镜头上升，然后取出细菌标本片，用擦镜纸擦净镜头上的香柏油。如油已干在镜头上，可在擦镜纸上滴1～2滴二甲苯擦拭，并立即用干擦镜纸拭净二甲苯。最后将物镜转成“八”字形或将低倍镜转至中央，下降集光器，右手握镜臂，左手掌托底送入箱内。

2.细菌形态的观察

① 球菌标本片的观察。

② 杆菌标本片的观察。

③ 螺旋菌标本片的观察。

④ 细菌荚膜标本片的观察。

⑤ 细菌芽孢标本片的观察。

⑥ 细菌鞭毛标本片的观察。

[**注意事项**]

① 香柏油的用量以1～2滴为宜。用量过多会浸染镜头，用量过少会使视野变暗，影响观察效果。

② 在使油镜头浸入香柏油以及观察物象的过程中，不可使油镜头下降过度，以免压碎玻片和损坏油镜头。

③ 油镜头用毕必须用擦镜纸拭净香柏油，不可用手、棉花或其他纸张擦拭，否则将损坏油镜头。

④ 二甲苯的用量以1～2滴为宜，用量过多会腐蚀镜头，用量过少会擦拭不净。

技能1-2　细菌标本片制作与检查技术

[**学习目标**]

掌握细菌涂片的制备如固定方法，以及美蓝及革兰染色法的操作步骤和染色结果的判定；了解常用的染色方法。

[**仪器材料**]

① 器材：普通光学显微镜、酒精灯、无菌镊子及剪刀、载玻片、接种环、染色缸（架）、擦镜纸、吸水纸、火柴等。

② 试剂：香柏油、二甲苯、美蓝染色液、草酸铵结晶紫染色液、革兰碘液、95%乙醇、稀释石炭酸复红染色液、瑞氏染色液、姬姆萨染色液、甲醇、生理盐水。

③ 其他：病料、细菌的液体及固体培养物。

[**方法步骤**]

1.细菌标本片的制备

(1) 涂片　根据所用材料不同，涂片的方法亦有差异。

① 固体培养物：取洁净无油渍的玻片一张，将接种环在酒精灯火焰上烧灼灭菌后，取1～2环无菌生理盐水，放于载玻片中央；再将接种环灭菌、冷却后，从固体培养基上钩取菌落或菌苔少许，与载玻片上的生理盐水混匀，作成直径约1cm的涂面。接种环用后需灭菌才能放下。

② 液体培养物：可直接用灭菌接种环钩取细菌培养液1～2环，在玻片的中央作直径约1cm的涂面。

③ 液体病料（血液、渗出液、腹水等）：取一张边缘整齐的载玻片，用其一端醮取血液等液体材料少许，在另一张洁净的玻片上，以45°角均匀推成一薄层的涂面。

④ 组织病料：无菌操作取被检组织一小块，用无菌刀片或无菌剪子切一新鲜切面，在玻片上做数个压印或涂抹成适当大小的一薄层。

(2) 干燥　涂片应在室温下自然干燥，必要时将涂面向上，置酒精灯火焰高处微烤加热干燥。

(3) 固定

① 火焰固定：将干燥好的涂片涂面向上，在火焰上以钟摆的速度来回通过3～4次，以手背触及玻片微烫手为宜。

② 化学固定：将干燥好的玻片浸入甲醇中固定2～3min后取出晾干，或在涂片上滴加甲醇使其作用2～3min后自然挥发干燥。

固定的目的是使菌体蛋白质凝固，形态固定，易于着色，并且经固定的菌体牢固黏附在玻片上，水洗时不易冲掉。

2.细菌的染色法

(1) 单染色法　用一种染料进行染色，只能显示细菌的外形、大小及排列。

① 美蓝染色法

a.染色：在已干燥、固定好的涂片上滴加适量的美蓝染色液，染色1～2min。

b.水洗：用细小的水流将染料洗去，至洗下的水没有颜色为止。注意不要使水流直接冲至涂面处。

c.干燥：在空气中自然干燥；或将标本压于两层吸水纸中间充分吸干，但不可摩擦；也可以在酒精灯火焰高处微加热干燥。

d.镜检：滴加香柏油，用油镜检查。

② 稀释石炭酸复红染色法：在已干燥、固定好的涂片上滴加适量的稀释石炭酸复红染色液，染色1min，水洗、干燥、镜检，方法同美蓝染色法。

(2) 革兰染色法　微生物学中最常用的一种鉴别染色方法。所有细菌都有其革兰染色特性，染成蓝紫色的为革兰阳性菌；染成红色的为革兰阴性菌。染色步骤如下。

① 染色：在干燥、固定好的涂片上滴加草酸铵结晶紫染色液，染色1～2min，水洗。

② 媒染：滴加革兰碘液染1～2min，水洗。

③ 脱色：在95%乙醇脱色缸内脱色0.5～1min或滴加95%乙醇2～3滴于涂片上，频频摇晃3～5s后，倾去酒精，再滴加酒精，如此反复2～5次，直至流下的酒精无色或稍呈浅紫色为止。脱色时间可根据涂片的厚度灵活掌握。水洗。

④ 复染：滴加稀释石炭酸复红染色液或沙黄染色液，染色 0.5min，水洗。

⑤ 干燥、镜检：染成蓝紫色的细菌为革兰阳性菌；染成红色的细菌为革兰阴性菌。

（3）瑞氏染色法　因瑞氏染色液中含有甲醇，细菌涂片自然干燥后不需另行固定，可直接染色。滴加瑞氏染色液于涂片上，经 1～3min 后，再滴加与染色液等量的磷酸缓冲液或中性蒸馏水于玻片上，轻轻摇晃或用口吹气使其与染色液混合均匀，经 3～5min，待表面显金属光泽，水洗，干燥后镜检。结果菌体呈蓝色，组织细胞等物呈其他颜色。

（4）姬姆萨染色法　涂片经甲醇固定 3～5min 并自然干燥后，滴加足量的姬姆萨染色液或将涂片浸入盛有染色液的染色缸中，染色 30min 或者数小时至 24h，水洗，干燥后镜检。结果细菌呈蓝青色，组织、细胞等呈其他颜色，视野常呈红色。

[**注意事项**]

① 制作的细菌涂片应薄而匀，否则不利于染色和观察。

② 干燥及火焰固定时切勿紧靠火焰，以免温度过高造成菌体结构破坏。

③ 标本片固定必须确实，以免水洗过程中菌膜被冲掉。

④ 瑞氏染色水洗时，不要先倾去染色液，应直接用水冲洗，以此避免沉渣黏附，影响染色效果。

⑤ 欲长期保留标本时，可在涂抹面上滴加一滴加拿大树胶，以洁净盖玻片覆盖其上。并应贴上标签，注明菌名、材料、染色方法和制片日期等。

⑥ 复红、结晶紫的着色力强，适于做永久性标本片的染色，但不适于观察细菌的内部构造。美蓝的着色力较弱，但适合于观察细菌的内部结构。在没有染色液的情况下，可用红墨水或蓝墨水代替，染色 7～10min，效果也较好。

技能 1-3　细菌的运动性检查

[**学习目标**]

掌握细菌运动性的检查方法。

[**仪器材料**]

① 器材：普通光学显微镜、酒精灯、载玻片、凹玻片、盖玻片、试管、接种环、小镊子、培养箱等。

② 其他：生理盐水、凡士林、半固体培养基、大肠杆菌的固体及液体培养物。

[**实验原理**]

有鞭毛的细菌具有运动能力，显微镜下观察，可见细菌能够离开原来的位置自由地游动。端毛菌呈直线运动；周毛菌呈圆周运动；无鞭毛菌，由于体重较小，易受环境中液体分子的冲击，仅呈左右前后位置变更不大的摇摆晃动。

[**方法步骤**]

1. 显微镜直接检查法

（1）悬滴检查法

① 取洁净的凹玻片一块，于其凹窝的四周涂以适量的凡士林，如作短时间观察，可用水代替凡士林；另取洁净盖玻片一块，以接种环钩取 2～3 环生理盐水，置于盖玻片中央，再用灭菌接种环钩取少许细菌固体培养物与生理盐水混匀；如为液体培养物，可直接取 2～3 环置于盖玻片中央。

② 使凹玻片的凹窝正对着盖玻片的液滴盖下，轻压使盖玻片黏附到载玻片上，轻轻翻转使液滴朝下。

③ 镜检：先用低倍镜找到液滴，再用高倍镜检查。检查时，通过下降集光器或调节光源亮度调节钮使视野变暗，以利观察。

（2）压滴法　本法适于短期观察。

① 取洁净载玻片一块，以接种环钩取生理盐水 2～3 环，置于载玻片中央，再用灭菌接种环

钩取少许细菌固体培养物与生理盐水混匀；如为液体培养物，可直接取2～3环置于载玻片中央。

② 用小镊子夹一清洁无脂的盖玻片，盖在菌液上。放置时，先将盖玻片一边接触菌液，缓缓放下，以不发生气泡为好。如有气泡发生，可用小镊子轻压盖玻片，加以排除。

③ 镜检：同悬滴检查法。

2.半固体培养基穿刺培养法

① 以灭菌的接种针蘸取细菌的纯培养物，垂直穿刺接种于半固体培养基的琼脂柱内，置37℃恒温培养箱内培养18～24h，取出观察。

② 结果：有运动性的细菌沿穿刺线向四周扩散生长，使培养基变浑浊；无运动性的细菌只沿穿刺线生长，周围的培养基仍保持澄清。

[**注意事项**]

① 显微镜直接检查细菌的运动性时，应选用细菌的幼龄培养物，最好刚从恒温箱中取出，并在温暖的环境下尽快检查。

② 镜检时，显微镜应置于平坦、稳定的实验台上，并且保证标本片在载物台上放置确实。否则，由于玻片不平导致液滴流动，造成菌体随水流向一个方向移动，影响观察效果。

③ 细菌的运动性在显微镜下持续时间较短，做好的标本片应在较短的时间内观察。

第二节 细菌的生长繁殖与代谢

细菌具有独立的生命活动能力，能从外界环境中直接摄取营养，合成菌体的成分或获得生命活动所需的能量，并排出废物，从而完成新陈代谢的过程，并得以生长繁殖。

一、细菌的营养和培养基

细菌和其他生物一样，为了生存必须不断地从外界环境吸收所需的各种物质，从而获取原料和能量，以便合成新的细胞物质。生物所需要的这些物质称为营养物质。生物吸收和利用营养物质的过程称为营养。营养物质是生物进行一切生命活动的物质基础，失去这个基础，一切生物都无法生存，细菌也不例外。

（一）细菌的化学组成

细菌的化学成分主要包括水分和固形物两大类，其中水分的含量为70%～90%，固形物的含量为10%～30%。水分主要以结合水和游离水两种形式存在。固形物质主要分为有机物和无机物两种，其中有机物主要包括蛋白质、核酸、糖类、脂类、生长因子、色素等；无机物占固形物的2%～3%，主要包括磷、硫、钾、钙、镁、铁、钠、氯、钴、锰等，其中磷和钾的含量最多。

（二）细菌的营养物质

细菌所需要的营养物质，主要包括碳素化合物、氮素化合物、水分、无机盐和生长因子等。这些物质对细菌生命活动的主要作用包括供给细菌合成细胞物质的原料，产生细菌在合成反应及生命活动中所需的能量，调节新陈代谢。

1.碳源

凡是构成细菌细胞和代谢产物中碳架来源的营养物称为碳源。细菌对自然界中碳素化合物的需求是很广泛的，从简单的无机碳到结构复杂的有机碳化物都可以被细菌所利用。

自养型细菌不需要从外界供应有机营养物，它们可以以二氧化碳为唯一碳源合成有机物，能源来自日光或无机物氧化所释放的化学能。

异养型细菌以有机碳素化合物为碳源和能源，如单糖、双糖、多糖、有机酸、醇类、芳香族化合物等。在单糖中以己糖为主，几乎所有的细菌都可利用葡萄糖和果糖，半乳糖和甘露糖虽然能被利用但速度较慢。双糖中主要是蔗糖和麦芽糖能被大多数细菌所利用，乳糖利用较慢。多糖如淀粉、纤维素等，由于分子较大，难以通过细胞膜，所以在被细菌利用之前，首先要经过细菌的胞外酶水解后才能被利用。有机酸类和醇类也可作为碳源。

2. 氮源

凡是构成细菌细胞质或代谢产物中氮素来源的营养物质称为氮源。包括氮气和含氮化合物都可以被不同细菌所利用。氮素对细菌的生长繁殖有重要作用，是合成细胞蛋白质和核酸的主要原料，一般不提供能量，只有少数细菌如硝化细菌可以利用氨盐、硝酸盐为氮源和能源。某些梭菌对糖的利用不活跃，可以利用氨基酸为唯一的能源。不同种类的细菌对氮源的需要也不尽相同，有些固氮能力强的细菌，可以利用分子态氮作为氮源合成自己细胞的蛋白质。有些细菌缺乏某些必要的合成酶，在只含有铵盐或硝酸盐的培养基上并不生长，只有在培养基中添加有机氮化物如蛋白胨、氨基酸等才能生长。

3. 水

水是细菌体内不可缺少的主要成分，其存在形式有结合水和游离水两种。结合水是构成细菌的成分，游离水是菌体内重要的溶剂，参与一系列的生化反应。水是细菌体内外的溶媒，只有通过水，细菌所需要的营养物质才能进入细胞，代谢产物才能排出体外。另外，水也可以直接参加代谢作用，如蛋白质、碳水化合物和脂肪的水解作用都是在水参加与进行的。

4. 无机盐

无机盐也是细菌生长所必不可缺的营养物，其中又可分为主要元素和微量元素两大类。主要元素细菌需要量大，有磷、硫、镁、钾、钠、钙等，它们参与细胞结构物质的组成，有调节细胞质 pH 和氧化还原电位的作用，有能量转移、控制原生质胶体和细胞透性的作用。微量元素有铁、铜、锌、锰、钴、铜等，它们的需要量虽然极微，但往往能强烈地刺激细菌的生命活动。某些无机盐也是酶活性基团的组成成分或是酶的激活剂，如钙、镁。

5. 生长因子

生长因子是指细菌生长时不可缺少的微量有机质。主要包括维生素、氨基酸、嘌呤、嘧啶及其衍生物等。不同细菌对生长因子的需求差别很大，自养型细菌和一些腐生性细菌，它们自己可以合成这类物质，以满足自身生长繁殖的需要；而大多数异养菌特别是病原菌，则需要一种甚至数种生长因子，才能正常发育。

（三）细菌的营养类型

根据细菌对营养物质的需要和能量来源的不同，可将细菌分成四大营养类型。

1. 光能自养型

这类细菌细胞中都有与高等植物叶绿素相似的光合色素，可利用日光作为其生活所需要的能源，利用 CO_2 作为碳源，以无机物为供氢体来还原 CO_2 合成细胞的有机质。少数细菌体内含有非叶绿素的光合色素，如红硫细菌、绿硫细菌，它们可以利用光能并以硫化氢或其他无机硫化物作为供氢体，使 CO_2 还原为有机物质并放出硫。

2. 光能异养型

有少数细菌具有光合色素，能利用光能把 CO_2 还原为碳水化合物，但必须以某种有机物作为 CO_2 同化作用中的供氢体。如红螺菌属利用异丙醇作为供氢体进行光合作用，并积累丙酮。这类细菌生长时大多需要外源生长因素。

3. 化能自养型

这一类细菌有氧化一定无机物的能力，利用氧化无机物时产生的能量，把 CO_2 还原成有机碳化物，如硝化细菌、铁细菌等都属于此型。这类细菌在氧化无机物时需要有氧的参加，所以环境中必须有充足的氧时才能进行。

4. 化能异养型

这类细菌的能源来自有机物的氧化或发酵产生的化学能，以有机物为碳源，以有机物或无机物为氮源。这类细菌种类、数量都很多，绝大多数的致病细菌都是化能异养型。

化能异养型细菌的碳源和能源来自有机物，所以对化能异养的细菌来说有机物既是它们的碳源，也是它们的能源。化能异养型的细菌中又可分为腐生型和寄生型两大类，前者利用无生命的有机物，如动植物残体；后者生活在其寄主生物体内，从活的寄主中吸收营养物质，离开了寄主便不能生长繁殖。在腐生型与寄生型之间尚有中间型，称为兼性腐生或兼性寄生，如大肠杆菌。

上述四大营养类型的划分并不是绝对的，在自养型与异养型之间，在光能型与化能型之间都有中间过渡类型存在。

（四）细菌摄取营养的方式

外界各种营养物质必须被细菌吸收到体内，才能加以利用。细菌没有特殊摄取营养物质的器官，其营养物质的吸收和代谢产物的排出是靠细菌整个细胞表面的扩散、渗透、吸收等作用来完成的。细菌对大分子营养物质如淀粉、蛋白质的摄入，则通过自身所分泌的胞外酶将其水解成小分子的可溶性物质后进行。

细菌对营养物质吸收的机制有以下四种。

1. 被动扩散

少数低分子量的物质是靠被动扩散而渗入（或渗出）细菌细胞的，扩散的速度靠细胞内外的浓度梯度来决定。物质由高浓度向低浓度扩散，当细胞内外此物质浓度达到平衡时便不再进行扩散。水、某些气体和一些无机盐等是通过此方式进出细胞的。

2. 助长扩散

又称促进扩散或易化扩散，这种运输方式虽与简单的被动扩散相似，也是靠物质的浓度梯度进行，而不消耗能量，但与被动扩散不同的是助长扩散需要专一性的载体蛋白。这种载体蛋白存在于细菌细胞膜上，可与相应的物质结合形成复合物，然后扩散到细胞内，或释放到细胞外。

3. 主动运输

主动运输是所有细胞质膜的最重要的特征之一。它类似于助长扩散过程，但不同的是被运输的物质可以逆浓度梯度移动，并且需要能量。加入细胞形成能量的抑制剂，如叠氮化物或碘乙酸则可抑制主动运输，而助长扩散和被动扩散不受影响。细菌在生长及繁殖过程中所需氨基酸和各种营养物质，主要是通过主动运输方式摄取的。如大肠杆菌对乳糖的吸收，就是细胞外乳糖与膜上的载体蛋白特异结合，由于代谢能的作用，释放到膜内，从而可使细胞内乳糖浓度高出细胞外500倍。

4. 基团转移

主要存在于厌氧菌和兼性厌氧菌中。此运输方式是被运输的物质结构发生改变如磷酸化，其运输的总效果与主动运输相似，可以逆浓度梯度将营养物质移向细胞内，结果使细胞内结构发生变化的物质浓度大大超过细胞外结构未改变的同类物质的浓度。此过程需要能量和特异性的载体蛋白参与。在细菌中广泛存在的基团转移系统的一个例子是磷酸转移酶系统，它是很多糖和糖的衍生物的运输媒介。如大肠杆菌和金黄色葡萄球菌在吸收葡萄糖、乳糖等时，糖进入细胞后都是以磷酸糖的形式存在于细胞质中，而且细胞内糖的磷酸盐类不能跨膜溢出。

（五）培养基

1. 培养基的概念

不同的细菌对营养物质、能量及环境条件的生理要求不同，用人工方法提供细菌生长繁殖所需要的各种条件，可进行细菌的人工培养。根据细菌对营养物质的需要，经过人工配制适合不同细菌生长、繁殖或积累代谢产物的营养基质称为培养基。培养基的主要用途是能促使细菌生长与繁殖，可用于细菌纯种的分离、鉴定和制造其制品等。

2. 常用培养基的类型

由于各种细菌所需要的营养不同，所以培养基的种类也有很多种，根据细菌的种类和培养的目的，可配制不同种类的培养基。

（1）根据培养基物理状态分类

① 固体培养基　在液体培养基中加入2%～3%琼脂，使培养基凝固呈固体状态。固体培养基可用于菌种保藏、纯种分离、菌落特征的观察以及活菌计数等。

② 液体培养基　在配制好的培养基中不加琼脂，培养基即为液体。由于营养物质以溶质状

态溶解于其中，细菌能更充分接触和利用，从而使细菌在其中生长更快，积累代谢产物量也多，因此多用于生产。

③ 半固体培养基　加入少量（0.35%～0.4%）的琼脂，使培养基呈半固体状，多用于细菌有无运动性的检查。如用半固体培养基穿刺培养有助于肠道菌的鉴定。

(2) 根据培养基的用途分类

① 基础培养基　这种培养基的组成物质是能满足一般细菌生长繁殖所需要的营养物质，可供培养一般细菌使用。如牛肉膏蛋白胨琼脂是培养细菌的基础培养基。

② 营养培养基　在基础培养基中加入一些额外的营养物质，如常加入血液、血清、葡萄糖、酵母浸膏等，可使营养要求较高的细菌生长。

③ 选择培养基　在培养基中加入某些化学物质，有利于需要分离的细菌生长，抑制不需要的细菌。如培养沙门菌的培养基中加入四硫磺酸钠、亮绿，可以抑制大肠杆菌的生长。

④ 鉴别培养基　根据细菌能否利用培养基中的某种成分，依靠指示剂的颜色反应，借以鉴别不同种类的细菌。如糖发酵培养基，可观察不同细菌分解糖产酸产气情况；用醋酸铅（乙酸铅）培养基可以鉴定细菌是否产生硫化氢；伊红美蓝培养基可用作区别大肠杆菌和产气肠杆菌等。

⑤ 厌氧培养基　专性厌氧菌不能在有氧环境中生长，将培养基与空气隔绝并加入还原物降低培养基中的氧化还原电位，可供厌氧菌生长。如疱肉培养基。

3. 配制培养基的基本原则

由于微生物种类繁多，营养需要各异，因此培养基类型也很多，但制备的基本要求是一致的，原则如下。

① 营养丰富，培养基应含有细菌生长繁殖所需的各种营养物质。

② pH 适宜，培养基的 pH 应在适宜的范围内。

③ 均质透明，培养基应均质透明，便于观察其生长性状及生命活动所产生的变化。

④ 不含抑菌物质和杂菌，制备培养基所用容器不应含有任何抑菌物质，最好不用铁锅或铜锅。培养基及盛培养基的玻璃器皿必须彻底灭菌。

4. 细菌在培养基上的生长状况

细菌在培养基上的生长状况是由细菌生物学特性决定的，了解细菌的生长情况有助于识别和鉴定细菌。细菌在适宜的培养基上生长，一般经 18～24h 生长良好，并出现肉眼可见的群体生长特征。

细菌在固体培养基上生长，由单个菌细胞固定一点大量繁殖，形成肉眼可见的堆集物，称为菌落；许多菌落融成一片称为菌苔。在平板培养基上孤立生长的一个菌落，往往是一个细菌生长繁殖结果，因而平板培养基可以用来分离纯种细菌，挑出一个菌落，移种到另一培养基中，长出的细菌为纯种，又称为纯培养。各种细菌菌落的大小、形态、透明度、隆起度、硬度、湿润度、表面光滑或粗糙、有无光泽等随菌不同而各异（图 1-11），这些特征在细菌鉴定上具有重要意义。

在液体培养基上生长的细菌，有的使清亮的培养基变得均匀浑浊，有的可在液体表面形成菌膜，有的在液面的试管壁形成菌环，有的则沉淀生长如絮状或颗粒状（图 1-12）。

能运动的细菌在半固体培养基中，沿穿刺线向周围扩散呈放射状、羽毛样或云雾状浑浊生长。因此可用半固体培养基穿刺培养，检查细菌的运动力（图 1-13）。

二、细菌的生长繁殖

（一）细菌生长繁殖的条件

1. 营养物质

细菌生长繁殖需要丰富的营养物质，包括水、碳水化合物、氮化物、无机盐、生长因子等。不同细菌对营养的需求不尽相同，有的细菌只需基本的营养物质，而有的细菌则需加入特殊的营养物质才能生长繁殖，因此，制备培养基时应根据细菌的类型进行营养物质的合理搭配。

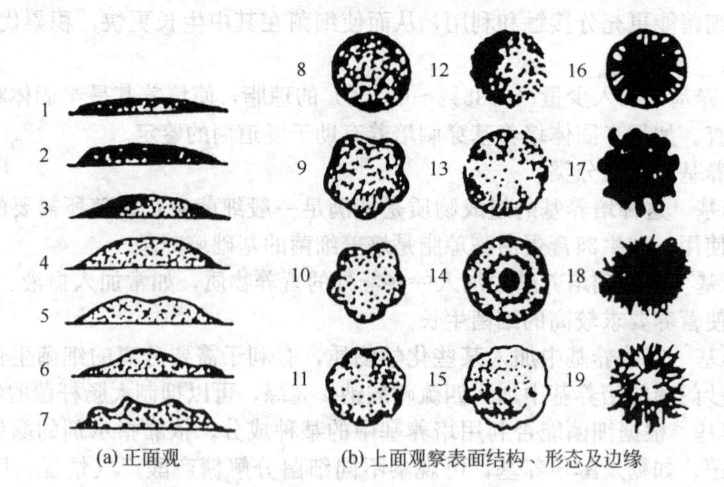

图 1-11　细菌菌落特征

1—扁平；2—隆起；3—低凸起；4—高凸起；5—脐状；6—草帽状；7—乳头状；
8—圆形、边缘完整；9—不规则、边缘波浪状；10—不规则、颗粒状、边缘叶状；
11—规则、放射状、边缘叶状；12—规则、边缘扇边形；13—规则、边缘齿状；
14—规则、有同心环、边缘完整；15—不规则、毛毯状；16—规则、菌丝状；
17—不规则、卷发状、边缘波浪状；18—不规则、呈丝状；19—不规则、根状

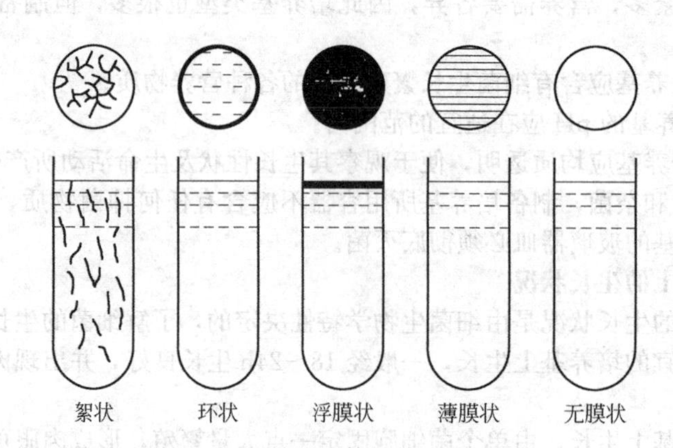

图 1-12　细菌在液体培养基中的生长

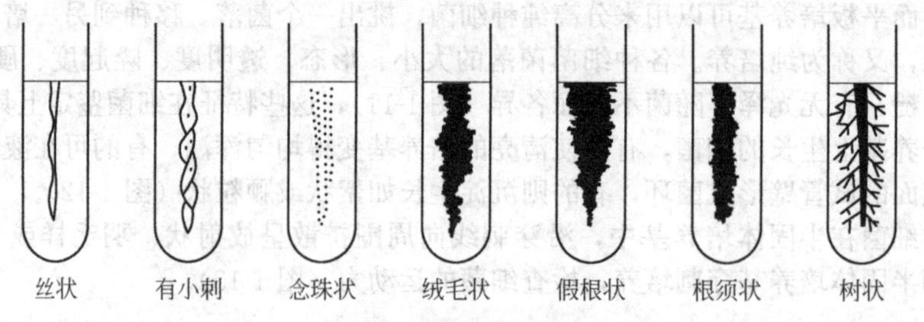

图 1-13　细菌在半固体培养基中的生长

2. 温度

依据细菌对温度的需求不同，可将其分为嗜冷菌、嗜温菌、嗜热菌三大类。由于病原菌在长期进化过程中已适应于动物体，属于嗜温菌，在 15～40℃都能生长。而大多数病原菌的最适温度为 37℃，有些病原菌如金黄色葡萄球菌在 4～5℃冰箱内仍能缓慢生长，释放肠毒素，可引起食物中毒。

3. pH

培养基 pH 对细菌生长影响很大，大多数细菌的最适 pH 为 7.2～7.6，个别细菌如霍乱弧菌在 pH8.5～9.0 培养基中生长良好。鼻疽杆菌可在 pH6.4～6.6 环境中生长。许多细菌在代谢过程中分解糖产酸，使 pH 下降，不利于细菌生长，所以往往需要在培养基内加入一定的缓冲剂。

4. 渗透压

细菌细胞需要在适宜的渗透压下才能生长繁殖，盐腌和糖渍之所以具有防腐作用，即因一般细菌和霉菌在高渗条件下不能生长繁殖之故。不过细菌细胞较其他生物细胞对渗透压有较大的适应能力。

5. 气体

与细菌生长繁殖有关的气体主要是氧和二氧化碳。此外，有些固氮菌能固定空气中的氮气。一般细菌在自身代谢中产生的二氧化碳就可满足需要，但有些细菌在没有二氧化碳的环境下则不能生长或生长不良，如牛布氏杆菌初次分离时，环境中需含有 5%～10%的二氧化碳才能生长。

（二）细菌生长繁殖的方式与速度

细菌主要以二分裂方式进行繁殖。一个菌体分裂为两个菌体所需的时间称为世代时间，简称代时。在适宜的人工条件下，多数细菌的代时为 20～30min。如按大肠杆菌 20min 繁殖一代计算，10h 后，一个细菌可以繁殖成 10 亿个以上的细菌。但由于营养物质的消耗及代谢产物的积累等原因，细菌不可能始终保持这种高速度的繁殖，经过一段时间后，繁殖速度逐渐减慢，死亡菌数逐渐增多，活菌增长率随之趋于停滞以至衰退。

细菌细胞的分裂，是从染色体的复制开始的。为了使遗传物质能均等地分配给两个子代细胞，染色体的复制与细胞分裂配合默契，在每次染色体复制完成后约 20min，细菌进行分裂，这一时间一般是恒定的。此外，染色体 DNA 存在多个复制叉，可使子代的染色体 DNA 同时开始部分复制，在上一轮复制还未完成时，下一轮的细胞分裂已经启动。但有的菌分裂较慢，如结核分枝杆菌在人工培养基大约 15～18h 才分裂一次。

某些抗生素可抑制细菌聚合作用及组装，如使用非致死浓度的这些抗生素，可影响细菌细胞的分裂，导致菌体形态异常，如使用抗生素的样本中的大肠杆菌，往往呈长丝状。

（三）细菌的生长曲线

细菌生长曲线专指单细胞微生物的群体生长繁殖。将一定数量的细菌接种到适宜的液体培养基中，定时取样计算细菌数，以培养时间为横坐标，细菌数的对数为纵坐标，可形成一条曲线，这条曲线称为细菌的生长曲线。

依据细菌各个时期生长繁殖速率不同，将细菌生长曲线分为迟缓期、对数期、稳定期与衰退期四个期（图 1-14）。

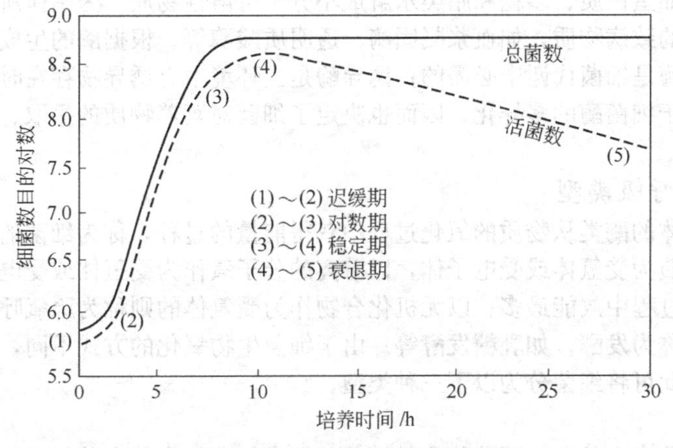

图 1-14 细菌的生长曲线图

1. 迟缓期

又称适应期。少量的细菌接种到新鲜培养基后，一般不立即进行繁殖。因此，它们的数量几乎不增加，甚至稍有减少。处于迟缓期的细菌体积增长较快，特别是在此期的末期。如巨大芽孢杆菌在迟缓期的末期，其细胞平均长度是刚接种时的 6 倍。处于迟缓期的细胞代谢活力强，细胞中 RNA 含量高，为细菌的分裂增殖做准备；嗜碱性强，对不良环境条件比较敏感。

2. 对数期

又称指数期。此期，细胞开始大量地分裂，细菌数按几何级数增加，即按 2^n（n 代表繁殖的代数）增加，如用菌数的对数与培养时间作图时，则呈一条直线。对数期的细菌生长活跃，消耗营养多，个体数目显著增多。另外，群体中的细胞化学组成及形态、生理特性等比较典型，这一时期的菌种很健壮，因此，在生产上常用它们作为接种的种子。实验室也多取用对数期的细菌作为实验材料。通常对数期维持的时间较长，但它也受营养及环境条件所左右。

3. 稳定期

在一定的培养液中，随着细菌的活跃生长，营养物质不断消耗，使细菌生长速率逐渐下降，死亡率增加，以致新增殖的细菌数与死亡的细菌数趋于平衡。此时，活菌数保持相对的稳定，称为稳定期。

处于这个时期的细菌生活力逐渐减弱，开始大量贮存代谢产物，如肝糖、异染颗粒、脂肪粒等；同时，也积累有许多不利于微生物活动的代谢产物。细菌形态、染色、生物活性也可出现改变。由于微生物的生长繁殖改变了它自己的生活条件，出现了不利于细菌生长的因素，如 pH、氧化还原电位改变等，致使大多数芽孢杆菌在这个生长阶段形成芽孢。

4. 衰退期

稳定期后如再继续培养，细菌死亡率逐渐增加，致使死亡数大大超过新生数，总的活菌数明显下降，即衰亡期。其中，有一阶段活菌数以几何级数下降。因此，也称为对数衰亡期。

这个时期，细菌菌体常出现多种形态，包括畸形或衰退型，细菌死亡并伴随有自溶现象，菌体生活力下降。因此，此期的菌种不宜作种子。

细菌的生长曲线，反映了一种细菌在某种生活环境中的生长、繁殖和死亡的规律。掌握细菌生长规律，不仅可以有目的地研究和控制病原菌的生长，而且还可以发现和培养对人类有用的细菌。

三、细菌的新陈代谢

（一）细菌的酶

细菌的新陈代谢是在酶的催化下进行的。根据酶作用的部位分为胞内酶和胞外酶。胞内酶是参与生物氧化的一系列呼吸酶以及与蛋白质、多糖等代谢有关的酶。胞外酶是一些水解酶，可将大分子的营养物质如蛋白质、多糖和脂类水解成小分子可溶性物质，为菌体所吸收。有些细菌产生的胞外酶是重要的致病物质，如血浆凝固酶、透明质酸酶等。根据酶的生成条件又可分为固有酶和诱导酶。固有酶是细菌代谢中必需的；诱导酶是当环境中有诱导物存在时才产生的。细菌代谢类型多样化取决于细菌酶的多样化，因而也决定了细菌对营养物质的摄取、分解能力及代谢产物的差异。

（二）细菌的呼吸类型

细菌借助于菌体的酶类从物质的氧化过程中获得能量的过程，称为细菌的呼吸。氧化过程中接受氢或电子的物质为受氢体或受电子体，以游离的分子氧作为受氢体或受电子体的呼吸叫作需氧呼吸，这种氧化过程中放能最多；以无机化合物作为受氢体的则称为厌氧呼吸；以各种有机化合物作为受氢体的称为发酵，如乳糖发酵等。由于细菌生物氧化的方式不同，细菌对于氧气的需要也各不一样，据此可将细菌分为以下三种类型。

1. 专性需氧菌

只有在氧气充分存在的条件下才能生长繁殖，此类细菌具有较完善的呼吸酶系统，在无游离氧的环境下不能生长，如结核杆菌、霍乱弧菌等。

2. 专性厌氧菌

只能在无氧的条件下生长繁殖。此类细菌缺乏完善的呼吸酶系统，不能呼吸，只能发酵。不但不能利用分子氧，而且游离氧对细菌有毒性作用，故此类细菌只能在无游离氧的条件下生长，如坏死杆菌、破伤风梭菌等。

3. 兼性厌氧菌

在有氧或无氧的环境中都可生长，但以有氧的环境中生长为佳，兼有上述两类细菌的功能，大多数病原菌属于此类，如大肠杆菌、葡萄球菌等。

（三）细菌的新陈代谢产物

细菌在代谢过程中，除摄取营养、进行生物氧化、获得能量和合成菌体成分外，还产生一些分解和合成代谢产物，有些产物能被人类利用，有些则与细菌的致病性有关，有些可作为鉴定细菌的依据。

1. 分解代谢产物

(1) 糖的分解产物　不同种类的细菌以不同的途径分解糖类，在其代谢过程中均可产生丙酮酸，需氧菌对丙酮酸的进一步分解是将丙酮酸彻底分解为二氧化碳和水；厌氧菌则发酵丙酮酸，产生多种酸类、醛类、醇类和酮类。各种细菌的酶不同，对糖的分解能力也不一样，有些细菌能分解某些糖类产酸产气，有的只产酸不产气，有的则不能利用某种糖，因此通过糖发酵试验可以鉴别细菌。细菌对丙酮酸的利用能力可以通过 V-P 试验与 MR 试验进行测定。

(2) 蛋白质的分解产物　细菌的种类不同，分解蛋白质、氨基酸的能力不同，因而产生不同的中间产物。如吲哚（靛基质）是某些细菌分解色氨酸而形成的，硫化氢是细菌分解含硫氨基酸的产物；而有的细菌在分解蛋白质的过程中能形成尿素酶，分解尿素形成氨。因此，利用蛋白质的分解产物设计的靛基质试验、硫化氢试验、尿素分解试验等，可用于细菌的鉴定。

2. 合成代谢产物

(1) 热原质　许多革兰阴性菌与少数革兰阳性菌在代谢过程中能合成一种多糖物质，注入人体或动物体能引起发热反应，称为热原质。热原质能通过细菌滤器，耐高温，湿热 121℃、20min 或干热 180℃、2h 不能使其破坏。制备注射制剂和生物制品时用吸附剂或特制的石棉滤板，可除去液体中的大部分热原质。玻璃器皿经干烤 250℃、2h 才能破坏热原质。

(2) 毒素　毒素的产生与细菌的致病性有关，细菌产生的毒素有内毒素和外毒素两种。内毒素是革兰阴性菌的细胞壁成分，即脂多糖，当菌体死亡崩解后才游离出来。外毒素是一种蛋白质，在细菌生活过程中即可释放到菌体外，产生外毒素的细菌大多数是革兰阳性菌。

(3) 细菌素　某些细菌菌株产生的一类具有抗菌作用的蛋白质，它与抗生素不同，其作用范围较窄，仅对与该种细菌有近缘关系的细菌才有作用。例如，大肠杆菌某一菌株所产生的大肠菌素，一般只能作用于大肠杆菌的其他相近的菌株。

(4) 维生素　一些细菌能自行合成维生素，除满足自身所需外，也能分泌到菌体外。如动物机体的正常菌群能合成维生素 B 和维生素 K，可被机体利用。

(5) 色素　某些细菌在一定条件下，如氧气充足、温度适宜时能产生各种颜色的色素，有的色素是水溶性的，能弥散在培养基中，使整个培养基呈现颜色，如绿脓杆菌的黄绿色素；有的色素则是脂溶性色素，不溶于水，仅保持在细菌细胞内，人工培养时可使菌落显色，而培养基颜色不变，如金黄色葡萄球菌色素。

(6) 抗生素　它是一种重要的合成产物，能抑制和杀死某些微生物。生产中应用的抗生素主要由放线菌和真菌产生，一些细菌也可产生抗生素，如多黏菌素、杆菌肽等。

四、细菌的生化试验

各种细菌对营养物质分解能力不一致，代谢产物亦不尽相同，据此可以设计特定的生化反应，作为鉴定细菌手段。细菌的合成代谢产物如毒素、色素等也有一定的鉴别意义，但一般不用生化反应检测。

常用的生化试验有氧化酶试验、触酶试验、氧化发酵试验、V-P试验和MR试验等。可采用微量法和常量法。目前一般多用商品化的微量生化检测试剂盒。

(1) 氧化酶试验　氧化酶又叫细胞色素氧化酶、细胞色素氧化酶C或呼吸酶，试验用于检测细菌是否有该酶存在。原理是该酶在有分子氧或细胞色素C存在时，可氧化四甲基对苯二胺出现紫色反应。假单胞菌属、气单胞菌属等阳性，肠杆菌科阴性，可区别。

(2) 触酶试验　触酶又叫接触酶或过氧化氢酶，滴加过氧化氢能被催化分解成水和氧。乳杆菌及许多厌氧菌为阴性。

(3) 氧化发酵试验　不同细菌对不同糖的分解能力及代谢产物不同，有的能产酸产气，有的则不能。而且这种分解能力因是否有氧的存在而有差别，因此试验时往往将同一细菌接种于相同的糖培养基一式两管，一管用液体石蜡等封口，进行无氧"发酵"；另一管置于有氧条件下，培养后观察产酸产气情况。这一试验一般多用葡萄糖进行。目前"糖发酵"一词已泛指有氧及厌氧状况下细菌对糖的分解反应，如不加特别说明，均指在有氧条件下进行。

(4) 维-培试验（V-P试验）　由Voges和Proskauer两学者创建，故名。如大肠杆菌和产气肠杆菌均能发酵葡萄糖，产酸产气，两者不能区别。但产气肠杆菌能使丙酮酸脱羧，生成中性的乙酰甲基甲醇，后者在碱性溶液中被空气中分子氧所氧化，生成的二乙酰与培养基中含胍基的化合物发生反应，生成红色合物，示为阳性。大肠杆菌则不能生成乙酰甲基甲醇，故为阴性。

(5) 甲基红试验　又叫MR试验。产气肠杆菌分解葡萄糖，产生的2分子酸性的丙酮酸转变为1分子中性的乙酰甲基甲醇，故最终的酸类较少，培养液的pH>5.4；以甲基红（MR）作指示剂时，溶液呈橘黄色，示为阴性。大肠杆菌分解葡萄糖时，丙酮酸不转变为乙酰甲基甲醇，故培养液酸性较强，pH≤4.5，甲基红指示剂呈红色，则为阳性。

(6) 枸橼酸盐（柠檬酸盐）利用试验　某些细菌如产气肠杆菌能利用枸橼酸盐作为唯一碳源，能在除枸橼酸盐外不含其他碳源的培养基上生长。分解枸橼酸盐生成碳酸盐，并分解其中的铵盐生成氨，使培养基由酸性变为碱性，从而使培养基中的指示剂溴麝香草酚蓝（BTB）由淡绿色转为深蓝色，示为阳性。大肠杆菌不能利用枸橼酸盐为唯一碳源，在该培养基上不能生长，培养基的颜色不改变，示为阴性。

(7) 吲哚试验　有些细菌如大肠杆菌、变形杆菌、霍乱弧菌等能分解培养基中的色氨酸生成吲哚。如在培养基中加入对二甲基氨基苯甲醛，则与吲哚结合生成红色的玫瑰吲哚，示为阳性。

(8) 硫化氢试验　有些细菌如变形杆菌等能分解胱氨酸、甲硫氨酸等含硫氨基酸，生成硫化氢，遇到醋酸铅或硫酸亚铁，则生成黑色的硫化铅或硫化亚铁，示为阳性。

(9) 脲酶试验　脲酶又叫尿素酶。如变形杆菌有脲酶，能分解培养基中的尿素产生氨，使培养基的碱性增加，可用酚红指示剂检出，示为阳性。沙门菌无脲酶，培养基颜色不改变，则为阴性。

细菌的生化试验主要用途是鉴别细菌，对革兰染色反应、菌体与菌落形态相同或相似的细菌尤为重要。其中吲哚试验、甲基红试验、V-P试验、枸橼酸盐利用试验4种试验常用于鉴定肠道杆菌，合称为IMViC试验。例如大肠杆菌这4种试验的结果是"++−−"，而产气杆菌则为"−−++"。

技能1-4　微生物实验室常用玻璃器皿的洗涤、包装与灭菌

[学习目标]

掌握实验室常用玻璃器皿的洗刷、包装与灭菌方法。

[仪器材料]

洗涤用盆、洗衣粉或洗洁精、盐酸、5%碳酸、新洁尔灭或来苏儿、95%酒精、鱼铬酸钾、硫酸、刷子、常用玻璃器皿、高压蒸汽灭菌锅、电热干燥箱、包装纸、纸绳、棉花等。

[方法步骤]

1.玻璃器皿的洗涤

(1) 新购入的玻璃器皿因附着游离碱，不可直接使用。须用1%～2%盐酸溶液浸泡数小时或过夜，以中和其碱性，然后用清水反复冲刷，去除遗留盐酸，倒立使之干燥或烘干。

(2) 一般使用过的器皿如配制溶液、试剂及培养基等，可于用后立即用清水冲净。凡沾有油污者，可用洗洁精液煮半小时后趁热刷洗，再用清水反复冲洗干净。

(3) 载玻片和盖玻片用毕立即浸泡于2%～3%来苏儿或0.1%新洁尔灭中，经1～2d取出，用洗洁精液煮沸5min，再用毛刷刷去油脂及污垢，然后用清水冲洗干净，保存备用或浸泡于95%酒精中备用。

(4) 培养细菌用过的试管、平皿等，须高压蒸汽灭菌后趁热倒去内容物，立即用洗洁精液刷去污物，清水冲洗后晾干或烘干。

(5) 对污染有病原微生物的吸管，应投入盛有2%～3%来苏儿或5%石炭酸的玻璃筒内，筒底必须垫有棉花，消毒液要淹没吸管，经1～2d后取出，浸入洗洁精液中1～2h或煮沸后取出，再用一根橡皮管，使其一端接自来水龙头，另一端与吸管口相接，用自来水反复冲洗，最后用蒸馏水冲洗。

(6) 各种玻璃器材如用上述方法处理仍未洗净时，可在下述清洗液中浸泡过夜，取出后再用清水冲净。清洗液配方：工业用重铬酸钾80g，粗硫酸100mL，水1000mL。清洁液经反复使用后变黑，应重换新液。此液含有硫酸，腐蚀性强，用时勿触及皮肤或衣服等，可戴上橡皮手套和穿上橡皮围裙操作。

2.玻璃器皿的包装

(1) 培养皿　将合适的底盖配对，装入金属盒内或用报纸5～6个一摞包成一包。

(2) 试管、三角烧瓶等　于开口处塞上大小适合的棉塞或纱布塞，并在棉塞、瓶口之外包以牛皮纸，用纸绳扎紧即可。

(3) 吸管　在其末端，加塞棉花少许，松紧要适宜，然后用3～5cm宽的旧报纸条，由尖端缠卷包裹，直至包没吸管将纸条合拢。

(4) 乳钵、漏斗、烧杯等　可用纸张直接包扎或用厚纸包严开口处，再用纸绳扎紧。

3.玻璃器皿的灭菌

采用干热灭菌法。将包装的玻璃器皿放入干燥箱内，为使空气流通，堆放不宜太挤，也不能紧贴箱壁，以免烧焦。一般采用160℃、2h灭菌即可。灭菌完毕，关闭电源，待箱中温度下降至60℃以下，开箱取出玻璃器皿。

技能1-5　常用培养基的制备

[学习目标]

了解培养基制备的常用原料及其作用；掌握培养基制备的基本原则和方法。

[仪器材料]

(1) 器材：高压蒸汽灭菌器、恒温箱、冰箱、微波炉或电炉、天平、量筒、漏斗、试管、培养皿、烧杯、三角烧瓶、精密pH试纸、比色箱、滤纸、纱布等。

(2) 试剂：牛肉膏、蛋白胨、氯化钠、琼脂粉、5%柠檬酸钠、液体石蜡、溴麝香草酚蓝、酚红、0.1mol/L和1mol/L氢氧化钠溶液等。

(3) 其他

① 无菌鲜血。以无菌技术采取健康动物如绵羊、家兔血液，置于装有无菌5%柠檬酸钠的容器内，血液与5%柠檬酸钠的比例约为9∶1，混匀即成抗凝血；或将采取的血液置于装有灭菌玻璃珠的三角烧瓶内，摇匀，脱去纤维蛋白制成脱纤维蛋白血液，简称脱纤血。

② 无菌血清。按上述方法采取动物血液，置于无菌试管内，摆成斜面，待血液凝固后直立于试管架上，室温下静止或置于37℃恒温箱中一定时间后，析出血清即为无菌血清。

③ 新鲜瘦牛肉和动物肝脏。

[方法步骤]

(一) 培养基制备的基本程序

配料→溶化→测定及矫正 pH→过滤→分装→灭菌→无菌检验→备用。

(二) 基础培养基的制作过程

1. 牛肉水

(1) 成分 瘦牛肉 500g，常水 1000mL。

(2) 制法

① 除去瘦牛肉的脂肪、腱膜，切成小块。

② 称重，加倍量水浸泡一夜，夏季应置冰箱中以防腐败。

③ 煮沸 1h 后用纱布滤去肉渣，挤出肉水，然后用滤纸滤过一次。

④ 计算体积，以常水补足原有水量，分装于烧瓶中，置高压蒸汽灭菌器内以 121.3℃ 灭菌 20min，放入 4℃冰箱保存。

注：如无新鲜瘦牛肉，可用牛肉膏代替，用量是 1000mL 水中加 3～5g。

(3) 用途 制作各种培养基的基础。

2. 普通肉汤

(1) 成分 牛肉水 1000mL，蛋白胨 10g，氯化钠 5g。

(2) 制法

① 将蛋白胨、氯化钠加入牛肉水中，稍加热使其充分溶解。

② 测定并矫正 pH 至 7.4～7.6。

③ 过滤分装。分装于试管高度的 1/3 处。

④ 置高压蒸汽灭菌器内，121.3℃灭菌 20min。

(3) 用途

① 可作一般细菌的液体培养。

② 作为制作某些培养基的基础原料。

3. 普通琼脂培养基

(1) 成分 普通肉汤 1000mL，琼脂 20～30g。

(2) 制法

① 将琼脂加入普通肉汤内，煮沸使其完全溶解。

② 测定并矫正 pH7.4～7.6，分装于试管或三角烧瓶中，121.3℃灭菌 20min。可制成试管斜面、高层培养基或琼脂平板。

注：a. 琼脂是从石花菜中提取的一种胶体多糖，对致病菌一般无营养作用，其熔点为 98℃，凝固点为 45℃。肉汤中加入琼脂后，在室温或 37℃时成为固体，细菌在凝固的琼脂上可长成菌落及菌苔，便于观察。

b. 可购买营养琼脂粉，用时只需按照使用说明取营养琼脂粉加定量蒸馏水，充分溶解，高压灭菌后即可应用。

(3) 用途

① 一般细菌的分离培养、纯培养，观察菌落特征及保存菌种等。

② 制作特殊培养基的基础。

4. 半固体培养基

(1) 成分 普通肉汤 100mL，琼脂 0.3～0.5g。

(2) 制法 将琼脂加入定量的肉汤中，煮沸 30min，使琼脂充分溶解，分装于试管或 U 形管中，121.3℃灭菌 20min 即可。

(3) 用途 用于菌种的保存或测定细菌的运动性。

(三) 常用特殊培养基的制作过程

1. 血液琼脂培养基

(1) 成分　无菌鲜血 5～10mL，普通琼脂培养基 100mL。

(2) 制法　取灭菌的普通琼脂培养基，溶解后冷却至 45～50℃，加入无菌鲜血，混合后制成斜面或平板。使用前置 37℃恒温箱 24h，做无菌检查，无细菌生长者可以使用。

注：当琼脂培养基温度过高时加入血液，血液由鲜红色变为暗褐色，称为巧克力琼脂。可用于培养嗜血杆菌。

(3) 用途

① 用于营养要求较高的细菌如巴氏杆菌、链球菌等的分离培养。

② 用于细菌溶血性的观察和保存菌种。

2. 血清琼脂培养基

(1) 成分　无菌血清 5～10mL，普通琼脂培养基 100mL。

(2) 制法　同血液琼脂培养基。使用前须做无菌检查。

(3) 用途

① 用于某些病原菌如巴氏杆菌、链球菌等的分离培养和菌落性状的观察。

② 斜面用于菌种保存。

3. 疱肉培养基（肉渣培养基）

(1) 成分　普通肉汤 3～4mL，牛肉渣 2g。

(2) 制法

① 于每支试管中加入牛肉渣 2g，再加入普通肉汤 3～4mL。

② 液面盖以一薄层液体石蜡，经 121.3℃20～30min 灭菌后保存于冰箱备用。

(3) 用途　培养厌氧菌。

4. 肝片肉汤培养基

(1) 成分　普通肉汤 3～4mL，肝片 3～6 块。

(2) 制法

① 将新鲜肝脏放于流通蒸汽锅内加热 1～2h，待蛋白凝固后，肝脏深部呈褐色，将其切成约 3～4mm^3 大小的方块，用水洗净后，取 3～6 块放入普通肉汤管中。

② 向每支肝片肉汤管中加入液体石蜡 0.5～1.0mL，经 121.3℃灭菌 20～30min 后保存于冰箱备用。

(3) 用途　培养厌氧菌。

(四) 培养基 pH 测定法

1. 精密 pH 试纸法

取 pH 范围适合的试纸一条，浸入到待测的培养基中，0.5s 后取出与标准比色板比较，确定其 pH 值。若偏酸时，向培养基内滴加 1mol/L 氢氧化钠溶液，边加边搅拌边比色，直至 pH 在所需范围之间。我国应用的 pH 精密试纸较为准确，使用起来很方便。

2. 标准比色管法

标准比色管是将指示剂加入到不同 pH 值的缓冲液中制成的。最常用的指示剂是溴麝香草酚蓝（BTB）和酚红（PR）。指示剂的色调随 pH 值的变化而不同，有利于测定时鉴别。测定及矫正 pH 方法如下。

① 吸取待测的培养基各 5mL，分别注入两支试管中，其中一管加 0.04% BTB 液 0.25mL，如用 0.02%PR 则加 0.15mL，混匀，做 pH 检查用；另一管不加指示剂作对照用。

② 将检查管和对照管与欲测 pH 的标准比色管及蒸馏水管分别放入比色箱中。

③ 拿起比色箱，对光观察，比较两侧观察孔颜色是否相同，如不

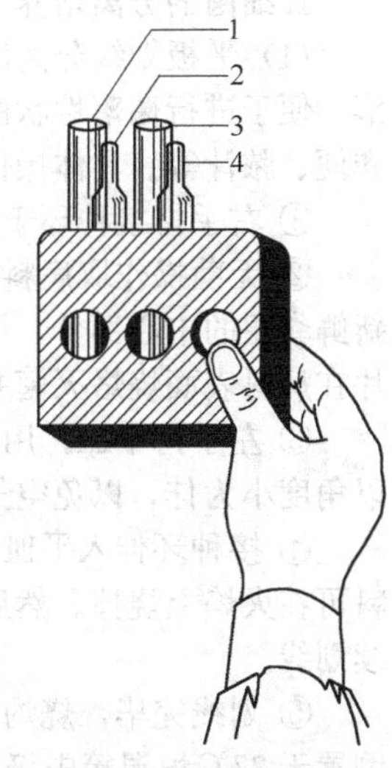

图 1-15　pH 测定法
1—对照管；2—标准比色管；3—检查管；4—蒸馏水管

同，则调换标准比色管，至两边颜色相同为止。该标准比色管的 pH 值，即为待测培养基的 pH 值（图 1-15）。

④ 矫正 pH 值时，先将所需 pH 的标准比色管置于所示位置，然后吸取 0.1mol/L 氢氧化钠徐徐加入培养基中并摇匀，直至与标准比色管颜色相同为止，记录 5mL 培养基用去的 0.1mol/L 氢氧化钠的体积（mL），按下列公式计算培养基总量中需加 1mol/L 氢氧化钠溶液的体积（mL）。

全部培养基加入 1mol/L 氢氧化钠溶液的总体积（mL）＝5mL 培养基用去的 0.1mol/L 氢氧化钠的体积（mL）×培养基总体积（mL）/5×1/10

⑤ 按以上计算量向培养基中加入 1mol/L 氢氧化钠溶液，充分混匀，再作一次 pH 测定，如不在所需范围内，应重新矫正。

[注意事项]

① 矫正全部培养基 pH 时，不可应用低浓度的氢氧化钠溶液，否则由于加入的量较大，培养基的营养含量会明显降低，影响细菌的生长。

② 灭菌后的培养基进行分装时，必须应用近期内严格灭菌的试管（包括棉塞）或平皿，并在无菌室或超净工作台内完成。

③ 制备好的培养基，应用前在 37℃恒温箱中放 1～2d，无杂菌污染时，方可使用。

技能 1-6　细菌的分离培养、移植及培养性状观察

[学习目标]

掌握细菌分离培养和移植的方法，能够正确观察细菌的培养性状。

[仪器材料]

① 器材：恒温箱、接种环、酒精灯、灭菌吸管、灭菌平皿、水浴锅、试管、磨口瓶（缸）、放大镜等。

② 试剂：焦性没食子酸、连二亚硫酸钠、碳酸氢钠或无水碳酸钠、10%氢氧化钠或氢氧化钾、凡士林、生理盐水、液体石蜡等。

③ 其他：普通肉汤、普通琼脂平板和鲜血琼脂平板、普通琼脂斜面、半固体培养基、肝片肉汤培养基、病料及细菌培养物。

[方法步骤]

1. 细菌的分离培养

（1）平板划线分离法　将病料或细菌培养物在琼脂平板上连续划线，以期获得独立的单个菌落，便于进行菌落性状的观察，对分离的细菌做出初步的鉴定。本法适用于含菌较多的样品，如粪便、脓汁等。具体操作步骤如下。

① 右手持接种环于酒精灯上烧灼灭菌，待冷。

② 无菌操作取病料。若为液体病料，可直接用灭菌的接种环取病料一环；若为粪便，则取新鲜粪便的中心部分，用灭菌生理盐水稀释后，取其上清液一环；若为病变组织，可用烧红的刀片在病料表面烧烙灭菌并切开一小口，然后用灭菌接种环从切口部位伸到组织中取内部病料。

③ 左手持平皿，用拇指、食指及中指将平皿盖打开，打开角度大小以能顺利划线为宜，但以角度小为佳，以免空气中细菌污染培养基。

④ 接种环伸入平皿，将取得的材料涂于培养基边缘，为防止出现菌苔，接种环上多余的材料可在火焰上烧掉。然后自涂抹处成 30°～40°角，在平板表面按图 1-16 所示进行分区划线或连续划线。

⑤ 划线完毕，烧灼接种环，将培养皿盖好，用记号笔在培养皿底部注明被检材料及日期，倒置于 37℃恒温箱中培养 18～24h，观察结果。

（2）倾注培养法　将液体被检材料或稀释后的被检材料与冷却至 50℃左右的琼脂培养基直接混合，培养后观察细菌的生长情况。本法适用于检查病畜血液、尿液、牛奶及饮水中的活菌数。

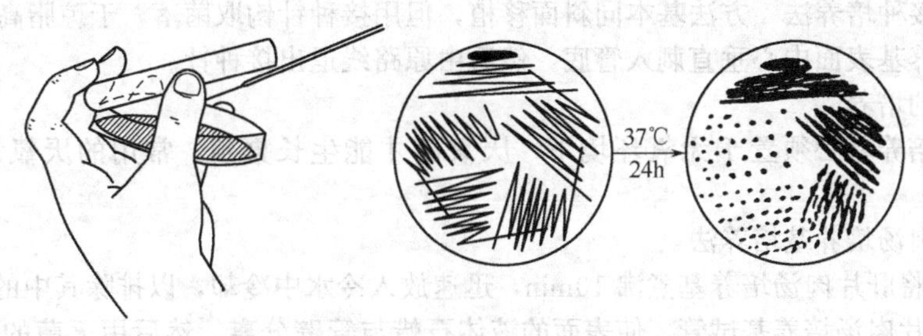

图 1-16　平板划线分离法的操作及结果

① 根据待检材料中菌数的多少，用普通肉汤或生理盐水对其进行 10^{-1}、10^{-2}、10^{-3}…稀释。

② 分别用灭菌的吸管吸取各稀释度的检样 1mL，加入到无菌平皿中。

③ 取充分溶化后冷却至 50℃左右的琼脂培养基，分别倾入各平皿内，摇匀，平放，待其凝固后倒置于 37℃恒温箱中培养。

④ 统计培养基上生长的菌落数，乘以稀释倍数，即为每毫升待检材料中的活菌数。

(3) 加热分离培养法　通过对被检材料加热处理，以杀死不耐热细菌，然后划线接种到琼脂平板上。此法适用于芽孢菌的分离培养，尤其是当芽孢的病料或培养物污染非芽孢菌时。

① 将固体培养物用生理盐水做 5～10 倍稀释，液体材料可不稀释，置于 80℃水浴中处理 10min，以杀灭非芽孢菌。

② 用灭菌的接种环钩取上述液体，划线接种于适宜的培养基上，恒温培养 24h 后，可分离出芽孢菌。

2. 细菌的增菌培养

将病料接种于液体培养基中进行培养称为增菌培养。本法适用于含菌较少的病料。当被检病料中含菌很少时，为增加分离培养成功的机会，先进行增菌培养，然后取培养液做划线分离培养。方法是用灭菌的接种环钩取病料接种于普通肉汤中，置 37℃恒温箱中培养 24～48h，观察培养结果。

3. 细菌的纯培养

钩取平板培养基上孤立生长的一个菌落或菌种管中的菌苔，移种到另一培养基中，长出的细菌为纯种。本法适用于纯化细菌和移种纯菌，使其增殖后进行鉴定或保存菌种。

4. 细菌的移植

(1) 斜面移植　钩取菌种管细菌移植到琼脂斜面上。

① 左手持菌种管及琼脂斜面管，一般菌种管放在外侧，斜面管放在内侧，两管口齐并，管身略倾斜，斜面向上，管口靠近火焰（图 1-17）。

② 接种环在酒精上烧灼灭菌。

③ 将斜面管的棉塞夹在右手掌心与小指之间，菌种管棉塞夹在小指与无名指之间，将二棉塞一起拔出。

④ 把灭菌接种环伸入菌种管内，钩取少量菌苔，将其立即伸入斜面培养基底部，由下而上在斜面上做蛇行状划线，然后管口和棉塞通过火焰后塞好，接种环烧灼灭菌。

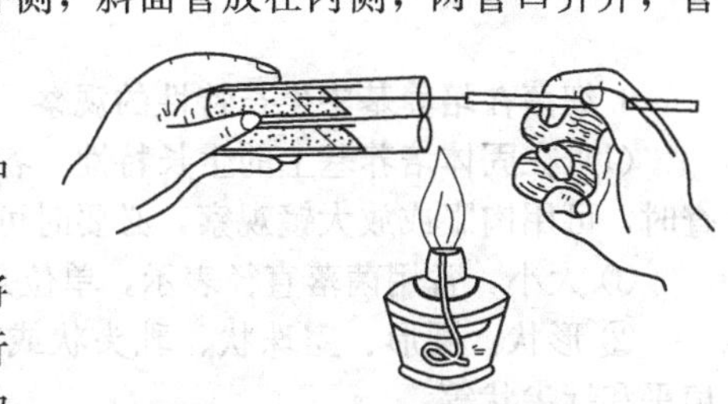
图 1-17　细菌的斜面移植法

⑤ 在斜面管口写明菌种名称、日期，置 37℃恒温箱培养 18～24h，进行观察。

(2) 肉汤移植　钩取琼脂平板上的单个菌落或菌种管中的菌苔移植到肉汤培养基中。以灭菌的接种环钩取细菌，迅速伸入肉汤管内，在液面处与管壁轻轻研磨，然后在液体培养基中摇动接种环 2～3 次，使菌混合于肉汤中。

(3) 从平板移植到斜面　无菌操作打开平皿盖，以灭菌接种环钩取少许菌落移于斜面管，方法同（1）。

(4) 穿刺接种培养法　方法基本同斜面移植，但用接种针钩取菌落，于琼脂高层、半固体培养基、明胶培养基表面中心垂直刺入管底，然后由原路线退出接种针。

5.厌氧菌的培养

已接种的培养基必须置于无氧环境下，厌氧菌才能生长繁殖，常用的厌氧培养法有以下几种。

(1) 肝片肉汤培养基培养法

① 培养前将肝片肉汤培养基煮沸 10min，迅速放入冷水中冷却，以排除其中的空气。

② 倾斜肝片肉汤培养基试管，使表面的液体石蜡与管壁分离，然后用灭菌的接种环钩取菌落从石蜡缝隙插入培养基中，接种完毕后直立试管，在其表面徐徐加入一层灭菌的液体石蜡，以杜绝空气进入。置恒温箱中培养。

(2) 焦性没食子酸厌氧培养法　焦性没食子酸在碱性条件下吸收氧气，同时由淡棕色变成深棕色的焦性没食子酸橙。

取大试管或磨口瓶一个，在底部先垫上玻璃珠或铁丝弹簧圈，然后按每升容积加入焦性没食子酸 1g 和 10%氢氧化钠或氢氧化钾溶液 10mL，再盖上有孔隔板，将已接种的培养基放入其内，用凡士林或石蜡封口（图 1-18），置于恒温箱中培养 48h 后观察结果。

(3) 厌氧罐培养法　取磨口玻璃缸一个，计算体积，在磨口边缘涂上凡士林，按每升容积加入连二亚硫酸钠和碳酸氢钠（或无水碳酸钠）各 4g 计算，向缸底加入两种研细并混匀的药品，其上用棉花覆盖，然后将已接种的培养基置于棉垫上，密封缸口后置于恒温箱中培养（图 1-19）。

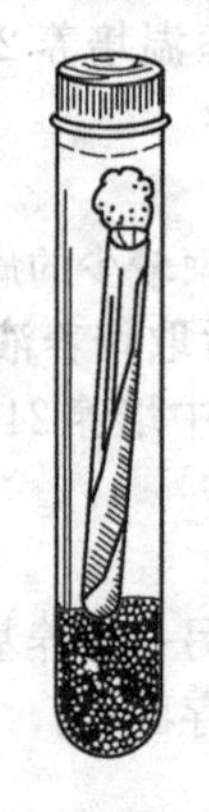

图 1-18　焦性没食子酸厌氧培养法

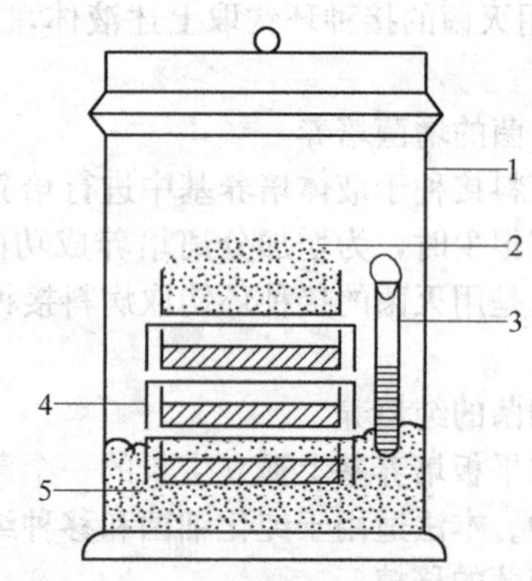

图 1-19　连二亚硫酸钠厌氧培养法
1—培养缸；2—连二亚硫酸钠和碳酸钠混合物；
3—指示剂管；4—接种培养基；5—棉花垫

6.细菌在培养基中生长特性的观察

(1) 在固体培养基上的生长特性　各种细菌在固体培养基上形成的菌落具有不同的特性，检查时，可用肉眼或放大镜观察，必要时可用低倍镜观察。

① 大小：常用菌落直径表示，单位是 mm 或 μm。不同细菌，其菌落大小变化很大。

② 形状：圆形、露珠状、乳头状或煎蛋状、云雾状、放射状或蛛网状、同心圆状、扣状、扁平和针尖状等。

③ 边缘：整齐、波浪状、锯齿状、卷发状等。

④ 表面形状：光滑、粗糙、皱褶、颗粒状、同心圆状和放射状等。

⑤ 湿润度：湿润、干燥。

⑥ 隆起度：隆起、轻度隆起、中央隆起和云雾状等。

⑦ 色泽和透明度：色泽有白色、乳白色、黄色、金黄色、红色、紫黑色及无色等。

⑧ 质地：坚硬、柔软和黏稠等。

⑨ 溶血性：α型溶血，即菌落周围有狭窄的草绿色不完全溶血环；β型溶血，即菌落周围有

较宽的透明溶血环；γ型溶血，即不出现溶血环。

（2）在液体培养基上的生长特性

① 浑浊度：高度浑浊、轻微浑浊和透明三种情况。

② 沉淀：管底有无沉淀，沉淀物是颗粒状或棉絮状等。

③ 表面：液面有无菌膜，管壁有无菌环。

④ 色泽：液体是否变色，如绿色、红色等。

（3）在半固体培养基上的生长特性　有鞭毛的细菌，沿穿刺线向周围扩散生长，使透明的培养基呈云雾状；无鞭毛的细菌沿穿刺线生长。

[注意事项]

① 划线接种时，应防止划破培养基，分离培养时不要重复旧线，以免形成菌苔。

② 分区划线时，每区开始的第一条线应通过上一区的划线。

③ 操作过程中应注意全程无菌操作。

技能 1-7　细菌的生化试验

[学习目标]

掌握常用细菌生化试验的原理、方法及结果判定。

[仪器材料]

① 器材：恒温箱、微波炉或电炉、冰箱、三角烧瓶、烧杯、平皿、小发酵管、试管、酒精灯、接种环、精密 pH 试纸等。

② 试剂：蛋白胨、氯化钠、糖、磷酸氢二钾、磷酸二氢钾、95%酒精、硫酸铜、浓氨水、10%氢氧化钾、碘液、无菌血清、无菌 3%淀粉溶液、对二甲氨基苯甲醛、浓盐酸、硫代硫酸钠、10%醋酸铅水溶液、磷酸二氢铵、硫酸镁、枸橼酸钠、甲基红、0.5%溴麝香草酚蓝酒精溶液、1.6%溴甲酚紫酒精溶液、牛乳或奶粉、0.2%酚红溶液、20%尿素溶液、蒸馏水、琼脂、1mol/L 氢氧化钠溶液等。

[方法步骤]

1. 糖发酵试验

（1）原理　绝大多数细菌具有分解糖、醇和糖苷的能力，但因各种细菌所含的发酵糖、醇和糖苷的酶不同，因而分解作用物的种类及分解能力也不同，有的细菌分解某些糖类、醇类或糖苷产酸产气，记为“⊕”；有的仅产酸，记为“+”；有的不分解，记为“−”。细菌的发酵类型通常是某些特定菌群或菌种的特征，据此可用于鉴别细菌。

（2）培养基　糖培养基。

① 成分：蛋白胨 1.0g，氯化钠 0.5g，蒸馏水 100mL，1.6%BCP（溴甲酚紫）酒精溶液 0.1mL，糖 0.5～1g。

② 制法：将蛋白胨和氯化钠充分溶解于蒸馏水中，测定并矫正 pH 为 7.6，滤纸过滤后加入 1.6%溴甲酚紫酒精溶液和糖，然后分装于带有倒置的小发酵管的小试管（13mm×100mm）中，113℃高压蒸汽灭菌 20min 即可。

常用的单糖主要有葡萄糖、甘露糖、果糖、半乳糖等；双糖主要有乳糖、麦芽糖、蔗糖等；多糖主要有菊糖、糊精、淀粉等；醇类主要有甘露醇、山梨醇等；糖苷主要有水杨苷等。

（3）方法　将待鉴别细菌的纯培养物，接种到糖发酵培养基内，置 37℃恒温箱中培养。培养的时间随实验的要求及细菌的分解能力而定。可按各类细菌鉴定方法所规定的时间进行。

（4）结果　产酸产气时，可使培养基内的指示剂变为黄色，并在倒置的小发酵管内出现气泡；只产酸者仅使培养基变为黄色；不分解者无反应。

注：目前几乎所有的生化试验培养基均有现成的商品出售，可购买使用。

2. MR 试验（甲基红试验）

（1）原理　MR 指示剂的变色范畴为 pH 低于 4.5 呈红色，pH 高于 6.2 呈黄色。如细菌分解葡萄糖产生较大量的酸，使培养基的酸碱度降低到 pH4.5 以下，当加入 MR 试剂时呈红色，即阳性反应；若细菌产酸量较少，或因产酸后不断转化为其他物质如醇、醛、酮、气体和水时，加入 MR 试剂后则呈黄色，为阴性反应。

（2）培养基　葡萄糖蛋白胨水。

① 成分：蛋白胨 1g，葡萄糖 1g，磷酸氢二钾 1g，蒸馏水 200mL。

② 制法：将上述成分依次加入蒸馏水中，充分溶解后测定并矫正 pH 为 7.4，滤纸过滤后分装于试管中，113℃高压蒸汽灭菌 20min 即可。

（3）MR 试剂　甲基红 0.02g，95%酒精 60mL，蒸馏水 40mL。将甲基红加入 95%酒精中，加蒸馏水至 100mL。

（4）方法　将待鉴别细菌的纯培养物接种于葡萄糖蛋白胨水中，37℃恒温箱中培养 3～4d，向培养液中加入 MR 试剂数滴，观察反应结果。

（5）结果　红色反应为阳性，黄色反应为阴性。

3. V-P 试验

（1）原理　某些细菌分解葡萄糖产生乙酰甲基甲醇，它在碱性环境中被氧化成二乙酰，二乙酰与培养基内蛋白胨中精氨酸所含的胍基发生反应，生成红色化合物即为阳性。

（2）培养基　同 MR 试验培养基。

（3）V-P 试剂　硫酸铜 1g，蒸馏水 10mL，浓氨水 40mL，10%氢氧化钾 950mL。

（4）方法　将待鉴别细菌的纯培养物接种于葡萄糖蛋白胨水中，37℃恒温箱中培养 3～4d，向培养液中加入等量的 V-P 试剂，混匀，置 37℃恒温箱中 30min 左右观察结果。

（5）结果　阳性者呈红色反应；阴性者仍保持黄色。

4. 淀粉水解试验

（1）原理　某些细菌具有淀粉水解酶，能够分解培养基中的淀粉，当向培养基中滴加碘液后，位于菌落周围的淀粉被水解，不起碘反应，而呈现一个白色透明环；没被水解的部分，由于发生碘反应则呈蓝紫色。

（2）培养基　淀粉琼脂。

① 成分：pH7.6 普通琼脂 90mL，无菌血清 5mL，无菌 3%淀粉溶液 10mL。

② 制法：将灭菌后的琼脂溶化，待冷至 50℃，加入淀粉溶液及血清，混匀后倾入培养皿内作成平板。

（3）方法　将待鉴别细菌的纯培养物接种淀粉琼脂平板上，置 37℃恒温箱中培养 24h 后，滴加碘液于细菌生长处，观察颜色变化。

（4）结果　呈蓝色者为阴性，说明淀粉未被水解；若培养物周围不发生碘反应，呈白色透明区，为阳性，说明该菌产生淀粉酶，淀粉已被水解。

5. 靛基质试验（吲哚试验）

（1）原理　某些细菌具有色氨酸酶，能分解蛋白胨中的色氨酸产生靛基质，后者与试剂中的对二甲氨基苯甲醛作用，形成玫瑰靛基质而呈红色。

（2）培养基　童汉（Dunham）蛋白胨水。

① 成分：蛋白胨 1.0g，氯化钠 0.5g，蒸馏水 100mL。

② 制法：将蛋白胨及氯化钠加入蒸馏水中，充分溶解后，测定并矫正 pH 为 7.6，滤纸过滤后分装于试管中，以 121.3℃高压蒸汽灭菌 20min 即可。

（3）靛基质试剂　对二甲氨基苯甲醛 1g，95%的酒精 95mL，浓盐酸 50mL。将对二甲氨基苯甲醛溶于酒精中，再加入浓盐酸，避光保存。

（4）方法　将细菌接种于童汉氏蛋白胨水中，37℃恒温箱培养 2～3d，沿试管壁滴入靛基质试剂约 1mL 于培养物液面上，马上观察结果。

（5）结果　阳性者在培养物与试剂的接触面处产生一红色的环状物，阴性者培养物仍为淡黄色。

6.硫化氢试验

(1) 原理　某些细菌能分解蛋白胨中的含硫氨基酸如半胱氨酸而生成硫化氢，后者与培养基中的铅盐结合形成黑色的硫化铅。

(2) 培养基　醋酸铅琼脂培养基。

① 成分：pH7.4 普通琼脂 100mL，硫代硫酸钠 0.25g，10%醋酸铅水溶液 1.0mL。

② 制法：普通琼脂加热融化后，加入硫代硫酸钠，混合，以113℃高压蒸汽灭菌 20min，保存备用。应用前加热溶解，加入灭菌的醋酸铅水溶液，混合均匀，无菌操作分装试管，做成醋酸铅琼脂高层，凝固后即可使用。

(3) 方法　取细菌的纯培养物以穿刺法接种于醋酸铅琼脂培养基中，37℃恒温箱中培养 1～2d，观察结果。

(4) 结果　沿穿刺线或穿刺线周围呈黑色者为阳性；不变者为阴性。

本试验亦可用浸渍醋酸铅的滤纸条进行。将滤纸条浸渍于 10%醋酸铅水溶液中，取出夹在已接种细菌的琼脂斜面培养基试管壁与棉塞间，如细菌产生硫化氢，则滤纸条呈棕黑色，为阳性反应。

7.枸橼酸盐利用试验

(1) 原理　本试验是测定细菌能否单纯利用枸橼酸钠为碳源和利用无机铵盐为氮源而生长的一种试验。如利用枸橼酸钠则生成碳酸盐使培养基变碱，指示剂溴麝香草酚蓝（BTB）由淡绿色转变成深蓝色；若不能利用，则细菌不生长，培养基仍呈原来的淡绿色。

(2) 培养基　枸橼酸钠培养基。

① 成分：磷酸二氢铵 0.1g，硫酸镁 0.01g，磷酸氢二钾 0.1g，枸橼酸钠 0.2g，氯化钠 0.5g，琼脂 2.0g，蒸馏水 100mL，0.5%BTB（溴麝香草酚蓝）酒精溶液 0.5mL。

② 制法：将各成分溶解于蒸馏水中，测定并矫正 pH 为 6.8，加入 BTB 溶液后成淡绿色，分装于试管中，灭菌后摆放斜面即可。

(3) 方法　将待鉴别细菌的纯培养物接种于枸橼酸钠培养基上，置 37℃恒温箱培养 18～24h，观察结果。

(4) 结果　细菌在培养基上生长并使培养基转变为深蓝色者为阳性；没有细菌生长，培养基仍为原来颜色者为阴性。

8.对紫乳作用的观察

(1) 原理　紫乳培养基中的主要成分为干酪素、乳糖及指示剂等，多数细菌在此培养基上都能生长，由于各种细菌对牛乳的作用不同，产生不同的反应结果，故可利用这些现象对细菌进行鉴别。

(2) 培养基　溴甲酚紫培养基（紫乳培养基）。

① 成分：脱脂牛乳 100mL，1.6%BCP 酒精溶液 0.1mL。

② 制法：取新鲜牛乳，也可用 10%奶粉水溶液代替，置流通蒸汽锅内蒸 30min，放冰箱中冷藏一夜，次日吸出乳汁，去掉脂肪。将 BCP 酒精溶液加入脱脂牛乳中，分装于小试管，以113℃高压蒸汽灭菌 20min 即可。

(3) 方法　将待鉴别细菌的纯培养物接种于溴甲酚紫培养基中，37℃恒温箱中培养 1～7d 后观察结果。

(4) 结果　根据细菌的种类不同，表现以下不同的现象。

① 产酸、凝固、培养基变黄色：细菌分解乳糖产酸，则培养基由紫色变为黄色，如产酸量多，不但培养基变黄，且可使干酪素凝固。

② 产碱、凝固、培养基变紫色：细菌产生蛋白酶时分解干酪素产生胺和氨，则培养基变为深紫色；细菌产生凝乳酶时可将干酪素凝固，此时培养基凝固，但仍为紫色。

③ 胨化：产生蛋白酶的细菌可将凝固的干酪素继续分解为水溶性蛋白胨，使牛乳培养基变成透明的水状，称此为胨化。

9. 尿素酶试验

(1) 原理　产生尿素酶的细菌能分解尿素生成氨，使培养基呈碱性，酚红指示剂变为红色。

(2) 培养基　尿素培养基。

① 成分：蛋白胨 1g，氯化钠 5g，磷酸二氢钾 2g，琼脂 20g，蒸馏水 1000mL，0.2%PR（酚红）溶液 6mL，葡萄糖 1g，20%尿素溶液 100mL。

② 制法：将蛋白胨、氯化钠、磷酸二氢钾和琼脂加入蒸馏水中加热溶化，测定并矫正 pH 至 7.0，加入酚红、葡萄糖和尿素水溶液，混匀，分装于试管中，55.16kPa，20min 高压蒸汽灭菌后摆成短斜面即可。

(3) 方法　将待鉴别细菌的纯培养物以同时穿刺和划线法接种上述培养基中，37℃恒温箱中培养 2～6h，观察结果。

(4) 结果　阳性者培养基从黄色变为红色；阴性者不变色，应继续观察 4d。

[**注意事项**]

试验用菌种必须是细菌的纯培养物，否则影响试验结果的准确性。

第三节　细菌感染的实验室检查方法

细菌是自然界广泛存在的一种微生物，细菌性传染病占动物传染病的 50%左右，细菌病的发生给畜牧业带来了极大的经济损失。因此，在动物生产过程中必须做好细菌病的防治工作。而对于发病的群体，及时准确地作出诊断是十分重要的。

动物细菌性传染病，除少数如破伤风等可根据流行病学、临床症状做出诊断外，多数还需要借助病理变化进行初步诊断，而确诊则需要在临床诊断的基础上进行实验室诊断，确定细菌的存在或检出特异性抗体。细菌病的实验室诊断需要在正确采集病料的基础上进行，常用的诊断方法包括细菌的形态检查、细菌的分离培养、细菌的生化试验、细菌的血清学试验、动物接种试验和分子生物学方法等。

一、病料的采集、保存及运送

(一) 病料的采集

1. 采集病料的原则

(1) 无菌采病料原则　病料的采集要求进行无菌操作，所用器械、容器及其他物品均需事先灭菌。同时在采集病料时也要防止病原菌污染环境及造成人的感染。如在尸体剖检前，首先将尸体在适当消毒液中浸泡消毒，打开胸腹腔后，应先取病料以备细菌学检验，然后再进行病理学检查；最后将剖检的尸体焚烧，或浸入消毒液中过夜，次日取出做深埋处理。剖检场地应选择易于消毒的地面或台面，如水泥地面等。剖检后，操作者、用具及场地都要进行消毒或灭菌处理。

(2) 适时采病料原则　病料一般采集于濒死或刚刚死亡的动物，若是死亡的动物，则应在动物死亡后立即采集；夏天不宜迟于 6～8h，冬天不迟于 24h。取得病料后，应立即送检；如不能立刻进行检验，则应存放于冰箱中。若需要采血清测抗体，最好采发病初期和恢复期两个时期的血清。

(3) 病料含病原多的原则　病料必须采自含病原菌最多的病变组织或脏器。

(4) 采病料适量的原则　采集的病料不宜过少，以免在送检过程中细菌因干燥而死亡。病料的量至少是检测量的四倍。

2. 采集病料的方法

(1) 液体材料的采集方法　破溃的脓汁、胸腹水一般用灭菌的棉棒或吸管吸取，放入无菌试管内，塞好胶塞送检。血液可无菌操作从静脉或心脏采血，然后加抗凝剂即每 1mL 血液加 3.8%枸橼酸钠 0.1mL。若需分离血清，则采血后放在灭菌的试管中，摆成斜面，待血液凝固析出血清后，再将血清吸出，置于另一灭菌试管中送检。方便时，可直接无菌操作取液体涂片或接种适宜的培养基。

(2) 实质脏器的采集方法　应在解剖尸体后立即采集。若剖检过程中被检器官污染或剖开胸腹后时间过久，应先用烧红的铁片烧烙表面，或用酒精火焰灭菌后，在烧烙的深部取一块实质脏器，放在灭菌试管或平皿内。如剖检现场有细菌分离培养条件，可以直接用烧红的铁片烧烙脏器表面，然后用灭菌的接种环自烧烙的部位插入组织中，缓缓转动接种环，取少量组织或液体接种到适宜的培养基中。

(3) 肠道及其内容物的采集方法　肠道采集只需选择病变最明显的部分，将其中内容物去掉，用灭菌水轻轻冲洗后放在平皿内。粪便应采取新鲜的带有脓、血、黏液的部分，液态粪应采集絮状物。有时可将胃肠两端扎好剪下，保存送检。

(4) 皮肤及羽毛的采集方法　皮肤要取病变明显且带有一部分正常皮肤的部位。被毛或羽毛要取病变明显部位，并带毛根，放入平皿内。

(5) 胎儿　可将流产胎儿及胎盘、羊水等送往实验室；也可用吸管或注射器吸取胎儿胃内容物，放入试管送检。

(二) 病料的保存与运送

供细菌检验的病料，若能在1～2d内送到实验室，则可放在有冰的保温瓶或4～10℃冰箱内，也可放入灭菌液体石蜡或30%甘油盐水缓冲保存液中（甘油300mL，氯化钠4.2g，磷酸氢二钾3.1g，磷酸二氢钾1.0g，0.02%酚红1.5mL，蒸馏水加至1000mL，pH7.6）。

供细菌学检验的病料，最好及时由专人送检，并带好说明，内容包括送检单位、地址、动物品种、性别、日龄、送检的病料种类和数量、检验目的、保存方法、死亡日期、送检日期、送检者姓名；并附临床病例摘要，包括发病时间、死亡情况、临床表现、免疫和用药情况等。

二、检测细菌或其抗原

1. 直接涂片镜检

细菌的形态检查是细菌检验的重要手段之一。在细菌病的实验室诊断中，形态检查的应用有两个时机，一是将病料涂片染色镜检，它有助于对细菌的初步认识，也是决定是否进行细菌分离培养的重要依据，有时通过这一环节即可得到确切诊断。如禽霍乱和炭疽的诊断有时可通过病料组织触片、染色镜检得以确诊。另一个时机是在细菌的分离培养之后，将细菌培养物涂片染色，观察细菌的形态、排列及染色特性，这是鉴定分离菌的基本方法之一，也是进行生化鉴定、血清学鉴定的前提。

常用的细菌染色法包括单染色法和复染色法，应用时可根据实际情况选择适当的染色方法。对病料中的细菌进行检查时，常选择单染色法。对培养物中的细菌进行染色检查时，多采用可以鉴别细菌的复染色法。单染色法，只用一种染料使菌体着色，如美蓝染色法；复染色法，用两种或两种以上的染料染色，可使不同菌体呈现不同颜色，故又称为鉴别染色法，如革兰染色法、抗酸染色法等，其中最常用的复染色法是革兰染色法。此外，还有细菌特殊结构的染色法，如荚膜染色法、鞭毛染色法、芽孢染色法等。

2. 分离培养

细菌的分离培养及移植是细菌学检验中最重要的环节，细菌病的诊断、防治及对未知菌的研究，常需要进行细菌的分离培养。

细菌病的临床病料或培养物中常有多种细菌混杂，其中有致病菌，也有非致病菌，从采集的病料中分离出目的病原菌是细菌病诊断的重要依据，也是对病原菌进一步鉴定的前提。不同的细菌在一定培养基中有其特定的生长现象，如在液体培养基中的均匀浑浊、沉淀、菌环或菌膜，在固体培养基上形成的菌落和菌苔等，均因细菌的种类不同而异，根据菌落的特征，往往可以初步确定细菌的种类。

分离纯化的病原菌，除可为生化试验和血清学试验提供纯的细菌，也可用于细菌的计数、扩增和动力观察等。

细菌分离培养的方法很多，最常用的是平板划线接种法，还有倾注平板培养法、斜面接种法、穿刺接种法、液体培养基接种法等，内容详见本章第二节技能1-7。

3. 动物接种试验

实验动物的接种是微生物实验室常用的技术。其主要用途是进行病原体的分离与鉴定，确定病原体的致病力，恢复或增强细菌的毒力，测定某些细菌的外毒素，制备疫苗或诊断用抗原，制备诊断或治疗用的免疫血清，以及用于检验药物的治疗效果及毒性等。最常用的是本动物接种和实验动物接种。实验动物有“活试剂”或“活天平”之誉，是生物学研究的重要基础和条件之一。以病原微生物存在的情况为标准，可将动物分为无菌动物、悉生动物、无特定病原体动物、清洁动物及普通动物，经常使用的实验动物属后三种。

(1) 无菌动物（GF） 指不携带任何微生物的动物，即无外源菌动物。实际上某些内源性病毒或正常病毒很难除去，因此无菌动物事实上是一个相对概念。

无菌动物生产，首先以无菌技术由动物子宫或孵育的鸡蛋内取出胎儿，在无菌的隔离罩或隔离室内培育成功。在隔离罩（室）内供应的空气、饲料、水及其他物品都必须是无菌的，自始至终保持绝对无菌条件，才能培育出无菌动物。无菌动物虽能在无菌隔离罩（室）环境内存活和传代，但其生命力不强；生理功能低下；有些局部组织器官不同于普通动物，如小肠壁变薄、肠内网状内皮系统的组分明显减少、免疫球蛋白含量低；其他组织器官无明显肉眼变化。

由于无菌动物不受任何微生物刺激和干扰，所以可用于研究动物体内外微生物区系对机体的影响以及微生态学研究；也可用来研究免疫、肿瘤、病理及传染病的净化等。由于无菌动物的培育和饲养技术很困难，所以通常用悉生动物替代。

(2) 悉生动物 狭义的悉生动物是指无菌动物，广义也指有目的地带有某种或某些已知微生物的动物。无菌动物带有或接种了一种微生物的动物叫单联悉生动物，带两种微生物者称双联悉生动物，依次类推，称三联或多联悉生动物。

(3) 无特定病原体动物（SPF） 指不存在某些特定的具有病原性或潜在的病原性微生物的动物。例如为了排除某些细菌如假单胞菌属、变形杆菌属、克雷伯菌属等的干扰，可通过无菌动物与这些细菌以外的正常菌群相联系培育SPF动物。

(4) 清洁动物 指来源于剖腹产，饲养于半屏障系统，其体内外不能携带人畜共患病和动物主要传染的病原体的动物。

(5) 普通动物 指在开放条件下饲养，其体内外存在着多种微生物和寄生虫，但不能携带人畜共患病病原微生物的动物。

4. 生化试验

细菌在代谢过程中要进行多种生物化学反应，这些反应几乎都靠各种酶系统来催化完成。由于不同的细菌含有不同的酶，因而对营养物质的利用和分解能力不一致，代谢产物也不尽相同，据此设计的用于鉴定细菌的试验，称为细菌的生化试验。常用的生化试验原理及方法前面已经介绍。

细菌生化试验的主要用途是鉴别细菌。对革兰染色反应、菌体形态以及菌落特征相同或相似细菌的鉴别具有重要意义。

5. 抗原检测

有些细菌即使用生化试验也很难区别，但其细菌抗原成分（包括菌体抗原、鞭毛抗原）却不同。利用已知的特异抗体测定有无相应的细菌抗原可以确定菌种或菌型。实验室常用的方法为凝集性试验，近年来还采用了对流免疫电泳、放射免疫、酶联免疫、气相色谱等快速检测细菌抗原的方法。

三、检测抗体

一般来说，诊断感染性疾病，如能从标本中直接检测到病原体是最理想的。但由于某些病原体生长所需条件高、生长时间长、检出的阳性率低，给诊断带来一定困难。特异性抗体的检出在一定程度上可弥补以上的不足。近年来逐步发展起来的用免疫学方法测定标本中的病原抗原，或用分子生物学技术测定感染因子，无疑对感染性疾病的早期诊断是一个巨大的进步。尽管如此，也不能完全代替特异性抗体的检测。

现在抗体检测的方法众多，除传统的沉淀反应、凝集试验、补体结合试验外，标记免疫测定如酶联免疫测定、放射免疫测定、荧光免疫测定、发光免疫测定等已成为主要的免疫测定技术，免疫印迹法也发挥了明显的作用，一些快速测定法如快速斑点免疫结合试验也被广泛使用。必须明确，不同的方法，灵敏度、准确性、重复性并不完全相同，加上试剂盒质量不一，都影响到试验结果。

四、检测细菌遗传物质（PCR 技术）

PCR 技术又称聚合酶链式反应，是 20 世纪 80 年代末发展起来的一种快速的 DNA 特定片段体外合成扩增技术。PCR 的基本原理与体内复制类似，主要根据碱基配对原理，利用 DNA 聚合酶催化和 dNTP 的参与，引物依赖于 DNA 模板特异性引导 DNA 合成。诊断时可以根据已知病原微生物特异性核酸序列，设计合成引物。在体外反应管中加入待检的病原微生物核酸即模板 DNA，如果待检核酸与引物上的碱基匹配，在 dNTP 和 DNA Taq 聚合酶参与下，利用 PCR 仪就可扩增出 DNA。经琼脂糖凝胶电泳，见到预期大小的 DNA 条带出现，即可做出确诊。

此项技术具有特异性强、灵敏度高、操作简便、快速、重复性好和对原材料要求较低等特点。它尤其适于那些培养时间较长的病原菌的检查，如结核分枝杆菌、支原体等。此外，还有逆转录 PCR（RT-PCR）、免疫-PCR 等技术也常用于检测病原体。

【复习思考题】

1. 名词解释：细菌　荚膜　鞭毛　菌毛　芽孢　细菌的呼吸　热原质　生长曲线培养基　菌落　纯培养　SPF 动物　GF 动物
2. 细菌的基本结构及其功能有哪些？
3. 细菌的特殊结构及其功能有哪些？
4. 细菌的营养类型及划分方法是什么？
5. 细菌生长需要的营养物质都有哪些？其作用如何？
6. 细菌的生长繁殖条件是什么？
7. 细菌的生长繁殖可以分为几个时期？各时期的特点是什么？
8. 制备培养基的基本原则有哪些？
9. 常用培养基的类型有哪些？
10. 细菌在培养基上的生长情况有哪些？
11. 细菌病实验室诊断常用哪些方法？

（姜　鑫　王　珅）

第二章　病毒的基本知识及检验

【能力目标】

能利用动物、鸡胚或细胞培养技术，选择合适的对象培养病毒；熟练掌握病毒的血凝试验和血凝抑制试验技术，并能根据实验结果指导生产实践；具备根据临床病例设计病毒感染实验室诊断方案的能力。

【知识目标】

熟悉病毒的概念、特点，以及病毒的大小、形态、结构和化学组成。掌握培养病毒的方法；掌握病毒的干扰现象及干扰素、病毒的血凝现象、包涵体现象及其实践应用；掌握病毒感染的实验室检查方法及其应用。理解病毒复制的过程。了解各种理化因素对病毒的影响。

病毒是一类只能在适宜活细胞内寄生的非细胞型微生物。它形体微小，能通过细菌滤器，需借助电子显微镜进行观察；只含有一种核酸（RNA 或 DNA）；缺乏完整的酶系统，不能在无生命的培养基上生长，只能在适宜的活细胞内进行繁殖；增殖的方式为复制；对抗生素有明显抵抗力，但受干扰素抑制。病毒在自然界中分布广泛，对人类、畜禽造成严重危害，迄今还缺乏确切有效的防治药物，给畜牧业带来巨大的经济损失。因此，学习、研究病毒有关的基本知识和检验技术，对于诊断和防治病毒性传染病有着十分重要的意义。

第一节　病毒的形态结构

一、病毒的大小

病毒是自然界中最小的微生物，测量单位为纳米（nm），需借助电子显微镜进行观察。各种病毒的大小差异很大，最大的病毒直径达 200nm 以上，如痘病毒；中等大小的如流感病毒，直径为 80～120nm；较小的病毒只有 20nm 左右，如细小病毒。

二、病毒的形态

病毒的基本形态分为球形、杆形、长丝形和蝌蚪形。寄生在人和动物体内的病毒多数为球形，如新城疫病毒；但也有一些病毒有特殊形态，如痘病毒为砖形，狂犬病病毒为弹头状。植物病毒多为杆形，而噬菌体多为蝌蚪形（图 2-1）。

三、病毒的结构和成分

结构完整的病毒个体称为病毒粒子。一个简单的病毒粒子是由一团遗传物质（DNA 或 RNA）和包裹在它外面的一层蛋白质外壳构成的，这层蛋白质外壳称为衣壳，核酸和衣壳的复合体称为核衣壳。结构较复杂的病毒在其衣壳外面还有一层富含脂质的外膜，即囊膜（图 2-2）。

1. 核酸

核酸存在于病毒的中心部分，又称为芯髓。一种病毒只含有一种类型的核酸，即 DNA 或 RNA；DNA 大多数为双链，少数为单链；RNA 多数为单链，少数为双链。核酸是病毒的遗传物质，控制着病毒的遗传、变异、增殖和对宿主的感染性等特性。某些动物病毒去除囊膜和衣壳，裸露的DNA或RNA也能感染细胞，这样的核酸称为传染性核酸。

2. 衣壳

病毒的结构组成中，包围着病毒核酸及其结合蛋白的蛋白质鞘称作衣壳或壳体。衣壳由大量壳粒规律性几何堆积而成，有二十面体对称和螺旋式对称两种构型。正二十面体衣壳的每个面都呈等边三角形，由许多壳粒镶嵌组成，形成封闭式构型；螺旋式对称的病毒粒子，核酸由壳粒周期性围绕，二者一起盘绕成线团或弹簧样。

衣壳的成分是蛋白质，是在病毒核酸控制下于感染细胞内合成的，是病毒特异的。其主要功能：一是包裹核酸，形成保护性外壳；二是参与病毒粒子对易感细胞的吸附作用。此外，病毒的衣壳蛋白还具有抗原性。

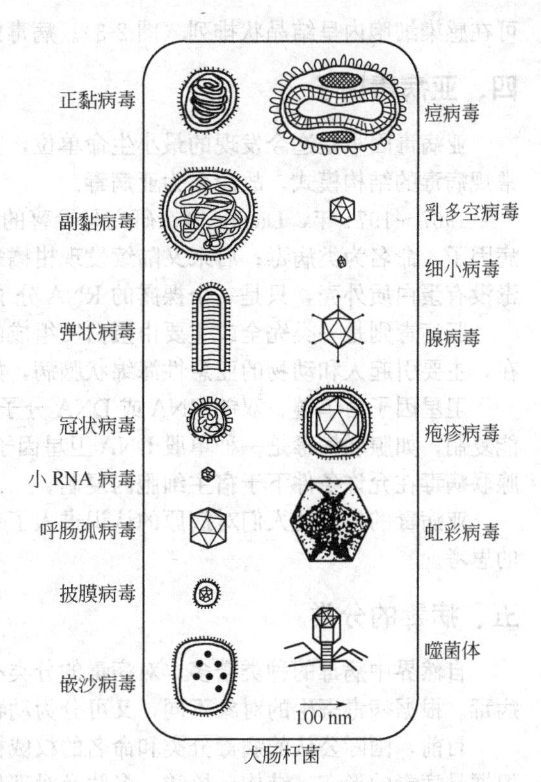

图2-1 主要动物病毒的形态与大肠杆菌的相对大小

3. 囊膜

囊膜来源于宿主细胞，是某些病毒在出芽释放的过程中通过宿主细胞膜或核膜时获得的，主要成分是脂类和蛋白质。电镜观察这些病毒时，常可在其囊膜表面看到球杆状或穗状突起，称为纤突。纤突实质上是囊膜中镶嵌的病毒特异的蛋白质或糖蛋白，如流感病毒囊膜上的纤突有血凝素和神经氨酸酶，二者均为病毒特有的糖蛋白。纤突不仅具有抗原性，而且与病毒的致病力及病毒对细胞的亲和力有关。

囊膜对衣壳有保护作用，且与病毒的抗原性和病毒对宿主细胞的亲和力有关。病毒粒子囊膜中的蛋白质对于易感细胞表面受体的特殊亲和力，是某些病毒感染必不可少的前提。由于脂质是囊膜的重要结构成分，应用乙醚、氯仿等脂溶剂可除去脂质囊膜，从而使有囊膜病毒失去感染性。

在感染细胞内或细胞外的成熟病毒粒子，大多分散存在或团聚成堆。但某些病毒，病毒粒子

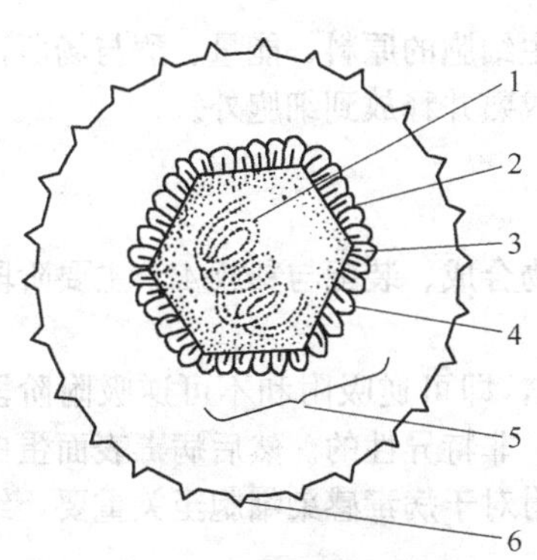

图2-2 病毒结构模式图

1—核酸；2—衣壳；3—壳粒；4——条或数条多肽链；5—核衣壳；6—纤突

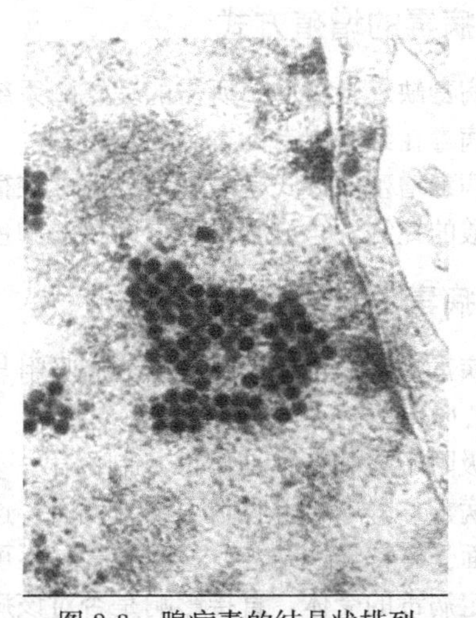

图2-3 腺病毒的结晶状排列

可在感染细胞内呈结晶状排列（图 2-3）。病毒的排列方式常是病毒鉴定的一个依据。

四、亚病毒因子

亚病毒因子是迄今发现的最小生命单位，它是类病毒、朊病毒和卫星因子的总称，因为没有常规病毒的结构模式，故命名为亚病毒。

1967～1971 年，Diener 等在研究马铃薯的纺锤形块茎病时发现一种比病毒还小的侵染性致病因子，命名为类病毒；后来又陆续发现柑橘裂皮病、黄瓜白果病等的病原体也是类病毒。类病毒没有蛋白质外壳，只是一个裸露的 RNA 分子，主要引起植物疾病。

朊病毒则是一类完全或主要由蛋白质组成的大分子，未发现有与其感染性直接相关的核酸存在，主要引起人和动物的亚急性海绵状脑病，如疯牛病、羊痒疫等。

卫星因子由单链、双链 RNA 或 DNA 分子组成，必须依赖宿主细胞内共感染的辅助病毒才能复制，如腺联病毒是一种单股 DNA 卫星因子，腺病毒和疱疹病毒是其辅助病毒，辅助病毒使腺联病毒在允许条件下于宿主细胞内复制。

亚病毒的发现使人们对病原的认识进入了一个新阶段，使人们对病毒的特征和起源有了崭新的思考。

五、病毒的分类

自然界中病毒的种类繁多，对病毒的分类有多种方法。根据核酸类型分为 DNA 病毒和 RNA 病毒。根据病毒寄生的对象不同，又可分为动物病毒、植物病毒、昆虫病毒和噬菌体。

目前，国际公认的病毒分类和命名的权威机构为国际病毒分类委员会（ICTV），病毒分类的根据是病毒的形态、结构、核酸、多肽及对理化因素的稳定性等；而随着分子生物学的发展，病毒基因组特征在病毒分类上的意义也越来越重要。

从第六次病毒分类报告开始，病毒被分为三大类。即 DNA 病毒类、DNA 反转录与 RNA 反转录病毒类、RNA 病毒类。第七次分类报告之后，病毒分类形成了类、（目）、科（亚科）、属、（种）的分类系统。有的病毒分类地位不确定，而类病毒和朊病毒在目前分类中亦属病毒之内。

第二节　病毒的增殖与培养

一、病毒的增殖方式

病毒缺乏自身增殖所需的完整酶系统，增殖时必须依靠宿主细胞合成核酸和蛋白质，这就决定了病毒在细胞内专性寄生的特性。

病毒增殖的方式是复制，即病毒在宿主细胞内利用宿主细胞的原料、能量、酶与场所，在病毒核酸的控制下合成子代病毒的核酸和蛋白质，然后装配成熟并释放到细胞外。

二、病毒的复制过程

病毒复制的过程大致可以分为吸附与侵入、脱壳、生物合成、装配与释放 4 个主要阶段。

1. 吸附与侵入

吸附于易感细胞是病毒复制的第一步。分两阶段完成，即可逆吸附和不可逆吸附阶段。首先，病毒靠静电引力吸附于细胞表面，这种结合是可逆的、非特异性的。然后病毒表面蛋白与细胞表面受体特异性结合，这种结合是不可逆的。特异性吸附对于病毒感染细胞至关重要，细胞有无特定病毒的受体，直接影响是否对该病毒具有易感性。

可逆和不可逆吸附的两阶段吸附过程，并非是所有病毒的共同规律。有些病毒对细胞的吸附是一步完成的，病毒一经吸附于敏感细胞，就不易脱离。而另一些病毒，如流感病毒，即使进入了不可逆结合的阶段，病毒仍可由细胞表面解离；因为该病毒表面有两种纤突，血凝素和神经氨酸酶，血凝素可使病毒与红细胞表面受体结合，而神经氨酸酶则可以破坏红细胞受体，使病毒从其吸附的红细胞上解离。

吸附与侵入是一个连续的过程，目前发现病毒侵入细胞的方式主要有三种。一是病毒直接转入胞浆；二是细胞吞饮病毒；三是病毒囊膜同细胞膜融合。无囊膜的病毒以前两种方式侵入，有囊膜病毒常以第三种方式侵入细胞。

2. 脱壳

病毒脱壳包括脱囊膜和脱衣壳两个过程。多数囊膜病毒脱囊膜的过程是在侵入过程中完成的；没有囊膜的病毒，则只有脱衣壳的过程。有的病毒在细胞膜上脱掉衣壳，病毒核酸直接进入细胞内，如口蹄疫病毒。而病毒衣壳的脱落，主要发生在细胞浆或细胞核。由吞饮方式进入细胞浆的病毒，在吞饮泡与溶酶体融合后，经溶酶体酶的作用脱壳。痘病毒的外层囊膜在胞膜或吞饮泡膜上被融合，病毒核衣壳进入胞浆，借助自身衣壳上的一种依赖 DNA 的 RNA 聚合酶合成 mRNA，进一步译制出一种脱壳酶，帮助其脱壳。某些在细胞核内增殖的 DNA 病毒如腺病毒，在未被完全脱壳的情况下就进入细胞核内。也有个别病毒的衣壳不完全脱去就能进行复制，如呼肠孤病毒。

3. 生物合成

病毒脱壳后，释放核酸，这时在细胞内查不到病毒颗粒，故称为隐蔽期。此时，宿主细胞在病毒基因的控制下合成病毒的核酸、蛋白质及所需的酶类，包括病毒核酸转录或复制时的聚合酶，最后是由新合成的病毒成分装配成完整的病毒粒子。

4. 装配与释放

新合成的病毒核酸和病毒蛋白质在感染细胞中逐步成熟，即核酸进一步被修饰，病毒蛋白亚单位以最佳物理方式形成衣壳。病毒核酸进入衣壳形成完整的病毒粒子，即是病毒的装配。大多数 DNA 病毒在细胞核内合成 DNA，并在细胞核内进行装配；但痘病毒和虹彩病毒却在细胞浆内合成 DNA 和病毒蛋白，并装配；RNA 病毒都在胞浆内装配。

大多数无囊膜的病毒蓄积在胞浆或胞核内，当细胞完全裂解时释放出病毒粒子。而有囊膜的病毒则以出芽方式释放，在释放过程中病毒合成的特异性蛋白插入到膜内形成特异性的囊膜蛋白，并排挤出原有的细胞膜蛋白；最终，核衣壳被囊膜包裹后释放到细胞外（图 2-4）。如流感病毒，核衣壳在装配成熟的同时，血凝素和神经氨酸酶在胞浆内合成并嵌入细胞膜，在病毒出芽时获得这两种成分，并在囊膜表面形成纤突。某些病毒，如疱疹病毒，很少释放到细胞外，而是通过融合细胞而传播。

三、病毒的培养技术

病毒缺乏完整的酶系统和细胞器，所以不能在无生命的培养基中生长，必须在活细胞中增殖，故实验动物、禽胚以及体外培养的组织和细胞就成为人工培养病毒的对象。大量的病毒培养是病毒实验研究以及制备疫苗和诊断制剂的先决条件。

1. 动物接种

将病毒以注射、口服等途径接种到实验动物体内，观察动物表现及剖检病理变化，必要时做病理组织学检查或必要的血清学试验，以判断病毒增殖情况。动物接种主要用于病毒分离鉴定、制造疫苗和诊断液、病毒毒力及疫苗免疫效果测定等。

动物接种分本动物接种和实验动物接种两种方法。常用的实验动物有小白鼠、家兔、豚鼠、鸡等。

2. 禽胚接种

禽胚是正在发育的动物机体，组织分化程度低，病毒易于在其中增殖，来自禽类的病毒均可在相应的禽胚中繁殖，其他动物病毒有的也可在禽胚内增殖。禽胚接种的优点在于感染的胚胎组织中病毒含量高，培养后易于采集和处理；禽胚来源充足，操作简单。缺点是禽胚中可能带有垂

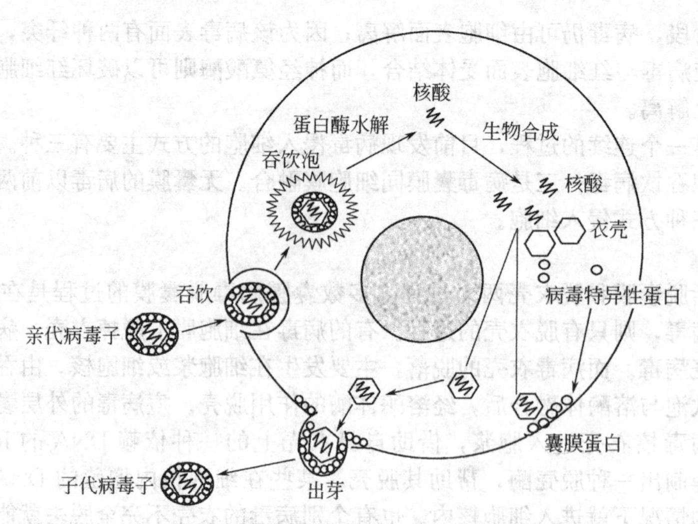

图 2-4　有囊膜 RNA 病毒的复制

直传播的病原体，也有卵黄抗体干扰的问题，因此最好选择 SPF 胚。

病毒在禽胚中增殖后，除部分病毒引起禽胚死亡和充血、出血或坏死灶、畸形、绒毛尿囊膜上出现痘斑等变化外，许多病毒缺乏特异性的病毒感染指征，必须应用血清学反应检查病毒抗原以确定病毒的存在。

禽胚中最常用是鸡胚。接种时，应根据不同的病毒采用不同的接种途径，选择相应日龄的鸡胚。如绒毛尿囊膜接种，主要用于痘病毒和疱疹病毒的分离和增殖，用 10～12 日龄鸡胚；尿囊腔接种，主要用于正黏病毒和副黏病毒的分离和增殖，用 9～11 日龄鸡胚；卵黄囊接种，主要用于虫媒披膜病毒及鹦鹉热衣原体和立克次体等的增殖，用 6～8 日龄鸡胚；羊膜腔接种，主要用于正黏病毒和副黏病毒的分离和增殖，此途径比尿囊腔接种更敏感，但操作较困难，且鸡胚易受伤致死，选用 11～12 日龄鸡胚。常见鸡胚接种的病毒见表 2-1。

表 2-1　常见鸡胚接种的病毒

病毒名称	增殖部位	病毒名称	增殖部位
禽痘及其他动物痘病毒	绒毛尿囊膜	禽脑脊髓炎病毒	卵黄囊内
禽马立克病病毒	卵黄囊内、绒毛膜	鸭肝炎病毒	绒毛尿囊腔
鸡传染性喉气管炎病毒	绒毛尿囊膜	鸡传染性支气管炎病毒	绒毛尿囊腔
鸭瘟病毒	绒毛尿囊膜	小鹅瘟病毒	鹅胚绒毛尿囊腔
人、畜、禽流感病毒	绒毛尿囊腔	马鼻肺炎病毒	卵黄囊内
鸡新城疫病毒	绒毛尿囊腔	绵羊蓝舌病病毒	卵黄囊内

接种后的鸡胚一般孵育温度为 37℃，湿度 40%～50%。根据接种途径收获相应的材料，绒毛尿囊膜接种收获接种部位的绒毛尿囊膜；尿囊腔接种收获尿囊液；卵黄囊接种收获卵黄囊及胚体；羊膜腔接种收获羊水。

3. 组织培养

组织培养是用体外培养的组织块或细胞分离增殖病毒。组织块培养即将器官或组织小块于体外细胞培养液中培养存活后，接种病毒，观察组织功能的变化，如气管黏膜纤毛上皮的摆动等。

细胞培养常用的细胞类型有原代细胞、继代细胞、传代细胞。应用胰酶等分散剂将动物组织消化成单个细胞的悬液，适当洗涤后加入营养液，通常细胞可贴附于瓶壁上长成单层，这样的细胞培养物称原代细胞，一般对病毒较易感；将长成的原代细胞从瓶壁上消化下来再做培养，就是继代细胞，从样本中分离培养病毒，一般多采用此类细胞。传代细胞多数来自人和动物的肿瘤组织，部分来自发生突变的正常细胞，它们可以在体外无限地传代。传代培养方便，因此使用广泛。由于担心致肿瘤的潜在危险，传代细胞系一般不用于疫苗生产。兽医实验室常用的传代细胞很多，如 Vero（非洲绿猴肾细胞）、CEF（鸡胚成纤维细胞）、PK-15 株（猪肾上皮细胞）、K-L 株（中国仓鼠肺细胞）、D-K 株（中国仓鼠肾细胞）、MDCK（犬肾细胞）、BHK-21（乳仓鼠肾细胞）等，并由专门机构负责鉴定和保管。

大多数病毒接种细胞后能引起细胞损伤，称之为细胞病变，简称 CPE。CPE 的表现因病毒与细胞种类而异，如细胞圆缩、肿大、胞浆内出现颗粒化、核浓缩、核裂解、形成合胞体、蚀斑等。CPE 可直接在光学显微镜下观察，一般不需染色，有的病毒不引起 CPE，可采用免疫荧光等技术检查细胞中的病毒；故作为病毒检测及研究的常规手段之一。组织细胞培养病毒有许多优点，一是离体活组织细胞不受机体免疫力影响，很多病毒易于生长；二是便于人工选择多种敏感细胞供病毒生长；三是易于观察病毒的生长特征；四是便于收集病毒做进一步检查。因此，细胞培养是病毒病诊断、病毒研究、病毒纯化、疫苗生产和中和抗体效价测定的良好方法。

技能 1-8　实验动物的接种和剖检技术

实验动物的接种是微生物实验室常用的技术，可用于病原体的分离鉴定、确定病原体的致病力、恢复或增强细菌的毒力、测定某些细菌的外毒素、制备疫苗或诊断用抗原、制备诊断或治疗用免疫血清，以及用于检验药物的治疗效果及毒性等。

[**学习目标**]

掌握常用的动物接种方法与剖检方法。

[**仪器材料**]

① 器材：消毒设备、保定器、注射器、头皮针、滴管、解剖盘及解剖刀剪、平皿、接种环、酒精灯、显微镜、10%甲醛、乙醚、3%来苏儿、75%酒精、碘酊和酒精棉球等。

② 其他：病毒液，小鼠、豚鼠或家兔、鸡等。

[**方法步骤**]

1. 实验动物的接种

（1）皮内注射　小鼠、家兔及豚鼠的皮内注射均需助手保定动物。由助手把动物伏卧或仰卧保定，接种者以左手拇指及食指夹起皮肤，右手持注射器，用细针头插入拇指及食指之间的皮肤内，针头插入不宜过深，同时插入角度要小，注入时感到有阻力且注射完毕后皮肤上有硬的隆起即为注入皮内。拔出针头，用消毒棉球按住针眼并稍加按摩。皮内接种要慢，以防使皮肤胀裂或自针眼流出注射物而散播传染。

鸡的皮内注射由助手捉鸡，注射者左手捏住鸡冠或肉髯，消毒后在其皮内注射 0.1～0.2mL，注射后处理同上。

（2）皮下注射　家兔及豚鼠的皮下注射与皮内注射法同样保定动物。在动物背侧或腹侧皮下结缔组织疏松部位剪毛消毒，接种者持注射器，以左手拇指、食指和中指捏起皮肤，使之成一个三角形皱褶；或用镊子夹起皮肤，于其底部进针。感到针头可以随意拨动即表示插入皮下。当推入注射物时应感到流利畅通。注射后处理同皮内接种法。

小鼠的皮下注射部位选在背部（背中线一侧），注射量一般为 0.2～0.5mL。鸡的皮下注射可在颈部和背部。

（3）肌内注射　鸡的肌内注射由助手捉住或用小绳绑其两腿保定，小鸡也可由注射者左手提握保定，然后在其胸肌、腿肌或翅膀内侧肌肉处注射 0.1mL。小鼠的肌内注射由助手捉住或用特制的保定筒保定，注射者左手握住小鼠的一后肢，在后肢上部肌肉丰满处消毒，向肌肉内注射 0.1～0.5mL。

（4）腹腔注射　小白鼠腹腔接种时，用右手提起鼠尾，左手拇指和食指捏头背部，翻转鼠体使腹部向上，把鼠尾和后腿夹于术者掌心和小指之间，右手持注射器，将针头平行刺入皮下，然后向下斜行，通过腹部肌肉进入腹腔（图 2-5），注射量为 0.5～1.0mL。家兔和豚鼠，先在腹股沟处刺入皮下，前进少许，再刺入腹腔，注射量为 0.5～5.0mL。

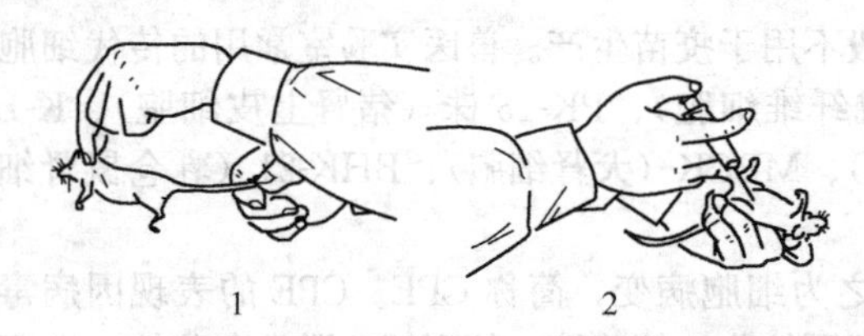

图 2-5　小白鼠的捕捉保定和腹腔注射

(5) 静脉注射　此法主要适用于家兔和豚鼠。将家兔放入保定器或由助手把住前后躯保定，选一侧耳边缘静脉，用75%酒精涂擦兔耳并以手指轻弹耳朵，使静脉怒张。注射时，用左手拇指和食指拉紧兔耳，右手持注射器，使针头与静脉平行，向心方向刺入静脉内，注射时应无阻力且有血向前流动即表示注入静脉，缓缓注入接种物。若注射正确，注射后耳部应无肿胀。注射完毕，用消毒棉球紧压针眼，以免流血和注射物流出。一般注射0.2～1.0mL。

豚鼠常用抓握保定，耳背侧或股内侧剪毛、消毒，用头皮针刺入耳大静脉或股内侧静脉，注射量为0.2～0.5mL。若注射正确，注射后静脉周围应无肿胀。

(6) 脑内注射　此法主要适用于乳鼠和乳兔，也可用于家兔、豚鼠和小鼠，注射部位在两耳根连线的中点略偏左（或右）。接种时用乙醚使动物轻度麻醉，术部用碘酊、酒精消毒，用小号针头经皮肤和颅骨稍向后下刺入脑内进行注射，注射完毕用棉球按压针眼片刻。乳鼠接种时一般不麻醉。家兔和豚鼠的颅骨较硬厚，最好事先用短锥钻孔，然后注射，深度宜浅，以免伤及脑组织。

注射量一般家兔为0.2mL，豚鼠0.15mL，小鼠0.03mL。一般认为，注射后1h内出现神经症状的，是接种时脑创伤所致，此动物应作废。

2.实验动物的剖检技术

实验动物接种死亡或予以扑杀后，对尸体进行解剖，以观察其病变情况，并取材料保存或进一步检查。一般剖检程序如下。

① 肉眼观察动物体表的情况。

② 将动物尸体仰卧固定于解剖板上，充分暴露胸腹部。

③ 用3%来苏儿或其他消毒液浸擦尸体的颈、胸、腹部的皮毛。

④ 用无菌剪刀自颈部至耻骨部切开皮肤，并将四肢腋窝处皮肤剪开，剥离胸腹部皮肤使其尽量翻向外侧。观察皮下组织有无出血、水肿等病变，腋下、腹股沟淋巴结有无肿胀等病变。

⑤ 用毛细管或注射器穿过腹壁吸取腹腔渗出液，供直接培养或涂片检查。

⑥ 另换一套灭菌剪刀剪开腹膜，观察肝、脾及肠系膜等有无变化，采取肝、脾、肾等实质脏器各一小块放在灭菌平皿内，以备培养及直接涂片检查。然后剪开胸腔，观察心、肺有无病变，可用无菌注射器或吸管吸取心脏血液，进行直接培养或涂片。

⑦ 必要时破颅取脑组织作检查。

⑧ 如欲作组织切片检查，将各种组织小块置于10%甲醛中固定。

⑨ 剖检完毕后应妥善处理动物尸体，以免病原散播。最好焚化或高压灭菌，若是小鼠尸体，可浸泡于3%来苏儿液中消毒后，倒入焚尸坑中，使其自然腐败。解剖器械须煮沸消毒或高压灭菌，用具用3%来苏儿液浸泡消毒，然后洗刷。

[注意事项]

① 小鼠接种时，应将小鼠保定确实，防止咬伤人员。

② 接种不同的实验动物应选用不同规格的针头，乳鼠和乳兔用5号针头，鸡和小鼠用5～8号针头，家兔和豚鼠用7～10号针头。

③ 皮内注射时，不可将针尖刺至皮下。刺至皮内时，可感觉到注射阻力较大，且注射完毕局部有肿胀，可触及；刺至皮下时则几乎无阻力，注射局部不出现肿胀。

④ 取病料时应无菌操作。

技能 1-9　病毒的鸡胚接种技术

[学习目标]

掌握病毒的鸡胚接种方法和收获方法。

[仪器材料]

① 器材：恒温箱、冰箱、照蛋器、卵架、超净工作台、1mL 注射器、20～27 号针头、镊子、高压灭菌锅、酒精灯、灭菌吸管、灭菌滴管、灭菌青霉素瓶、平皿、铅笔、透明胶纸、石蜡、生理盐水、2.5%碘酊及 75%酒精棉球等。

② 其他：种毒（新城疫病毒悬液）；受精卵（健康鸡群的受精卵，无母源抗体，产后 10d 之内，5d 最佳）。

[方法步骤]

（一）鸡卵的保存、孵育及检卵

1. 保存

孵育前，保存在 4.5～20℃的室温内，以 10℃左右最佳，最多不能超过 10d。

2. 孵育

先将恒温箱调节至 37.3～37.8℃，湿度 45%～60%。将鸡卵孵入后，每日翻卵 2～3 次。

3. 检卵

孵后第 4d，用照蛋器检查发育情况，检出未受精及死亡鸡胚。鸡胚的生长情况分为以下几类。

（1）未受精　4d 后仅见模糊的卵黄黑影，无鸡胚迹象。

（2）生活鸡胚　4d 后可见到清晰的血管小团，内有鸡胚暗影，较大的鸡胚可见胚动。

（3）濒死或死亡鸡胚　鸡胚活动呆滞或不能主动运动，血管昏暗或断折沉落。

（二）各种途径的鸡胚接种方法

1. 尿囊腔接种

（1）接种方法　孵育 9～11 日龄的鸡胚（图 2-6），经照视后，划出气室及胚胎位置，标明胚龄及日期，气室朝上立于卵架上。在气室中心或远离胚胎侧气室边缘先后用碘酊棉球及酒精棉球消毒，以钢锥在气室的中央或侧边打一小孔，针头沿孔垂直或稍斜插入气室，进入尿囊，向尿囊腔内注入 0.1～0.3mL 新城疫病毒悬液，拔出针头，用融化的石蜡封孔，直立孵化（图 2-7）。孵化期间，每晚照蛋，观察胚胎存活情况。弃去接种后 24h 内死亡的鸡胚。

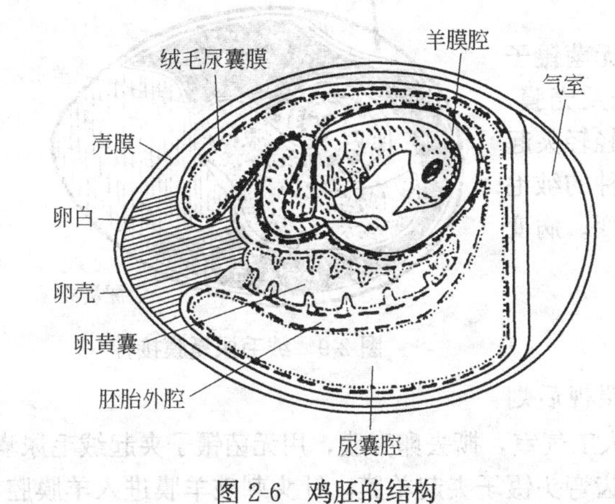

图 2-6　鸡胚的结构

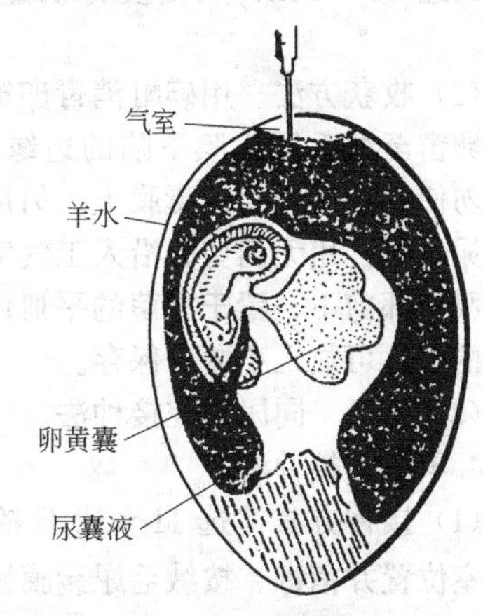

图 2-7　尿囊腔接种

（2）收获方法　收获时间须视病毒的种类而定。新城疫病毒在接种后 24～48h 即可收获病毒。收获前将鸡胚置于 0～4℃冰箱中冷藏 4h 或过夜，使血管收缩，以免解剖时出血。气室朝上立于卵架上，无菌操作轻轻敲打并揭去气室顶部蛋壳，形成直径为 1.5～2.0cm 的开口。用灭菌镊子夹起并撕开气室中央的绒毛尿囊膜，然后用吸管从破口处吸取尿囊液，每胚约可得 5～6mL，贮于无菌小瓶内，无菌检验后，冰冻保存，作种毒或试验之用。

（3）消毒　将用过的镊子、注射器等放入煮沸锅消毒 5min，取出后擦干包好，高压灭菌待用。卵壳、鸡胚等置于消毒液中浸泡过夜，然后弃掉。无菌室内用紫外线灯消毒 30min。

2. 卵黄囊接种法

(1) 接种方法　选用6～8日龄鸡胚，划出气室和胚胎位置，垂直放置在固定的卵架上。用碘酊及酒精棉球消毒气室端，在气室的中央打一小孔，针头沿小孔垂直刺入约3cm，向卵黄囊内注入0.1～0.5mL病毒液（图2-8）。拔出针头，用融化的石蜡封孔，直立孵化3～7d。孵化期间，每晚照蛋，观察胚胎存活情况。弃去接种后24h内死亡的鸡胚。

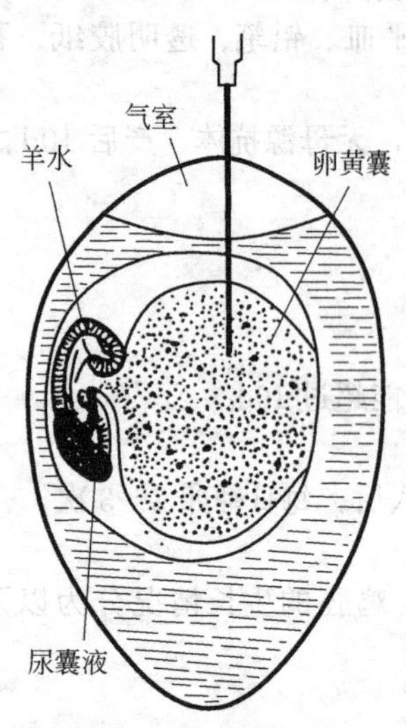

图2-8　卵黄囊接种

(2) 收获方法　将濒死或死亡鸡胚气室部用碘酊及酒精棉球消毒，直立于卵架上，无菌操作轻轻敲打并揭去气室顶部蛋壳。用另一无菌镊子撕开绒毛尿囊膜，夹起鸡胚，切断卵黄带，置于无菌平皿内。如收获鸡胚，则除去双眼、爪及嘴，置于无菌小瓶中保存；如收获卵黄囊，则用镊子将绒毛尿囊膜与卵黄囊分开，将后者贮于无菌小瓶中。收获的鸡胚或卵黄囊，经无菌检验后，放置－25℃冰箱中冷冻保存。

(3) 消毒　同尿囊腔接种法。

3. 绒毛尿囊膜接种法

(1) 接种方法　选9～12日龄鸡胚，经照视后划出气室位置并消毒。在胚胎附近略近气室处，选择血管较少的部位以磨卵器磨一与纵轴平行的裂痕或将蛋壳锉开成三角形，小心挑起卵壳，造成卵窗，见到白色而有韧性的壳膜，以针尖小心挑破壳膜，注意切勿损伤其下的绒毛尿囊膜。另外在气室的顶端钻一小孔。在卵窗壳膜刺破处滴一滴无菌生理盐水，用橡皮乳头紧贴气室小孔，向外吸气，使卵窗部位的绒毛尿囊膜下陷形成一小凹。除去卵窗部的卵壳，用注射器或吸管滴入2～3滴病毒液于绒毛尿囊膜上。用透明胶纸封住卵窗，或用玻璃纸盖于卵窗上，周围用石蜡封固，同时封气室端小孔（图2-9）。接种部位朝上横卧孵化，不许翻动。每日自卵窗处检查，约经48～96h，病变发育明显，鸡胚可能受感染死亡。

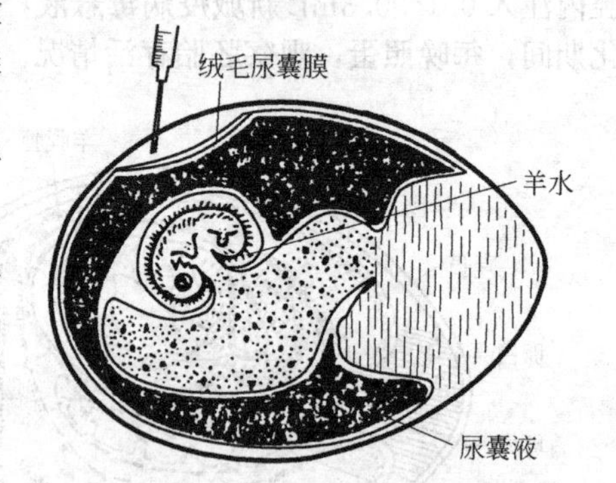

图2-9　绒毛尿囊膜接种

(2) 收获方法　用碘酊消毒卵窗周围，用无菌镊子扩大卵窗至绒毛尿囊膜下陷的边缘，除去卵壳及壳膜，注意勿使其落入绒毛尿囊膜上。另用无菌镊子轻轻夹起绒毛尿囊膜，用无菌剪刀沿人工气室周围将接种的绒毛尿囊膜全部剪下，置于灭菌的平皿内，观察病变。病变明显的膜，可放入小瓶中保存。

(3) 消毒　同尿囊腔接种法。

4. 羊膜腔接种法

(1) 接种方法　选11～12日龄鸡胚，经照视后划出气室位置并消毒。按绒毛尿囊膜接种法造成人工气室，撕去卵壳膜，用无菌镊子夹起绒毛尿囊膜，在无大血管处切一0.5cm小口。用灭菌无齿弯头镊子夹起羊膜，针头刺破羊膜进入羊膜腔，注入新城疫病毒液0.1～0.2mL。用透明胶纸封住卵窗，或用玻璃纸盖于卵窗上，周围用石蜡封固，同时封气室端小孔（图2-10）。横卧孵化，不许翻动。每日检查发育情况，24h内死亡者弃去。通常培养3～5d。

(2) 收获方法　用碘酊消毒卵窗周围，用无菌镊子扩大卵窗至绒毛尿囊膜下陷的边缘，除去卵壳、壳膜及绒毛尿囊膜，倾去尿囊液。夹起羊膜，用尖头毛细吸管或注射器穿入羊膜，吸取羊水，装入小瓶中冷藏。每卵约可收获0.5～1mL。

(3) 消毒　同尿囊腔接种法。

[注意事项]

① 鸡胚污染即可引起发育鸡胚死亡或影响病毒的培养，故整个操作应在无菌室或超净工作台内完成，做到无菌操作。

② 鸡胚培养是在生活鸡胚中进行操作，接种后的鸡胚必须带毒发育一定时间才有利于病毒的增殖，故必须谨慎操作，以免影响鸡胚的生理活动或引起死亡。

③ 培养条件如温度、湿度、翻动等必须适当，并在全程保持稳定。

④ 病毒液使用前及收获后，必先作无菌检验，确定无菌后方能使用或保藏。

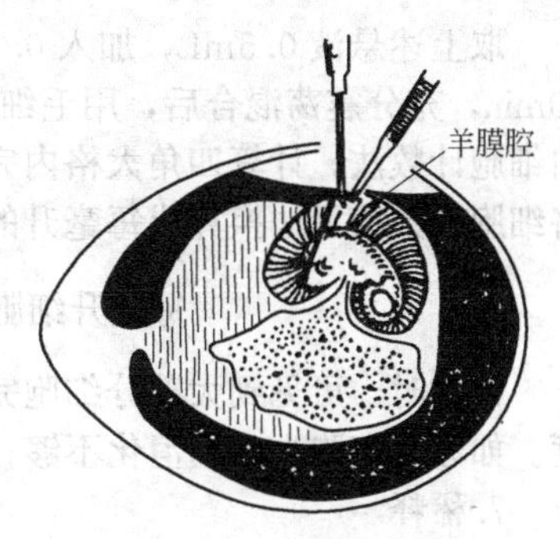

图 2-10 羊膜腔接种

技能 1-10 病毒的鸡胚原代细胞培养技术

[学习目标]

掌握鸡胚原代细胞培养操作的基本程序，了解细胞培养的过程及细胞病变观察方法。

[仪器材料]

① 器材：恒温培养箱、手术剪、镊子、灭菌的培养皿、50mL三角瓶、小烧杯、滴管若干、青霉素小空瓶若干、高压灭菌塞子若干、培养盘、卵架、水浴锅、橡胶滴头等。

② 试剂：Hank's 液 65mL、MEM 培养液 20mL（内含犊牛血清 1mL，双抗 0.2mL，pH7.2）、0.25%胰蛋白酶 5mL、7% $NaHCO_3$ 1mL、0.1%结晶紫-柠檬酸溶液、95%酒精、维持液 10mL。

③ 其他：新城疫病毒（Ⅰ系苗）(1∶10) 1mL、9～10 日龄鸡胚。

[方法步骤]

1. 配液

制备细胞前先在 Hank's 液中加青霉素、链霉素，使其含量为青霉素 100IU/mL，链霉素 100μg/mL，用 7% $NaHCO_3$ 调整 pH 至 7.2～7.4，将胰蛋白酶调整 pH7.6（玫瑰红色）。置 37℃水浴锅内预热备用。

2. 取胚及剪碎

将鸡胚气室端向上直立于卵架上，用碘酊消毒气室，用灭菌镊子击破卵壳，取出胚胎置于灭菌平皿内。剪去头、翅、爪及内脏，用 Hank's 液洗去体表血液，移入灭菌三角瓶中。用剪刀剪碎鸡胚，使其成为 $1mm^3$ 大小的碎块，加 5mL Hank's 液轻摇，静止 1～2min，使其组织块下沉。吸去上层悬液，依同法再洗 2 次，至上悬液不浑浊为止，吸干 Hank's 液，保留组织。

3. 消化

自水浴锅内取出预热的胰酶，按组织块约 3～5 倍量加入三角瓶，一个鸡胚约需 5mL 胰酶。三角瓶上加塞，以免 CO_2 挥发及污染。37℃水浴约 20min 左右，每隔 5min 轻轻摇动 1 次。待液体变浑且稍稠，此时轻摇可见组织块悬浮在液体内且不易下沉时，中止消化。如再继续消化下去，可破坏细胞膜而不易贴壁生长；如消化不够，则细胞不易分散。

4. 洗涤

取出三角瓶后静置 1min，让组织块下沉，吸去胰酶液。用 10mL Hank's 液反复轻洗 3 次，以洗去胰酶。吸干上清液，留组织块。

5. 吹打

加 2mL 含血清的 MEM 培养液，以粗口吸管反复吹吸数次，使细胞分散，此时可见营养液浑浊即为细胞悬液。静置 1min，使未冲散的组织块下沉后，小心地将细胞悬液吸出 1mL，置于 20mL 营养液中，此液细胞数约为 50 万～70 万/mL。

6. 细胞计数

取上述悬液0.5mL，加入0.1%结晶紫-柠檬酸（0.1mol/L）溶液2mL。置37℃恒温箱5～10min，充分震荡混合后，用毛细管吸取，滴入血细胞计数板内，在显微镜下计数。计算方法按白细胞计数法，计算四角大格内完整细胞的总数。如3～5个聚集在一起，则按一个计算，然后将细胞总数按下法换算成每毫升的细胞数。

$$每毫升细胞数=\frac{4大格细胞总数}{4}\times 10000\times 稀释倍数$$

计数时，可见到大部分细胞完整、分散，3～5个细胞成堆，且细胞碎片很少，说明消化适度。如分散细胞少，则消化不够；如细胞碎片多，则消化过度。

7. 稀释

按照每毫升50万～70万个细胞密度的标准，将细胞悬液用营养液稀释。

8. 分装培养

分装于青霉素小瓶中，每瓶1mL，瓶口橡皮塞要塞紧。将细胞瓶横卧于培养盘中，于瓶上面划一直线，以表示直线的对侧面为细胞在瓶内的位置。瓶上注明组别、日期，置37℃恒温箱培养。4h后细胞即可贴附于瓶壁，24～36h生长成单层细胞。

9. 细胞处理

取已生长好的单层细胞培养物5瓶，吸弃瓶中培养液，用Hank's液洗一次细胞。

10. 接种病毒

每瓶接种新城疫病毒液2滴，盖好瓶塞。横卧瓶轻轻转动，使整个细胞层接触病毒液，在37℃下吸附15min后，不需吸弃病毒液，直接加维持液1mL，置37℃培养。另取2瓶细胞作对照，先吸弃培养液，同样用Hank's液洗一次细胞，再加维持液1mL。

11. 观察CPE

24h观察病变。首先细胞透明度降低，随后梭形细胞逐渐变为圆形，细胞之间仅由纤细的细胞间桥连接，使细胞单层呈网状结构，进一步细胞间桥也随之消失，细胞自玻面脱落。

12. 收获病毒

一般当细胞出现约50%～70%病变时，用培养液吹吸细胞层数次，吸出培养液，置小瓶中冰冻保存。

[**注意事项**]

① 细胞培养对玻璃器皿洗涤要求严格，需彻底洗涤后用蒸馏水冲洗，再用重蒸水冲洗，干燥后灭菌备用。

② 所有溶液都要用重蒸水配制。

③ 所用药品试剂要用分析纯。

④ 要求严格的无菌操作。

附：细胞培养常用试剂的配制

1. Hank's液配制

(1) 原液甲　将NaCl 8g，KCl 2g、$MgSO_4 \cdot 7H_2O$ 2g、$MgCl_2 \cdot 6H_2O$ 2g加于800mL重蒸水中，加温到50～60℃加速溶解；再加入$CaCl_2$溶液（$CaCl_2$ 2.8g，加水至100mL）；最后加重蒸水补足到1000mL。加氯仿2mL，摇匀后4℃贮存备用。

(2) 原液乙　将$Na_2HPO_4 \cdot 2H_2O$ 1.2g、$KH_2PO_4 \cdot 2H_2O$ 1.2g、葡萄糖20g溶于800mL重蒸水中，再加入0.4%酚红液100mL。加重蒸水至1000mL。加氯仿2mL，摇匀后4℃贮存备用。

(3) 按下述比例配成Hank's液　原液甲1份，原液乙1份，重蒸水18份，分装于100mL盐水瓶中，115℃灭菌10min，使用前以7% $NaHCO_3$ 调解pH到7.2～7.6。

2. 0.4%酚红配制

称取0.4g酚红，置研钵中。逐渐加入0.1mol/L NaOH，不断研磨至颗粒完全溶解，0.1mol/L NaOH加入的总量为11.28mL，最后加重蒸水至100mL。摇匀后，置4℃贮存备用。

3. MEM培养液配制

MEM培养基1袋，加重蒸水1000mL，分装于100mL盐水瓶中高压灭菌，每瓶90mL。用前以7%

$NaHCO_3$ 调解 pH 到 7.2～7.4，按 10%加犊牛血清。

4. 维持液配制

0.5%乳蛋白水解物 95mL、犊牛血清 2.5mL、双抗溶液 1mL 混合后，以 7% $NaHCO_3$ 调解 pH 到 7.2～7.4。

5. 双抗溶液配制

青霉素 100 万 IU，链霉素 1g，Hank's 液 100mL。将青霉素、链霉素溶解于 100mL Hank's 液中，无菌操作，分装小瓶，低温冷冻保存。

6. 7% $NaHCO_3$ 配制

称取 7g $NaHCO_3$ 溶于 100mL 重蒸水中，置水浴锅中加热溶解，115℃灭菌 10min，无菌操作分装小瓶，置 4℃贮存备用。

7. 0.25%胰蛋白酶配制

称取 0.25g 胰蛋白酶溶于 100mL Hank's 液中，待完全溶解后，用 0.2μm 滤膜过滤，检验无菌后才能使用。无菌操作分装小瓶，每瓶 5mL，低温冷冻保存。使用时，以 7% $NaHCO_3$ 调解 pH 到 7.6～7.8。

第三节　病毒的其他特性

一、病毒的干扰现象

两种病毒感染同一细胞时，其中一种病毒可以抑制另一种病毒复制的现象，称为病毒的干扰现象。前者称为干扰病毒，后者称为被干扰病毒。

1. 病毒干扰的类型

(1) 自身干扰　一株病毒在高度增殖时的自身干扰。

(2) 同种干扰　同种病毒不同型或株之间的干扰。

(3) 异种干扰　异种病毒之间的干扰，这种干扰现象最为常见。

2. 病毒产生干扰现象的机制

(1) 占据或破坏细胞受体　两种病毒感染同一细胞，需要细胞膜上相同的受体，先进入的病毒首先占据细胞受体或将受体破坏，使另一种病毒无法吸附和穿入易感细胞，增殖过程被阻断。这种情况常见于同种病毒或病毒的自身干扰。

(2) 争夺酶系统、生物合成原料及场所　两种病毒可能利用不同的受体进入同一细胞，但它们在细胞中增殖所需细胞的主要原料、关键性酶及合成场所是一致的，而且是有限的。因此，先入者为主，强者优先，一种病毒占据有利增殖条件而正常增殖，另一种病毒则受限，增殖受到抑制。

(3) 干扰素的产生　病毒之间存在干扰现象的最主要原因是先进入的病毒可诱导细胞产生干扰素，抑制病毒的复制。

3. 干扰素

干扰素是机体活细胞受到病毒感染或干扰素诱生剂的刺激产生的一种低分子量的糖蛋白。干扰素在细胞中产生，可释放到细胞外，并随血液循环至全身，被机体中具有干扰素受体的细胞吸收，在细胞内合成抗病毒蛋白质。该抗病毒蛋白能抑制病毒蛋白的合成，从而抑制入侵病毒的增殖，起到保护细胞和机体的作用。细胞合成干扰素不是持续的，而是细胞对强烈刺激如病毒感染时的一过性反应。干扰素于病毒感染后 4h 开始产生，病毒蛋白质合成速率达到最大时，干扰素的产量达高峰，然后逐渐下降。

病毒是最好的干扰素诱生剂。一般认为，RNA 病毒诱生干扰素产生的能力较 DNA 病毒强；RNA 病毒中正黏病毒（如流感病毒）诱生能力最强；DNA 病毒中痘病毒诱生能力较强；带囊膜的病毒比无囊膜的病毒的诱生能力强。有的病毒的弱毒株比自然强毒株诱生能力强，如新城疫病毒的 Lasota 株和 Mukteswar 株比自然强毒株诱生能力强；有的病毒诱生能力与毒力无明显关系，甚至有的恰好相反；有的灭活的病毒也可诱生干扰素，如新城疫病毒和禽流感病毒等。此外，细菌内毒素、某些微生物如李杆菌、布氏杆菌、支原体、立克次体及某些合成的多聚物如硫酸葡萄糖等也属于干扰素诱生剂。

干扰素按照化学性质可分为α、β和γ三种类型，其中α干扰素主要由白细胞和其他多种细胞在受到病毒感染后产生，人类的α干扰素至少有22个亚型，动物α干扰素的亚型较少；β干扰素由成纤维细胞和上皮细胞受到病毒感染时产生，只有一个亚型；而γ干扰素由T淋巴细胞和NK细胞在受到抗原或有丝分裂原的刺激后产生，它是一种免疫调节因子，主要作用于T、B淋巴细胞和NK细胞，增强这些细胞的活性，促进抗原的清除。所有哺乳动物都能产生干扰素，而禽类体内无γ干扰素。

干扰素对热稳定，60℃ 1h一般不能灭活，在pH 3～10范围内稳定。对胰蛋白酶和木瓜蛋白酶敏感。

干扰素具有以下生物学活性。

① 抗病毒作用：干扰素具有广谱抗病毒作用，其作用是非特异性的，甚至对某些细菌、立克次体等也有干扰作用。但干扰素的作用具有明显的动物种属特异性，如牛干扰素不能抑制人体内病毒的增殖，鼠干扰素不能抑制鸡体内病毒的增殖。这是因为一种动物的细胞膜上只有本种动物干扰素的受体，此点在干扰素临床应用中应注意。

② 免疫调节作用：主要是γ干扰素的作用。γ干扰素可作用于T细胞、B细胞和NK细胞，增强它们的活性。

③ 抗肿瘤作用：干扰素不仅可抑制肿瘤病毒的增殖，而且能抑制肿瘤细胞的生长；同时，又能调动机体的免疫机能，如增强巨噬细胞的吞噬功能，加强NK细胞等细胞毒细胞的活性，从而加快对肿瘤细胞的清除；干扰素还可以通过调节癌基因的表达实现抗肿瘤的作用。

二、病毒的血凝现象

许多病毒表面有血凝素，能与鸡、豚鼠、人等红细胞表面受体结合，从而出现红细胞凝集现象，称为病毒的血凝现象，简称病毒的血凝。正黏病毒、许多副黏病毒、呼肠孤病毒、大多数披膜病毒、某些痘病毒、弹状病毒以及几种腺病毒、肠病毒和细小病毒等具有血凝特性；但不同病毒凝集红细胞的种类不同，有的凝集人和禽的红细胞，有的凝集豚鼠或大鼠的红细胞；这种血凝现象是非特异性的。

当病毒与相应的抗病毒抗体结合后，能使红细胞的凝集现象受到抑制，称为病毒血凝抑制现象，简称病毒的血凝抑制。能阻止病毒凝集红细胞的抗体称为红细胞凝集抑制抗体，其特异性很高。生产中病毒的血凝和血凝抑制试验主要用于某些有血凝现象的病毒性传染病的诊断及其抗体检测，如鸡新城疫、禽流感等。

三、病毒的包涵体

包涵体是某些病毒在细胞内增殖后，于细胞内形成的一种用光学显微镜可以看到的特殊“斑块”。病毒不同，所形成包涵体的形状、大小、数量、着色性及其在细胞中的位置等均不相同，故可作为诊断某些病毒病的依据。如狂犬病病毒在神经细胞浆内形成嗜酸性包涵体，伪狂犬病病毒在神经细胞核内形成嗜酸性包涵体。能出现包涵体的重要畜禽病毒见表2-2。几种病毒感染细胞后形成的不同类型的包涵体见图2-11。

四、病毒的滤过特性

由于病毒形体微小，所以能通过孔径细小的细菌滤器，故人们曾称病毒为滤过性病毒。利用这一特性，可将材料中的病毒与细菌分开。但滤过性并非病毒独有的特性，有些支原体、衣原体、螺旋体也能够通过细菌滤器。随着科学技术的进步，人们已经可以生产出不同孔径的滤器，并已有了能够抑留病毒的滤膜。

表 2-2 能产生包涵体的畜禽常见病毒

病毒名称	感染动物	包涵体类型及部位
痘病毒类	人、马、牛、羊、猪、鸡等	嗜酸性，胞浆内，见于皮肤的棘层细胞中
狂犬病病毒	狼、马、牛、猪、人、猫、羊、禽等	嗜酸性，胞浆内，见于神经元内及视网膜的神经节层的细胞中
伪狂犬病病毒	犬、猫、猪、牛、羊等	嗜酸性，核内，见于脑、脊椎旁神经节的神经元中
副流感病毒Ⅲ型	牛、马、人等	嗜酸性，胞浆及胞核内均有，见于支气管、肺泡上皮细胞及肺的间隔细胞中
马鼻肺炎病毒	马属动物	嗜酸性，核内，见于支气管及肺泡上皮细胞、肺间隔细胞、肝细胞、淋巴结的网状细胞等
鸡新城疫病毒	鸡	嗜酸性，胞浆内，见于支气管上皮细胞中
传染性喉气管炎病毒	鸡	嗜酸性，核内，见于上呼吸道的上皮细胞中

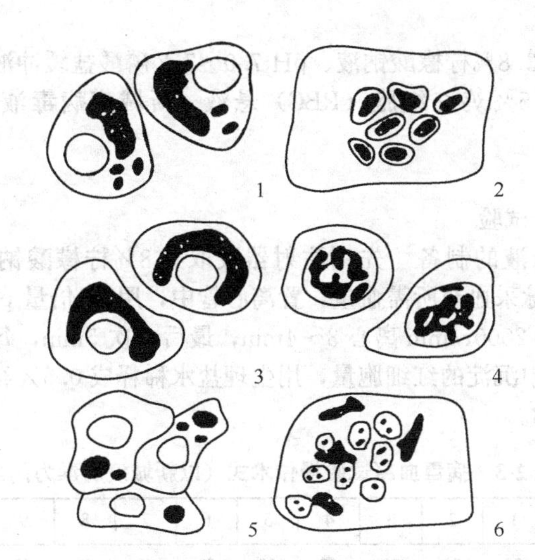

图 2-11 病毒感染细胞后形成的不同类型的包涵体
1—痘病毒；2—单纯疱疹病毒；3—呼肠孤病毒；
4—腺病毒；5—狂犬病病毒；6—麻疹病毒

五、病毒的抵抗力

病毒对外界理化因素的抵抗力与细菌的繁殖体相当。研究病毒抵抗力，对于病毒病的鉴定和防制、病毒的保存和病毒性疫苗的制备有重要意义。

1. 物理因素

病毒耐冷不耐热。通常温度越低，病毒生存时间越长。在－25℃下可保存病毒，－70℃以下更好。病毒对高温敏感，多数病毒在 55℃经 30min 即被灭活，但猪瘟病毒能耐受更高的温度。病毒对干燥的抵抗力与干燥的快慢和病毒的种类有关，如水疱液中的口蹄病病毒在室温中缓慢干燥，可生存 3～6 个月；若在 37℃下快速干燥迅即灭活。痂皮中的痘病毒在室温下可保持毒力一年左右。冻干法是保存病毒的好方法。大量紫外线和长时间日光照射能杀灭病毒。

2. 化学因素

(1) 甘油　50%甘油可抑制或杀灭大多数非芽孢细菌，但多数病毒对其有较强的抵抗力，因此常用 50%甘油缓冲生理盐水保存或寄送被检病毒材料。

(2) 脂溶剂　脂溶剂能破坏病毒囊膜而使其灭活。常用乙醚或氯仿等脂溶剂处理病毒，来检查其有无囊膜。

(3) pH　病毒一般能耐 pH 5～9，通常将病毒保存于 pH 7.0～7.2 的环境中。但病毒对酸碱的抵抗力差异很大，例如肠道病毒对酸的抵抗力很强，而口蹄疫病毒则很弱。

（4）化学消毒药　病毒对氧化剂、重金属盐类、碱类和与蛋白质结合的消毒药等都很敏感。实践中常用苛性钠、石炭酸和来苏儿等进行环境消毒，实验室则常用高锰酸钾、双氧水等消毒，对不耐酸的病毒可选用稀盐酸消毒。甲醛能有效地降低病毒的致病力，而对其免疫原性影响不大，在制备灭活疫苗时，常作为灭活剂。

技能 1-11　病毒的血凝试验和血凝抑制试验（微量法）

［学习目标］

熟练掌握病毒的血凝及血凝抑制试验（微量法）的操作方法及结果判定，明确其应用价值。

［仪器材料］

① 器材：微量血凝板（V 型 96 孔）、微量移液器及 50μL 吸头、微型振荡器、恒温箱、离心机、天平、注射器。

② 试剂：生理盐水、3.8％柠檬酸钠液、pH 7.0～7.2 磷酸盐缓冲液。

③ 其他：稀释液、0.5％鸡红细胞（RBC）悬液、新城疫病毒液、被检血清、标准阳性血清。

［方法步骤］

1. 病毒的血凝（HA）试验

（1）0.5％鸡红细胞悬液的制备　先用注射器吸取 3.8％柠檬酸钠液（其量为所采血量的 1/5），从成年健康鸡翅静脉采血至所需血量，置离心管中，用 20 倍量 pH 为 7.0～7.2 磷酸盐缓冲液洗涤 3～4 次，每次以 2000r/min 离心 3～4min，最后一次 5min，每次离心后弃上清液和白细胞层。最后根据离心管中沉淀的红细胞量，用生理盐水稀释成 0.5％红细胞悬液。

（2）操作方法见表 2-3。

表 2-3　病毒血凝试验操作术式（以新城疫病毒为例）　　单位：μL

孔号	1	2	3	4	5	6	7	8	9	10	11	12	
稀释液	50	50	50	50	50	50	50	50	50	50	50	50	
新城疫病毒液	50	50	50	50	50	50	50	50	50	50	50	对照	弃50
病毒稀释倍数	2^{1}	2^{2}	2^{3}	2^{4}	2^{5}	2^{6}	2^{7}	2^{8}	2^{9}	2^{10}	2^{11}	—	
0.5%鸡RBC悬液	50	50	50	50	50	50	50	50	50	50	50	50	

振荡1min，室温下作用30～40min或置37℃恒温箱中作用15～30min判定结果

① 用微量移液器向血凝板各孔分别加稀释液 50μL。

② 换吸头，取 50μL 新城疫病毒液加入第 1 孔的稀释液中，用移液器吹吸 3～5 次使液体混合均匀，然后从第一孔取 50μL 移入第 2 孔，吹吸混匀后从第二孔取 50μL 移入第 3 孔，依次倍比稀释到第 11 孔，第 11 孔内液体混匀后弃去 50μL。第 12 孔不加病毒抗原，作对照。

③ 换吸头，在 1～12 个孔内每孔各加 0.5％鸡红细胞悬液 50μL。

④ 加样完毕，将血凝板置于微型振荡器上振荡 1min，或手持血凝板绕圆圈混匀。于室温（18～20℃）下作用 30～40min，或置 37℃恒温箱中作用 15～30min 取出，观察并判定结果（图 2-12）。

（3）结果判定及记录

“＋”表示红细胞完全凝集。红细胞凝集后均匀平铺于反应孔底面一层，边缘不整呈锯齿状，且上层液体中无悬浮的红细胞。

“－”表示红细胞未凝集。红细胞全部沉淀于反应孔底部中央，呈小圆点状，边缘整齐。

“±”表示红细胞部分凝集，红细胞凝集情况介于“＋”与“－”之间。

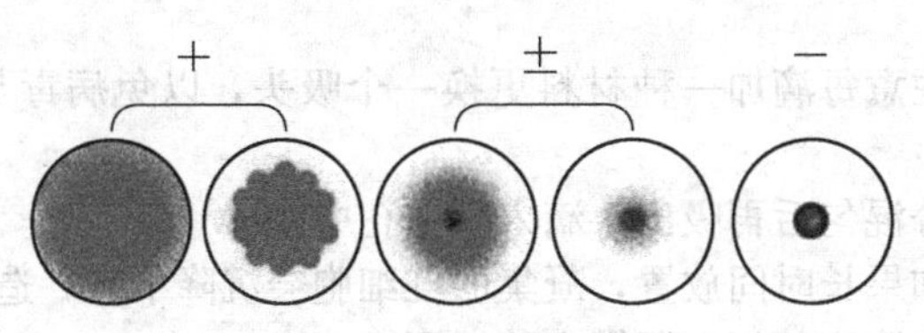

图 2-12 RBC 凝集程度

+：红细胞完全凝集；±：红细胞部分凝集；−：红细胞未凝集

新城疫病毒液能凝集鸡的红细胞，但随着病毒液被稀释，其凝集红细胞的作用逐渐变弱。稀释到一定倍数时，就不能使红细胞出现明显的凝集，从而出现可疑或阴性结果。能使一定量红细胞完全凝集的病毒最大稀释倍数为该病毒的血凝价，即一个血凝单位，常以 2^n 表示。

2. 病毒的血凝抑制（HI）试验

采用同样的血凝板，每排孔可测 1 份血清样品。

（1）制备 4 个血凝单位的病毒液　根据 HA 试验结果，确定病毒的血凝价，用磷酸缓冲盐水稀释病毒液，配制成 4 个血凝单位的病毒液。稀释倍数按下式计算：

$$4\text{个血凝单位病毒的稀释倍数}=\frac{\text{病毒的血凝价}}{4}$$

（2）被检血清的制备　静脉或心脏采血，完全凝固后自然析出或离心获得被检血清。

（3）操作方法见表 2-4。

表 2-4　病毒血凝抑制试验操作术式　单位：μL

孔号	1	2	3	4	5	6	7	8	9	10	11	12
	稀释液	8单位病毒	4单位病毒									
被检血清	50 50 →	50 50 →	50 50 →	50 50 →	50 50 →	50 50 →	50 50 →	50 50 →	50 50 →	50 50 →	50 50 →	50 50 → 弃50
	置室温下(18～20℃)作用20min											
血清稀释倍数	2^1	2^2	2^3	2^4	2^5	2^6	2^7	2^8	2^9	2^{10}	2^{11}	2^{12}
0.5% RBC悬液	50	50	50	50	50	50	50	50	50	50	50	50
振荡15～30s，于室温(18～20℃)下作用30～40min后判定结果												

① 先取稀释液 50μL 加入血凝板的第 1 孔，再取 8 个血凝单位的病毒 50μL 加入第 2 孔，第 3～12 孔每孔各加 4 个血凝单位的病毒 50μL。

② 换一吸头取被检血清 50μL 置于第 1 孔中，吹吸 3～5 次混匀，从第一孔吸出 50μL 放入第 2 孔中，然后依次倍比稀释至第 12 孔，并将第 12 孔的液体混匀后取 50μL 弃去。第 1 孔为血清对照。

③ 将反应板置室温下（18～20℃）作用 20min。

④ 用微量移液器向每一孔中各加入 0.5%鸡红细胞悬液 50μL，再将血凝板置于微型振荡器上振荡 15～30s，混合均匀。

⑤ 将血凝板置室温下静置 30～40min，观察并记录结果。

（4）结果判断及记录　判定结果时，将血凝板倾斜 70°角，凡沉淀于孔底的红细胞沿反应孔倾斜面向下呈线状流动，且呈现现象与血清对照孔一样者为红细胞完全不凝集。在对照出现正确结果的情况下，以完全抑制红细胞凝集的血清最大稀释倍数为该血清的血凝抑制价或血凝抑制滴度。

[**注意事项**]

① 配置 0.5%红细胞悬液时不能用力摇震，以免把红细胞膜震破，造成溶血，影响试验

效果。

② 在滴加材料时，注意每滴加一种材料更换一个吸头，以免病毒与红细胞混合，影响试验效果。

③ 稀释时将材料充分混匀后再吸出，滴入下一孔中。

④ 适时观察结果，如果长时间放置，凝集的红细胞会沉降下来，造成观察结果不准确。

⑤ 每次测定应设已知滴度的标准阳性血清对照。

病毒的 HA-HI 试验，可用已知血清来鉴定未知病毒，也可用已知病毒来检测血清中的抗体效价，在某些病毒病的诊断及疫苗免疫效果的检测中应用广泛。

第四节 病毒感染的实验室检查方法

病毒感染机体的证据是在机体或从机体采集的病料中分离到病毒，或者发现病毒感染引起的特异性变化，如病毒包涵体形成或产生特异性抗体等。这些实验室检测得到的病毒感染证据，还必须结合流行病学情况、临床症状以及病理学检查结果等综合判断，才能确定动物发病的直接原因。

病毒感染的实验室检查方法包括病料的采集、直接镜检法、病毒的分离培养与鉴定、血清学检查、分子生物学诊断等，在不同的病毒病诊断上，侧重点应该有所不同。

一、病料的采集、保存及运送

病毒性病料的采集与保存是否恰当，直接影响到病毒分离的成功率。病毒性病料采集的原则、方法以及保存、运送的方法与细菌病病料的采集、保存和运送方法基本是一致的，不同之处主要有以下几点。

（1）采样的时机　最理想的时机是疾病的急性期；濒死动物的样品或死亡之后立即采集的样品也有利于病毒的分离。血清应在发病早期和恢复期各采集一份。

（2）样品的选择　不同病毒病采集的样品各有不同，特别注意采集病毒含量高的部位。一般按下列原则选择病料，呼吸道疾患采集咽喉分泌物；中枢神经疾患采集脑脊液；消化道疾患采集粪便；发热性疾患或非水泡性疾患采集咽喉分泌物、粪便或全血；水泡性疾患采集水泡皮或水泡液。从剖检的尸体中一般采集有病变的器官或组织。

（3）样品的保存　绝大多数病毒是不稳定的，样品一经采集要尽快冷藏。若样品不能当天使用，有些可放在50%甘油磷酸盐缓冲液（含复合抗生素）中低温保存，液体病料采集后可直接加入一定量的青、链霉素或其他抗生素，以防细菌和霉菌的污染。若要冷冻保存，一般要保存于−70℃以下；忌放−20℃，因为该温度对有些病毒活性有影响。现场采集的样品要尽快用冷藏瓶(加干冰或水冰）送到实验室检验。

二、直接镜检法

1.光学显微镜检查法

光学显微镜主要用于病毒性病料中包涵体的检查和细胞培养物 CPE（如腺病毒感染，图 2-13）的观察。

病毒包涵体的检查是将被检样品，如从狂犬病病犬采集的大脑海马角，直接制成涂片、组织切片或冰冻切片，染色后，用普通光学显微镜直接检查。包涵体检查对某些能形成包涵体的病毒病诊断具有重要意义，如狂犬病病毒、痘病毒。但包涵体的形成有一个过程，出现率不是100%，在包涵体检查时应注意。

细胞培养物出现的 CPE 通常用低倍显微镜观察，一般要求每天检查 1～2 次，诸如细胞的凝缩、团聚，细胞浆的颗粒变性等，都可在不染色的情况下于低倍显微镜下看到。如欲检查细胞的包涵体或详细观察细胞的变化，可将细胞培养物染色后用光学显微镜观察。

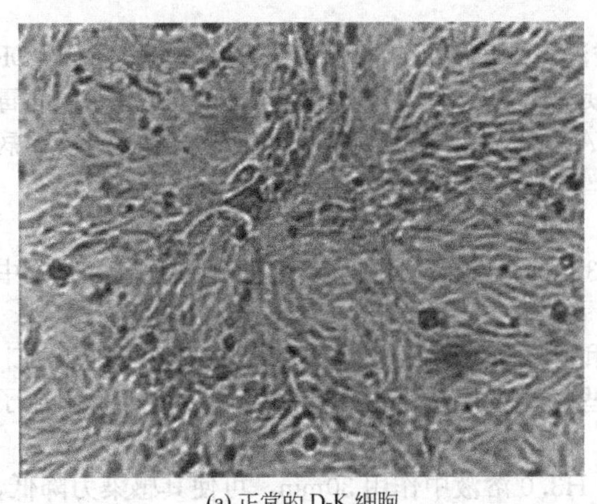
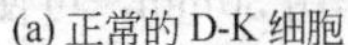
(a) 正常的 D-K 细胞

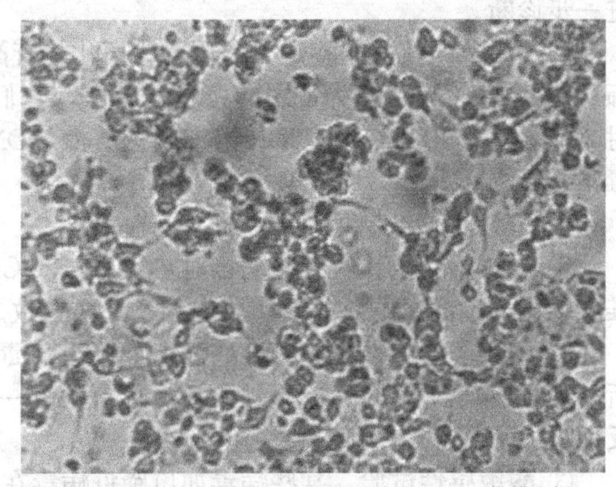
(b) 出现 CPE 的 D-K 细胞（细胞肿胀变圆，呈葡萄串样）

图 2-13　腺病毒接种 D-K 细胞后引起的 CPE

当细胞培养物不出现 CPE 时，则需要利用免疫荧光技术，借助荧光显微镜进行病毒的鉴定。

2. 电子显微镜检查法

电子显微镜可把物体放大数十万或数百万倍，因此电子显微镜技术为研究细胞和各种微生物特别是病毒的形态和超微结构提供了有利工具。常用的方法有超薄切片技术和负染技术。

超薄切片技术主要用于观察感染细胞内的病毒形态和存在部位。超薄切片的样品必须采自活体，经固定、脱水、包埋后，用特殊专用的切片机切片，再用 1%～3%饱和醋酸铀乙醇溶液染色后，即可在电镜下观察。

负染技术快速、简单，主要用于检测细胞外游离的病毒，特别适用于难以培养的病毒。待检样品要尽可能纯净，先将病料处理、离心后收集上清液，或将细胞培养物冻融、离心后收集上清液，再取少量这样的病毒悬液经磷钨酸染色后，立即在电镜下观察。在兽医学临床诊断上，该方法对某些形态特征明显的病毒如疱疹病毒、痘病毒和腺病毒（图 2-14）等所致的传染病，结合临床症状及流行病学资料，常可以做出快速的初步诊断或确诊。

三、病毒的分离培养和鉴定

1. 病毒的分离培养

从动物病料分离病毒时，应根据病料的种类作适当处理。将病毒与病料中其他成分分离的方法有细菌滤器过滤、高速离心和用抗生素处理三种。例如用口蹄疫的水疱皮病料进行病毒分离培养时，先将送检的水疱皮置平皿内，以灭菌的 pH7.6 磷酸盐缓冲液洗涤 4～5 次，并用灭菌滤纸吸干，称重后置于灭菌乳钵中剪碎、研磨，加 Hank's 液制成 1∶5 悬液，为防止细菌污染，每毫升加青霉素 1000IU，链霉素 1000μg，置 2～4℃冰箱内作用 4～6h，然后以 3000r/min 速度离心沉淀 10～15min，吸取上清液做接种用。

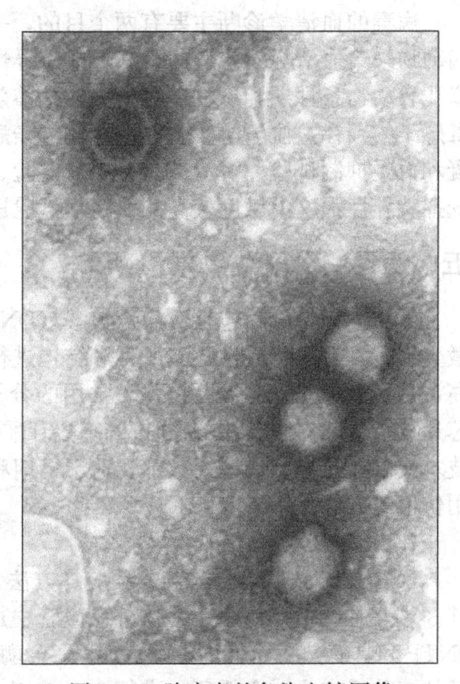
图 2-14　腺病毒的负染电镜图像

将处理好的病毒液接种于动物、禽胚或细胞，观察接种对象的变化；或通过病毒抗原的检测，对病毒进行进一步鉴定。

2. 分离病毒的鉴定

（1）电子显微镜检查　根据观察到的病毒粒子的形态、大小、对称型、排列及在细胞内的位置等特征进一步诊断。

（2）病毒的核酸型鉴定　常用的为卤化核苷酸法。如FUDR（氟脱氧尿嘧啶核苷）或IUDR（碘脱氧尿嘧啶核苷）为常用的卤化核苷酸，它们是DNA代谢抑制剂。当用单层细胞培养病毒时，加入含有FUDR或IUDR的细胞营养液，DNA病毒的复制受到抑制，而绝大多数RNA病毒不受影响。

（3）病毒理化特性测定

① 热敏感性试验：有些病毒对热敏感，50℃ 30min可被灭活。因其敏感性受细胞营养液中某些物质浓度的影响，故在实验中的条件要一致。

② 阳离子稳定性试验：某些病毒如肠道病毒和呼肠孤病毒可被高浓度二价阳离子如$MgCl_2$所稳定，使其50℃ 60min不被灭活。也有另外一些病毒如腺病毒、疱疹病毒和痘病毒，阳离子反而增加了其对热的敏感性。

③ 酸敏感性试验：某些病毒如口蹄疫病毒在pH3.0溶液中作用30min，可使其感染力降低，而对另一些病毒如猪水泡病病毒则没有作用。

④ 胰蛋白酶敏感试验：某些病毒如肠道病毒、冠状病毒和轮状病毒等对胰蛋白酶有较强抵抗力，而另一些病毒如疱疹病毒和痘病毒等则对胰蛋白酶敏感。

⑤ 脂溶剂敏感试验：大多数有囊膜病毒对脂溶剂敏感，经乙醚或氯仿等脂溶剂处理后即失去感染力。

（4）中和试验　应用已知的免疫血清与细胞培养物混合，感作一定时间后进行培养，用病毒液接种敏感细胞。观察细胞培养板各孔细胞培养物的CPE、红细胞吸附能力等。出现能被某一已知血清特异性抑制的感染培养物，就是存在相应病毒的证明。

（5）分子生物学诊断　应用PCR和核酸杂交等技术，可以直接检测样品中病毒的核酸及抗原，从而对病毒做出快速准确的鉴定。

（6）动物或鸡胚接种试验　将病料或感染培养物接种敏感动物或鸡胚，根据实验动物或鸡胚的症状、死亡情况以及病理变化等，判断接种物中有无致病性病毒的存在。

四、病毒的血清学诊断

病毒的血清学诊断主要有两个目的，一是应用已知抗体鉴定病毒的种类乃至型别；二是由发病动物采集血清标本，应用全病毒或特异性病毒抗原，测定发病动物体内的特异性抗体，或进一步比较动物急性期和恢复期血清中的抗体效价，了解病毒性抗体是否有明显的增长，从而判定病毒感染的存在。血清学实验在病毒性传染病的诊断中占有重要地位，常用的类型有凝集试验、血凝和血凝抑制试验、沉淀试验、中和试验、补体结合试验、免疫标记技术等。根据实际情况，可选择特异性强、灵敏度较高的血清学试验进行诊断。

五、病毒的分子生物学诊断

分子生物学诊断包括对病毒核酸（DNA或RNA）和蛋白质等的测定，主要是针对不同病原微生物所具有的特异性核酸序列和结构进行测定。其特点是反应的灵敏度高，特异性强，检出率高，是目前最先进的诊断技术。常用的分子生物学诊断技术主要有核酸探针、PCR技术、DNA芯片技术、DNA酶切图谱分析、寡核苷酸指纹图谱和核苷酸序列分析等。其中PCR和核酸杂交技术又以其特异、快速、敏感、适于早期和大量样品检测等优点，成为当今病毒病诊断中最具应用价值的方法。

1. PCR技术

PCR技术又称聚合酶链式反应。方法是根据已知病原微生物特异性核酸序列，设计合成与其3′端互补的两条引物；在体外反应管中加入待检的病原微生物核酸（称为模板DNA）、引物、dNTP和具有热稳定性的DNA Taq聚合酶，在适当条件下，置于PCR仪中，经过变性、复性、延伸三种反应为一个循环，进行20～30次循环。如果待检的病原微生物核酸与引物上的碱基匹配，合成的核酸产物就会以 2^n（n 为循环次数）呈指数递增。产物经琼脂糖凝胶电泳，可见到预期大小的 DNA 条带出现，就可作出确诊。

此技术具有特异性强、灵敏度高、操作简便、快速、重复性好和对原材料要求较低等特点。但 PCR 的高度敏感性使该技术在病原体诊断过程中极易出现假阳性，避免污染是提高 PCR 诊断准确性的关键环节。

2. 核酸杂交技术

核酸杂交技术是利用核酸碱基互补的理论，将标记过的特异性核酸探针同经过处理、固定在滤膜上的 DNA 进行杂交，以鉴定样品中未知的 DNA。由于每一种病原体都有其独特的核苷酸序列，所以应用一种已知的特异性核酸探针，就能准确地鉴定样品中存在的是何种病原体，进而做出疾病诊断。

【复习思考题】

1. 名词解释：芯髓　核衣壳　囊膜　亚病毒因子　CPE　包涵体
2. 简述病毒的结构与化学组成。
3. 简述病毒的复制过程。
4. 简述病毒的干扰现象与干扰素。
5. 试述病毒的血凝现象、血凝抑制现象的原理及其实践意义？
6. 简述病毒的实验室检查方法。

（郭洪梅　牟永成）

第三章　其他微生物基本知识及检验

【能力目标】

能进行不同类型微生物的鉴别诊断。

【知识目标】

了解真菌、放线菌、霉形体、螺旋体、立克次体和衣原体的基本形态与结构；并熟悉其生物学特性；掌握其分离和培养方法。

第一节　真　　菌

真菌是一类不含叶绿素，无根、茎和叶的真核细胞型微生物。真菌具有典型的细胞核，以腐生或寄生方式摄取养料，少数为单细胞，多数为多细胞，细胞壁含几丁质和纤维素，能进行有性繁殖和无性繁殖。真菌不仅种类繁多，在自然界中的分布也十分广泛。真菌绝大多数对人类无害而且有益，二十余万种的真菌中对人和动物致病的仅100余种。

真菌属真菌界，目前分为5个门，即壶菌门、接合菌门、子囊菌门、担子菌门和半知菌门。真菌的形态结构复杂，概括起来可以分为以单细胞发育的酵母菌类和以多细胞生长的丝状菌类，而它们分属于以上各门。如酵母菌大多属于子囊菌门，也有一部分属于担子菌门。

一、生物学特性

真菌细胞比细菌大几倍至几十倍，光学显微镜下放大100～500倍就可看清。单细胞真菌呈圆形或卵圆形，如酵母菌；多细胞真菌大多长出菌丝和孢子，菌丝伸长分枝，交织成团，形成菌丝体，这类真菌称为丝状菌，又称霉菌。也有部分真菌的形态因温度、营养或氧与二氧化碳浓度的改变而由霉菌型变为酵母型或由酵母型变为霉菌型，这种真菌称双相型真菌，多为致病菌。

（一）真菌的形态结构及菌落特征

1. 酵母菌

酵母菌为单细胞真菌，常呈球形、卵圆形、腊肠形、假丝状，大小为（1～5）μm×（5～30）μm，具有典型的细胞结构（图3-1）。

酵母菌的菌落与细菌相似，比细菌菌落更大更厚，表面光滑、湿润、黏稠，呈乳白色、黄色或红色。

2. 霉菌

霉菌由菌丝和孢子构成。菌丝宽3～10μm，分有隔菌丝和无隔菌丝。无隔菌丝无横隔，整个菌丝就是一个单细胞，内含多个核；而有隔菌丝中有横隔，将菌丝隔成许多段，每段为一个细胞，内有一到多个核（图3-2）。菌丝的细胞结构基本与酵母菌相似。

霉菌的菌落大而疏松，多呈绒毛状、絮状或蜘蛛网状。菌丝常为无色透明或灰白色，孢子形成后，菌落常带有颜色。常见的霉菌有根霉、青霉和曲霉。

（二）真菌的繁殖和分离培养

1. 真菌生长繁殖的条件

多数真菌为异养菌，其营养需要与细菌相似，但对各种物质的利用能力更强。例如，除能分解单糖和双糖外，真菌还能利用淀粉、纤维素、木质素及多种有机酸。真菌在氧气充足、湿度较

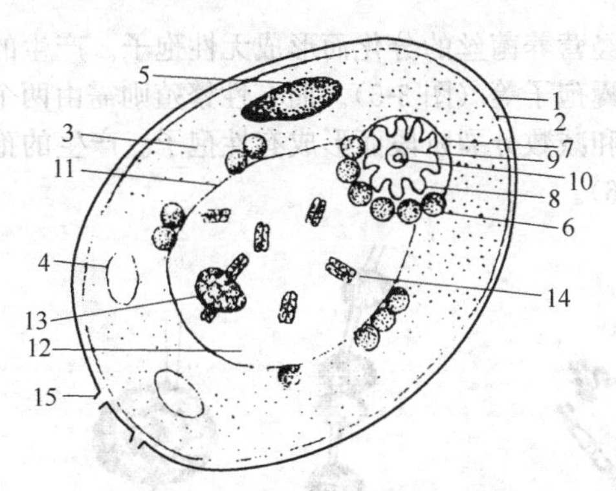

图 3-1　酵母菌细胞结构示意图

1—细胞壁；2—细胞膜；3—细胞浆；4—脂肪体；5—肝糖；6—线粒体；7—纺锤体；8—中心染色质；9—中心体；10—中心粒；11—核膜；12—核质；13—核仁；14—染色体；15—芽痕

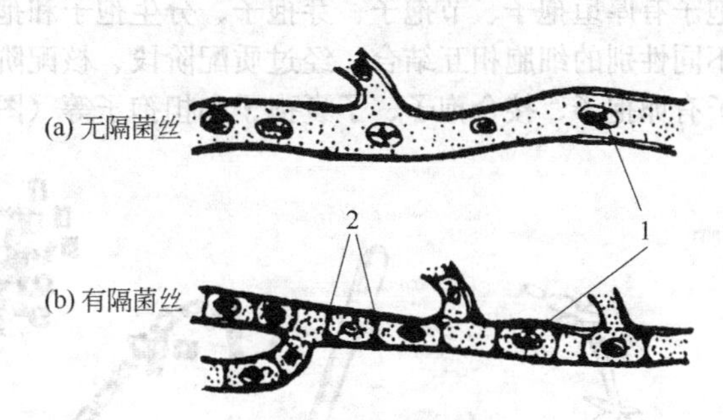

图 3-2　霉菌的菌丝

1—细胞核；2—横隔

高的环境中生长良好。最适温度为 20～28℃，最适 pH 为 5.6～5.8。

2. 真菌的繁殖方式

真菌能进行无性繁殖和有性繁殖。

（1）酵母菌　酵母菌主要以芽殖方式进行无性繁殖，但也能以两性孢子进行有性繁殖。芽殖时，尚未脱落的芽体上又长出新芽体，则形成藕节状的假菌丝（图 3-3）。

（2）霉菌　霉菌主要以产生各种无性和有性孢子进行繁殖，而以无性孢子繁殖为主，也能以菌丝片段繁殖新个体。孢子囊孢子、分生孢子为常见的无性孢子。孢子萌发后发育成菌丝，许多菌丝相互盘绕、聚集而成菌丝体。伸入培养基内或匍匐在培养基表面而吸收营养的菌丝称营养菌丝，伸向空中的菌丝称气生菌丝，产生孢子的气生菌丝称繁殖菌丝。

真菌繁殖时产生的各种各样的孢子其形状、大小、表面纹饰和色泽各不相同，结构也有一定的差异，这些都是鉴别真菌的依据（图 3-4）。

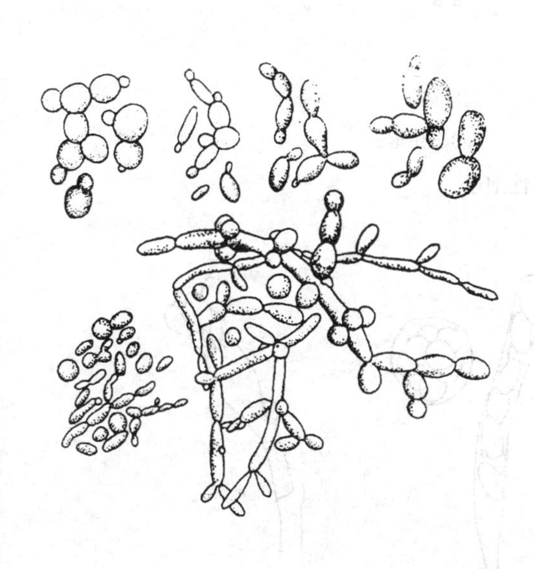

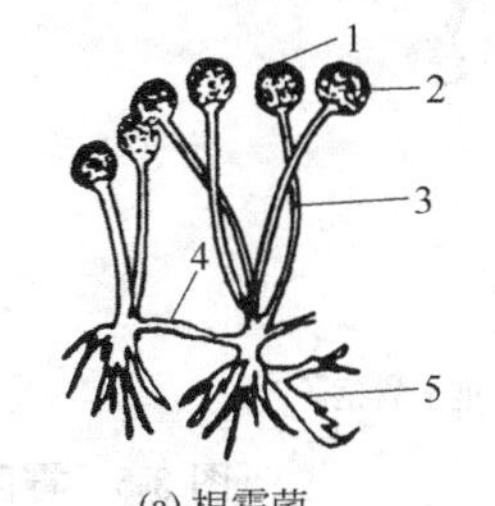

(a) 根霉菌

1—孢子囊；2—孢子囊孢子；3—气生菌丝；4—匍匐枝；5—假根

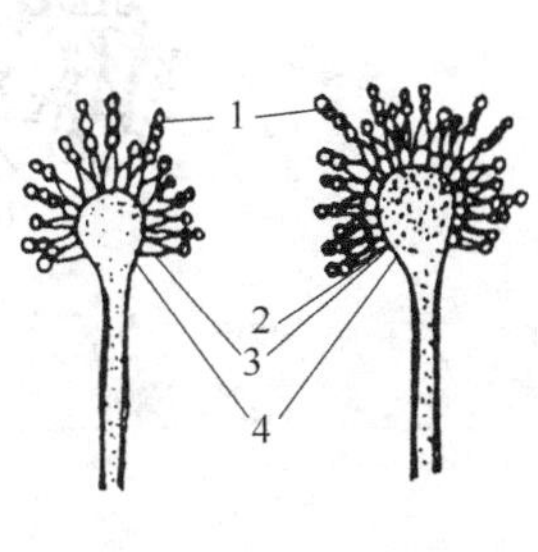

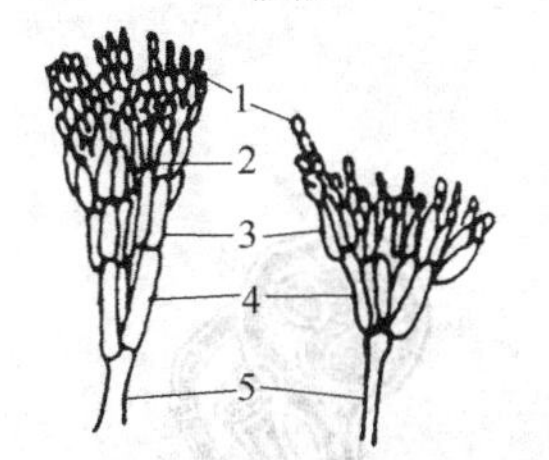

(b) 青霉菌

1—分生孢子；2—再次生小梗；3—次生小梗；4—初生小梗；5—分生孢子梗

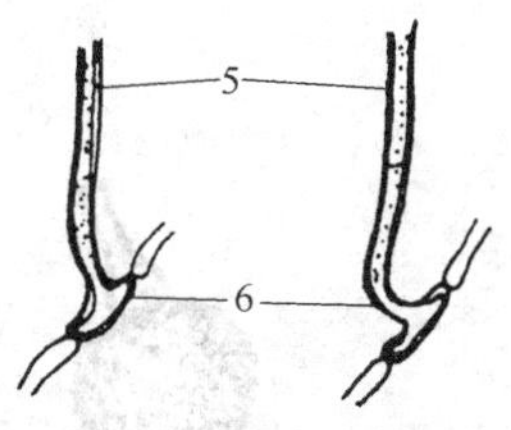

(c) 曲霉菌

1—分生孢子；2—次生小梗；3—初生小梗；4—顶囊；5—分生孢子梗；6—足细胞

图 3-3　酵母菌的形态

图 3-4　常见霉菌的形态

真菌无性繁殖时，不需通过两性细胞的配合，只经营养菌丝的分化而形成无性孢子。产生的孢子有厚垣孢子、节孢子、芽孢子、分生孢子和孢子囊孢子等（图 3-5）。而有性繁殖则需由两个不同性别的细胞相互结合，经过质配阶段、核配阶段和减数分裂阶段而形成有性孢子。产生的孢子有卵孢子、接合孢子、子囊孢子和担孢子等（图 3-6）。

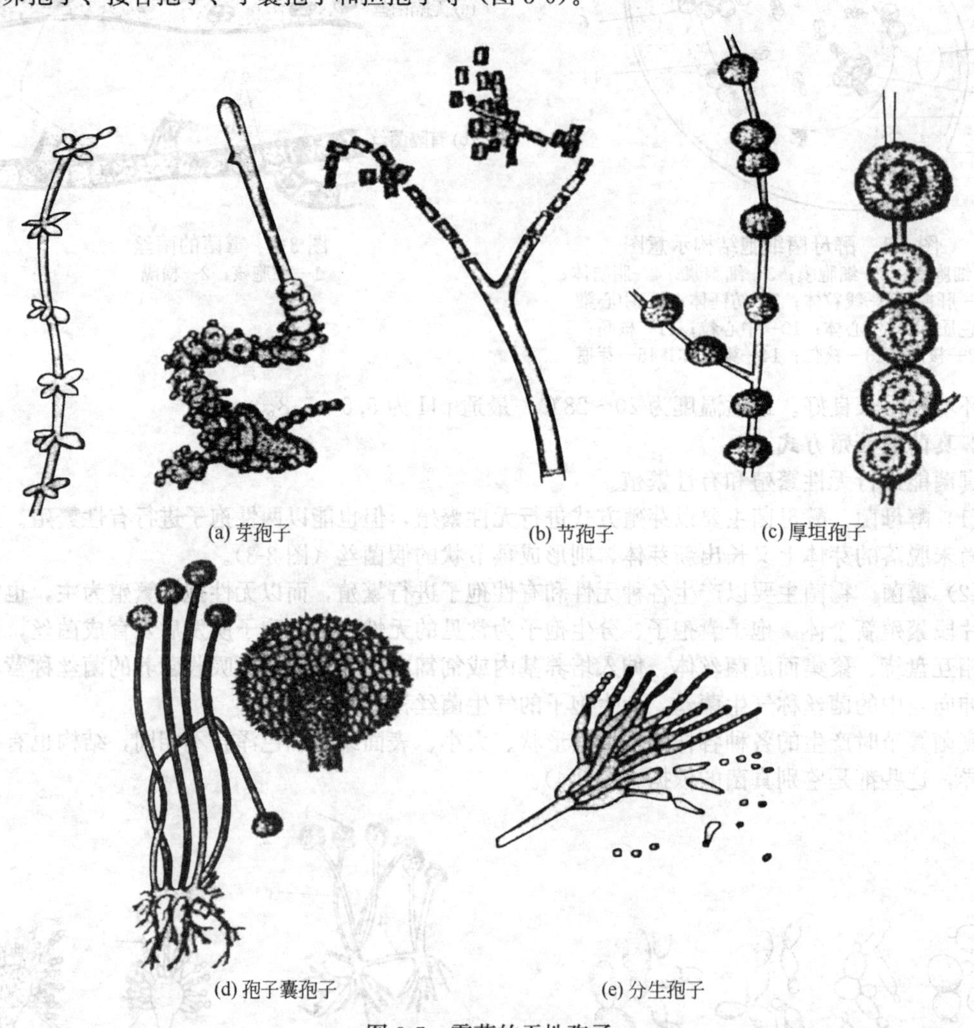

图 3-5　霉菌的无性孢子

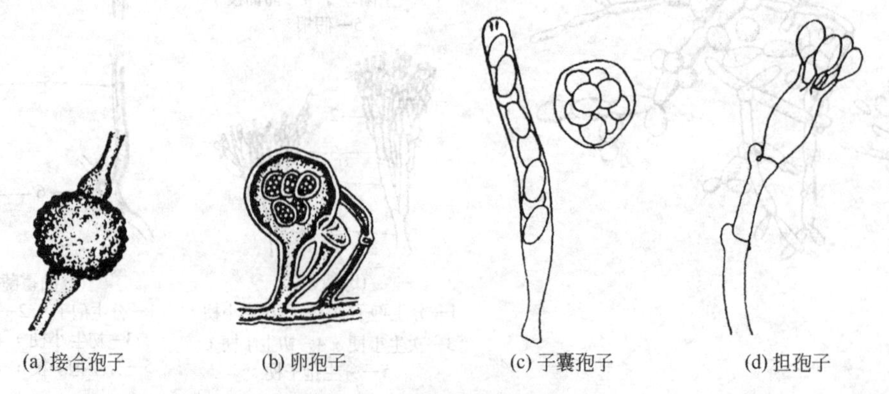

图 3-6　霉菌的有性孢子

3. 真菌的分离培养

分离纯种霉菌时，可收集孢子、切取菌体组织或带菌丝的基质，然后放在培养基上培养。分离酵母菌时，可按细菌的分离培养法进行。多数真菌最适温度为20～28℃，最适pH为5.6～5.8，但有些病原性真菌在37℃下培养生长良好。

人工培养真菌一般可用沙堡（Sabouraud）葡萄糖琼脂培养基，也可用麦芽汁葡萄糖琼脂和马铃薯葡萄糖琼脂培养基等。真菌的繁殖力很强，但生长速度比较缓慢，它在人工培养基中常需要数天才能长出菌落。

二、致病性及免疫性

1. 真菌的致病性

不同的真菌致病形式不同，有些真菌呈寄生性致病作用，有些真菌呈条件性致病作用，有些则通过产生毒素引起中毒来发挥致病作用。真菌性疾病大致包括以下几种。

（1）致病性真菌感染　主要是外源性真菌感染，包括皮肤、皮下组织真菌感染和全身或深部真菌感染。

（2）条件致病性真菌感染　主要是内源性真菌感染，某些非致病性的或致病性极弱的一些真菌，在机体免疫功能低下或菌群失调时所引起的感染。通常发生于长期应用广谱抗生素、激素及免疫抑制剂的过程中，如念珠菌、曲霉菌感染均为条件性真菌感染。

（3）真菌变态反应性疾病　真菌性变态反应具有两种类型：一种是感染性变态反应，它是一种迟发型变态反应，是在感染病原性真菌的基础上发生的；另一种是接触性变态反应，它的发生复杂，而且常见，通常是由于吸入或食入真菌孢子或菌丝而引起，分别属于Ⅰ～Ⅳ型变态反应。

真菌性变态反应所致疾病的表现有过敏性皮炎、湿疹、荨麻疹和瘙痒症，过敏性胃肠炎、哮喘和过敏性鼻炎等。

（4）真菌性中毒　有些真菌在农作物、食物或饲料上生长，人及动物食用后可导致急性或慢性中毒。引起中毒的可以是本身有毒性的真菌或真菌在代谢过程中产生的毒素。目前已发现的真菌毒素有百种以上，引起的病变也多种多样，有的引起肝脏、胰腺、肾脏损害；有的引起神经系统功能障碍，出现抽搐、昏迷等症状；也有的可致造血机能损伤。

（5）真菌毒素与肿瘤　已经证实真菌毒素有致癌作用。研究最多的是黄曲霉毒素，其毒性极强。动物实验证明，粮食中含有0.015mg/kg黄曲霉毒素，食入后即可诱发肝癌。近几年又发现十余种毒素在动物身上可诱发多种肿瘤，如镰刀菌的T-2毒素可诱发大鼠的胃癌、胰腺癌、垂体和脑部肿瘤；最近又证实串珠镰刀菌的毒素与食道癌有相关性。

2. 真菌的免疫性

机体对真菌的免疫包括非特异性免疫和特异性免疫两方面。皮肤黏膜与其所分泌的脂肪酸、乳酸的抗真菌作用，正常菌群的拮抗作用及吞噬细胞的吞噬作用均在抗真菌的非特异性免疫中起着重要作用。

真菌特异性免疫主要是细胞免疫，血清中抗真菌抗体滴度虽然很高，可用于血清学诊断，但抗真菌的作用尚不能肯定。真菌的毒素一般为低分子化合物，没有免疫原性，不能刺激免疫系统产生抗体。

三、微生物检查方法

真菌病的诊断与细菌病的诊断有相似之处，但真菌的形态往往具有特征性，直接镜检和培养两种检查即可确诊。必要时可再做生化试验或动物接种。

1. 显微镜检查

许多标本不需染色即可直接镜检。有些标本用乳酸酚棉蓝染色后在显微镜下放大500倍，可见真菌染成蓝色或紫色。组织、体液、脓汁以及离心沉淀材料等，也可用革兰染色、瑞氏染色和姬姆萨染色等镜检。印度墨汁标本片常用于检查新型隐球菌的荚膜。毛发、角质等多用氢氧化钾湿片检查，即在病料上加1滴10%～20%氢氧化钾液，加盖片微热处理，使标本溶解，稍压，镜检孢子、菌丝并观察其特点。标本也可用荧光素染色，在荧光显微镜下观察。

2. 分离培养

将病料接种于沙堡葡萄糖琼脂，某些深部感染的病料还需接种于血液琼脂，分别培养于室温及37℃恒温箱中，培养后逐日观察。真菌一般生长较慢，往往需培养数日甚至数周。为防止或减少细菌污染，可在培养基中加入适量抗生素，一般每毫升培养基加20～100IU青霉素和40～200μg链霉素。为了能观察真菌的某些特殊结构，还可用特殊培养基培养，如用玉米粉琼脂培养基检查白色念珠菌的厚垣孢子等。

培养后，观察菌落生长情况是鉴别真菌的主要方法之一。应注意菌落生长的速度、形态特点（质地、颜色、表面与边缘等），以及显微镜观察菌体构造。为便于菌种鉴定，还可以在玻片上进行微量培养。这不仅能在显微镜下直接观察菌体形态和构造，还能保持菌体结构的自然位置。

有些真菌病，可用变态反应进行诊断。对真菌毒素中毒性疾病，则应进行毒素检查和产毒真菌的检查。

四、防治

真菌的繁殖要有一定的湿度，所以保持环境、用具、饲料、垫料的干燥，并进行有效的消毒是防止真菌感染的先决条件。保持动物体表的清洁、防止皮肤外伤是预防皮肤真菌感染的重要措施。

霉菌是饲料中的常在菌，其生长繁殖与环境因素有关，饲料贮藏不当很容易污染有害真菌，引起变质。霉变的饲料不仅丧失营养价值，而且可能引起动物中毒，应废弃。

引起机体深部感染的真菌大多数是条件性致病菌，它们广泛存在于自然环境中，只有当机体抵抗力降低时才能引起疾病。因此预防的有效措施是提高畜禽的机体抵抗力和免疫功能，避免长期使用抗生素及射线照射。

真菌感染目前尚无特异性预防方法。虽然逐年都有大量的抗真菌新药研制出来，但投入使用的甚少。

技能1-12 真菌的形态观察及常见病原真菌的实验室检查

[学习目标]

掌握真菌的形态观察方法，了解皮霉、曲霉、囊球菌等病原霉菌的实验室检查方法。

[仪器材料]

① 器材：恒温培养箱、显微镜、接种环、解剖针、载玻片、凹玻片、盖玻片、平皿、酒精灯等。

② 试剂：10%KOH、10%NaOH、美蓝染色液、乳酸酚棉蓝染色液、生理盐水、1%次氯酸钠、75%酒精。

③ 其他：沙堡弱琼脂培养基、察氏培养基、麦芽糖2%及氯化钠7.5%的琼脂平板、酵母菌培养物、毛霉或其他霉菌培养物。

[方法步骤]

（一）真菌的形态观察

1. 酵母菌水浸片的制作及形态观察

取一张洁净的凹玻片，在凹窝内滴加1～2滴美蓝染色液，用接种环钩取少许酵母菌培养物放在凹窝内，与染色液混匀，盖上盖玻片，用低倍镜或高倍镜观察酵母菌的形态、出芽和死活菌体的情况。可见菌体呈卵圆形，死菌染成蓝色，活菌为无色透明的空泡样，高倍镜下可观察到菌体的出芽情况。

2. 霉菌水浸片的制作及形态观察

取洁净的载玻片一块，在其中央加一滴乳酸酚棉蓝染色液，用接种环钩取霉菌培养物上的菌丝少许，放于乳酸酚棉蓝染色液内，两手各持一解剖针，配合操作，将菌丝挑散，盖上盖玻片，用低倍镜观察菌丝的形态和孢子的形态结构。

（二）常见病原霉菌的实验室检查

1.皮霉

（1）形态观察　在可疑病畜的健康与患病组织处，用小镊子拔取患毛数根，置载玻片上，滴加1～2滴10%的KOH溶液，并将载玻片在酒精灯火焰上稍加热，至毛发透明为止，盖上盖玻片，用低倍镜或用高倍镜观察皮霉的寄生部位、孢子形态、大小、排列情况。如检查皮屑，则于凹玻片中央滴上1～2滴乳酸酚棉蓝染液，以小镊子夹取皮屑数片置于染液中，在火焰上微微加温，盖上盖玻片，静置10min后，用高倍镜观察菌丝形态、孢子形状及其排列。小孢霉在毛根周围可见许多排列不规则的小孢子，因互相拥挤而呈多角形，镶嵌状套于毛根及邻近毛干周围。发癣霉在毛的内部、外部或内外部都可见到孢子，孢子沿毛的纵轴较规则地排列成链状。表皮癣霉在毛的内部可看到分枝的菌丝及链状排列的孢子（图13-1）。

（2）培养特性　将感染了的毛及皮屑，先置70%酒精内浸泡5～10min，之后将毛或皮屑分别置于沙堡弱琼脂平板上，在28℃下培养4～5d或更长，要保持潮湿，避免培养基干燥，逐日观察。注意菌落形态特征，并以低倍镜观察其菌丝及孢子形态，判定其类型。

2.假皮疽组织胞浆菌

（1）形态观察　采取脓汁滴于载玻片上，如过于黏稠可加入无菌生理盐水稀释，或滴加3%～10%的NaOH处理，使脓汁内容物透明便于观察。盖上盖玻片，先用低倍镜后用高倍镜观察，可见圆形、卵圆形或梨形，一端或两端尖锐，有双层膜的菌细胞。多单在或2～3个排列，菌体胞浆均匀，在一端或其他部位可见有迴旋运动的、闪亮的圆形小颗粒2～4个。

（2）培养特性　将脓汁预先用7%安替福民处理12h，以离心法用生理盐水洗2～3次，取沉渣划线接种于含血清的沙堡弱或察氏琼脂斜面上，置22～28℃的恒温箱内培养，一般要培养1个月以上才有菌落出现。菌落从蚕豆大到拇指大，淡黄色或褐色，边缘不整，呈皱褶状，初湿润，后变干燥。如接种到液体培养基中，则于表面形成淡灰色多皱褶的大菌膜，以后表面呈现撒粉状，培养液澄清。镜检培养物，可见有中隔的菌丝，菌丝的末端有膨大的假分生孢子，有时可见有厚膜孢子和关节孢子。

3.黄曲霉

（1）形态观察　用无菌接种环从培养物上钩取菌龄合适的材料少许，放在凹玻片中，盖上盖玻片，在低倍及高倍显微镜下观察菌丝的宽度、色泽，有无足细胞，顶囊、分生孢子梗和分生孢子头的大小、结构、色泽等。其分生孢子头疏松，小梗有单层或双层，顶囊呈烧瓶状或近球形，生分孢子球形、近球形或梨形。

（2）培养特性　采取发霉的谷粒、干草、秸秆、豆荚壳等，装于清洁培养皿内。将谷粒先经过表面消毒，其方法为浸于1%次氯酸钠溶液内1min或75%酒精内1～2min，取出用无菌水冲洗，置于盛有灭菌纱布的平皿内。培养基可用麦芽糖2%及氯化钠7.5%的琼脂平板，亦可用沙堡弱琼脂平板。以无菌操作法用灭菌小镊子夹取谷粒，等距离排列，使胚部向下插入琼脂平板培养基内。每一平板上可接种大谷粒5粒或小粒的谷粒10粒，每份检样接种100粒。干草及秸秆亦可用此法做等距离的接种。置25～28℃的恒温箱内培养，黄曲霉菌生长较快，经10～14d菌落直径可达3～7cm，初带黄色，后变黄绿色，以后呈褐色，平坦或有放射沟，反面无色或带褐色。取一载玻片，在其上滴一滴乳酸酚棉蓝液，用无菌接种环钩取典型菌落少许放入其中，用两支解剖针将其撕开，盖上盖玻片，在低倍镜或高倍镜下观察。其分生孢子头疏松，小梗有单层或双层，顶囊呈烧瓶状或近球形，分生孢子球形、近球形或略为梨形。

4.烟曲霉

（1）形态观察　用接种环钩取被检菌落，置显微镜下低倍镜或高倍镜观察，可见其菌丝有分枝，具有中隔，顶囊膨大，分生孢子梗不分枝，分生孢子圆形、棕色，呈链状。

(2) 培养特性　将烟曲霉接种于沙堡弱琼脂或察氏琼脂上，置25～28℃恒温箱培养1～2d后，取出检查，可见深绿色或棕绿色菌落。

附：供培养真菌用的培养基

1. 沙堡弱琼脂

取蛋白胨10g，琼脂20g，麦芽糖40g，蒸馏水1000mL。加热融化，矫正pH至5.4，过滤，分装试管，115℃高压灭菌20min，做成斜面。

2. 察氏培养基

取葡萄糖30g，磷酸氢二钾4.0g，硝酸钠2.0g，硫酸亚铁0.01g，硫酸镁0.5g，琼脂30g，氯化钠0.5g，蒸馏水1000mL。加热融化，矫正pH至4.0～5.5，采用间歇灭菌法灭菌。

第二节　放线菌

放线菌属在分类学上属于细菌类，其形态介于细菌和真菌之间。多以分枝形式形成菌丝，并有与真菌相似的分生孢子。菌丝断裂以后形成类似杆菌、球菌的小体。放线菌是原核生物，是由孢子或孢囊孢子在适当的培养基上吸水膨大后萌发生长的。萌发时，生长出芽管，芽管再不断伸长分枝形成菌丝。分枝越多，菌丝越密，继而形成菌丝体。由于放线菌的菌丝体在培养基上呈放线状生长，故而得名。放线菌绝大多数是革兰阳性非抗酸菌。放线菌在自然界中分布广泛，多数无致病性，而且是医药工业发酵生产中重要的微生物类群之一。少数致动物疾病的放线菌中，牛放线菌较为常见。

一、形态结构

放线菌的菌丝细胞，基本上与细菌相似。在幼龄菌丝中有明显的原生质类核、染色体和异染颗粒等，而在分枝的老龄菌丝中则含有多数粗大不规则的原生质颗粒。放线菌的菌丝体可分为营养菌丝体和气生菌丝体两种。营养菌丝体又称基内菌丝体或初级菌丝体，培养时能深入到培养基中或匍生在培养基表面上，从培养基中吸收营养。营养菌丝在培养基中可分泌和形成各种不同化学结构的物质。在这些物质中，有许多组分具有抗菌作用或特殊的生理活性。故放线菌在医药工业发酵生产中具有重要作用，是多种抗生素、酶等的主要来源。营养菌丝发育后向空中长出的菌丝体称为气生菌丝体，又称次级菌丝体。气生菌丝体经发育分化出的气生菌丝，常能形成大量孢子。孢子落入适宜的培养基中就可以萌发，形成新的菌体，又经大量繁殖成为菌丝或菌落。

气生菌丝可以分化出形成孢子的菌丝称为孢子丝。孢子梗是支撑孢子丝的柄，不能断裂为孢子。孢子丝的形态富于变化，随放线菌的种属不同而有很大的差异。孢子丝的形态特征，常作为鉴别放线菌的依据（图3-7）。

放线菌孢子的形成方式有两种。一种方式是孢子丝生出横隔，孢子凝缩，由合并在一起的旧壁相连成链，然后断开形成单个孢子；另一种方式是菌丝分节后通过断节形成孢子。孢子丝断裂形成的孢子有球状、杆状、长锁链状、圆柱状等各种形态。

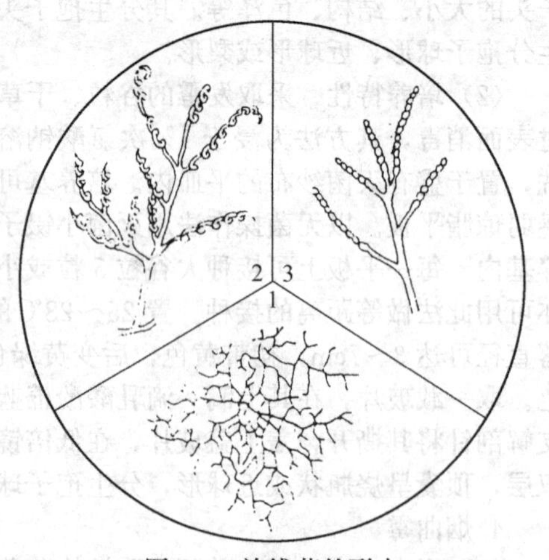

图3-7　放线菌的形态
1—菌丝体；2—螺旋状菌丝；3—链状菌丝

二、生长与繁殖

放线菌的孢子有时是菌丝节段发育生长形成新的营养菌丝，在增殖过程中分枝分节。大多数放线菌产生的气生菌丝体比营养菌丝粗大。许多放线菌，当伸出多数分枝以后，分枝的菌丝就形成孢子丝。

放线菌的孢子有各种各样的色泽，如灰色、粉红、青色、浅蓝、天蓝或浅绿色、黄色、淡绿灰、灰黄、浅橙、丁香色、淡紫色、薰衣草色等。孢子颜色常作为菌种命名的依据，也是鉴别菌种的主要特征。

放线菌主要营异养生活，培养较困难，厌氧或微需氧。加5%CO_2可促进其生长。在营养丰富的培养基上，如血平板37℃培养3～6d，可长出灰白或淡黄色微小菌落。多数放线菌的最适生长温度为30～32℃，致病性放线菌为37℃，最适pH为6.8～7.5。放线菌能产生多种抗生素，用于传染病的治疗。

第三节 霉形体

霉形体又称支原体，是介于细菌和病毒之间、营独立生活的最小单细胞微生物，因缺乏细胞壁而具有多形性和可塑性。能通过细菌滤器。霉形体能在无细胞的人工培养基中生长繁殖，但对营养的要求高于细菌，含有DNA和RNA，以二分裂或芽生方式繁殖。多数为需氧或兼性厌氧。

霉形体广泛分布于污水、土壤、植物、动物和人体中，腐生、共生或寄生，常污染实验室的细胞培养及生物制品，有30多种对人或畜禽有致病性。霉形体对青霉素有抵抗力。

一、生物学性状

1. 形态与染色特性

霉形体的细胞膜具有三层结构，内、外层为蛋白质及糖类，中间层是脂质。有些霉形体在细胞膜外还有一层由多聚糖组成的微荚膜。由于霉形体细胞外只包有柔软的胞浆膜，故具有多形性、可塑性和滤过性。常呈球状、环状、杆状、螺旋状，有些偶见分枝丝状等不规则形状。球形细胞直径0.3～0.8μm，丝状细胞大小(0.3～0.4)μm×(2～150)μm不等。在加压情况下，能通过孔径220～450nm的滤膜。无鞭毛，但有些在液面能滑动或旋转运动。革兰染色呈阴性，通常着色不良；用姬姆萨或瑞氏染色良好，呈淡紫色。

2. 培养与生化特性

霉形体对营养要求较高，培养霉形体的人工培养基中除基础营养外，需加10%～20%的动物血清，除无胆甾原体外，其余绝大多数霉形体生长需外源胆固醇。为抑制细菌生长，常在培养基中加入青霉素、醋酸铊、叠氮化钠等药物。

霉形体多数在有氧条件下生长良好，但用固体培养基分离培养时，在5%CO_2和95%N_2的环境中生长为佳，琼脂浓度则以1%～1.5%为宜。适合生长的pH为7.0～8.0，脲原体属适宜pH较低，pH为6.0±0.5，适宜温度为36℃。

霉形体的繁殖方式以二分裂为主，也有出芽、分枝或由球状细胞伸展成长丝，然后分节游离出来新的细胞。

霉形体生长缓慢，在琼脂培养基上培养2～6d，才长出微小的菌落，必须用低倍显微镜才能观察到。菌落直径10～600μm不等，圆形、透明、露滴状。霉形体的典型菌落呈“煎荷包蛋状”(图3-8)，菌落中心深入培养基中、致密、色暗，周围长在培养基表面、较透明。猪肺炎霉形体和肺霉形体等的菌落则不典型，无中心生长点。在液体培养基中生长数量较少，不易见到浑浊，有时见到小颗粒样物黏附于管壁或沉于管底。可在鸡胚的卵黄囊或绒毛尿囊膜上生长，有些菌株可致鸡胚死亡。

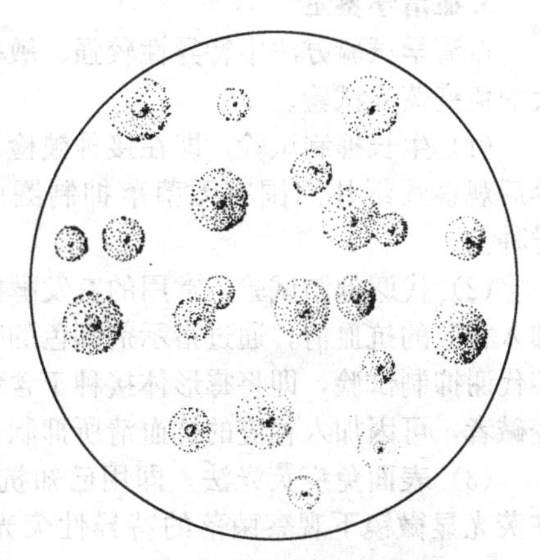
图3-8 霉形体的菌落

根据对糖类分解利用能力不同，可将霉形体分为两群。一群能分解葡萄糖及其他多种糖类，产酸不产气，称发酵型；另一群不能分解糖，称为非发酵型，但能利用精氨酸作为碳素和能量来源。仅有少数几种霉形体例外，二者兼而有之，或均不能利用。某些糖发酵株能产

生 H_2O_2，在含豚鼠红细胞的培养基中形成β型溶血环，某些糖不发酵种则呈α型溶血。少数株能液化明胶、消化凝固血清或酪蛋白。禽败血霉形体、肺炎霉形体的菌落能吸附禽类红细胞。

3. 抵抗力

霉形体因无细胞壁而抵抗力很弱。一般45℃加热15～30min或55℃加热5～15min即被杀死。在含0.3%琼脂的半固体培养基中－20℃可保存一年或更久。对重金属盐类、石炭酸、来苏儿等消毒剂均比细菌敏感，对表面活性物质洋地黄苷敏感，易被脂溶剂乙醚、氯仿所裂解。但对醋酸铊、结晶紫、亚硝酸钾等有较强的抵抗力。对影响细胞壁合成的抗生素如青霉素、头孢霉素有抵抗作用，对放线菌素D、丝裂菌素C最为敏感，对影响蛋白质合成的抗生素如四环素族、强力霉素、红霉素、螺旋霉素、链霉素等敏感。可出现对抗生素耐药的菌株。

二、致病性与免疫性

病原性霉形体常寄生于多种动物呼吸道、泌尿生殖道、消化道黏膜表面、乳腺及关节等，单独感染时常常是症状轻微或无临床表现，当细菌、病毒等继发感染或受外界不良因素的作用，会引起疾病。疾病特点是潜伏期长，呈慢性经过，地方性流行，多具有种的特性。

霉形体的抗原由细胞膜上的蛋白质和类脂组成。各种霉形体的抗原结构不同，交叉很少，有鉴定意义。动物自然发生霉形体病后具有免疫力，例如猪发生霉形体肺炎后免疫保护至少达60周，牛患传染性胸膜肺炎以后免疫保护可达12～30个月。霉形体感染后，机体可通过产生IgM、IgG和IgA引起体液免疫应答。霉形体的疫苗研究比较困难。

三、微生物学诊断

霉形体形态多样，直接镜检意义不大，应取病料进行分离培养，分离的霉形体经形态、生化试验作初步鉴定，进一步经生长抑制试验与代谢抑制试验确定。

1. 分离培养

加10%～20%马血清或小牛血清于基础培养基中。初次分离生长缓慢，菌落呈典型的油煎蛋样。新分离菌株在鉴定前必须先进行细菌L型鉴定，霉形体与细菌L型极相似。它们均无细胞壁，形态多样，具滤过性，对作用于细胞壁的抗生素有抵抗作用，菌落也都似“油煎蛋样”。其主要区别是在无抑制剂的培养基中连续传代后能否回复为细菌形态。

2. 生化性状测定

先做毛地黄苷敏感性测定，用以区别需要胆固醇与不需要胆固醇的霉形体。再做葡萄糖、精氨酸分解试验，将其分为发酵葡萄糖和水解精氨酸两类，以缩小选用抗血清的范围，进一步做血清学鉴定。

3. 血清学鉴定

血清学试验方法中特异性较强、敏感性较高、应用较多的是生长抑制试验、代谢抑制试验及表面免疫荧光试验。

(1) 生长抑制试验　即在接种被检霉形体的平板培养基上，贴上含已知抗血清的圆纸片，培养后观察圆纸片周围有无菌落抑制圈的产生。抑制宽度达2mm以上时为同种，无抑制圈为异种。

(2) 代谢抑制试验　常用的有发酵抑制试验，即将霉形体接种于含葡萄糖的液体培养基中，加入相应的抗血清，通过指示剂颜色的变化观察霉形体分解葡萄糖产酸的活性是否被抑制。精氨酸代谢抑制试验，即将霉形体接种于含精氨酸加指示剂的液体培养基中，能分解精氨酸使培养基变碱者，可因加入相应的抗血清所抑制。

(3) 表面免疫荧光法　即用已知抗血清制成荧光抗体，直接染色琼脂块上的霉形体菌落，在荧光显微镜下观察菌落的特异性荧光。也可用抗血清与菌落反应后再用荧光标记的抗抗体染色。

第四节 螺旋体

螺旋体是一群细长而柔软、波状或螺旋状、运动活泼的原核单细胞微生物。螺旋体在生物学上的位置介于细菌与原虫之间，它具有与细菌相似的基本结构，如细胞壁中有脂多糖和胞壁酸，胞浆内含核质，行二分裂繁殖；与原虫相似之处在于细胞壁与外膜之间有轴丝，由于轴丝的屈曲与收缩使螺旋体能自由活泼运动。螺旋体广泛存在于水生环境，也有许多分布在人和动物体内。大部分营自由的腐生生活或共生，无致病性，只有一小部分可引起人和动物的疾病。

一、生物学特性

1. 形态与结构特性

螺旋体细胞呈螺旋状或波浪状圆柱形，具有多个完整的螺旋。长短不等，大小为（5～250）μm×(0.1～3)μm。某些螺旋体可细到足以通过细菌滤器。细胞的螺旋数目、两螺旋间的距离及回旋角度各不相同，是分类上的一项重要指标。

螺旋体的细胞中心为原生质柱，外有 2～100 根以上的轴丝，又称为鞭毛，夹在原生质膜与外细胞壁和黏液层构成的外鞘之间。螺旋体通过轴丝而运动，其运动方式主要有 3 种，沿长轴旋转、弯曲移动和局部转动。螺旋体具有不定形的核，无芽孢，核酸兼有 DNA 和 RNA，以横二等分裂法繁殖。在陈旧培养物中或培养物用青霉素处理，螺旋体可成为 L 型。

螺旋体革兰染色阴性，但较难染色。姬姆萨染色呈淡红色，镀银染色着色较好，菌体呈黄褐色，背景呈淡黄色。也可用印度墨汁或刚果红与螺旋体混合负染，螺旋体透明无色，背景衬有颜色，反差明显。以相差和暗视野显微镜观察螺旋体效果良好，既能检查形态又可分辨运动方式，较为常用。

2. 培养特性

除钩端螺旋体外，多不能用人工培养基培养，或培养较为困难。多数需厌氧培养。非致病性螺旋体、蛇形螺旋体、钩端螺旋体以及个别致病性密螺旋体与疏螺旋体可采用含血液、腹水或其他特殊成分的培养基培养，其余螺旋体迄今尚不能用人工培养基培养，但可用易感动物来增殖培养和保种。

二、分类

在第 9 版《伯吉氏系统细菌学手册》中，将螺旋体直接下设 8 个属。其中与兽医有关的主要有疏螺旋体属、密螺旋体属、蛇形螺旋体属和细螺旋体属。

第五节 立克次体

立克次体是介于细菌和病毒之间的细胞内寄生的原核微生物，结构与细菌相似，以二分裂方式繁殖，对广谱抗生素敏感。

立克次体是一类依赖于宿主细胞和专性细胞内寄生的小型革兰阴性原核单细胞微生物。此类微生物是引起人和动物立克次体病如 Q 热、斑疹伤寒和恙虫病等的病原体。根据《伯吉氏系统细菌学手册》，立克次体现列一个目即立克次体目，下分立克次体科、巴通体科及乏质体科 3 个科，共计 14 个属，43 个正式种。

一、生物学特性

细胞多形，可呈球形、球杆形、杆形，甚至呈丝状等，但以球杆状为主。大小介于细菌和病毒之间，球状菌直径为 0.2～0.7μm，杆状菌大小为（0.3～0.6）μm×(0.8～2)μm。除贝柯克斯体外，均不能通过细菌滤器。革兰染色阴性，姬姆萨染色呈紫色或蓝色，马基维罗法染色呈红色。

立克次体酶系统不完整，大多数只能利用谷氨酸产能而不能利用葡萄糖产能，缺乏合成核酸的能力，依赖宿主细胞提供三磷酸腺苷、辅酶I和辅酶A等才能生长，并以二等分裂方式繁殖。多不能在普通培养基上生长繁殖，故常用动物接种、鸡胚卵黄囊接种以及细胞培养等方法培养立克次体。

立克次体对理化因素抵抗力不强，尤其对热敏感，56℃、30min即被灭活。对低温及干燥抵抗力强，在干燥虱粪中能保持传染性达1年以上，于50%甘油盐水中4℃可保存活力达数月之久。对广谱抗生素中的氯霉素、金霉素、四环素等敏感；青霉素一般无作用；而磺胺药物不仅不敏感，反有促进立克次体生长的作用。

二、致病性

立克次体主要寄生于虱、蚤、蜱、螨等节肢动物的肠壁上皮细胞中，并能进入唾液腺或生殖道内。人畜主要经这些节肢动物的叮咬或其粪便污染的伤口而感染立克次体。其主要致病的毒性物质是内毒素和磷脂酶A。立克次体进入机体后，多在网状内皮系统、血管内皮细胞或红细胞内增殖，引起内皮细胞肿胀、增生、坏死，微循环障碍及血栓形成，呈现皮疹、脑症状和休克等。人和动物感染立克次体后，可产生特异性体液免疫和细胞免疫，病后可获得坚强的免疫力。

三、微生物学诊断

病原体的检查可将病料制成血片或组织抹片，经适当方法染色后镜检。若用荧光抗体法检查，效果更佳。进一步将病料处理后接种于鸡胚卵黄囊内或适宜的易感动物，用荧光抗体技术、血清中和试验或补体结合试验等方法进行鉴定。

抗体检查可用已知抗原做凝集试验、补体结合试验或中和试验，以证实患病动物血清中是否有相应的抗体，从而诊断该病。凝集试验是利用某些能与立克次体多糖抗原的抗体发生交叉反应的变形杆菌株制成凝集抗原，检查某些立克次体病，这种凝集试验称为魏-斐二氏反应。中和试验可用豚鼠或鸡胚进行。

四、防治

灭虱、灭蚤、灭蜱、灭螨、灭鼠和注意环境卫生，是预防立克次体病的重要措施。疫苗接种有一定效果。治疗可选用氯霉素及四环素族的抗生素。

第六节 衣原体

衣原体是一群能通过细菌滤器、革兰阴性、具独特发育周期、以二等分裂方式繁殖并形成包涵体、专性真核细胞内寄生的原核微生物。是引起人、动物及禽类衣原体病的病原体。根据第9版《伯吉氏系统细菌学手册》，衣原体现列一个目即衣原体目，仅包括1个科，1个属，其下包含沙眼衣原体种、鹦鹉热衣原体种和肺炎衣原体种3个种。

一、生物学特性

衣原体在宿主细胞内生长繁殖时，具有独特的发育周期。早期为无感染性的始体亦称网状体期，后期为有感染性的原体期。原体颗粒呈球形，小而致密，直径0.2～0.4μm，普通光学显微镜下勉强可见。电子显微镜下中央有致密的类核结构。原体是发育成熟了的衣原体，姬姆萨染色呈紫色，马基维罗染色为红色。原体主要存在细胞外，较为稳定，具有高度传染性。始体颗粒体积较原体大二至数倍，直径为0.7～1.5μm，圆形或卵圆形，代谢活泼，以二分裂方式繁殖。始体是衣原体在宿主细胞内发育周期的幼稚阶段，是繁殖型，不具有感染性，姬姆萨和马基维罗染色均呈蓝色。

包涵体是衣原体在细胞空泡内繁殖过程中形成的集落形态。它内含无数子代原体和正在分裂增殖的网状体。成熟的包涵体经姬姆萨染色呈深紫色，革兰阴性。细胞培养中衣原体的生活周期一般为48～72h，有些菌株或血清型可能更短些。在生活周期末包涵体破裂，导致大量原体进入胞质，引起宿主细胞的裂解死亡，从而原体得以释放。

衣原体具有严格的寄生性，能在鸡胚、细胞培养及动物体繁殖。可接种于5～7日龄鸡胚卵黄囊，一般在接种3～5d死亡，取死胚卵黄囊膜涂片染色，镜检可见有包涵体、原体和网状颗粒。动物接种多用于严重污染病料中衣原体的分离培养。常用动物为3～4周龄小鼠，可进行腹腔接种或脑内接种。细胞培养可用鸡胚、小鼠、羔羊等易感动物组织的原代细胞，也可用HeLa细胞、Vero细胞、BHK21等传代细胞系来增殖衣原体。由于衣原体对宿主细胞的穿入能力较弱，可于细胞管中加入二乙氨基乙基葡聚糖或预先用X射线照射细胞培养物，以提高细胞对衣原体的易感性。

衣原体对外界环境抵抗力不强，耐冷怕热，56～60℃仅能存活5～10min，－50℃可保存一年以上。对脂溶剂、去污剂以及常用的消毒药液均十分敏感，但对煤酚类化合物及石炭酸等一般较能抵抗。衣原体对四环素类药物最敏感，红霉素、氯霉素及多黏菌素B等次之，青霉素、头孢霉素类作用较弱，而链霉素、庆大霉素及新霉素等则无抑制作用。对磺胺药物的敏感性，因衣原体种的不同而异。

衣原体有以下3种不同类型的抗原。①属特异性抗原，是所有衣原体均具有的抗原，在不同种间可发生交叉反应。它位于细胞壁，是一种较大分子量的脂多糖。能耐受130℃、30min，溶于乙醚。可用补体结合反应和血凝抑制反应检出。②种特异性抗原，位于细胞壁的主要外膜蛋白上，它与衣原体的致病性、免疫性、种型抗原相关。这种抗原不耐热，60℃以上可被破坏。可用补体结合反应、琼脂扩散试验、荧光抗体技术以及中和试验检测，依此可鉴别衣原体的不同种别。③细胞壁的主要外膜蛋白上氨基酸可变区的顺序变化还可进一步区分出种内的血清型或生物型，称为型特异抗原。常用单克隆抗体微量免疫荧光试验加以检测。

二、致病性与免疫性

衣原体中的沙眼衣原体和肺炎衣原体主要感染人，对动物无致病性。与畜禽疾病有关的是鹦鹉热衣原体，有时也致人类疾病。鹦鹉热衣原体主要危害禽类、绵羊、山羊、牛和猪等动物，引起鸟疫，绵羊和山羊、牛的地方性流产，牛散发性脑脊髓炎，牛和绵羊多发性关节炎以及猫的肺炎。人类的感染大多由患病禽类所致。

鹦鹉热衣原体可诱导机体产生细胞免疫和体液免疫。人和动物自然感染衣原体后，可产生一定的病后免疫力。用感染衣原体的卵黄囊制成灭活苗免疫动物，可产生较好的预防效果。

三、微生物学检查

根据所致疾病的不同，选择采取肺、关节液、脑脊髓、胎盘等病料做触片或涂片，用姬姆萨、马基维罗染色时着色良好，还可用荧光抗体做特异染色。也可将上述病料处理后，接种鸡胚或鸭胚卵黄囊分离病原体，必要时可适当传代，分离得病原后进行鉴定。动物试验可进行小鼠和豚鼠的腹腔接种。

对感染的人、牛、羊、家兔等血清中抗体可直接用补体结合试验检查，猪、鸭、鸡或其他禽血清抗体则必须用间接补体结合试验检查。此外，还可采用琼脂扩散、间接血凝及ELISA等试验。对感染组织或细胞中抗原，可用荧光素标记或酶标记的衣原体属、种或型的特异单克隆抗体做免疫荧光或酶免疫法染色检查鉴定。

近年来，已采用核酸探针或PCR技术等来准确、灵敏地检测或鉴定鹦鹉热衣原体。

四、防治

加强疫鸟、疫禽和病畜的检查和管理，并防止与其接触，是预防鹦鹉热的有效措施。治疗一般用四环素、氯霉素、强霉素、红霉素及多黏菌素B等。绵羊衣原体性流产疫苗已在我国应用，但若制苗株与发病地区分离株在抗原性上有明显差异，则会影响免疫效果，故用当地分离株制成苗，可取得较好效果。

【复习思考题】

1. 解释名词：真菌　菌丝体　中毒性病原真菌　螺旋体　霉形体　生长抑制试验代谢抑制试验　放线菌　立克次体　衣原体
2. 简述霉菌的形态结构及生长繁殖条件。
3. 简述真菌有哪些致病形式?
4. 简述霉形体的菌落特征及与细菌L型的区别。

（张素丽　刘　莉）

第四章　微生物与外界环境

【能力目标】

能正确使用高压蒸汽灭菌器、电热干燥箱、紫外线灯、超净工作台以及细菌滤器等工具进行消毒和灭菌；会针对畜禽生产中不同对象选择合适的方法进行消毒；能够利用细菌的药物敏感试验筛选抗生素；能够将微生物常见的变异现象应用于动物传染病的预防、诊断和治疗中；能使学生具备良好的安全防护意识和生态环境保护意识。

【知识目标】

掌握微生物与动物体之间的辩证关系，物理性因素、化学性因素和生物性因素对微生物的影响，并能利用这些影响解决生产中遇到的问题。掌握微生物常见的变异现象。熟悉微生物在自然界的分布。了解微生物的亚致死性损伤及其恢复的特点。

微生物的生命活动与外界环境有着密切的关系。一方面，微生物通过新陈代谢活动对外界环境产生影响；另一方面，外界环境中的多种因素也影响着微生物的生命活动。当环境条件适宜时，微生物能旺盛地生长。当外界环境条件不太适宜时，微生物的代谢活动会受到一定程度的抑制，也可发生相应改变，引起变异。若微生物所处的环境条件改变剧烈，则可导致微生物的主要代谢机能发生障碍，甚至使菌体蛋白发生变性或凝固，而导致死亡。

了解微生物与外界环境之间的相互关系，有利于利用微生物有利的一面，控制或减少其有害的一面，从而服务于畜牧业生产。

第一节　微生物在自然界中的分布

微生物种类繁多，代谢类型多样，繁殖迅速，适应环境能力强，无论是土壤、水、空气和饲料，还是在动物体表和某些与外界相通的腔道，甚至在一些极端环境中都有微生物存在。其中的病原微生物备受重视，并具有相应的检测指标。

一、土壤中的微生物

土壤有微生物天然培养基之称。土壤中具有多种微生物生长繁殖所需的营养、水分、气体、酸碱度、渗透压和温度等条件，并能防止日光直射的杀伤作用，是微生物生活的良好环境。土壤中微生物的种类很多，有细菌、放线菌、真菌、螺旋体和噬菌体等。各种微生物的含量变化很大，但以细菌为最多，占土壤微生物总数的70%～90%。微生物的种类和数量，随着土层深度、有机物质的含量、湿度、温度、酸碱度以及土壤的类型不同而异。表层土壤由于受日光照射、雨水的冲刷和干燥的影响，微生物数量较少；在离地面10～20cm深的土层中微生物数量最多，每克肥沃的土壤中微生物数以亿计；越往深处则微生物越少，在数米深的土层处几乎可达无菌状态。土壤是微生物在自然界中最大的贮藏所，是一切自然环境微生物来源的主要策源地，是人类利用微生物资源最丰富的“菌种资源库”。土壤中大量的微生物，一刻不停地进行着生命活动，这些活动对土壤中有机物的转化和植物生长都起着决定性的作用。

土壤中的病原微生物是随动植物残体、人畜排泄物和分泌物、污水、垃圾等废弃物一起进入土壤的。一些人和动物的病原菌，在条件适宜时以土壤为媒介，引起人和动物传染病的发生，即为土壤传播。但是，土壤对大多数病原微生物来说由于缺乏它们生长需要的特殊营养物质和适宜的理化因素，加上土壤中有对微生物拮抗作用的因素和噬菌体的存在，大多数病原微生物只能在土壤中存活较短时间，只有少数抵抗力强的芽孢菌，如炭疽杆菌、破伤风梭菌、气肿疽梭菌、腐败梭菌、产气荚膜梭菌等的芽孢能在土壤中生存数年甚至数十年。此外，还有一些抵抗力较强的无芽孢病原菌也能生存较长时间（表 4-1）。土壤一旦污染了这些病原菌，则可成为疫源地，随时都有可能使人和动物感染相应的传染病。

表 4-1　几种病原菌在土壤中的生存时间

病原菌名称	生存时间	病原菌名称	生存时间
结核分枝杆菌	5个月，甚至达2年之久	巴氏杆菌	14d(表层土壤中)
伤寒沙门菌	3个月	李氏杆菌	2年
化脓性链球菌	2个月	布氏杆菌	100d
猪丹毒杆菌	166d(埋在土壤的尸体内)	猪瘟病毒	6d
坏死杆菌	10d	口蹄疫病毒	1个月以上
钩端螺旋体	9个月(湿土)		

土壤中微生物的分离和计算一般是根据该微生物对营养、酸碱度、氧气等的要求不同，而供给它们适宜的生活条件，或加入某种抑制剂造成只利于该菌生长，不利于其他菌生长的环境，从而淘汰不需要的细菌，然后用平板稀释法对所分离的微生物进行计数。污染于土壤、水和空气中的病原微生物种类多但数量小，逐一检查难以进行或不易检出，某些病原微生物检查需要复杂的设备和条件，故常以测定细菌总数和大肠菌群数等作为其微生物学指标。

二、水中的微生物

水是仅次于土壤的第二天然培养基。在各种水域中都生存着细菌和其他微生物。由于在不同水域中的光照度、酸碱度、渗透压、温度、含氧量、有机物和无机物的种类和含量以及有毒物质的含量等有较大差异，因而不同水域中的微生物种类和数量也有明显差别。在有机物丰富的水中，微生物不但能够生存而且还能大量地繁殖。水中的微生物主要为腐生性细菌，其次还有真菌、放线菌、螺旋体和噬菌体等。此外，还有很多非水生性的微生物，常常随着土壤、动物的排泄物、动植物残体、垃圾、污水和雨水等汇集于水中。一般地面水比地下水含菌种类多，数量大；雨水和雪水含菌数量小，特别是在乡村和高山区的雨水和雪水。在自然界中，水源虽不断受到污染，但由于微生物大量繁殖不断分解水中的有机物、日光照射的杀菌作用、水中原生动物的吞噬和微生物间的拮抗作用、水中悬浮颗粒黏附细菌发生沉淀作用、清洁支流的冲淡作用以及水中其他理化因素的作用，可使水中的微生物大量地减少，使水逐渐净化变清，这就是水的自净作用。

病原微生物可随人和动物的排泄物、分泌物、血液、内脏、尸体以及医院、兽医院、屠宰场、皮毛加工厂等排出的污水和垃圾直接或间接污染水源，可通过大小河流广泛传播，或透过土壤侵入地下水，由污染的饮用水引起人和动物传染病的发生。许多传染病，特别是肠道传染病往往顺着河流或供水系统迅速蔓延，即为水传染。借水传播的传染病常见的有伤寒、副伤寒、痢疾、霍乱、结核、布氏杆菌病、巴氏杆菌病、炭疽、马鼻疽、马腺疫、猪丹毒、口蹄疫和猪瘟等，这些疾病的病原菌可在水中可存活一定时间（表 4-2）。病原微生物进入水中后，常因水的自净作用而难以长期存活，但其生存时间与微生物种类和水的性质及温度等有关，也有些病原菌可在水中生存相当长的时间，从而成为重要的传播媒介。

检查水中微生物的含量和病原微生物的存在，对人、畜卫生有很重要的意义。目前，在我国尚无动物饮用水的卫生标准。我们国家对人饮用水实行法定的公共卫生学标准，其中微生物学指标有细菌总数和大肠菌群数。大肠菌群数是指 1000mL 水中所含大肠杆菌群的最近似值(MPN)。我国饮用水的卫生标准是：每毫升水中细菌总数不超过100个，每1000mL水中大肠菌群数不超过3个。

表 4-2 几种病原菌在水中的生存时间

病原菌名称	水的性质	生存时间
大肠杆菌	蒸馏水	24～72d
伤寒沙门菌	蒸馏水	3～81d
坏死杆菌	河水	4～183d
鼻疽杆菌	无菌水	12 个月
布氏杆菌	无菌水和饮水	72d
马腺疫链球菌	蒸馏水和自来水	9 个月
结核分枝杆菌	河水	5 个月
钩端螺旋体	河水	150d 以内

三、空气中的微生物

空气不是微生物良好的生存场所。空气中缺少细菌和其他微生物生长繁殖所需要的营养物质，加上干燥、流动以及阳光的直接照射，进入空气中的微生物一般都很快死亡。但是人和动植物体以及土壤中的微生物能通过飞沫或尘埃等散布于空气中，以气溶胶的形式存在。气溶胶是由直径为 0.1nm 左右的颗粒构成的空气中的胶体分散系，液体颗粒为雾，固体颗粒为烟，能长期悬浮于空气中，使空气中含有一定种类和数量的微生物。空气中微生物的种类和数量，随地区、海拔、季节、气候等环境条件而有所不同。一般在畜舍、公共场所、医院、宿舍、城市街道的空气中，微生物的含量最高，而在大洋、高山、高空、森林、草地、田野、终年积雪的山脉或极地上空的空气中，微生物的含量就很少；由于尘埃的自然沉降，越近地面的空气中，微生物的含量越高；冬季地面被冰雪覆盖时，空气中的微生物很少；多风干燥季节，空气中微生物较多；雨后空气中的微生物很少。

空气中一般没有病原微生物存在，但在医院、兽医院以及畜禽厩舍附近的空气中，常悬浮带有病原微生物的气溶胶，或者带有病原菌的分泌物和排泄物干燥后随尘埃进入空气中，健康人或动物往往因吸入而感染，分别称为飞沫传播和尘埃传播，总称为空气传播。进入空气中的病原微生物一般很容易死亡，如某些病毒和霉形体等在空气中仅生存数小时。只有一些抵抗力较强的病原微生物可在空气中生存一定的时期，如化脓性葡萄球菌、肺炎球菌、链球菌、结核杆菌、破伤风梭菌、气肿疽梭菌、绿脓杆菌（铜绿假单胞杆菌）等。带有病原微生物的气溶胶常引起呼吸道传染病，如结核、肺炎、肺炭疽、流行性感冒等。某些微生物有时还可使新鲜创面发生化脓性感染。而在空气中的一些非病原微生物，也可污染培养基或引起生物制品、药物制剂变质。所以，在微生物接种、制备生物制剂和药剂以及外科手术时，必须进行无菌操作。

检测空气中微生物常用的方法主要有滤过法和沉降法两种。滤过法的原理是使一定体积的空气通过一定体积的某种无菌吸附剂（通常为无菌水），然后用平板培养基吸附其中的微生物，以平板上出现的菌落数推算空气中的微生物数；沉降法的原理是将盛有培养基的平板置空气中暴露一定时间后，经过培养，以出现的菌落数来推算空气中的微生物数。

四、正常动物体的微生物

正常动物的皮肤、黏膜以及一切与外界环境相通的腔道，如口腔、鼻咽腔、气管、消化道和泌尿生殖道等，都有微生物的存在。在这些微生物中，有的是长期生活在动物体表或体内的共生或寄生的微生物，它们对宿主不但无害，而且是有益和必需的，这些微生物称为正常菌群或正常微生物群；也有的是从土壤、水、空气和动物所接触的环境中污染的，称为外来菌系或过路菌系。正常菌群是微生物与其宿主在共同的长期进化过程中形成的，各自在动物体内特定的部位定居繁殖，定殖区域内微生物的种类及其数量基本上保持稳定，正常情况下对宿主健康有益或无害，并具有免疫、营养及生物拮抗的作用。外来菌系一般不能定殖在皮肤和黏膜表面，如果发生了定殖往往对宿主健康产生不利影响。

1. 微生物与动物体的关系

正常菌群对动物机体的重要作用是多方面的，现以消化道正常菌群为例来阐明其在营养、免疫和生物拮抗等三方面的重要作用。

（1）营养作用　消化道正常菌群从宿主消化道获取营养，同时通过帮助消化、合成蛋白质、合成维生素等对宿主起营养作用。胃肠道细菌产生的纤维素酶能分解纤维素，产生的消化酶能降解蛋白质等其他物质。肠道细菌还能合成B族维生素和维生素K，并参与脂肪代谢。有的能利用含氮物合成蛋白质，试验证明，普通家兔与获得相同日粮的无菌家兔相比较，在盲肠内容物和软粪中1克氮所含的全部氨基酸前者比后者多7.1%。另外，消化道中的正常菌群有助于破坏饲料中某些有害物质并阻止其吸收。

（2）免疫作用　正常菌群对其宿主的体液免疫、细胞免疫和局部免疫均有一定的影响，尤其是对局部免疫影响更大。失去正常菌群后，细胞免疫和体液免疫功能下降，无菌动物的脾脏不发达，浆细胞减少，免疫球蛋白水平低。没有正常菌群的刺激，动物机体免疫系统不能正常发育和维持功能。

（3）生物拮抗　消化道中的正常菌群对包括致病菌在内的非正常菌群的入侵具有很强的拮抗作用。生物拮抗作用存在的原因是厌氧菌的作用、细菌素的作用、免疫作用以及特殊的生理生化环境。肠道内相对稳定的微生物群落的形成有助于免受外来有害细菌的感染，特别是对正常健康动物的胃肠道的感染，无菌动物比具有完整胃肠道微生物群落的动物更易感染疾病。研究发现在口腔灌入10个沙门菌就可以杀死无菌小鼠，而杀死普通正常小鼠需要10^6个沙门菌。但若是静脉或皮下注射，上述动物的半数致死量相等。

在生物进化的过程中，微生物通过适应和自然选择的作用，微生物与微生物之间，微生物与宿主之间，以及微生物、宿主和环境之间形成了一个相互依赖、相互制约并呈现动态平衡的生态系统，称为微生态平衡。保持这种动态平衡是维持宿主健康状态必不可少的条件。当宿主健康状况良好时，肠道将给有益菌群营造良好的栖息繁殖环境，结果有益菌便大量繁殖，而这样的环境对致病性细菌或部分条件性致病菌来说则是有害的，其数量必将减少甚至消失。

在宿主患病、外科手术、环境改变和滥用抗菌药物时，宿主机体某个部位正常菌群的种类、数量和栖居处将会发生改变，称为菌群失调。如肠道正常菌群中非致病性大肠杆菌占一定比例，它们能分泌大肠菌素，从而抑制致病性大肠杆菌和其他肠道致病菌生长。当长期连续或短期大量口服抗菌药物时，对其敏感的非致病性大肠杆菌将逐渐被杀灭，而那些数量极少又对抗菌药物不敏感的致病性大肠杆菌或其他肠道致病菌借机大量增殖，从而成为新的优势菌，肠道微生物菌群的生态平衡也破坏，往往引起肠道疾病。因此，在应用抗菌药物治疗疾病过程中，要注意观察菌群的变化，以防止菌群失调症的发生。

广义上讲，正常菌群失衡可能引起不同类型的疾病，而不同类型的疾病也有可能造成正常菌群的失衡。研究发现，正常仔猪的小肠内需氧菌与厌氧菌之比为1∶100，而腹泻下痢时需氧菌与厌氧菌的比例为1∶1，即仔猪下痢时大肠杆菌等需氧菌的数量显著上升，乳酸杆菌等厌氧菌的数量却明显下降。也就是由于肠道微生物群落的平衡被打破，致使仔猪发生了病理性下痢。因此，通过检测肠道中典型的有益菌、有害菌以及条件性致病菌的数量和它们之间的关系可以有效地帮助人们了解宿主的健康状况。

2. 寄居在动物体各部位的微生物

动物皮毛上常见的微生物以球菌为主。据对马的检查统计，体表可分离出170个菌群，其中球菌最多，包括葡萄球菌、链球菌、细球菌和八叠球菌等，杆菌有大肠杆菌、绿脓杆菌、棒状杆菌和枯草杆菌等。动物体表的白色葡萄球菌、金黄色葡萄球菌和化脓性链球菌是引起外伤化脓的主要原因。患有传染病的动物体表常有该种传染病的病原，如炭疽杆菌芽孢、痘病毒、口蹄疫病毒等，在处理皮革和毛皮时应注意。

畜禽的胚胎和初生动物的消化道是无菌的，数小时后随着吮乳、采食等过程，在整个消化道即出现了细菌，但不同部位其细菌种类和数量有很大差异。口腔中有大量的食物残渣和适宜的温湿度等环境，细菌数量较多，主要有葡萄球菌、链球菌、乳杆菌、棒状杆菌、螺旋体等；食道中没有食物残留，因而微生物数量很少；但禽类素囊则不同，有很多随食物进入的微生物，而且正常栖居的一类乳酸杆菌还能抑制大肠杆菌和某些腐败菌；胃肠道微生物的组成很复杂，它们的数量和种类因畜禽种类、年龄和饲料类型而有所不同，即使在同一动物不同胃肠道部位也存在差异。单胃动物的胃内因受胃酸的限制，细菌极少，除乳杆菌、幽门螺杆菌和胃八叠球菌等少量耐酸的细菌外，一般无其他类群的细菌。反刍动物前胃没有消化腺，主要靠微生物的发酵作用消化食物，故存在着大量细菌，其中瘤胃中的微生物更具代表性，瘤胃微生物能将饲料中70%～80%的可消化物质、50%的粗纤维进行消化和转化，从而供动物吸收利用。瘤胃中的细菌据报道有29个属69种，大多数为无芽孢的厌氧菌，也存在一些兼性厌氧菌。瘤胃中的微生物对饲料的消化起着重要作用，其中分解纤维素的细菌有产琥珀酸菌、黄色瘤胃球菌、白色瘤胃球菌、小生纤维梭菌和小瘤胃杆菌。合成蛋白质的细菌有淀粉球菌、淀粉八叠球菌和淀粉螺旋菌等。瘤胃厌氧真菌具有降解纤维素和半纤维素的能力，有的还有降解淀粉和蛋白质的能力。瘤胃中的原虫数量虽然比细菌和真菌少得多，但是因其体积大，表面积可与细菌相当。一般每克瘤胃内容物含细菌10^9～10^{10}个，以及大量的真菌和部分原虫等。在小肠部位，特别是十二指肠由于受胆汁等消化液的杀菌作用，微生物较少。进入大肠后，由于消化液的杀菌作用减弱或消失以及大量残余食物的滞留，营养丰富，条件适宜，故菌数显著增加，大约有100种以上的细菌，其总数为每克肠内容物含10^9～10^{10}个以上，而且主要是厌氧菌，如双歧杆菌及拟杆菌等，占总数的90%～99%；其次才是肠球菌、大肠杆菌、乳杆菌、棒状杆菌、葡萄球菌等其他细菌及酵母菌，大肠杆菌并非是大肠内的优势菌。这些微生物活动十分频繁，有的是有利的，是动物消化代谢的重要组成部分；有的则是有害的，主要有粗纤维及其他有机物的发酵作用、有机物的合成作用和肠道内的腐败作用。

消化道的正常功能依赖于消化系统菌群的平衡。在畜牧业生产中，早期断奶仔猪，经常出现消化不良、腹泻、生长缓慢等早期断奶仔猪综合征，诱发这种疾病的主要原因是消化道正常菌群平衡的破坏。反刍动物在采食蛋白质或糖类过多的饲料，或突然改变饲料后，常常使瘤胃正常菌群发生改变，引起严重的消化机能紊乱，导致前胃疾病。畜禽长期连续或大量服用广谱抗菌药物，可引起胃肠道正常菌群失调，导致消化道疾病，临床表现为肠炎和维生素缺乏症。为避免菌群失调，应注意科学喂养和不滥用抗菌药物。

呼吸道中的微生物常见的有葡萄球菌、链球菌、巴氏杆菌和肺炎球菌。以鼻腔细菌最多，其中主要是葡萄球菌，它们一般随空气进入。气管黏膜主要是扁桃体黏膜也有细菌，主要为葡萄球菌、肺炎球菌和巴氏杆菌等，距气管分支越深细菌越少；支气管末梢和肺泡内一般是无菌的，只有在病理情况下才有细菌存在。这些微生物在动物抵抗力减弱时可大量繁殖，引起原发、并发或继发感染。

肾脏、输尿管、睾丸、卵巢、子宫以及输精管、输卵管在正常情况下一般是无菌的，仅在泌尿生殖道口才有细菌。阴道中的微生物主要是乳酸杆菌，其次是葡萄球菌、链球菌、大肠杆菌和抗酸性细菌等，一部分还可检出霉形体；尿道中一般可以检出葡萄球菌、棒状杆菌等，偶尔也可发现肠球菌和霉形体；尿道口常栖居一些革兰阴性或阳性球菌，以及若干不知名的杆菌。如发生上行性感染，膀胱、肾脏中可检出大肠杆菌等细菌。

动物其他的组织器官内在一般情况下是无菌的，只是在术后、传染病的隐形传染过程中等特殊情况下才会带菌。有的细菌能从肠道经过门静脉侵入肝脏，或由淋巴管侵入淋巴结，特别是在动物死亡前夕，抵抗力极度衰退，细菌可由这些途径侵入体内，这些侵入的细菌常常会造成细菌学检查的误诊，临床上应加以判断。

第二节　消毒与灭菌

外界环境因素与微生物的关系是十分密切的。在适宜的环境条件下微生物能正常生长发育，当环境条件不适宜或发生显著变化时，可以抑制微生物的生长，甚至导致微生物死亡。在畜牧业生产和研究中，人们经常利用不同的环境因素来处理微生物。本节着重介绍物理、化学、生物学因素对微生物的影响以及消毒灭菌方法，在此应先明确以下几个基本概念。

① 消毒：指用理化方法杀灭物体中的病原微生物的方法。消毒只要求达到消除传染的目的，而对非病原微生物及其芽孢、孢子并不严格要求全部杀死。

② 灭菌：指用理化方法杀灭物体中所有微生物包括病原微生物、非病原微生物及其芽孢、霉菌孢子的方法。

③ 防腐：指阻止或抑制微生物生长繁殖的过程。用于防腐的化学药物称为防腐剂或抑菌剂。

④ 无菌：指环境或物品中没有活的微生物的状态。采取防止或杜绝任何微生物进入动物机体或其他物体的方法，称为无菌法。以无菌法进行的操作称为无菌技术或无菌操作。

一、物理消毒灭菌法

所有对微生物影响较大的物理因素都可以用来消毒和灭菌，这些因素主要包括温度、辐射、干燥和滤过等。

（一）温度

温度是微生物生长繁殖的重要条件。适宜的温度有利于微生物的生长繁殖，但温度过高或过低都会影响微生物的新陈代谢，使其生长繁殖受到抑制，甚至死亡。

1. 低温

低温很少用于消毒和灭菌，因为大多数微生物对低温都具有很强的抵抗力。当微生物处于最低生长温度以下时，其代谢活动降低到最低水平，生长繁殖停止，并可长时间保持活力。如伤寒沙门菌置于液氮－195.8℃中其活力不受破坏，许多细菌可在－20℃或－70～－50℃下存活；细菌芽孢和霉菌孢子可在－195.8℃下存活多年。温度愈低，病毒存活的时间也愈长。所以，常用低温保存菌种、毒种、疫苗、血清、食品和某些药物。但也有个别细菌如脑膜炎奈瑟菌、多杀性巴氏杆菌等对低温特别敏感，在低温中保存比在室温下保存死亡更快。

冷冻真空干燥（冻干）法是保存菌种、毒种、疫苗、补体、诊断血清等的良好方法。将保存的物质放在玻璃容器内，在低温下迅速冷冻，然后用抽气机抽去容器内的空气，使冷冻物质中的水分升华而干燥，最后，在抽真空状态下严封瓶口保存。这样保存的微生物及生物制剂可数月至数年不丧失活力。冷冻保存细菌时，温度必须迅速降低。若温度缓慢降低接近冰点时，细胞浆内的水分容易形成冰晶，可破坏细胞浆的胶体状态，并机械地损伤胞浆膜和细胞壁，造成细胞内物质外逸。同时，菌细胞外的冰晶可使菌体内水分外渗，引起电解质的浓缩与蛋白质变性。而迅速冷冻时，细胞浆内的水分结成均匀的玻璃样状态，损害作用不大；在迅速融化时，此种菌体内的玻璃样水分，也不形成冰晶。因此，为了避免细菌在冷冻时的死亡，可于菌液内加入10%左右的甘油、蔗糖或脱脂乳，或5%的二甲基亚砜作为保护剂。长期冷冻保存细菌和真菌仍是不适宜的，最终必将导致死亡。尤其是反复冷冻与融化对任何微生物都具有很大的破坏力，因此保存菌种时应尽力避免。

2. 高温

高温指比最高生长温度还要高的温度。高温对微生物具有明显的致死作用，最常用于消毒和灭菌。其原理是高温可使菌体蛋白凝固或变性，同时也可对核酸、酶系统等产生直接破坏作用，从而导致菌体死亡。实践中，据此原理设计的高温消毒和灭菌方法有干热灭菌法和湿热灭菌法两大类，在同一温度下，后者效力比前者更大。这是因为湿热的穿透力比干热强，而且蒸汽可以释放大量潜热，使菌体蛋白较易凝固。

（1）干热灭菌法　包括火焰灭菌和热空气灭菌两类。

① 火焰灭菌法　以火焰直接杀死物体中全部微生物的方法。分为灼烧和焚烧两种，灼烧主要用于耐烧物品，直接在火焰上灼烧，如接种针（环）、试管口、金属器具等的灭菌；焚烧常用于能烧毁的物品，可直接点燃或在焚烧炉内焚烧，如传染病畜禽及实验感染动物的尸体、病畜禽

的垫料，以及其他污染的废弃物等的灭菌。

② 热空气灭菌法　利用干热灭菌器，以高温的干热空气进行烘烤达到灭菌目的的方法。适用于高温下不损坏、不变质的物品，如各种玻璃器皿、金属器械、瓷器等的灭菌。由于热空气的穿透力较低，因此干热灭菌需在160℃下维持1～2h，才能达到杀死所有微生物及其芽孢、孢子的目的。

(2) 湿热灭菌法　此法使用范围广泛，常用的有如下几种。

① 煮沸灭菌法　是最常用的消毒方法之一，此法操作简便、经济、实用，多用于外科手术器械、注射器及针头的灭菌。一般煮沸后再煮10～20min可杀死所有细菌的繁殖体，但不能保证杀灭细菌芽孢。若在水中加入1%碳酸钠或2%～5%石炭酸，可以提高沸点，加强杀菌力，加速芽孢的死亡，灭菌的效果更好。对不耐热的物品，在水中加入0.2%甲醛或0.01%升汞，80℃维持60min，也可达到灭菌的目的。

② 流通蒸汽灭菌法　是利用蒸汽在蒸笼或流通蒸汽灭菌器内进行灭菌的方法。100℃的蒸汽维持30min，足以杀死细菌的繁殖体，但不能杀灭芽孢和霉菌孢子。故常将第一次灭菌后的物品置37℃恒温箱中过夜，待芽孢萌发出芽，第二天和第三天以同样方法各进行一次灭菌和保温过夜，以达到完全灭菌的目的，此法也称间歇灭菌法。常用于一些不耐高温的培养基，如鸡蛋培养基、血清培养基、糖培养基的灭菌。在使用间歇灭菌法时根据灭菌对象不同，使用温度、加热时间和连续次数可适当增减。

③ 巴氏消毒法　以较低温度杀灭液态食品中的病原菌或特定微生物，而又不致严重损害其营养成分和风味的消毒方法。此法由巴斯德首创，主要用于葡萄酒、啤酒、果酒及牛乳等食品的消毒。具体方法可分为三类，第一类为低温维持巴氏消毒法，即在63～65℃下保持30min，此法已较少使用；第二类为高温瞬时巴氏消毒法，即在71～72℃下保持15s，然后迅速冷却到10℃左右；第三类为超高温巴氏消毒法，即在132℃下保持1～2s，加热消毒后将食品迅速冷却至10℃以下，经过此法消毒的鲜乳，在常温下保存期可长达半年。

④ 高压蒸汽灭菌法　即用高压蒸汽灭菌器进行灭菌的方法，是应用最广泛、最有效的灭菌方法。在一个大气压下，蒸汽的温度只能达到100℃；当在一个密闭的金属容器内，继续加热，由于蒸汽不断产生而加压，随压力的增高其沸点温度也升至100℃以上，以此提高灭菌的效果。高压蒸汽灭菌器就是根据这一原理设计的。通常在103.42kPa压力下，121.3℃温度维持15～20min，即可杀死包括细菌芽孢在内的所有微生物，达到完全灭菌的目的。凡耐高温、不怕潮湿的物品，如各种培养基、溶液、玻璃器皿、金属器械、敷料、橡皮手套、工作服和小实验动物尸体等均可用这种方法灭菌。所需温度与时间视灭菌材料的性质和要求决定。

应用此法灭菌一定要充分排除灭菌器内的冷空气，同时还要注意灭菌物品不要相互挤压过紧，以保证蒸汽流通，使所有物品的温度均匀上升，才能达到彻底灭菌的目的。若冷空气排除不净，压力虽达到规定的数字，但其内实际温度却上升不到所需温度，会影响灭菌效果（表4-3）。

表4-3　灭菌器内留有不同份量空气时，压力与温度的关系

压力数		全部空气排出时的温度/℃	2/3空气排出时的温度/℃	1/2空气排出时的温度/℃	1/3空气排出时的温度/℃	空气全不排出时的温度/℃
/MPa	/(kgf/cm^2)					
0.03	0.35	109	100	94	90	72
0.07	0.70	115	109	105	100	90
0.10	1.05	121	115	112	109	100
0.14	1.40	126	121	118	115	109
0.17	1.70	130	126	124	121	115
0.21	2.10	134	130	128	126	121

(二) 干燥和渗透压

微生物在干燥的环境中会失去大量水分，从而使新陈代谢发生障碍，甚至引起死亡。不同种类的微生物对干燥的抵抗力差别很大。如巴氏杆菌、嗜血杆菌、鼻疽杆菌在干燥的环境中仅能存活几天，而结核杆菌能耐受干燥90d；细菌的芽孢对干燥有强大的抵抗力，如炭疽杆菌和破伤风梭菌的芽孢在干燥条件下可存活几年甚至数十年以上；霉菌的孢子对干燥也有强大的抵抗力。

微生物对干燥的抵抗力虽然很强，但它们不能在干燥环境中生长繁殖，而且许多微生物在干燥的环境中会逐渐死亡。因此常用干燥法来保存食品、饲料、谷类、皮张、药材等，家畜饲养上青干草的保存就是利用干燥作用。

周围环境的渗透压对微生物有很大影响。当微生物所处环境的渗透压与其细胞的渗透压相适应时，则有利于微生物的生长繁殖；若微生物所处的环境渗透压发生一定范围的改变，它们也会有一定的适应能力；而当微生物所处的环境的渗透压发生巨大变化时，会抑制微生物的生长繁殖，甚至导致死亡。如将微生物置于高渗溶液中，细胞内的水分就会渗出，出现“质壁分离”现象，可导致微生物死亡；用高浓度的盐溶液或糖溶液保存食品就是利用这个原理。但也有少数微生物可在高渗环境中生长繁殖，称为嗜高渗菌；如酵母菌能引起含糖分高的果酱、糖浆、浓缩果汁等食品的变质；霉菌耐高渗压的能力更强，一般在20%～52%的盐溶液中才能被抑制。将微生物长时间置于低渗溶液中，则水分将大量渗入菌体而膨胀，甚至菌体破裂而出现“胞浆压出”现象。因此常用等渗溶液配置各种微生物的稀释液或用于保存微生物。相比而言，细菌等微生物对低渗的耐受性较高渗要强。

（三）辐射

辐射是能量通过空间传递的一种物理现象，包括电磁波辐射和粒子辐射。能量可借波动或粒子高速运行而传播，辐射除可被一些产色素细菌利用作为能源外，对多数细菌有损害作用。辐射对细菌的影响，随其性质、强度、波长、作用的距离、时间而不同，但必须被细菌吸收，才能影响细菌的代谢。辐射对微生物的灭活作用可分为电离辐射和非电离辐射两种。非电离辐射包括可见光、日光、紫外线。

可见光是指在红外线和紫外线之间的肉眼可见的光线，其波长400～800nm。可见光线对微生物一般无多大影响，但长时间作用也能妨碍微生物的新陈代谢与繁殖，故培养细菌和保存菌种，均应置于阴暗之处。直射日光有强烈的杀菌作用，是天然的杀菌因素。许多微生物在直射日光的照射下，半小时到数小时即可死亡。芽孢对日光照射的抵抗力比繁殖体大得多，往往需经20h才能死亡。日光的杀菌效力受环境、温度以及微生物本身的抵抗力等因素影响。在实际生活中，日光对被大面积污染的土壤、牧场、畜舍、用具等的消毒以及江河的自净作用均具有重要的意义。

紫外线在波长200～300nm范围具有杀菌作用，其中以265～266nm段的杀菌力最强，这正与DNA的吸收光谱范围相一致。紫外线对微生物的杀灭原理主要有两个方面，即诱发微生物的致死性突变和强烈的氧化杀菌作用。致死性突变是因为微生物DNA链经紫外线照射后，同链中相邻两个胸腺嘧啶形成二聚体，DNA分子不能完成正常碱基配对而死亡。另外，紫外线能使空气中的分子氧变为臭氧，臭氧放出氧化能力极强的原子氧，也具有杀菌作用。细菌受致死量的紫外线照射后，3h以内若再用可见光照射，则部分细菌又能恢复其活力，这种现象称为光复活现象，在实际工作中应引起注意。实验室通常使用的紫外线杀菌灯，其波长为253.7nm，杀菌力强而且稳定。紫外线的穿透力不强，即使很薄的玻片也不能通过，所以只能用于物体表面的消毒，常用于微生物实验室、无菌室、手术室、传染病房、种蛋室等的空气消毒，或用于不能用高温或化学药品消毒物品的表面消毒。紫外线灯的消毒效果与照射时间、距离和强度有关，一般灯管离地面约2m，照射1～2h。此外，紫外线也是一种有效的诱变方法，常用于菌株、毒株的选育。紫外线对人体皮肤和眼睛角膜有刺激损伤作用，故不要在紫外线灯照射下工作。

电离辐射包括放射性同位素的射线（即α、β、γ射线）和X射线以及高能质子、中子等，它们能将被照射物质原子核周围的电子击出，引起电离，导致产生致死微生物的效应。在实际工作中用于消毒灭菌的主要是穿透力强的X、γ和β射线，X射线可使补体、溶血素、酶、噬菌体及某些病毒失去活性，而α射线、中子、质子等因穿透力弱而不实用。各种射线常用于药品、毛皮、食品、生物制品、一次性使用的塑料注射器等方面的消毒。现已有专门用于不耐热的大体积物品消毒的γ射线装置。X和γ射线对机体有害，应注意防护。目前，对于射线处理食品对人类的安全性问题正在进行深入研究。

（四）超声波

频率在20000～200000Hz的声波称为超声波。这种声波对微生物细胞有破坏作用，因而可用于微生物学中的消毒灭菌。但不同微生物对超声波的抵抗力不同，细菌和酵母菌对超声波作用较敏感，球菌比杆菌抗性强，细菌的芽孢抵抗力比繁殖体强，大型病毒比小型病毒敏感。超声波主要通过四方面的作用达到杀菌目的：一是使微生物细胞内含物强烈震荡而被破坏；二是氧化杀菌，因在水溶液中超声波能产生过氧化氢；三是产生热效应，破坏细胞的酶系统；四是空（腔）化作用，即在液体中形成许多真空状态的小空腔，空腔崩破产生的巨大压力使细胞裂解。

超声波可用来灭菌保藏食品，如超声波可杀灭酵母菌；鲜牛奶经超声波15～60s处理后可保存5d不酸败。虽然超声波处理后能促使菌体裂解死亡，但往往有残存菌体，而且超声波费用较高，故超声波在微生物消毒灭菌上的使用受到了限制。目前主要用于粉碎细胞，提取细胞组分，供生化实验、血清学实验、微生物遗传及分子生物学实验研究用。

（五）滤过

滤过除菌是通过机械阻留作用将液体或空气中的细菌等微生物除去的方法。滤菌装置中的滤膜含有微细小孔，细菌等不能通过，借以获得无菌液体，但滤过除菌常不能除去病毒、霉形体以及细菌L型等小颗粒。

滤器过滤除菌常用于糖培养液、各种特殊的培养基、血清、毒素、抗毒素、抗生素、维生素、氨基酸等不能加热灭菌的液体，还可用于病毒的分离培养。目前常用滤器为可更换滤膜的滤器或一次性滤器，滤膜孔经常用450nm及220nm两种。利用空气过滤器可进行超净工作台、无菌隔离器、无菌操作室、实验动物室以及疫苗、药品、食品等生产中洁净厂房的空气过滤除菌。

二、化学消毒灭菌法

许多化学药物能够抑制或杀死微生物，故广泛用于消毒、防腐和治疗疾病。用于杀灭病原微生物的化学药物称为消毒剂；用于抑制微生物生长繁殖的化学药物称为防腐剂或抑菌剂。实际上，消毒剂与防腐剂之间并没有严格的界限，消毒剂在低浓度时只能抑菌，而防腐剂在高浓度时也能杀菌，故统称为防腐消毒剂。

（一）消毒剂

1. 消毒剂的消毒原理

消毒剂的种类不同，其杀菌作用的原理也不尽相同，具体有如下几种。

① 改变菌体细胞壁或细胞膜的通透性，如低浓度酚类、表面活性剂、醇类等脂溶剂。

② 使菌体蛋白质变性或凝固，如高浓度酚类、醇类、重金属盐类、酸碱类、醛类等。

③ 破坏细菌的酶系统，如高锰酸钾、过氧化氢、漂白粉、碘酊等氧化剂及某些重金属离子等。

④ 改变核酸的功能，如染料、烷化剂等。

2. 消毒剂的种类和用途

消毒剂的种类很多，有酸类、碱类、醇类、醛类、酚类、重金属盐类、表面活性剂、氧化剂、烷化剂、卤素类、染料等，其杀菌作用亦不相同，其作用一般无选择性，对细菌及机体细胞均有一定毒性。一般可根据用途与消毒剂特点选择使用。最理想的消毒剂应是杀菌力强、价格低、无腐蚀性、能长期保存、对动物无毒性或毒性较小、无残留或对环境无污染的化学药物。

常见的化学消毒剂见表4-4。

表 4-4 常用化学消毒剂的种类、性质和用途

类 别	消毒剂名称	作用原理	方 法 与 浓 度
酸类	醋酸(乙酸)	破坏细胞壁和细胞膜，凝固蛋白质	5～10mL/m^3 空气消毒
	乳酸		蒸气做空气消毒
	硼酸		2%～4%黏膜消毒，10%创面消毒
碱类	氢氧化钠	破坏细胞壁和细胞膜，凝固蛋白质	2%～4%的热溶液用于被细菌和病毒污染的厩舍、饲槽、运输车船的消毒；3%～5%的热溶液用于细菌芽孢污染的场地消毒。本品有腐蚀性，不能用于皮肤、铝制品等的消毒
	生石灰		加水配成10%～20%的石灰乳，用于墙壁、围栏、场地及排泄物等的消毒。需现用现配
醇类	乙醇(酒精)	蛋白质变性凝固	70%～75%用于皮肤和器械消毒
醛类	甲醛溶液(福尔马林)	阻止细菌核蛋白合成，破坏酶蛋白	1%～5%的甲醛溶液或福尔马林气体熏蒸法消毒畜舍、禽舍、孵化器等用具和皮毛等
酚类	苯酚(石炭酸)	蛋白质变性	3%～5%苯酚用于器械、排泄物的消毒，2%皮肤消毒
	煤酚皂(来苏儿)	损伤细胞膜	2%皮肤消毒，3%～5%环境消毒，5%～10%器械消毒
重金属类	升汞($HgCl_2$)	氧化作用、蛋白质变性	本品对金属有腐蚀性，剧毒，应妥善保管。0.05%～0.1%用于非金属器械及厩舍用具的消毒
	硫柳汞		0.1%皮肤消毒，0.01%用于生物制品防腐
	硝酸银		0.5%～1%用于眼科防腐、治疗
表面活性剂类	新洁尔灭	损伤细胞膜、灭活氧化酶活性	0.05%～0.1%洗手、皮肤黏膜、手术器械消毒
	度米芬(消毒净)		0.05%～0.1%皮肤创伤冲洗、金属器械、棉织品、塑料、橡皮类物品消毒
氧化剂类	过氧乙酸	蛋白质氧化	0.04%～0.5%溶液用于污染物品的浸泡消毒，0.5%用于消毒厩舍、饲槽、车辆及场地等，5%用于喷雾消毒密闭的实验室、无菌室及仓库等
	高锰酸钾	氧化作用	0.1%用于皮肤、黏膜、创面冲洗消毒，2%～5%用于器具消毒，也可与福尔马林混合用于空气的熏蒸消毒
烷基化合物类	洗必太(氯已定)	蛋白质变性、核酸烷基化	0.02%～0.05%可用于术前洗手，0.01%～0.02%可用于腹腔、膀胱内脏冲洗
	环氧乙烷		50mg/L用于密闭塑料袋中手术器械、敷料等的消毒
卤素类	漂白粉	氧化作用	5%～20%用于厩舍、围栏、饲槽、排泄物、尸体、车辆及炭疽芽孢污染地面的消毒。0.3g～1.5g/L用于饮水消毒。现用现配，不能用于金属制品及有色纺织品的消毒
	碘酊	卤化菌体蛋白	2%皮肤消毒，5%用于消毒手术部位
染料	龙胆紫	改变核酸的功能、蛋白质变性	2%～4%水溶液用于浅表创伤消毒

3. 影响消毒剂作用的因素

(1) 消毒剂的性质、浓度和作用时间　不同消毒剂的理化性质不同，对微生物的作用大小也有差异。一般来讲只有在水中溶解的化学药品，杀菌作用才显著。绝大多数消毒剂在高浓度时杀菌作用大，浓度降低至一定程度时只有抑菌作用。有些消毒剂浓度过高反而降低其消毒能力，如75%乙醇消毒效果最好，浓度过高能使菌体表面蛋白质迅速凝固，反而影响其继续渗入，杀菌效力降低。消毒剂在一定浓度下，对细菌的作用时间愈长，消毒效果也愈强。

(2) 微生物的种类与数量　同一消毒剂对不同种类和处于不同生长期的微生物杀菌效果不同。例如，一般消毒剂对结核杆菌的作用要比对其他细菌繁殖体的作用差；75%乙醇可杀死一般细菌繁殖体，但不能杀灭细菌的芽孢。因此，必须根据消毒对象选择合适的消毒剂。另外，污染的程度越严重，微生物的数量越大，消毒所需的时间就越长。

(3) 温、湿度 大部分消毒剂在较高温度和湿度的环境中，可增强其杀菌效果。如温度每增高10℃，重金属盐类的杀菌作用约提高2～5倍，石炭酸的杀菌作用约提高5～8倍；用福尔马林熏蒸时，舍内温度在18℃以上，相对湿度在60%～80%消毒效果最好。

(4) 酸碱度 消毒剂酸碱度的改变可使细菌表面的电荷发生改变，在碱性溶液中细菌带负电荷较多，所以阳离子去污剂的作用较强；在酸性溶液中，则阴离子去污剂的杀菌作用强。如戊二醛本身呈中性，其水溶液呈弱酸性，当加入碳酸氢钠后才发挥杀菌作用。新洁尔灭的杀菌作用是pH愈低所需杀菌浓度愈高，如在pH为3时，其所需杀菌浓度较pH为9时要高10倍左右。同时pH值也影响消毒剂的解离度，一般来说，未解离的分子较易通过细菌细胞壁和细胞膜，杀菌效果较好。

(5) 有机物 消毒剂与环境中的有机物尤其是蛋白质结合后，就减少了与菌体细胞结合的机会，严重降低消毒剂的使用效果。因此，消毒前先把粪便、饲料残渣、分泌物等清除干净，可提高消毒效果。

(6) 消毒剂的相互拮抗 由于消毒剂理化性质的不同，两种或多种消毒剂合用时，可能产生相互拮抗作用，使药效降低。如阳离子表面活性剂新洁尔灭与阴离子表面活性剂肥皂共用时，可发生化学反应而使消毒效果减弱，甚至完全消失。

(二) 化学治疗剂

用于消除宿主体内病原微生物的化学药物称为化学治疗剂，又称抗微生物药物。化学治疗剂与消毒剂不同，消毒剂在杀灭病原微生物的同时，对动物体的组织细胞也有损害作用，所以只能外用或用于环境的消毒，其中少数不被吸收的化学消毒剂亦可用于消化道的消毒；而化学治疗剂对于宿主和病原微生物的作用具有选择性，它们能阻碍微生物代谢的某些环节，使其生命活动受到抑制或使其死亡，而对宿主细胞毒副作用甚小。

化学治疗剂包括抗生素、合成抗菌药和抗病毒药等，是目前兽医临床使用最广泛和最重要的药物。但不合理使用尤其是滥用化学治疗剂时，不仅会造成药物浪费，而且还会导致畜禽正常菌群失衡、细菌耐药性的产生、药物残留和其他不良反应，给公共卫生及人民健康带来不良的后果。因此，必须切实合理使用化学治疗剂。

① 正确诊断、准确选药。只有在掌握不同化学治疗剂抗微生物范围的基础上，明确病原，才能选择对微生物敏感的药物。细菌的分离鉴定和药敏试验是合理选择化学治疗剂的重要依据。

② 制定合理的给药方案。化学治疗剂在体内要发挥杀灭或抑制病原微生物的作用，必须在靶组织或器官内达到有效的浓度，并能维持一定的时间。因此，必须有合适的给药途径、剂量、间隔时间及疗程，最好能够通过血药浓度的监测，作为用药参考，以保证药物的疗效，减少不良反应的发生。

③ 防止耐药性产生。随着化学治疗剂的广泛应用，微生物的耐药性问题也日益严重，其中以金黄色葡萄球菌、绿脓杆菌、大肠杆菌、痢疾杆菌及结核杆菌最易产生耐药性。为防止耐药菌株的产生应注意以下几点：严格掌握适应证，不滥用化学治疗剂；严格掌握剂量与疗程；病因不明者，不轻易使用化学治疗剂；发现耐药菌株感染，应该用对病原微生物敏感的药物或采用联合用药；尽量减少长期用药。

④ 正确地联合用药。联合用药的目的是扩大抗微生物范围、增强疗效、减少用量、降低或避免毒副作用，减少或延缓耐药微生物的产生。但应注意药物之间的理化性质、药物动力学和药效学之间的相互作用与配伍禁忌。

三、生物消毒灭菌法

自然界中能影响微生物生命活动的生物因素很多。在各种微生物之间，或是在微生物与高等动植物之间，经常存在着相互影响的作用，出现共生、寄生和拮抗等现象。生产中常用的生物消毒法就是利用微生物之间的拮抗作用，通过堆积发酵、沉淀池发酵、沼气池发酵等产热或产酸，以杀灭粪便、污水、垃圾及垫草内部病原体的方法。在发酵过程中，由于粪便、污物等内部微生物产生的热量可使温度升高达70℃以上，经过一段时间后便可杀死病毒、病原菌、寄生虫卵等病原体，从而达到消毒的目的。

① 共生：两种或多种生物生活在一起，彼此不损害或者互为有利，称为共生。如反刍动物瘤胃微生物菌群与动物机体的共生现象；豆科植物与固氮菌之间的共生关系。

② 寄生：一种生物从另一种生物体获取所需的营养，赖以为生，并往往对后者呈现有害作用，称为寄生。如病原菌寄生于动植物体，噬菌体寄生于细菌细胞。

③ 拮抗：当两种微生物生活在一起时，一种微生物能产生对另一种微生物呈现毒害作用的物质，从而抑制或杀灭另一种微生物的现象称为拮抗。导致拮抗的物质基础是抗生素、细菌素等细菌的代谢产物。此外，植物中也存在杀菌物质如黄连素等，噬菌体则是可杀灭细菌的病毒。

（一）噬菌体

噬菌体是寄生于细菌、霉形体、螺旋体及放线菌等的一类病毒，亦称细菌病毒。在自然界分布极广，凡是有上述各类微生物的地方，都有相应种类噬菌体的存在，其数目与寄主的数量成正比。

1. 形态和结构

噬菌体有四种外形，即蝌蚪形、微球形、细杆形和柠檬形。典型的蝌蚪形噬菌体由头部和尾部两部分组成，头部呈二十面体，等轴对称，内有一个分子的线状双股DNA，外裹一层蛋白质衣壳；尾部主要含蛋白质，长短不一，有尾领、尾髓、尾鞘、尾板、尾刺和尾丝组成（图4-1）。尾刺和尾丝为噬菌体的吸附器官，能识别宿主菌体表面的脂蛋白受体。微球形噬菌体无尾部，依赖其表面结构与性菌毛侧面吸附；核酸多为单股DNA；少数为单股RNA。

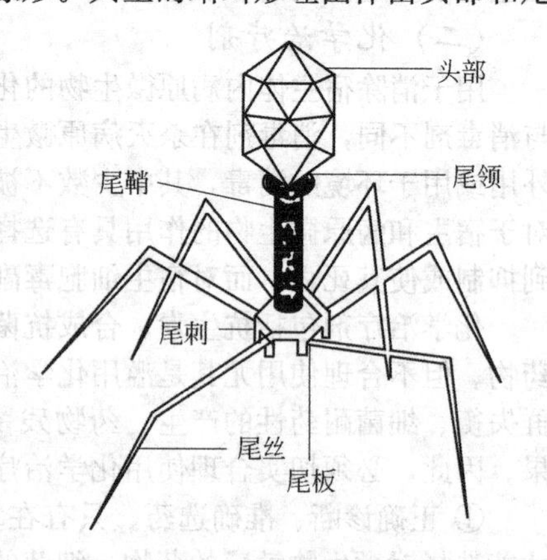

图4-1 蝌蚪形噬菌体结构模式图

2. 抗原性及抵抗力

噬菌体具有抗原性，能刺激机体产生特异性抗体。该抗体能抑制相应噬菌体侵袭敏感细菌，但对已吸附或已进入宿主菌体内的噬菌体不起作用。

噬菌体对理化因素的抵抗力较强，一般经70℃ 30min仍不失活。噬菌体能耐受低温、乙醚、氯仿和乙醇，对多数化学消毒剂抵抗力比一般细菌强。但对紫外线和X射线敏感，一般经紫外线照射10～15min即失活。在饱和氯化钠溶液中，能保持活力数年。

3. 噬菌体的增殖

噬菌体的增殖过程可分为吸附、侵入、生物合成、成熟和释放四个阶段，与动物病毒相似。噬菌体可使浑浊的细菌液体培养物变得清亮，在固体培养基上可使细菌裂解而呈现无细菌生长的区域，即为噬菌现象。由于噬菌体裂解宿主细胞致使菌苔上形成的透亮不长菌的圆斑，称为噬菌斑，亦称空斑。每一个噬菌斑理论上是由一个噬菌体粒子繁殖形成的。因每种噬菌体的噬菌斑有一定的形态、大小、边缘和透明度特征，故可用作噬菌体的鉴定以及纯种分离和计数。

4. 噬菌体与寄主细菌的关系

噬菌体与寄主细菌的相互关系可分为溶菌反应和溶原化两种类型。凡能使寄主细胞迅速裂解引起溶菌反应的噬菌体，称为毒性噬菌体或烈性噬菌体。有些噬菌体侵入寄主细胞后，将其基因整合于细菌的基因组中，与细菌DNA一起复制，并随细菌的分裂而传给后代，不形成病毒粒子，不裂解细菌，这种现象叫溶原化。引起溶原化的噬菌体叫温和噬菌体或溶原性噬菌体，整合到细菌DNA上的噬菌体基因叫前噬菌体，带有前噬菌体的细菌叫溶原性细菌。有的前噬菌体与细菌的毒力因子有关，例如带有前噬菌体的白喉杆菌获得了产生毒素的能力。当白喉杆菌不携带此种噬菌体基因，就丧失产生白喉毒素的能力。

溶原性细菌可自发地终止其溶原性，引起溶菌反应而释放出噬菌体。也可通过紫外线、电离辐射、氮介子气、过氧化物、乙烯亚胺等处理溶原性细菌，可诱导前噬菌体脱离细菌 DNA，使其在寄主细胞内完成生物合成，装配成完整的噬菌体，引起细胞裂解而释放。

5. 噬菌体的应用

（1）细菌的鉴定和分型　噬菌体的噬菌作用具有种和型的特异性，即一种噬菌体只能裂解一种和它相应的细菌，或仅能作用于该种细菌的某一型，故可用于细菌的鉴定与分型。例如，用伤寒沙门菌 Vi 噬菌体可将有 Vi 抗原的伤寒沙门菌分为 96 个噬菌体型，应用噬菌体裂解试验还可鉴定未知的炭疽杆菌等。这对流行病学调查、追踪传染源以及细菌研究等具有重要意义。

（2）检测未知细菌　噬菌体的复制只能在活的微生物内进行，故应用噬菌体效价增长试验可检测标本中的相应细菌。即在怀疑有某些细菌存在的标本中，加入一定数量的已知相应噬菌体，在 37℃下培养 6～8h，再进行该噬菌体的效价测定。若其效价有明显增长，则表明标本中有某种细菌存在。

（3）分子生物学研究的工具　噬菌体的结构简单，易操作，曾作为研究病毒增殖的模式。因其基因数较少，已成为研究核酸复制、转录、重组以及基因表达的调节、控制等的重要对象。另外，还可用作基因的载体，应用于遗传工程的研究。

（二）抗生素

某些微生物在代谢过程中产生的一类能抑制或杀死另一些微生物的物质称为抗生素。抗生素是一种重要的化学治疗剂。它们主要来源于放线菌，少数来源于某些霉菌和细菌，有些亦能用化学方法合成或半合成。到目前为止，已发现的抗生素达 2500 多种，但其中大多数对人和动物有毒性，临床上最常用的抗生素只有几十种。不同的抗生素其抗菌作用亦不相同，临床治疗时，应根据抗生素的抗菌作用选择使用。

抗生素的抗菌作用主要是干扰细菌的代谢过程，以达到抑制其生长繁殖或直接杀灭的目的。抗生素的作用原理可概括为 4 种类型：干扰细菌细胞壁的合成；损伤细胞膜而影响其通透性；影响菌体蛋白质的合成；影响核酸的合成。

（三）细菌素

细菌素是某种细菌产生的一种具有杀菌作用的蛋白质，只能作用于与它同种不同菌株的细菌以及与它亲缘关系相近的细菌。例如大肠杆菌所产生的细菌素称为大肠菌素，它除作用于某些型别的大肠杆菌外，还能作用于亲缘关系相近的志贺菌、沙门菌、克雷伯菌和巴氏杆菌等。

（四）中草药

某些中草药如黄连、黄柏、黄芩、大蒜、金银花、连翘、鱼腥草、穿心莲、马齿苋、板蓝根等都含有杀菌物质，这些杀菌物质一般称为植物杀菌素。其中有的已制成注射液或其他制剂的药品。

技能 1-13　常用的消毒灭菌技术

[学习目标]

掌握实验室常用的消毒灭菌技术和注意事项；熟悉畜禽生产中常用的消毒灭菌方法。

[仪器材料]

① 器材：高压蒸汽灭菌器、电热干燥箱、恒温箱、超净工作台、滤烛滤菌器、蔡氏滤菌器、空气压缩机玻璃滤菌器、滤膜滤菌器、抽滤瓶、喷雾消毒器、火焰喷灯、汽油或煤油、天平或台秤、酒精灯、10mL 注射器、三角瓶、试管、纱布、牛皮纸、镊子、高筒胶鞋、工作服、橡胶手套等。

② 试剂：烧碱、漂白粉、新鲜生石灰、来苏儿、高锰酸钾、福尔马林等。

③ 其他：营养琼脂平板、麦芽汁琼脂平板。

[方法步骤]

（一）实验室常用的消毒灭菌技术

1. 高压蒸汽灭菌

高压蒸汽灭菌是利用高压蒸汽灭菌器来进行的灭菌。灭菌器有手提式、立式、横卧式 3 种，其构造和工作原理基本相同。使用方法如下。

① 加适量水于灭菌器外筒内，使水面略低于支架，放入内筒，并将灭菌物品包扎好放入内筒筛板上。

② 盖上盖子时，须将器盖腹侧的放气软管插入内筒的管架中，然后对称拧紧 6 个螺栓，检查安全阀、放气阀是否处于良好的可使用状态，并关闭安全阀，打开放气阀。通电后，待水蒸气从放气阀均匀冒出时，表示锅内冷空气已排尽，然后关闭放气阀继续加热，待灭菌器内压力升至 103.42kPa（121.3℃），维持 20～30min，即可达到灭菌的目的。灭菌时，灭菌器内冷空气应完全排净，内有不同份量空气时，压力与温度的关系见表 4-3。

③ 灭菌完毕，停止加热，待压力表指针自动降至零，打开放气阀，开盖取物。

④ 灭菌之后，放出灭菌器内的水，防治水垢产生。

注意事项：螺栓必须对称旋紧；灭菌物品要包扎好放入，且不可堆压过紧；在高压灭菌密封液体时，如果压力骤降，可造成物品内外压力不平衡而炸裂或液体喷出。

2. 干热灭菌

干热灭菌所用的设备为电热干燥箱。主要用于玻璃器皿和金属制品的干热灭菌。使用方法如下。

① 把待灭菌物品放置入电热干燥箱内。物品间应留有空隙，保持热空气流动，以利于灭菌。

② 开启箱顶上的活塞通气孔，打开电源，设置温度，待温度升至 60℃时，关闭活塞。一般灭菌温度为 160℃，1～2h。

③ 达到灭菌时间后，关闭电源。为避免玻璃器皿炸裂和操作者人身安全，待箱内温度降到 60℃以下时，方可开门取物。

注意事项：灭菌过程中，如遇温度突然升高，箱内冒烟，应立即切断电源，关闭排气小孔，箱门四周用湿毛巾堵塞，杜绝氧气进入，火则自熄。

火焰灭菌也属于干热灭菌，常用于微生物接种工具如接种环、接种针或其他金属用具等，可直接在酒精灯火焰上灼烧进行灭菌，这种方法灭菌迅速彻底。此外，接种过程中，试管口或三角瓶口等，也可通过火焰灼烧灭菌。

3. 紫外线灭菌

① 紫外线灯的安装。紫外线灯距离照射物体以不超过 1.2m 为宜。紫外线对人体有伤害作用，可严重灼伤眼结膜、损伤视神经，对皮肤也有刺激作用，所以不能在开着紫外线灯的情况下工作。为了防止微生物的光复活现象，也不宜在日光灯下进行紫外线灭菌。紫外线穿透能力差，只适用于空气及物体表面的灭菌。

② 打开紫外线灯，照射 30min 后将灯关闭。

③ 检查紫外线灭菌效果。关闭紫外线灯后，在不同的位置上各放一套灭过菌的营养琼脂平板和麦芽汁琼脂平板，打开平皿盖 15min，然后盖上，分别倒置放于 37℃恒温箱中培养 24h 和 28℃恒温箱培养 48h。如果每个平板内菌落不超过 4 个，表明灭菌效果良好；如果超过 4 个，则需延长照射时间或采用与化学消毒剂联合进行灭菌。即先用喷雾器喷洒 3%～5%的石炭酸溶液，或用浸蘸 2%～3%来苏儿溶液的抹布擦洗接种室内墙壁、桌面及凳子，然后再打开紫外线灯。

4. 超净工作台消毒灭菌

① 使用前应提前开机，打开紫外线灯灭菌 15～20min。工作台面上，不要存放不必要的物品，以保持工作区内的洁净气流不受干扰。

② 关上紫外线灯，开动风机 10～15min，打开日光灯，开始工作。禁止在工作台面上记录，工作时应尽量避免作明显扰乱气流的动作。

③ 工作完毕关闭风机及日光灯。

5. 过滤除菌

过滤除菌是利用一些比微生物更小孔径的过滤介质，待滤液或气体通过时将细菌类微生物截留，而达到除菌的目的。过滤除菌适用于一些对热不稳定的液体材料如血清、酶、毒素、疫苗等，也适用于各种高温灭菌易遭破坏的成分如维生素、抗生素、氨基酸等，还适用于除去空气中的细菌及真菌类微生物。滤菌器分液体滤菌器和空气滤菌器，下面以液体过滤除菌为例进行介绍。

（1）检查滤菌器　操作前应先检查滤菌器有无裂痕，玻璃滤器和滤烛滤器先用橡皮管与空气压缩机连接，再将水放入滤菌器中，打开空气压缩机压入空气，若有大量气泡产生，表明滤器有裂痕不能使用。蔡氏滤菌器和滤膜滤菌器，通常不用检查。

（2）清洗　新滤菌器应在流水中彻底冲洗，玻璃制的滤菌器应先放在1%盐酸中浸泡数小时，再用流水洗涤。如滤器上截留有传染性细菌，应先将滤器浸泡于2%石炭酸溶液中，2h后再进行洗涤。

（3）灭菌　将清洗干净后晾干的蔡氏滤菌器、滤烛滤菌器和玻璃滤菌器，插入瓶口装有橡皮塞的抽滤瓶内，将抽滤瓶的抽气口塞上棉花，过滤器上口用纱布和牛皮纸包扎好，全部装置再用大张纸包扎好，滤菌器与抽滤瓶也可分别包装。收集滤液的三角瓶（带棉塞）、试管、镊子需用牛皮纸包好。采用滤膜滤菌器时，滤膜可单独灭菌，也可装在下节滤器筛板上，旋紧螺栓后与滤器一起灭菌。另外，还需准备一支10mL注射器，用纱布及牛皮纸包好。上述物品0.07MPa灭菌1h，烘干备用。

（4）组装　采用蔡氏滤菌器或滤膜滤菌器时，在超净工作台上以无菌操作用镊子取出滤膜，安放在下节滤器筛板上，旋转拧紧上、下节滤器，将滤器与抽滤瓶连接（滤膜滤菌器不用连接抽滤瓶），用抽滤瓶上的橡皮管与水银检压计和安全瓶上的橡皮管相连，最后将安全瓶接于真空泵上。

（5）抽滤　将待过滤液注入滤菌器内，开动真空泵，滤液收集瓶内压力逐渐减低，滤液流入收集瓶或抽滤瓶的无菌试管内，待滤液快抽完时，使安全瓶与抽滤瓶间橡皮管脱离，停止抽滤，关闭抽气装置。抽滤时以0.013～0.027MPa减压为宜。

（6）取出滤液　在超净工作台上松动抽滤瓶口的橡皮塞，迅速将瓶中滤液倒入无菌三角瓶或无菌试管内，若抽滤瓶中已有试管，将盛有除菌滤液的试管取出，无菌操作加盖棉塞即可。若采用滤膜滤菌器此两步可省略，用无菌注射器直接吸取待过滤液，在超净工作台上注入滤菌器的上导管，溶液经滤膜、下导管流入无菌试管内，过滤完毕后加盖棉塞。

（7）无菌检查　将移入无菌试管或无菌三角瓶内的除菌滤液，置37℃恒温箱中培养24h，若无菌生长，可保存备用。

（8）滤器使用后的处理　玻璃滤菌器和滤烛滤菌器使用后应立即用浓硫酸-硝酸钠洗涤液（取硝酸钠2g，用少量水溶解后加入浓硫酸100mL即得）抽滤一次，当抽至洗涤液尚未滤尽前，将滤器浸入上述洗涤液中48h，使滤板两面均接触到洗涤液，取出后用热蒸馏水抽滤冲洗至中性，烘干后再用。注意不要用重铬酸钾洗涤液浸泡，因重铬酸钾可被多孔玻璃吸附。由于滤菌器造型特殊和滤板边缘与玻壳的焊接关系，加热和冷却的过程要缓慢。若使用蔡氏滤菌器和滤膜滤菌器，过滤完后的滤膜和滤器需经高压蒸汽灭菌，灭菌后将滤膜弃之，每次使用更换新的滤膜，滤器则需用流水淋洗干净。

（二）畜禽生产中常用的消毒灭菌技术

1.常用消毒器材的使用

（1）喷雾器　分手动喷雾器和机动喷雾器两种。手动喷雾器常用于小面积消毒，机动喷雾器常用于大面积消毒。使用前要对其各部分进行仔细检查，尤其注意喷头部分有无堵塞现象。消毒液配好后，经过滤装入喷雾器。消毒结束后应立即将剩余药液倒出，用清水洗净。

（2）火焰喷灯　是用汽油或煤油做燃料的一种工业用喷灯，喷出的火焰具有很高的温度，消毒效果较好。用于消毒各种病原体污染的金属制品，但应注意不要喷烧太久，以免将消毒物品烧坏。

2.常用消毒剂的配制方法

配制消毒液时，常需根据不同浓度计算用量。可按下式计算：

$$N_1V_1=N_2V_2$$

式中，N_1 为原药液浓度，V_1 为原药液容量，N_2 为需配制药液的浓度，V_2 为需配制药液的容量。大多数配置好的消毒药品不能久放。

3.常用的消毒方法

（1）人员消毒　进入养殖场的人员，必须在场门口更换鞋靴，并在消毒池内进行消毒。进入生产畜舍的人员，须在生产区入口消毒室内洗澡，更换衣物，穿戴清洁消毒好的工作服，经消毒后进入生产区。

（2）畜舍、用具消毒　先对畜舍地面、饲槽等用清水或消毒液喷洒，以免灰尘及病原体飞扬，随后进行彻底机械清扫，扫除粪便、垫草及残余的饲料等污物，该污物按粪便消毒法处理。水泥地面的畜舍再用清水冲洗。然后用化学消毒剂进行消毒。消毒液用量一般按照 $1000mL/m^2$ 计算。消毒时应对天棚、墙壁、食槽和地面按顺序均匀喷洒，后至门口，最后打开门窗通风，用清水洗刷饲槽等，将消毒药味除去。

（3）气体熏蒸消毒　消毒前将畜禽赶出畜舍，舍内的管理用具、物品等适当摆开，门窗密闭，控制室温 15～18℃。先计算畜舍空间，然后每立方米空间取福尔马林 25mL、水 12.5mL，两者混合后再加入高锰酸钾（或生石灰）25g。药物反应可在陶瓷容器中进行，用木棒搅拌，经几秒钟即可产生甲醛蒸气，人员应迅速离开。12～24h 后将门窗打开通风，药味消失后迁入家畜。

（4）地面土壤消毒　病畜停留过的畜舍、运动场等，要清除粪便和垃圾，除去表土。小面积的地面土壤，可用消毒液喷洒。大面积的土壤可进行深翻，在深翻的同时撒上漂白粉，发生一般传染病时用量为 $0.5kg/m^2$，炭疽等芽孢杆菌污染时用量为 $5kg/m^2$，漂白粉与土混合后加水湿润压平。

（5）粪便消毒

① 焚烧法：在地上挖一宽 75～100cm、深 75cm 的沟，长度随粪便多少而定，在距离沟底 40～50cm 处加一层铁梁（以不使粪便漏下为宜），铁梁上面放置欲消毒的粪便，如果粪便太湿，可混合一些干草，以便烧毁。

② 化学药品消毒法：用含 2%～5%有效氯的漂白粉溶液或 20%石灰乳，与粪便混合消毒。

③ 掩埋消毒法：将污染的粪便与漂白粉或生石灰混合后，深埋于地下 2m 左右。

④ 生物热消毒法：利用粪便自身发酵产生的热量来杀灭无芽孢菌、病毒、寄生虫虫卵等病原体，从而达到消毒的目的。

a.发酵池法。在距水源、居民点及畜牧场一定距离处（200～250m）挖池，大小视粪便多少而定，池底、池壁可用砖、水泥砌成，使之不透水。如土质好，不砌也可。用时池底先垫一层土，每天清除的粪便倒入池内，直到快满时，在粪便表面铺一层干草，上面盖一层泥土封好。经 1～3 个月发酵后作肥料用。也可利用沼气发酵池进行消毒。

b.堆粪法。在距场舍 100～200m 以外地方选一堆粪场。在地面挖一浅沟，深约 20cm，宽约 1.5～2m，长度随粪便多少而定。先将粪便或蒿草等堆至 25cm，再堆放欲消毒的粪便，高达 1～1.5m 后，在粪堆的外面铺一层 10cm 厚的非污染性粪便或谷草，最外面抹上 10cm 厚的泥土。堆放 3 周至 3 个月，即可作肥料用。

（6）污水的消毒　污水的处理有沉淀法、过滤法、化学药品消毒法。最常用的是漂白粉消毒法，用量为每立方米用漂白粉（含 25%活性氯）6g（清水）或 8～10g（浑浊的水）。

（7）畜体的消毒　常用喷雾法，既可减少畜体及环境中的病原微生物，净化环境，又可降低舍内尘埃，夏季还有降温作用。但如果鸡舍内霉形体、大肠杆菌等病原菌污染严重时，容易引发呼吸道疾病。畜体喷雾消毒法常用 0.2%～0.3%过氧乙酸，$15～30mL/m^3$，也可用 0.2%的次氯酸钠溶液。消毒时从畜舍的一端开始，边喷雾边匀速走动，使舍内各处喷雾量均匀。本消毒方法全年均可使用，一般情况下，每周消毒1～2次；春秋疫病常发季节，每周消毒3次；在有疫情发生时，每天消毒1～2次。

(8) 畜产品消毒　皮革原料和羊毛多用环氧乙烷气体在密闭的专用消毒室内进行消毒。如消毒病原体繁殖型，300～400g/m^3，作用8h；如消毒芽孢和霉菌，700～950g/m^3，作用24h。环氧乙烷的消毒效果与湿度、温度等因素有关，一般认为，相对湿度为30%～50%，温度在18～54℃最好。环氧乙烷的沸点为10.7℃，沸点以下的温度为易挥发的液体，遇明火易燃易爆，对人有毒性，应注意个人防护。

技能 1-14　细菌的药物敏感性试验

[学习目标]

掌握细菌药物敏感性试验纸片法的操作方法，能够利用本试验方法选择敏感药物治疗兽医临床常见的细菌性传染病。

[仪器材料]

① 器材：恒温箱、干燥箱、摇床、电子天平、打孔机、滤纸、平皿、无菌试管及吸管、镊子、无菌棉拭子、接种环、酒精灯等。

② 试剂：硫酸钡标准管（取1%～1.5%氯化钡0.5mL，加1%硫酸溶液99.5mL，充分混匀即成，用前充分振荡）、蒸馏水。

③ 其他：普通琼脂平板、肉汤培养基、金黄色葡萄球菌及大肠杆菌的固体培养物；磺胺类、多黏菌素、链霉素、金霉素、新霉素、红霉素等抗菌药物。

[方法步骤]

各种病原菌对抗菌药物的敏感性不同，细菌的药物敏感性试验用于测定细菌对不同抗菌药物的敏感程度，或测定某种药物的抑菌或杀菌浓度，为临床用药或新的抗菌药物的筛选提供依据。药物敏感试验的方法很多，普遍使用的是纸片扩散法。将含药纸片置于接种待检菌的固体培养基上，抗菌药物通过向培养基内的扩散，抑制敏感细菌的生长，从而出现抑菌环。由于药物扩散的距离越远，达到该距离的药物浓度越低，由此可根据抑菌环的大小，判定细菌对药物的敏感度。

1. 含药纸片的制备

① 滤纸片的制备：最好选用新华1号定性滤纸，用打孔机打成直径6mm的滤纸片，放在小瓶中或平皿中，在121.3℃灭菌15min，再置100℃干燥箱内烘干备用。

② 药液的配制：用无菌蒸馏水将各药稀释成以下浓度：磺胺类100mg/mL、青霉素100IU/mL、新霉素、链霉素、金霉素、红霉素、多黏菌素1000μg/mL。

对于目前生产实践中常用的复方药物，多含两种或两种以上的抗菌成分，稀释时可根据其治疗浓度或按一定的比例缩小后应用蒸馏水或适当稀释液进行稀释。

③ 含药纸片的制备：将灭菌的滤纸片用无菌的镊子摊布于灭菌平皿中，按每张滤纸片饱和吸水量为0.01mL计算，100张滤纸片加入药液1mL。要不时翻动，使纸片充分吸收药液，浸泡1～2h后于37℃恒温箱中烘干备用。对青霉素、金霉素纸片的干燥宜采用低温真空干燥法，干燥后立即放入瓶中加塞，放干燥器内或置－20℃冰箱中保存。纸片的有效期一般为4～6个月。目前常用抗生素药敏试纸片均有现成的商品出售，可选购使用。

2. 测验方法

① 钩取金黄色葡萄球菌和大肠杆菌菌落各4～5个，分别接种于肉汤培养基中，37℃培养4～6h。

② 用灭菌生理盐水稀释培养菌液，使其浊度相当于硫酸钡标准管。装有以上两种成分的试管须相同，硫酸钡应用前需充分振动。

③ 用无菌棉拭子蘸取上述细菌肉汤培养液，在试管壁上挤压除去多余的菌液，在琼脂培养基表面均匀涂抹。每种细菌分别接种1～2个琼脂平板。

④ 待培养基表面菌液干燥后，用灭菌镊子夹取干燥含药纸片贴于含有菌液的培养基上。一

个直径 9cm 的平皿最多能贴 7 张纸片，6 张均匀地贴在距平皿边缘 15mm 处，一张位于中心，一次放好，不得移动。

⑤ 用玻璃铅笔在平皿底部含药纸片处标记编号，并在记录本上标明抗菌药物名称。

⑥ 将贴好含药纸片的培养基放于 37℃恒温箱中培养 16～18h，观察、记录并分析结果。根据抑菌环直径的大小，按表 4-5 标准判定各种药物的敏感度。

表 4-5 细菌对不同抗菌药物敏感度标准

抗菌药物	每片含药量/μg	抑菌环直径/mm		
		高度敏感	中度敏感	不敏感
青霉素				
葡萄球菌	10	≥29	21～28	≤20
其他细菌	10	≥22	12～21	≤11
链霉素	10	≥15	12～14	≤11
金霉素	10	≥10	10	≤10
新霉素	30	≥17	13～16	≤12
红霉素	15	≥23	14～22	≤13
卡那霉素	30	≥18	14～17	≤13
庆大霉素	10	≥15	13～14	≤12
多黏菌素	300	≥12	9～11	≤8
万古霉素	30	≥12	10～11	≤9
磺胺嘧啶	250	≥17	13～16	≤12
环丙沙星	5	≥21	16～20	≤15
诺氟沙星	10	≥17	13～16	≤12
利福平	5	≥20	17～19	≤16

对于复方药物可通过比较各药物抑菌环直径的大小，根据实验结果选出最敏感的药物。

[注意事项]

① 接种菌液的浓度须标准化，一般以细菌在琼脂平板上生长一定时间后呈融合状态为标准。如菌液浓度过大，会使抑菌环减小；浓度过小，会使抑菌环增大。

② 贴好含药纸片的培养基培养时间一般为 16～18h，结果判定不宜过早；但培养过久，细菌可能恢复生长，使抑菌环缩小。

③ 因蛋白胨可使磺胺类药物失去作用，故磺胺类药物应采用无胨琼脂平板培养。

附：无胨琼脂的配制方法

牛肉膏或酵母浸膏 5.0g，氯化钠 5.0g，琼脂 25g，水 1000mL。将牛肉膏或酵母浸膏、氯化钠和水混合后加热溶解，测定并矫正 pH 为 7.2～7.4，过滤后加入琼脂，煮沸使琼脂充分溶化，121.3℃高压蒸汽灭菌 15min，分装平皿，静置冷却即成无胨琼脂平板。

第三节 微生物的变异

遗传和变异是生物的基本特征之一，也是微生物的基本特征之一。所谓遗传，是指亲代与子代的相似性，它是物种存在的基础；所谓变异，是指亲代与子代以及子代之间的不相似性，它是物种发展进化的基础。细菌和其他生物一样，可自发地或人为地发生变异。由于微生物体内遗传物质的改变发生的、可以遗传给后代的变异，称为遗传性变异；由于环境条件的改变引起的、一般不遗传给后代的变异，称为非遗传性变异。

一、常见微生物的变异现象

1. 形态变异

细菌在异常条件下生长发育时，可发生形态的改变。如慢性猪丹毒病猪心脏分离到的猪丹毒杆菌呈长丝状，而正常的为规整的细而直的杆菌；自炭疽病猪咽喉部分离到的炭疽，多不呈典型的竹节状排列，而是细长如丝状；在含有溶菌酶、青霉素的培养基上培养的细菌会变成多形态等。实验室保存的菌种，如不定期移植和通过易感动物，其形态变异更为常见。

2. 结构与抗原性的变异

（1）荚膜变异　有荚膜的细菌，在特定条件下可丧失形成荚膜的能力。例如炭疽杆菌在动物体内或某些特殊的培养基中可形成荚膜，而在普通培养基中则不能产生。由于荚膜是致病菌的毒力因素之一，又具有抗原性，所以荚膜的丧失必然伴随毒力和抗原性的改变。但有的菌以后又可恢复其产生荚膜的能力。

（2）鞭毛变异　有鞭毛的细菌，在某种培养条件下，可以失去鞭毛。例如有鞭毛的变形杆菌培养在琼脂培养基上，生长特征是形成膜状，这是鞭毛的动力作用使细菌弥散生长的结果；但于含0.075%～0.1%石炭酸琼脂培养基上，细菌失去鞭毛，则无薄膜形成；如将其移到不含石碳酸的琼脂培养基上，鞭毛又可恢复。鞭毛抗原称H抗原，菌体抗原称O抗原。H→O变异指的就是由有鞭毛到无鞭毛的变异，同时失去了运动性，也失去了H抗原。

（3）芽孢变异　能形成芽孢的细菌，在一定条件下可丧失其形成芽孢的能力。例如将炭疽杆菌长时间地培养于43℃温度下，可丧失形成芽孢的能力，其毒力也相应减弱。

3. 菌落变异

细菌的菌落最常见的有两种类型，即光滑型（S型）和粗糙型（R型）。S型菌落一般表面光滑、湿润，边缘整齐；R型菌落的表面粗糙、干而有皱纹，边缘不整齐。细菌的菌落从光滑型变为粗糙型时，称S→R变异。S→R变异时，细菌的毒力、生化反应、抗原性等也随之改变。在正常情况下，较少出现R→S的回归变异。

4. 耐药性的变异

细菌对许多抗菌药物是敏感的，但发现在使用某些药物治疗疾病过程中，其疗效逐渐降低，甚至无效。这是由于细菌对该种药物产生了抵抗力，这种现象称为耐药性变异。如对青霉素敏感的金黄色葡萄球菌发生耐药性变异后，成为对青霉素耐受性的菌株。细菌的耐药性大多是自发突变的，也有的是由于诱导产生的耐药性。

5. 毒力变异

病原微生物的毒力有增强或减弱的变异。让病原微生物连续通过易感动物，可使其毒力增强。将病原微生物长期培养于不适宜的环境中或反复通过不易感的动物时，可使其毒力减弱，这种毒力减弱的菌株可用于疫苗的制造。如炭疽芽孢苗是利用毒力减弱的菌株制造的预防用生物制品。这说明毒力的降低不一定意味着作为疫苗用的抗原性也必然降低，具体的要通过实践来检验。

二、微生物变异现象在兽医实践中的应用

微生物变异现象，不仅揭示了微生物本身许多遗传变异的规律，而且推动了整个分子遗传学的迅速发展。在畜牧兽医实践方面，微生物遗传变异的研究在以下方面具有重要意义。

1. 在细菌分类上的应用

细菌的分类方法分为传统分类法和种系分类法两种。传统分类法又称人为分类法，是根据细菌表型特征，即细菌的形态、生化特性、致病性等方面的相似性，将其分门别类。但细菌的表型特征受环境因素和遗传变异的影响，均可以发生明显的改变。仅靠表型特征进行细菌鉴定，往往会遇到难以鉴别的菌株或者造成同种细菌在不同环境条件下隶属于不同种群的现象；并且也不能从分类结果上看出细菌之间的亲缘关系。随着生物技术的广泛应用，人们发现由遗传物质发生改变而引起的变异虽经常发生，但部分基因片段，如16SrRNA在碱基组成、碱基序列、高级结构及功能等多重层次上具有保守性，它们更是细菌进化信息的主要来源。16SrRNA普遍存在于原核生物和真核生物中，功能重要且稳定，含量多，分子量适中，便于提取，在进化过程中发展缓慢，保留有古老祖先的一些序列。这些特点可使人们在寻求物种亲缘关系时，从分子水平上进行

探索取证。16SrRNA 同源性分析作为细菌新的分类特征，在伯吉氏系统细菌学手册中已得到应用。

2. 在动物传染病诊断中的应用

在临床细菌学检查工作中，要作出正确的诊断，不但要熟悉细菌的典型特性，还要了解细菌的变异规律。如前面所提到的炭疽杆菌在猪的咽喉部位多不呈典型的竹节状，而是菌体弯曲且粗细不匀；猪丹毒杆菌在慢性病猪的心脏病变内呈长丝形。这就提醒人们在诊断传染病时要注意，防止误诊。

3. 在动物传染病预防中的应用

可利用人工变异的方法，获得抗原性良好、毒力减弱的菌株或毒株，制造预防传染病的疫苗。如布氏杆菌羊型 5 号菌苗，是将强毒马尔他布氏菌通过鸡体培育成的弱毒菌株。目前的生物技术疫苗的研究，更是进一步应用变异的原理，通过基因工程技术改变细菌的毒力基因，从而获得预定目标的变异株，有效地制备理想的菌苗。在传染病预防中，也要注意变异株的出现，或者新的血清型的出现，从而有针对性地选择合适的疫苗。

4. 在动物传染病治疗中的应用

由于抗生素的广泛使用，原来对某些药物敏感的细菌，可发生变异而形成对该药物的耐药性。所以，在治疗细菌疾病用药时，应选择敏感的抗菌药物，不能滥用药物，必要时先做药物敏感试验。也可联合用药，交替用药，以防止和减少耐药菌株的出现。

第四节　微生物的亚致死性损伤及其恢复

受前述各种理化因素的作用，往往致使部分微生物细胞未完全死亡，而处于一种介于正常和死亡之间的状态，即濒死状态。这些细胞在适宜的条件下，能够自我修复并恢复正常的特性，该损伤称之为亚致死性损伤；这种在生理上存在缺陷但仍然活着的微生物细胞称为亚致死性损伤细胞。

细菌的亚致死性损伤现象早在 1917 年就被发现，但直到 20 世纪 70 年代才逐渐被人们所重视，且大多侧重于食品微生物学领域。一方面，用以提高杀菌效果，来延长食品保存时间；另一方面，在于提高食品中细菌检验方法的敏感性，以更好地判定食品的安全性。在医学和兽医微生物学领域，重点则在于提高消毒剂杀灭病原微生物的效果方面。因此，研究微生物的亚致死性损伤及其恢复，对消毒理论研究、传染病预防以及公共卫生学实践方面，均具有重要意义。

一、细菌损伤和恢复的一般特征

亚致死性损伤后细菌的一般表现有失去在同种正常细菌能很好生长的条件下生长的能力；在对同种正常细菌无明显抑制作用的选择性培养基中，不能生长繁殖；繁殖适应期延长；发生某些生理生化特性的改变。

细菌受亚致死性损伤后的表现并不是基因的改变，当其又重新培养在适当的培养基和适宜的温度下能很快得到恢复，并重新获得正常生理生化特性，而且受损伤细菌细胞一经修复，不再表现出任何受伤的特征。但也有某种损伤的个别变化不能完全恢复到和过去一样的现象。

二、细菌损伤的表现和修复

各种理化因素处理均能使细菌细胞遭受损伤，不同的因素可导致细菌细胞不同部位的损伤。现已观察到的损伤有细胞壁的损伤、细胞膜的损伤、核酸的损伤以及机能的损伤等。其修复机制还不太清楚，一般认为受伤细菌修复需要营养丰富的培养基，但也有实验表明受伤菌在简单的最低营养需要的培养基中比在复杂的营养丰富的培养基中更容易修复。另外，受伤菌修复不仅要靠复杂的营养，热损伤细菌的恢复还与接触空气的程度有关，冷冻损伤菌的恢复对 pH 的变化更为敏感。

三、细菌芽孢的损伤和恢复

细菌芽孢损伤和恢复的研究主要集中于加热的影响。从研究结果看，其损伤和修复的主要表现有非营养性发芽激活物的作用，如溶菌酶可增加热损伤芽孢的恢复；芽孢计数最适培养温度发生改变，即降低或变窄；对营养和其他因素的需要变得苛刻；对抑制剂的敏感性增加；芽孢构造发生改变。

【复习思考题】

1. 名词解释：菌群失调　消毒　灭菌　防腐　无菌　噬菌体　拮抗　亚致死性损伤
2. 维持动物消化道正常菌群的稳定有什么积极意义？
3. 简述常用的消毒灭菌的方法及用途。
4. 试述化学消毒剂杀菌作用机理及影响因素。
5. 简述紫外线杀菌的作用机理和注意事项。
6. 常见的微生物变异现象有哪些？有何实际应用？

（王汝都　李明彦）

第五章　微生物的致病作用及传染

【能力目标】

能对微生物的毒力进行测定，并掌握半数致死量的计算方法；会利用鲎试验来测定细菌的内毒素；能够从传染发生的必要条件着手，在生产中预防传染病的发生。

【知识目标】

掌握细菌致病性的决定因素，内毒素、外毒素的区别，毒力的表示方法，病毒感染机体的类型。熟悉微生物毒力增强和减弱的方法、病毒感染细胞的类型、病毒对机体的致病作用。了解细菌致病性确定的依据和病毒对宿主细胞的致病作用。

微生物种类繁多，分布广泛。其中绝大多数微生物对人类和动物无害，甚至有益，称为非病原微生物；少数能引起人和畜禽发病的微生物，称为病原微生物。病原微生物中大多数是寄生性病原微生物，它们从寄生的宿主体获得营养，在宿主体内生长繁殖，并造成宿主的损伤和疾病；少数病原微生物如巴氏杆菌，长期生活在动物体内，只在一定条件下才表现致病作用，这类微生物称为条件性病原微生物。还有一些微生物并不侵入机体，而是以其有毒代谢产物随同食物或饲料进入人或动物机体，呈现致病作用，这类微生物称为腐生性病原微生物，如肉毒梭菌。

第一节　微生物的致病性

一、细菌的致病性

细菌对动物机体的致病性取决于细菌本身的致病性和毒力。

（一）致病性

细菌的致病性又称病原性，是指一定种类的细菌，在一定条件下，能引发动物机体发生疾病的能力。细菌的致病性是对宿主而言的，有的仅对人有致病性，有的仅对某些动物有致病性，有的能引起人畜共患病。病原性细菌的种类不同，引起宿主机体的病理过程也不同，如炭疽杆菌引起炭疽，结核分枝杆菌则引起人和多种动物发生结核病，从这个意义上讲，致病性是微生物种的特征之一。

（二）毒力

细菌致病能力的强弱程度称为毒力。毒力是病原微生物的个性特征。同种病原微生物因型或株的不同而分为强毒株、弱毒株和无毒株。

构成细菌毒力的物质称为毒力因子，主要有侵袭力和毒素两个方面，有些毒力因子尚不明确。近年来的研究发现，细菌的许多重要的毒力因子与细菌的分泌系统有关。

1. 侵袭力

侵袭力指病原菌突破机体的防御机能并在体内生长繁殖，蔓延扩散的能力。细菌的侵袭力主要涉及菌体的表面结构和释放的侵袭蛋白或酶类。

（1）黏附与定植　黏附是指病原微生物附着在敏感细胞的表面，以利于其定植、繁殖。在黏附的基础上，才能获得定居生存的机会，进而可侵入、扩散。凡具有黏附作用的细菌结构成分均称为黏附素，主要有革兰阴性菌的菌毛；其次是非菌毛黏附素，如某些革兰阴性菌的外膜蛋白、革兰阳性菌的脂磷壁酸以及细菌的荚膜多糖等。黏附的细菌更易于抵抗免疫细胞、免疫分子及药物的攻击，并可克服肠蠕动、黏液分泌、呼吸道纤毛运动的清除作用。大多数细菌的黏附素具有宿主特异性及组织嗜性，如大肠杆菌的K88菌毛、F8菌毛仅黏附于人的尿道上端，导致肾盂肾炎。

(2) 侵入 指某些毒力强或具有侵染能力的病原菌主动侵入吞噬细胞或非吞噬细胞的过程。被侵入的细胞主要是黏膜上皮细胞。有的细菌侵入后还可扩散至临近的上皮细胞；有的可突破黏膜进入血管，甚至穿过血管壁进一步侵入深层组织。宿主细胞为侵入的细菌提供了一个增殖的小环境和庇护所，可使它们逃避宿主免疫机制的杀灭。结核分枝杆菌、李氏杆菌、衣原体等严格的胞内寄生菌及大肠杆菌、沙门菌等胞外寄生菌的感染都离不开侵入作用，这些细菌一旦丧失进入细胞的能力，则毒力会显著下降。

(3) 繁殖与扩散 细菌在宿主体内增殖是感染的重要条件。如果增殖较快，细菌在感染之初就能克服机体防御机制，易在体内生存。反之，若增殖较慢，则易被机体清除。不同病原菌引起疾病所需的数量有很大差异。沙门菌和霍乱弧菌处处存在，但一个健康的机体接触少量此菌并不容易发病，需要一次侵入数十亿甚至数百亿个细菌才会引发症状；而鼠疫杆菌只需要7个就能使某些宿主患上可怕的鼠疫。宿主不同器官对病原菌的敏感性也存在差异，如布氏杆菌的正常生长需要大量的维生素和其他微量物质，其中一种为赤鲜醇，而赤鲜醇在动物胎盘中含量很高，所以布氏杆菌便在胎盘大量生长繁殖。

细菌之所以能够在体内扩散，必须依靠自身分泌的一些侵袭性酶类，这些酶能作用于组织基质或细胞膜，造成损伤，增加其通透性，有利于细菌在组织中扩散及协助细菌抗吞噬。细菌的侵袭性酶类主要有以下几种。

① 透明质酸酶：如链球菌、葡萄球菌能产生这些酶，它能水解机体结缔组织中的透明质酸，使组织通透性增强，有利于细菌扩散蔓延。

② 胶原酶：是一种蛋白质水解酶。它能水解肌肉或皮下结缔组织中的胶原纤维，从而使肌肉软化、崩解、坏死，有利于病原菌的侵袭和蔓延。

③ 凝血浆酶：如金黄色葡萄球菌能产生此酶，使血浆凝固，产生纤维性的网状结构，从而保护细菌免受吞噬。

④ 链激酶：这是一组激酶，能激活血液中的溶纤维蛋白酶原，使其成为溶纤维蛋白酶，溶解感染组织中已凝固的纤维蛋白，有利于细菌及毒素在组织中的扩散，常见于链球菌。

⑤ 卵磷脂酶：这种酶能水解组织细胞和红细胞膜，使组织坏死或溶血，魏氏梭菌产生此酶。

⑥ DNA酶：细胞裂解后可析出DNA，DNA能使渗出液黏稠，使病原微生物活动受限。而DNA酶能使DNA溶解，从而有利于细菌扩散。

2. 毒素

毒素是细菌在生长繁殖过程中产生和释放的具有损害宿主组织、器官并引起生理功能紊乱的毒性成分。细菌毒素按其来源、性质和作用不同，分为外毒素和内毒素两种。

(1) 外毒素 外毒素是由多数革兰阳性菌和少数革兰阴性菌合成并释放到菌体外的毒性蛋白质。在兽医学上常见的重要的细菌外毒素见表5-1。

表5-1 重要的细菌的外毒素

细菌	毒素	作用机理	体内效应
肉毒梭菌	肉毒素	阻断乙酰胆碱释放	神经中毒症状、麻痹
葡萄球菌	肠毒素	作用呕吐中枢	恶心、呕吐、腹泻
破伤风梭菌	破伤风毒素	抑制神经元作用	运动神经元过度兴奋、肌肉痉挛
炭疽杆菌	毒素复合物	引起血管通透性增高	水肿和出血、循环衰竭

外毒素的毒性作用强，小剂量即能使易感机体致死。如纯化的肉毒梭菌外毒素毒性最强，1mg可杀死2000万只小鼠；破伤风毒素对小鼠的半数致死量为10^{-6}mg；白喉毒素对豚鼠的半数

致死量为 10^{-3} mg。

不同病原菌产生的外毒素对机体的组织器官具有选择性，并引起特殊的病理变化。按细菌外毒素对宿主细胞的选择性和作用方式不同，可分为神经毒素，如破伤风痉挛毒素、肉毒毒素等；细胞毒素，如白喉毒素、葡萄球菌毒性休克综合征毒素、链球菌致热毒素等；肠毒素，如霍乱弧菌肠毒素、葡萄球菌肠毒素等三类。

外毒素具有良好的免疫原性，可刺激机体产生特异性抗体，而使机体具有免疫保护作用，这种抗体称为抗毒素，抗毒素可用于紧急预防和治疗。外毒素经 0.3%～0.5%甲醛溶液于 37℃处理一定时间后，可使其失去毒性，但仍保留很强的抗原性，称类毒素。类毒素注入机体后仍可刺激机体产生抗毒素，可作为疫苗进行免疫接种。

(2) 内毒素　内毒素是革兰阴性菌细胞壁中的一种脂多糖，当菌体细胞死亡溶解时才能释放出来。内毒素的毒性作用无特异性，各种病原菌内毒素作用大致相同。其表现有引起白细胞骤减、组织损伤、弥漫性血管内凝血、休克等，严重时也可导致死亡。

内毒素和外毒素主要性质的区别见表 5-2。

表 5-2　细菌外毒素与内毒素的基本特性比较

特　性	外　毒　素	内　毒　素
化学性质	蛋白质	脂多糖
产生及存在部位	由某些革兰阳性细菌或阴性细菌产生，并分泌到体外	由革兰阴性细菌产生，在菌体裂解后才释放到体外
耐热性	通常不耐热，60～80℃ 30min 被破坏	极为耐热，160℃ 2～4h 才能被破坏
毒性作用	特异性。为细胞毒素、肠毒素或神经毒素，对特定细胞或组织发挥特定作用	全身性。引起发热、腹泻、呕吐
毒性程度	高，往往致死	弱，很少致死
抗原性	强，刺激机体产生中和抗体(抗毒素)	较弱，免疫应答不足以中和毒性
能否产生类毒素	能，用甲醛处理	不能

(三) 细菌致病性的确定

柯赫法则是确定某种细菌是否具有致病性的主要依据，其要点有四点：第一，特殊的病原体应该在同一疾病中查到，在健康机体不存在；第二，此病原菌能被分离培养而得到纯种；第三，此培养物接种易感动物，能导致同样病症；第四，自实验室感染的动物体内能重新获得该病原菌的纯培养物。柯赫法则在确定细菌致病性方面具有重要意义，特别是鉴定一种新的病原体时非常重要。但是，它也具有一定的局限性，某些情况并不符合该法则。如健康带菌或隐形感染，有些病原菌迄今仍无法在体外人工培养，有的则没有可用的易感动物。另外，该法则只强调了病原微生物致病性的一方面，忽略了它与宿主的相互作用。

近年来随着分子生物学的发展，"基因水平的柯赫法则"应运而生，其要点也有四点：第一，应在致病菌株中检出某些基因或其产物，而无毒力菌株中则无；第二，如有毒力菌株的某个毒力基因被破坏，则菌株的毒力应减弱或消除，或者将此基因克隆到无毒株内，后者成为有毒力菌株；第三，将细菌接种动物时，这个基因应在感染的过程中表达；第四，在接种动物体内能检测到这个基因产物的抗体，或产生免疫保护。该法则也适用于细菌以外的微生物，如病毒等。

(四) 毒力的表示

在实际工作中，毒力的测定特别重要，尤其是在疫苗效价、血清效力检测或药物疗效研究时，都必须先测定病原微生物的毒力。表示毒力大小的单位有以下 4 种。

① 最小致死量（MLD）：是指使特定动物感染后一定时间内发生死亡的最小活微生物的量或毒素量。这种测定毒力的方法比较简单，但有时因动物的个体差异，而产生不确切的结果。

② 半数致死量（LD_{50}）：是在一定时间内使半数实验动物感染后发生死亡的活微生物量或毒素量。测定时需将年龄、性别等方面都相同的易感动物分成若干组，每组数量相同，以递减剂量

的微生物或毒素分别接种各组动物，在一定时间内观察记录结果，最后以生物统计学方法计算出 LD_{50}。这种测定毒力的方法比较复杂，但可避免动物个体差异所造成的误差。

③ 最小感染量（MID）：是能引起试验对象如动物、鸡胚或组织细胞等感染的最小病原微生物的量。

④ 半数感染量（ID_{50}）：是能使半数试验对象发生感染的病原微生物量。测定方法同 LD_{50}。

（五）*毒力的改变*

1. 毒力增强的方法

连续通过易感动物，可使病原微生物的毒力增强。回归易感实验动物增强病原微生物毒力的方法已被广泛应用。如多杀性巴氏杆菌通过小鼠、猪丹毒杆菌通过鸽子等都可以增强其毒力。有的细菌与其他微生物共生或被温和噬菌体感染也可增强毒力，例如魏氏梭菌与八叠球菌共生时毒力增强，白喉杆菌只有被温和噬菌体感染时才能产生毒素而成为有毒细菌。实验室为了保持所藏菌种的毒力，除改善保存条件外，可适时将其接种易感动物。

2. 毒力减弱的方法

病原微生物的毒力可自发地或人为的减弱。人工减弱病原微生物的毒力在疫苗制造上有重要意义。常用的方法有将病原微生物连续通过非易感动物、在较高温度下培养、在含有特殊化学物质的培养基中培养。此外，在含有特殊抗血清、特异噬菌体或抗生素的培养基中培养，甚至长期进行一般的人工继代培养，也都能使病原微生物的毒力减弱。通过基因工程的方法，去除毒力基因或用点突变的方法使毒力基因失活，为减弱病原微生物的毒力开辟了新的途径。

二、病毒的致病性

病毒是严格细胞内寄生的微生物，其致病机制与细菌有很大不同。病毒的致病性作用比较复杂，病毒进入易感机体后，可通过其特定化学成分的直接毒性作用而致病。如腺病毒能产生一种称为五邻体基底蛋白的毒性物质，它可使宿主细胞缩成一团而死亡；流感患病动物的畏寒、高热、肌肉酸痛等全身症状可能与流感病毒产生毒素样物质有关。但病毒主要的致病机制是通过干扰宿主细胞的营养和代谢，引起宿主细胞水平和分子水平的病变，导致机体组织器官的损伤和功能改变，造成机体持续性感染。病毒感染免疫细胞导致免疫系统损伤，从而造成免疫抑制及免疫病理也是重要的致病机制之一。

（一）*病毒感染细胞的类型*

病毒与宿主细胞在相互作用的过程中，病毒在细胞内的复制是关键，据此可确定病毒感染细胞的类型和细胞的最终结局。

1. 杀细胞性感染

病毒在宿主细胞内复制增殖时，阻断了细胞自身的合成代谢，胞浆膜功能衰退，待病毒复制成熟后，在短时间内一次释放大量病毒，以致细胞裂解；同时，又引起细胞内溶酶体膜的通透性增高，释放出过多的水解酶于胞浆中，从而导致细胞溶解。释放出的病毒再侵犯其他易感的宿主细胞。腺病毒、痘病毒和口蹄疫病毒、猪水疱疹病毒及鼻病毒等无囊膜的小 RNA 病毒和某些披膜病毒感染细胞均属此类。

2. 稳定性感染

有囊膜的病毒在细胞内复制增殖时，既不阻碍细胞本身的代谢，也不改变溶酶体膜的通透性，因而不会使细胞溶解死亡。它们是以“出芽”的方式从感染的宿主细胞中逐个释放出来，只产生机械性损伤和合成产物的毒害，而使细胞发生浑浊肿胀、皱缩和轻微的细胞病变，在一段时间内宿主细胞并不立即死亡。有时受感染细胞还可增殖，病毒也可传给子代细胞，或通过直接接触感染邻近的细胞。单纯疱疹病毒、脑炎病毒、麻疹病毒及流感病毒和某些披膜病毒等的感染都属于这一类型。

3. 整合感染

某些 DNA 病毒的全部或部分 DNA 以及反转录病毒合成的 cDNA 插入宿主细胞基因中，形成前病毒，导致细胞遗传性状的改变，称为整合感染。整合后的病毒核酸随宿主细胞的分裂而传给子代，一般不复制出病毒颗粒，宿主细胞也不被破坏，但可造成染色体整合处基因失活、附近基因激活等现象。基因整合可使细胞的遗传性发生改变，引起细胞转化。细胞转化除基因整合外，病毒蛋白诱导也可发生。转化细胞的主要变化是生长、分裂失控，在体外培养时失去单层细胞相互间的接触抑制作用，形成细胞间重叠生长，并在细胞表面出现新抗原等。

整合感染多见于肿瘤病毒。如 Rous 肉瘤病毒等是先将 RNA 反转录成双链 DNA 并整合到细胞染色体上，随后进行复制，既是整合性感染，又可产生大量病毒粒子。

（二）病毒感染机体的类型

病毒感染机体的类型既取决于病毒的致病力、毒力和侵入门户，也取决于机体的免疫力，即病毒的特性及机体免疫应答状态决定了病毒感染机体的类型和结局。病毒感染机体的类型主要有三种。

1. 隐性感染

不出现临床症状的感染称为隐性感染，又称亚临床感染。许多病毒性疾病流行时均为隐形感染，例如马乙型脑炎病毒感染。但隐性感染的机体能向周围环境散布病毒从而造成传染。

2. 急性感染

急性感染是指病毒侵入机体内，在一种组织或多种组织中增殖，并经局部扩散或经血流扩散到全身，经一段时间的潜伏期后，病毒数量达到一定水平而引起的有临床症状的感染。绝大多数临床所见的病毒感染均属于急性感染。急性感染从潜伏期开始，宿主动员了非特异性和特异性免疫力，除致死性疾病外，宿主一般能在症状出现后 1～3 周内消除体内的病毒。通常在症状出现前后的一段时间内，从组织或分泌物中能分离出病毒。根据病毒在体内的传播方式不同，急性感染可分为局部感染和全身感染两种类型。

（1）局部感染　病毒仅在入侵部位的组织细胞中繁殖，进而扩散到邻近细胞，或直接通过细胞间桥从一个细胞进入另一个细胞。但由病毒引起真正的局部感染不多，大部分是全身感染的局部表现。如皮肤感染口蹄疫、猪水泡病、麻疹及痘病毒引起的皮肤痘疮等、呼吸道感染新城疫、鸡传染性喉气管炎、犬瘟热病毒等、消化道感染猪传染性胃肠炎病毒等、神经系统感染狂犬病及乙型脑炎等。

（2）全身感染　病毒从被感染的细胞释放出后再感染邻近细胞，并且往往通过血流传播至全身。全身感染虽然以全身发生病毒血症、病毒广泛分布全身内脏器官为特征，但却呈现极不相同的临诊症状和病理变化。某些全身性病毒感染只呈现局部症状，有些可能以某一器官或系统的病变和症状为最显著，如猪瘟和牛瘟。

3. 持续性感染

持续性感染包括潜伏感染、慢性感染及慢发性感染。造成持续感染的原因有病毒本身的特性因素，如整合感染倾向、缺损干扰颗粒形成、抗原性变异或无免疫原性；同时也与机体免疫应答异常有关，如免疫耐受、细胞免疫应答低下、抗体功能异常、干扰素产生低下等。

（1）潜伏感染　是指病毒的 DNA 或逆转录合成的 cDNA 以整合形式或环状分子形式存在于细胞中，造成潜伏状态，无症状期查不到完整病毒，当机体免疫功能低下时病毒基因活化并复制完整病毒，发生一次或多次复发感染，甚至诱发恶性肿瘤。

（2）慢性感染　是指感染性病毒处于持续的增殖状态，机体长期排毒，病程长，症状长期迁延，往往可检测出不正常的或不完全的免疫应答。经显性或隐性感染后，病毒并未完全清除，可继续感染少部分细胞，也能使细胞死亡。因释放出的病毒只感染另一小部分细胞，因此不表现病症；病毒可持续存在于血液或组织中，并不断排出体外，病程长达数月至数十年。

（3）慢发性感染　病毒感染后潜伏期很长可达数月、数年甚至数十年之久。平时机体无症状，也分离不出病毒。一旦发病出现慢性进行性疾病，最终常为致死性感染。引起慢发性感染的病毒所致的疾病见表 5-3。

表 5-3 慢发性感染病毒及所致疾病

病毒	所致疾病	致病对象
猫免疫缺陷病毒	获得性免疫缺陷综合征	猫
梅迪/维斯纳病毒	进行性肺炎/泛白细胞脑炎	羊
犬瘟热病毒	脑炎	犬
	羊瘙痒病	羊
	牛海绵体脑病	牛
朊病毒或蛋白侵染因子	鹿慢性消耗性疾病	黑尾鹿、麋鹿、羚羊
	貂传染性脑炎	雪貂、松鼠

（三）病毒对宿主细胞的致病作用

1. 干扰宿主细胞的功能

（1）抑制或干扰宿主细胞的生物合成　大多数杀伤性病毒所转译的早期蛋白质可抑制宿主细胞 RNA 和蛋白质的合成，随后 DNA 的合成也受到抑制。如小 RNA 病毒、疱疹病毒和痘病毒。

（2）破坏宿主细胞的有丝分裂　病毒在宿主细胞内复制，能干扰宿主细胞的有丝分裂，形成多核的合胞体或多核巨细胞。如疱疹病毒、痘病毒和副黏病毒。

（3）细胞转化　病毒的 DNA 与宿主细胞的 DNA 整合，从而改变宿主细胞遗传信息的过程称为细胞转化。转化后的细胞分裂周期缩短，能持续地旺盛生长。这种转化后的细胞在机体内可能形成肿瘤，如乳多空病毒、腺病毒、疱疹病毒等。

（4）抑制或改变宿主细胞的代谢　病毒进入宿主细胞后，其 DNA 能在几分钟内对宿主细胞 DNA 的合成产生抑制；同时，病毒抢夺宿主细胞生物合成的场地、原料和酶类，产生破坏宿主细胞 DNA 和代谢酶的酶类；或产生宿主细胞代谢酶的抑制物，从而使宿主细胞的代谢发生改变或受到抑制。

2. 损伤宿主细胞的结构

（1）细胞病变　病毒在宿主细胞内大量复制时，其代谢产物对宿主细胞具有明显的毒性，能使宿主细胞结构发生改变，出现肉眼或显微镜下可见的病理变化，即细胞病变。如空斑形成、细胞浊肿等。

（2）包涵体形成　新复制的子病毒及其前体在宿主细胞内大量堆积，形成镜下可见的特殊结构，称为包涵体；或病毒在宿主细胞内复制时，形成病毒核配、蛋白质集中合成和装配的场所，即“病毒工厂”，在镜下也可见到细胞内的特殊结构，亦称为包涵体。

（3）溶酶体的破坏　某些病毒进入宿主细胞后，首先使宿主细胞溶酶体膜的通透性增强，进而使溶酶体膜破坏，溶酶体酶被释放而使宿主细胞发生自溶。

（4）细胞融合　病毒破坏溶酶体使宿主细胞发生自溶后，溶酶体酶被释放到细胞外，作用于其他细胞表面的糖蛋白，使其结构发生变化，从而使相邻细胞的胞膜发生融合。

（5）红细胞凝集　某些病毒的表面具有一些称为血凝素的特殊结构，能与宿主红细胞的表面受体结合，使红细胞发生凝集，称为病毒的凝血作用。如新城疫病毒、流行性感冒病毒、狂犬病病毒等。

3. 引起宿主细胞的死亡或崩解

病毒在宿主细胞内复制，一方面病毒粒子及病毒代谢产物对宿主细胞的结构造成破坏，严重干扰宿主细胞的正常生命活动，引起宿主细胞的死亡；另一方面，不完全病毒在宿主细胞内复制出大量的子病毒后，以宿主细胞破裂的方式释放，造成宿主细胞死亡。

（四）病毒对宿主机体的致病作用

1. 直接破坏机体结构

病毒对机体结构的破坏是以其对宿主细胞的损伤为基础的。有些病毒能破坏宿主毛细血管内皮和基底膜，造成其通透性增高，导致全身性出血、水肿，甚至局部缺氧和坏死，如猪瘟病毒、新城疫病毒、马传染性贫血病毒。有些病毒能在宿主血管内产生凝血作用，导致机体微循环障碍，严重者发生休克，如新城疫病毒、流行性感冒病毒。还有些病毒则引起细胞的转化而形成肿瘤，与其他健康组织争夺营养，并对其周围组织造成压迫，使健康组织萎缩，机体消瘦，如鸡马立克病病毒、牛白血病病毒、禽白血病病毒。有些病毒能破坏神经细胞的结构，引发机体的神经症状，如狂犬病病毒。有些病毒能破坏肠黏膜柱状上皮，使小肠绒毛萎缩，影响营养和水分的吸收，引起剧烈的水样腹泻，如猪传染性胃肠炎病毒、猪流行性腹泻病毒。

2. 代谢产物对机体的作用

病毒在复制的过程中能产生一些健康动物体内没有的代谢产物，这些代谢产物与宿主体内的某些功能物质结合而影响这些物质的功能发挥；或吸附于某些细胞的表面，改变细胞表面的抗原性，激发机体的变态反应而造成组织损伤，如水貂阿留申病病毒、马传染性贫血病毒、淋巴细胞脉络丛脑膜炎病毒。代谢产物还可通过改变机体的神经体液功能而发挥致病作用。

病毒在破坏宿主细胞的过程中能释放出一些病理产物，这些病理产物可继发性地引起机体的结构和功能破坏。如细胞破裂后释放出来的溶酶体酶可造成组织细胞的溶解和损伤，释放出来的5-羟色胺、组胺、缓激肽等可引发局部炎症反应。

技能 1-15 微生物毒力测定

[学习目标]

掌握微生物半数致死量测定的步骤和计算方法。

[仪器材料]

① 器材：恒温箱、摇床、注射器。

② 试剂：PBS 液（0.14mol/L NaCl，2.7mmol/L KCl，10.1mmol/L Na_2HPO_4，1.8mmol/L KH_2PO_4，pH 7.3)、生理盐水。

③ 其他：营养肉汤培养基、麦康凯培养基、大肠杆菌待检菌株、30 日龄小白鼠。

[方法步骤]

测定病原微生物的毒力最常用的方法是半数致死量（LD_{50}）的测定和半数感染量（ID_{50}）的测定。LD_{50} 和 ID_{50} 的实验方法基本相同，但由于动物的生死较其他反应容易判断，这里仅介绍 LD_{50} 的测定方法。不同的病原微生物其半数致死量差别很大，因此本实验需提前做预实验，以确定合适的微生物接种稀释度。下面以致病性大肠杆菌的 LD_{50} 为例进行介绍。

1. 细菌培养

将大肠杆菌待检菌株接种于营养肉汤培养基，37℃静置培养 24～48h，连续传 3～4 代；取最后一代培养物 5000r/min 离心 5min，取沉淀物，用 PBS 液反复漂洗离心 3 次；用无菌的生理盐水进行稀释，以麦氏比浊法进行细菌计数，调节浓度至约 3×10^8 CFU/mL。

2. 动物分组

将 70 只 30 日龄的实验小白鼠随机分为 7 组，每组 10 只小白鼠。

3. 动物接种

在预试验的基础上，分别以 0.005mL、0.010mL、0.015mL、0.020mL、0.025mL、0.030mL、0.035mL 菌液灌胃的方法对各组动物进行接种。

4. 结果观察记录

接种后每隔 12h 观察一次各组死亡情况，并记录，连续 7d。

5. 半数致死量计算

采用 Reed 和 Muench 法计算半数致死量。此法是在动物死亡、存活纪录的基础上，以死亡数由上向下加、存活数由下向上加的方法，算出动物累积死亡数、存活数及死亡率。然后找出两个处于 50%死亡率上下限的实验组剂量，以 50%插入法，算出由上限接种量达到 50%死亡的接种差量比值，算出该比值量与 50%死亡率的上限相加，即为半数致死量（体积）。举例如下（表 5-4）。

表 5-4 LD_{50} 测定中实验小白鼠死亡、存活统计表

接种量/mL	死亡数/只	死亡累计数/只	存活数/只	存活累计数/只	动物总数/只	死亡率/%
0.005	2	2	8	40	42	4.8
0.010	2	4	8	32	36	11.1
0.015	4	8	6	24	32	25.0
0.020	4	12	6	18	30	40.0
0.025	5	17	5	12	29	58.6
0.030	7	24	3	7	31	77.4
0.035	6	30	4	4	34	88.2

$$LD_{50}=0.020+\frac{0.005\times(50.0-40.0)}{58.6-40.0}=0.0227(\text{mL})$$

最后根据计算所得的菌液体积和浓度计算出待测菌株的半数致死量的细菌个数（CFU）。

6.细菌回收检查

对死亡小鼠进行剖检，记录肉眼病理变化，取相应病变部位在麦康凯培养基中划线接种，并对分离细菌进一步进行鉴定。

[注意事项]

本实验中所测微生物的稀释浓度以及接种剂量的设计均应通过预实验进行确定。

附：麦氏比浊管的配制如下：

管　号	0.5	1	2	3	4	5
0.25%$BaCl_2$/mL	0.2	0.4	0.8	1.2	1.6	2.0
1%H_2SO_4/mL	9.8	9.6	9.2	8.8	8.4	8.0
细菌的近似浓度/($\times10^8$/mL)	1	3	6	9	12	15

技能 1-16 内毒素的检测（鲎试验）

[学习目标]

了解鲎试验的原理及用途；掌握鲎试验的操作和结果判定的方法。

[仪器材料]

① 器材：恒温箱、水浴锅、1mL 吸管、试管等。

② 试剂：无热原的蒸馏水或注射用水。

③ 其他：鲎试剂（鲎变形细胞溶解产物的冷冻干燥制品）、标准内毒素（国际统一规定为大肠杆菌内毒素，含量为 0.1～1μg/mL）、测试样品（注射剂或血液细菌培养上清液等）。

[方法步骤]

内毒素是革兰阴性细菌细胞壁中的脂多糖，是细菌主要的致病物质之一，可引起机体发热、白细胞反应、内毒素性休克及弥漫性血管内凝血等。内毒素的检测过去常用家兔发热法，但由于易受动物个体及环境因素的影响，目前临床上常用鲎试验来测定其样品中的内毒素。

鲎为一种海洋生物，其血液中变形细胞裂解物中的某种酶经内毒素激活后，可使裂解物中的蛋白质呈凝胶状态。因此利用鲎试剂与内毒素反应，经一定时间后观察试剂凝固的程度，可测待检样品中有无内毒素存在。此方法可以测出极微量的内毒素（0.0001～0.1μg/mL），是一种快速、简单、敏感的检测内毒素的方法。

① 取鲎试剂一支，按说明加入规定量的无热原的无菌蒸馏水使之溶解。

② 取内毒素标准品，用无热原的无菌蒸馏水溶解。所稀释浓度按每批溶解物的敏感性而定，一般稀释至 20Eu/mL（Eu 为内毒素单位）。

③ 取3支小试管，分别编号，按表5-5加入各成分，并进行相应操作。

表5-5 内毒素检测操作术式

试管号	1 阳性对照	2 阴性对照	3 待检测组
鲎试剂溶液/mL	0.1	0.1	0.1
标准内毒素稀释液/mL	0.1	—	—
无热原的无菌蒸馏水/mL	—	0.1	—
待检样/mL	—	—	0.1

④ 轻轻混匀各试管，置37℃水浴中孵育1h。孵育结束后，将试管从水浴中轻轻取出。不要振动试管，防止凝胶被破坏，产生假阴性。

⑤ 缓慢倒转试管180℃，若凝成固体凝块，则为阳性，记录为“++”；若呈半流动状态，则为弱阳性，记录为“+”；若仅见浑浊度增加，或有少量絮状物，或无变化，则为阴性，记录为“—”。

[注意事项]

由于极微量的内毒素即可导致鲎变形细胞凝胶化，故本实验所用试管、吸管等均应预先进行去热原处理。即将玻璃等耐热物品干热180℃以上2h或250℃30min，彻底破坏内毒素；不耐热物品可用双氧水浸泡。

第二节 传染的发生

一、传染及传染的表现形式

1. 传染

在一定的环境条件下，病原微生物突破机体的防御屏障侵入机体，在一定的部位生长、繁殖，并引起不同程度的病理过程，这一过程称为传染或感染。

2. 传染的表现形式

在传染过程中，一方面是病原微生物的侵入、生长繁殖、产生有毒物质，破坏机体生理平衡；另一方面是动物机体为了保护自身生理平衡，对病原微生物发生一系列的防卫反应。因此，传染的过程是病原微生物和动物机体相互作用、相互斗争的过程，结果可以表现出不同形式。当病原微生物具有相当的毒力和数量，而机体的抵抗力相对比较弱时，动物就表现出一定的症状，称为显性感染。如果侵入的病原微生物定居在某一部位，动物不表现任何症状，这种状态为隐性感染，处于这种情况下的动物为带菌动物。

二、传染发生的必要条件

传染的发生需要一定的条件，其中病原微生物是引起传染发生的首要条件，动物的易感性和环境因素是传染发生的必要条件。

1. 病原微生物

(1) 足够的毒力 病原微生物的毒力是其致病能力的反映。毒力不同，与机体相互作用的结果也不相同。病原微生物需要有较强的毒力才能突破机体的防御屏障引起传染。

(2) 一定的数量 具有一定毒力的病原微生物还必须有足够的数量才能引起传染。一般来说病原微生物的毒力越强，引起感染所需要的数量就越少，反之需要量就较高。如毒力较强的鼠疫耶尔森菌在机体无特异性免疫力的情况下，有数个细菌侵入就可引起感染，而毒力较弱的沙门菌属中引起食物中毒的病原菌常需要数亿个才能引起急性胃肠炎。对大多数病原微生物而言，需要一定的数量才能引起感染，少量侵入易被机体防御机能所清除。

(3) 适宜的侵入门户或途径 具有较强的毒力和足够数量的病原微生物，还要有适当的侵入途径，才能引起传染。有的病原微生物可经多种侵入途径引起感染，如炭疽杆菌、结核分枝杆菌、猪瘟病毒等可经损伤的皮肤、消化道和呼吸道入侵。而有的只能通过特定的侵入门户，并在特定部位定居繁殖，才能造成感染。如破伤风梭菌必须经深而窄的伤口感染才能引起破伤风，经口吞入则不发病；肺炎球菌、脑膜炎球菌、流感病毒、麻疹病毒经呼吸道传染；乙型脑炎病毒由蚊子叮咬皮肤后经血流传染等。各种病原微生物之所以有不同的侵入途径，是由病原微生物的习性及宿主机体不同组织器官的微环境的特性决定的。

2. 宿主机体的易感性

对病原微生物具有感受性的动物称为易感动物。易感动物对病原微生物的感受性是动物“种”的特性，是动物在长期进化过程中病原微生物的寄生与机体的抗寄生相互作用、相互适应的结果。动物的种类不同，对病原微生物的感受性也不同，如猪感染猪瘟病毒，而其他动物不发生猪瘟；炭疽杆菌感染人、草食家畜，而鸡不感染。同一种动物对病原微生物的感染也有差异，如鸡品种不同对鸡马立克病毒的感受性不同。也有多种动物、甚至人对某一病原微生物都有易感性，结核分枝杆菌就属这种类型。此外，动物的易感性还受年龄、性别、营养状况等因素的影响。

3. 外界环境条件

外界环境包括气候、温度、湿度、地理环境、生物因素、饲养管理及使役情况等，它们是传染发生不可忽视的因素。一方面外界环境可影响动物机体的防御机能及病原微生物的生存和毒力，另一方面外界环境还可影响某些传染病的传播媒介。如炎热夏季有利于细菌的生长繁殖，因此容易发生消化道疾病；寒冷的冬季能降低易感动物呼吸道黏膜的抵抗力，同时有利于病毒在外界的存活，因此容易发生病毒性疾病，特别是呼吸道的传染病；而一些以昆虫为媒介的传染病，则在昆虫盛繁的夏季和秋季容易发生和传播。

【复习思考题】

1. 名词解释：致病性　毒力　细胞转化　传染　类毒素
2. 病原微生物毒力的大小常用哪 4 个指标表示？说明其含义。
3. 简述外毒素和内毒素的主要区别。
4. 简述传染发生必须具备的条件。

（王　涛　刘　莉）

第二篇

免疫学基础及应用

免疫是机体对自身和非自身物质的识别，并清除非自身的大分子物质，从而保持机体内外环境平衡和稳定的生理学反应。免疫具有高度的特异性和记忆功能。正常情况下，这种生理功能对机体有益，可产生抗感染、抗肿瘤等维持机体生理平衡和稳定的免疫保护作用。这种功能是动物在长期进化过程中形成的，当这一功能失调时，也会对机体产生有害的反应和结果，如引发超敏反应、自身免疫病和肿瘤等。

免疫的基本功能包括以下 3 个方面。

① 抵抗感染。又称免疫防御。它是指动物机体抗御病原微生物感染的能力。免疫功能正常时，能将入侵的微生物消灭清除，从而免除传染。当免疫功能异常亢进时，会造成组织损伤和功能障碍，导致传染性变态反应；而免疫功能低下时，可引起机体的反复感染。

② 自身稳定。由于新陈代谢动物每天都要产生大量衰老和死亡的细胞，它的积累会影响正常细胞的功能活动。自身稳定具有清除自身机体衰老死亡及变性损伤的细胞、保持机体正常细胞的生理活动、维护机体生理平衡的功能。此功能失调，会将正常的自身细胞误认为异物而被排斥和清除，导致自身免疫病。

③ 免疫监视。机体细胞常因病毒或理化等致癌因素诱导，突变成肿瘤细胞。正常机体具有监视和及时清除体内出现的肿瘤细胞的功能。此功能降低或抑制，会使肿瘤细胞大量增殖而形成肿瘤。

动物机体抵抗病原微生物感染的免疫分成两种类型，即先天性免疫和获得性免疫。先天性免疫又称非特异性免疫，是机体生来就有的一种防卫机能，对病原微生物等抗原的排斥反应无针对性；获得性免疫是机体在后天受到病原微生物等刺激而产生的有针对性的免疫力，又称为特异性免疫。

病原微生物入侵机体，在体内增殖并引起损伤的过程，称为传染；机体防御系统抵抗病原微生物的入侵，即消灭入侵的病原微生物的过程，称为免疫。二者相互对抗，又相互依存。没有病原微生物的感染，就没有抵抗病原微生物的免疫发生。一般情况下，传染可激发机体产生免疫，而免疫的产生又可终止传染。二者力量的对比不同，机体表现的过程亦不同。当机体免疫状态良好，而微生物能激发强烈的免疫应答，同时病原微生物毒力较低，免疫可终止传染；相反，如果机体由于某种原因导致免疫力低下，病原微生物入侵则容易引起传染。

第六章　非特异性免疫

【能力目标】

能说明机体非特异性免疫如何在抗微生物感染中发挥作用，以及影响非特异性免疫的因素。

【知识目标】

掌握非特异性免疫构成因素及其在疾病预防中的作用；熟悉影响非特异性免疫的因素；了解吞噬细胞和补体的作用途径及结果。

第一节　非特异性免疫的构成

非特异性免疫是机体在长期种系发育和进化过程中逐渐形成的一种天然防御功能，是个体出生后就具有的天然免疫力，具有遗传性。它能识别自身和非自身，对异物没有特异性区别作用。在抗传染免疫过程中，非特异性免疫发挥作用最快，起着第一线的防御作用，是特异性免疫的基础和条件。

动物机体的非特异性免疫是由多种结构和物质共同完成的，其中主要包括皮肤黏膜等组织的生理屏障、各种组织中的吞噬细胞和体液中的抗微生物物质等。

一、屏障结构

1. 皮肤和黏膜屏障

皮肤和黏膜屏障指机体体表的皮肤和所有与外界相通腔道的黏膜，是机体与外界直接接触的结构。微生物只有通过皮肤和黏膜才能侵入体内，因此皮肤和黏膜构成了动物体防御外部入侵者的第一道防线。绝大多数病原微生物不能通过正常健康的皮肤和黏膜，这是因为皮肤和黏膜具有机械阻挡和排除作用；如呼吸道纤毛上皮的摆动，尿液、泪液、唾液的冲洗等。此外，皮下和黏膜下腺体的分泌液中含有多种抑菌和杀菌物质；如汗腺分泌的汗液中含有的乳酸，皮脂腺分泌的脂肪酸，泪液和唾液中的溶菌酶等，都具有抑制或杀灭局部病原菌的作用。再者，皮肤黏膜上还存在着正常菌群，对病原微生物具有拮抗作用。

少数微生物如布氏杆菌可以通过健康的皮肤和黏膜侵入机体，工作中应注意防护。当烧伤和皮肤发生外伤时，病原微生物可趁机侵入，引起感染。

2. 内部屏障

（1）血脑屏障　由软脑膜、脑毛细血管壁和壁外胶质细胞形成的胶质膜构成，它能阻止血液中的病原菌和大分子毒性物质进入脑组织和脑脊液。幼小动物的血脑屏障因发育尚未完善，故较易发生中枢神经感染。

（2）胎盘屏障　由母体子宫内膜的基蜕膜和胎儿绒毛膜及滋养层细胞构成，可防止母体感染的微生物及其产物穿入。妊娠早期胎盘屏障发育尚未完善时，母体若发生疱疹病毒等病毒感染，病毒较容易侵入胎儿，引起胎儿的畸形或死亡。

动物体内还有多种内部屏障，如肺中的气血屏障、睾丸中的血睾屏障等，能阻止病原微生物进入相应的组织。

二、吞噬细胞及其吞噬作用

单细胞生物即有吞噬作用，而哺乳动物和禽类吞噬细胞的功能更加完善。当病原微生物突破机体的屏障进入机体内部，即会遭到吞噬细胞的吞噬和围歼，故可以说吞噬细胞的吞噬作用是机体内部的第二道防线。

1. 吞噬细胞

吞噬细胞是吞噬作用的基础。动物体内的吞噬细胞主要有两大类，一类以血液中的嗜中性粒细胞为代表，个体较小，属于小吞噬细胞；另一类是单核吞噬细胞系统，包括血液中的单核细胞及单核细胞移行于各组织器官而形成的多种细胞，如肺中的尘细胞、肝脏中的枯否氏细胞、皮肤和结缔组织中的组织细胞、骨组织中的破骨细胞和神经组织中的小胶质细胞等。它们不仅具有强大的吞噬能力，还分泌调节免疫反应的免疫活性分子。

2. 吞噬过程

当病原体通过皮肤或黏膜侵入组织时，中性粒细胞等吞噬细胞便从毛细血管游出聚集到病原体存在部位，发挥吞噬作用。吞噬过程为以下几个连续步骤，即趋化、识别与调理、吞入与脱颗粒、杀菌和消化。

(1) 趋化作用　病原微生物进入机体后，吞噬细胞在细菌或机体细胞释放的趋化因子作用下，向病原微生物存在部位移动，对其进行围歼。

(2) 识别与调理作用　吞噬细胞通过识别病原微生物表面的特征性物质结合微生物并进行吞噬。病原微生物结合血清中的抗体和补体成分后，会更容易被吞噬，称为调理作用。

(3) 吞入与脱颗粒　病原微生物与吞噬细胞接触后，吞噬细胞伸出伪足，接触部位的细胞膜内陷，将病原微生物包围并摄入细胞质内形成吞噬体。随后，吞噬体逐渐离开细胞边缘而向细胞中心移动；与此同时，细胞内的溶酶体颗粒向吞噬体移动并靠拢，与之融合形成吞噬溶酶体，并将含有各种酶的内容物倾于吞噬体内而起杀灭和消化细菌的作用，此现象为脱颗粒。

(4) 杀菌和消化作用　溶酶体酶与吞噬体内的病原微生物混合后，通过酶的水解等作用将病原微生物杀死，并分解成小分子残渣排除到细胞外。

3. 吞噬的结果

吞噬细胞对异物的吞噬有两种不同的结果。

(1) 完全吞噬　动物整体抵抗力和吞噬细胞的功能较强，病原微生物在吞噬溶酶体中完全被杀灭、消化后，连同溶酶体的内容物一起以残渣的形式排出体外。

(2) 不完全吞噬　某些细胞内寄生的细菌如结核杆菌、布氏杆菌及某些病毒等，能抵抗吞噬细胞的消化作用而不被杀灭，甚至能在吞噬细胞内存活和繁殖，称为不完全吞噬。

吞噬过程也可引起组织损伤。在某些情况下，吞噬细胞异常活跃，在吞噬过程中会释放溶酶体酶到细胞外，引起临近组织的损伤。

三、正常体液中的抗微生物物质

正常动物的组织和体液中存在有多种抗微生物物质，如补体、溶菌酶等。它们对微生物有杀灭或抑制作用，并且可协同抗体、免疫细胞发挥更大的抗微生物作用。

(一) 补体系统

1. 补体系统的概念和特点

(1) 补体的概念　补体存在于正常人和动物的血清中，是具有类似酶活性的一组蛋白质。包括九大类（C_1～C_9）近 20 多种球蛋白，故又称为补体系统。它具有协助、补充和加强抗体及吞噬细胞免疫活性的作用。补体广泛存在于哺乳类、鸟类及部分水生动物体内，由巨噬细胞、肠道上皮细胞及肝、脾等细胞产生。

(2) 补体具有以下生物学特点

① 补体在血清中的含量相对稳定，大约占血浆球蛋白总量的10%～15%，不因免疫而增加。以豚鼠血清中补体含量最丰富，因而在试验中常以豚鼠血清作为补体的来源。

② 补体性质极不稳定，61℃ 2min 或 56℃ 15～30min 均能使补体失去活性。血清及其制品经 56℃ 30min 的加热处理被称之为灭活，就是为了破坏补体，以免引起溶血。此外，紫外线、

机械震荡、酸、碱、蛋白酶等均可使其灭活。

③ 补体能和抗原抗体复合物结合，并被激活。补体可与任何抗原-抗体复合物结合，没有特异性。正常生理情况下，补体成分以无活性的酶前体即酶原的形式存在，不表现活性；只有在抗原-抗体复合物等激活因子的刺激下，补体系统各成分才可依次被激活，表现各种活性。

2. 补体的激活途径与激活过程

补体系统各组分以无活性的酶原状态存在于血浆中，必须激活才能发挥作用。补体系统被激活时，前一个组分往往成为后一组分的激活酶，因此补体成分需按一定顺序进行反应，称为补体的顺序反应或称为连锁反应。激活补体的途径主要包括经典途径和旁路途径两种。

(1) 经典途径　又称传统途径或 C_1 激活途径，此途径的激活因子多为抗原抗体复合物。当抗体和相应的抗原结合时，抗体构型改变，暴露补体结合位点，C_1 能识别此位点并与之结合，而被激活。激活的 C_1 是 C_4 的活化因子，结合 C_1 的 C_4 断裂为两个片段，小片段的 C_{4a} 游离至血清中，另一大片段的 C_{4b} 结合到抗原物质表面。C_{4b} 是 C_2 的活化因子，结合 C_2 并使其裂解为两个片段，小片段的 C_{2b} 和 C_{4a} 一样游离于血浆中，大片段的 C_{2a} 与 C_{4b} 结合形成具有酶活性的 C_{4b2a}，此复合物能裂解 C_3，称为 C_3 转化酶。

C_3 是补体系统中含量较多的组分，可表现多方面的功能。C_3 转化酶将 C_3 裂解为两个片段，一个很小的 C_{3a} 游离于血浆中，另一个较大的 C_{3b} 片段与 C_{4b2a} 结合成 C_{4b2a3b} 复合物，即 C_5 转化酶。C_5 被 C_5 转化酶激活后，分解为 C_{5a} 和 C_{5b}，C_{5a} 游离于血清中。C_5 之后的过程为单纯的自身聚合过程，C_{5b} 与 C_6 非共价结合形成一个牢固的复合体，然后再与 C_7 结合，形成稳定的 C_{567} 复合物，并插入靶细胞双层脂质膜中。C_{567} 组成了能与 C_8 结合的分子排列，使 C_8 与之结合形成 C_{5678} 分子复合物，此复合物具有穿透脂质双层膜的能力，最后 C_{5678} 再与多个 C_9 分子结合，即形成跨膜穿通管道，将细胞溶解破坏。此外，C_{5b}～C_9 还具有与孔道无关的膜效应，它们与膜磷脂的结合打乱了脂质分子之间的顺序，使脂质分子重排，出现膜结构缺陷，从而失去通透屏障作用。

(2) 旁路途径　旁路途径也称替代途径。与经典途径相比较有两点不同，一是激活因子不同，旁路途径可由革兰阴性菌的脂多糖、酵母多糖、菊糖、组织蛋白酶、胰蛋白酶等直接活化 C_3；二是不需要 C_1、C_4 和 C_2 的参与，而是由另一组血清因子如 IF、P 因子、D 因子和 B 因子等参与实现。

IF 即始动因子，在脂多糖等激活物质的作用下，成为活化的 IF，IF 在另一种未知因子的协同下，激活备解素（P 因子），P 在 Mg^{2+} 参与下，使 D 因子活化为 D（C_3 激活剂前体转化酶），D 在天然 C_3 的参与下，使 B 因子（C_3 激活剂前体）裂解为 B_a 和 B_b 两部分，B_b 和天然 C_{3b} 结合形成 C_3 转化酶，之后便与经典途径一样，最后形成 C_{56789}，引起靶细胞的破坏。

机体由于有旁路途径激活补体的形式存在，大大增加了补体系统的作用，扩大了非特异性免疫和特异性免疫之间的联系。另外，在抗感染免疫中，抗体未产生之前机体即有一定的免疫力，其原因是细菌的脂多糖等激活物先于经典途径激活补体，杀死微生物，发挥了抗感染免疫的功能。

3. 补体系统的生物学活性

(1) 溶菌、溶细胞作用　补体系统依次被激活，最后在细胞膜上形成穿孔复合物引起细胞膜不可逆的变化，导致细胞的破坏。可被补体破坏的细胞包括红细胞、血小板、革兰阴性菌、有囊膜的病毒等，故补体系统的激活可起到杀菌、溶细胞的作用。上述细胞对补体敏感，革兰阳性菌对补体不敏感，螺旋体则需补体和溶菌酶结合才能被杀灭，酵母、霉菌、癌细胞和植物细胞对补体不敏感。

(2) 免疫黏附和免疫调理作用　免疫黏附是指抗原-抗体复合物结合 C_3 后，能黏附到灵长类、兔、豚鼠、小白鼠、大白鼠、猫、狗和马等的红细胞及血小板表面，然后被吞噬细胞吞噬。起黏附作用的主要是 C_{3b} 和 C_{4b}。

补体的调理作用是通过 C_{3b} 和 C_{4b} 实现的。如 C_{3b} 与免疫复合物及其他异物颗粒结合，同时又以另一个结合部位与带有 C_{3b} 受体的单核细胞、巨噬细胞或粒细胞结合，C_{3b} 成了免疫复合物与吞噬细胞之间的桥梁，使两者互相连接起来，有利于吞噬细胞对免疫复合物及靶细胞进行吞噬并加以清除，此即调理作用。

(3) 趋化作用　补体裂解成分中的C_{3a}、C_{5a}、C_{567}能吸引中性粒细胞到炎症区域，促进吞噬并构成炎症发生的先决条件。

(4) 过敏毒素作用　C_{3a}、C_{5a}及C_{142}等补体片段均能使肥大细胞和嗜碱性粒细胞释放组胺等血管活性物质，引起毛细血管扩张，渗出增强，平滑肌收缩，局部水肿，支气管痉挛。

(5) 抗病毒作用　补体成分与致敏病毒颗粒结合后，可显著增强抗体对病毒的灭活作用。此外，补体系统激活后可溶解有囊膜的病毒。

（二）溶菌酶

溶菌酶是一类低分子量不耐热的碱性蛋白，主要来源于吞噬细胞，广泛分布于血清及泪液、唾液、乳汁、肠液和鼻液等分泌物中。溶菌酶作用于革兰阳性菌细胞壁的肽聚糖，切断连接*N*-乙酰葡糖胺和*N*-乙酰胞壁酸的聚糖链，使细胞壁丧失其坚韧性，细菌发生低渗性裂解，从而杀伤细菌。革兰阴性菌因肽聚糖外由脂蛋白、脂多糖等包围，一般不受溶菌酶的影响。若有抗体和补体存在，使革兰阴性细菌的脂蛋白受到破坏，则溶菌酶也能破坏革兰阴性细菌的细胞。

（三）备解素

备解素又称P因子，血清中的P因子与$C_{3b}B_b$结合后发生构象改变，可使$C_{3b}B_b$半衰期延长10倍，从而加强C_3转化酶裂解C_3的作用，因此对补体旁路途经具有正向调节作用。

（四）干扰素

干扰素是一种天然的非特异性防御因素，是宿主细胞受病毒或其他干扰素诱导剂刺激后产生的，可释放到细胞外，渗透到邻近细胞而限制病毒向四周扩散，具有广谱抗病毒作用。干扰素本身对病毒无灭活作用，它主要作用于正常细胞，使之产生抗病毒蛋白，从而抑制病毒高分子的生物合成，使这些细胞获得抗病毒能力。病毒血症时，干扰素也可以通过血流到达靶细胞，抑制病毒增殖，控制病毒向全身扩散。干扰素也具有强烈的免疫调节作用，可调节T、B淋巴细胞的免疫功能。

四、炎症反应

当病原微生物突破皮肤和黏膜等防御屏障，侵入机体组织，可以作为生物性炎症因子，刺激被侵入组织细胞释放出大量的炎症介质，引起局部的炎症。炎症反应早期，渗出液呈碱性，炎性细胞以嗜中性粒细胞为主。之后，由于糖酵解的原因，渗出液pH下降，巨噬细胞成为主要细胞。

发生炎症的部位因血管壁通透性增加，大量的吞噬细胞游走并集中到此部位，体液杀菌物质往往也会汇集在炎症部位，引起多种的炎症反应；这些反应均有利于杀灭病原微生物。

五、机体的不感受性

机体的不感受性是指某种动物或其组织对该种病原或其毒素没有反应性。例如，给龟皮下注射大量破伤风毒素而不发病，但几个月后取其血液注射到马体内，马却死于破伤风。

第二节　影响非特异性免疫的因素

动物的种属特性、年龄及环境因素都能影响动物机体的非特异性免疫作用。

一、种属因素

不同种属或不同品种的动物，对病原微生物的易感性和免疫反应性有差异，这些差异决定于动物的遗传因素。例如，正常情况下，草食动物对炭疽杆菌十分敏感，而家禽却无感受性。

二、年龄因素

不同年龄的动物对病原微生物的易感性和免疫反应性也不同。自然条件下，某些传染病仅发于某些年龄段的动物。例如，幼小动物易患大肠杆菌病；布氏杆菌病主要侵害性成熟的动物；老龄动物的器官组织功能及机体的防御能力下降，因此容易发生肿瘤或反复感染。

三、环境因素

气候、温度、湿度等环境因素的剧烈变化对机体免疫力有一定的影响。例如，寒冷能使呼吸道黏膜的抵抗力下降；营养极度不良，往往使机体的抵抗力及吞噬细胞的吞噬能力下降。因此，加强管理和改善营养状况可以提高机体的非特异性免疫力。另外，剧痛、创伤、烧伤、缺氧、饥饿、疲劳等应激状态也能引起机体机能和代谢的改变，从而降低机体的免疫功能。

【复习思考题】

1. 名词解释：免疫　先天性免疫　获得性免疫　传染　补体　溶菌酶
2. 免疫包括哪些功能？
3. 吞噬细胞如何发挥吞噬作用，其结果表现如何。
4. 非特异性免疫的构成因素有哪些。
5. 补体的生物学特点及活性。
6. 哪些因素影响非特异性免疫。

（向金梅　雷莉辉）

第七章　特异性免疫

【能力目标】

了解免疫学的发展及应用领域；具备将免疫知识应用于指导畜牧生产、畜禽传染病的诊断及提出合理防制传染病措施的能力。

【知识目标】

掌握抗原和抗体的概念、免疫应答的基本过程、构成抗原的条件、抗体产生的一般规律及影响因素；熟悉抗体的基本结构、特性及在体液免疫中的作用，效应T细胞在细胞免疫中的作用；了解免疫系统的组成与功能，抗原的分类及细胞因子在免疫中的作用。

第一节　免疫系统

免疫系统是脊椎动物和人类的防御系统，它是机体长期适应外界环境而进化形成的。免疫系统是动物机体执行免疫功能的组织机构，是产生免疫应答的物质基础，主要由免疫器官、免疫细胞组成。免疫器官和免疫细胞相互关联、相互作用，共同协调完成机体免疫功能。

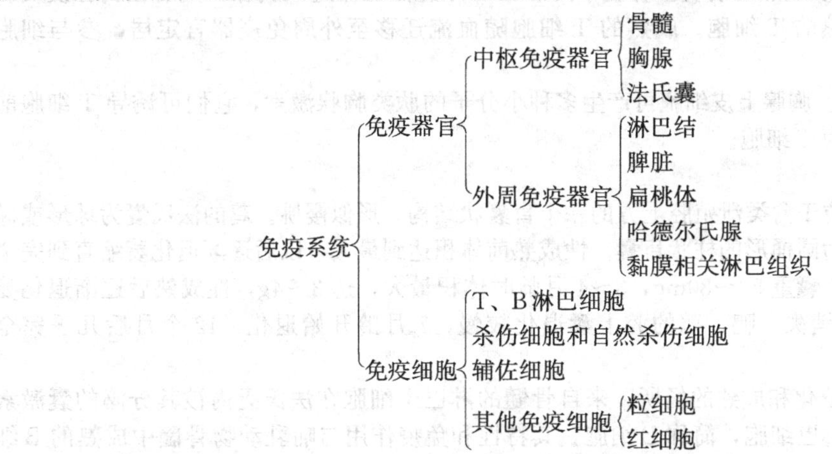

一、免疫器官

免疫器官是指实现免疫功能的器官和组织，是淋巴细胞和其他免疫细胞发生、分化成熟、定居以及产生免疫应答的场所。

免疫器官按功能不同分为两类，即中枢免疫器官和外周免疫器官。中枢免疫器官由骨髓、胸腺、法氏囊（禽）组成，主要是淋巴细胞的发生、分化和成熟的场所，并具有调控免疫应答的功能；外周免疫器官由淋巴结、脾脏、扁桃体、哈德尔氏腺以及黏膜相关淋巴组织等组成，是成熟免疫细胞定居以及执行免疫应答功能的部位。

（一）中枢免疫器官

1. 骨髓

骨髓具有造血和免疫双重功能。骨髓是机体重要的造血器官，同时也是各种免疫细胞发生和分化的场所。骨髓中的多能干细胞首先分化成髓样干细胞和淋巴样干细胞。髓样干细胞进一步分化成红细胞系、单核细胞系、粒细胞系和巨核细胞系等。淋巴样干细胞则发育成各种淋巴细胞的前体细胞，如一部分淋巴干细胞分化为T细胞的前驱细胞，随血流进入胸腺后，被诱导并分化为成熟的淋巴细胞称为胸腺依赖性淋巴细胞，简称T细胞，参与细胞免疫；一部分淋巴干细胞分化为B细胞的前驱细胞，前驱B细胞在骨髓内（禽类在法氏囊内）发育分化为成熟的B细胞，参与体液免疫；另一部分淋巴干细胞则在骨髓中分化成熟为K细胞和NK细胞等。

大剂量放射线辐射动物，能杀伤动物的骨髓干细胞而破坏骨髓功能，导致骨髓功能缺陷，可引起严重的免疫缺陷病。

2. 胸腺

哺乳动物的胸腺是由第三咽囊的内胚层分化而来，由二叶组成，位于胸腔前纵隔内。鸟类的胸腺位于两侧颈沟中，呈多叶排列。

胸腺是胚胎期发生最早的淋巴组织，出生后逐渐长大，青春期后开始逐渐缩小，以后缓慢退化，逐渐被脂肪组织代替，但仍残留一定的功能。

胸腺外包被结缔组织被膜，被膜向内部深入将胸腺分成许多胸腺小叶，胸腺小叶是胸腺的基本结构单位。小叶外周为皮质，有大量密集的胸腺淋巴细胞，网状上皮细胞比较稀疏；此外，在皮质部还有一种大型的多核的胸腺哺育细胞，是驯化T细胞的重要环境之一。小叶中心是髓质，主要由网状上皮细胞组成，其间有散在的胸腺淋巴细胞。胸腺髓质中的网状上皮细胞多而致密，呈星状，互相连接成网，并可分泌多种胸腺激素，如胸腺素、胸腺生成素、血清胸腺因子等，对诱导T细胞的成熟有重要作用。在正常胸腺髓质内还可以见到一种圆形或椭圆形的环状结构，称为胸腺小体或哈氏小体，由髓质上皮细胞、巨噬细胞和细胞碎片组成。

胸腺具有以下免疫功能。

① 是T细胞分化、成熟的场所。骨髓中的前驱T细胞随血流进入胸腺，先后在胸腺皮质和髓质增殖、分化为成熟的T细胞。成熟的T细胞随血流迁移至外周免疫器官定居，参与细胞免疫。

② 产生胸腺激素。胸腺上皮细胞可产生多种小分子的肽类胸腺激素，它们可诱导T细胞前体分化、增殖、成熟为T细胞。

3. 法氏囊

也称腔上囊，是位于禽类泄殖腔上方的一个盲囊状结构，形似樱桃。鸡的法氏囊为球形或椭圆状盲囊，鸭、鹅则为圆桶形的柱状盲囊。性成熟前体积达到最大，以后逐渐退化萎缩直到完全消失。雏鸡一日龄时，囊重50～80mg，3～4月龄时体积最大，达3～4g，性成熟后逐渐退化萎缩，10月龄左右基本消失。鸭、鹅的腔上囊退化较慢，7月龄开始退化，12个月后几乎完全消失。

法氏囊是B细胞分化和成熟的场所。来自骨髓的淋巴干细胞在法氏囊内被其分泌的囊激素诱导分化为囊依赖性淋巴细胞，简称B细胞，其特性和免疫作用与哺乳动物骨髓中成熟的B细胞相同。B细胞从囊内不断排入血流，在外周免疫器官如脾脏、淋巴结等的特定部位定居，并继续增殖，参与体液免疫。

胚胎后期或初孵出的雏禽切除腔上囊，则体液免疫应答受到抑制，但对细胞免疫则影响很小。如果鸡群感染了传染性法氏囊病病毒，可使法氏囊受损，破坏免疫功能，导致免疫接种失败。

（二）外周免疫器官

外周免疫器官也称为二级免疫器官，是后天淋巴细胞定居、增殖及其与抗原发生免疫反应的场所。二级免疫器官起源于胚胎的中胚层，发育时间为胚胎后期；在畜禽体内保持终生存在，对抗原的刺激有应答性。切除二级免疫器官一般不明显降低免疫功能。

1. 淋巴结

淋巴结是体内重要的防御关口，沿着淋巴管的路径分布。淋巴结是淋巴细胞定居和增殖的场所，免疫应答的发生基地，淋巴液过滤的部位，也是淋巴细胞再循环的重要组成环节。

淋巴结呈圆形或豆状（图7-1），遍布于淋巴循环的各个部位，以捕获从身体外部进入血液-淋巴液的抗原。在淋巴结中，定居着大量T细胞、B细胞和巨噬细胞，其中T细胞约占75%，B细胞约占25%。禽类只有水禽如鸭、鹅在颈胸和腰有两对淋巴结，其他禽类如鸡没有淋巴结，但有淋巴组织广泛分布于体内。

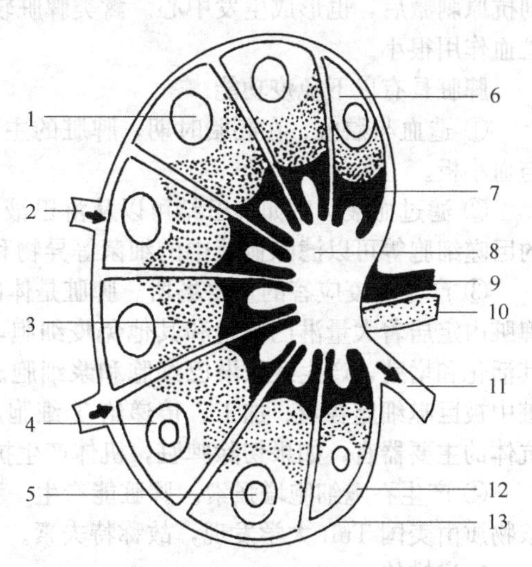

图7-1　淋巴结的结构
1—初级淋巴滤泡；2—输入淋巴管；3—副皮质区；4—初级淋巴滤泡；5—生发中心；6—皮质区；7—髓索；8—髓窦；9—动脉；10—静脉；11—输出淋巴管；12—淋巴窦；13—被膜

淋巴结分皮质区、髓质区和两个区域间的副皮质区（猪淋巴结的构造相反）。在皮质区分布大量淋巴小结，主要聚居B细胞，在接触抗原刺激后，B细胞分裂增殖形成生发中心，内含处于不同分化阶段的B细胞和浆细胞。副皮质区主要聚居T细胞。髓质区可分为髓索和髓窦两部分，在髓索分布有大量B细胞，并见有许多巨噬细胞、树突状细胞和浆细胞；髓窦位于髓索之间，窦内充满淋巴液，含有许多巨噬细胞。

淋巴结具有以下免疫功能。

① 过滤淋巴液和清除异物。当致病菌、毒素或其他有害异物入侵机体后，通常随着组织液进入淋巴结，淋巴结髓窦内巨噬细胞可有效地吞噬和清除异物，从而起到净化淋巴液、防止病原体扩散的作用。

② 是产生免疫应答的场所。进入淋巴结的外来异物性抗原，可被髓质内的巨噬细胞、树突状细胞捕获、吞噬、处理、加工，递呈给T细胞和B细胞，使其活化增殖，形成致敏淋巴细胞和浆细胞，参与细胞免疫应答和体液免疫应答。

③ 淋巴细胞再循环。正常情况下，只有少部分淋巴细胞在淋巴结内分裂增殖，大部分是血液经淋巴系统再循环而来的淋巴细胞。血液中淋巴细胞随血流到淋巴结，通过毛细血管后静脉进入淋巴结皮质区，然后再经淋巴窦汇入输出淋巴管，经胸导管进入血流。

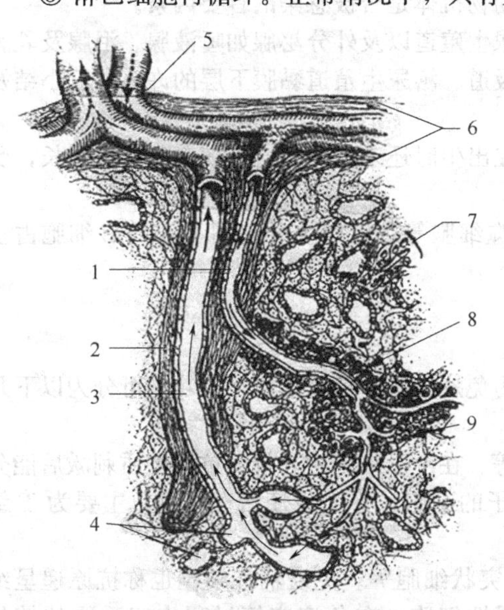

图7-2　脾脏的结构
1—小梁动脉；2—小梁；3—小梁静脉；4—髓窦；5—脾门；6—包膜；7—髓索；8—白髓；9—淋巴小结

2. 脾脏

脾脏是造血、贮血、滤血和淋巴细胞分布聚居及进行免疫应答的器官。脾脏外包有被膜，实质由红髓和白髓两部分组成（图7-2）。

红髓量多，位于白髓周围。红髓主要贮存红细胞，捕获抗原和生成红细胞。红髓由髓索和髓窦（血窦）组成，髓索是位于相邻髓窦之间的彼此吻合成网状的淋巴组织索，其中含有大量B细胞、浆细胞以及巨噬细胞、树突状细胞等。髓窦由髓索围成，其内充满血液。白髓的主要功能是发生免疫应答。白髓包括动脉周围淋巴鞘和淋巴小结（脾小结）。动脉周围淋巴鞘是位于中央动脉周围的淋巴组织，为胸腺依赖区，主要聚居T细胞。脾小结是在局部位置膨大成为结节状的淋巴小结，为非胸腺依赖区，主要聚居B细胞，在受到抗原刺激后，也形成生发中心。禽类脾脏较小，白髓与红髓分界不明显，主要参与免疫功能，贮血作用很小。

脾脏具有以下免疫功能。

① 造血与贮血。在胚胎时期，脾脏的主要功能是生成红细胞。此外，脾脏还能贮存红细胞与血小板。

② 滤过血液。正如淋巴结可以从淋巴液中滤除抗原一样，当循环血液通过脾脏时，脾脏中的巨噬细胞等可以滤除血液中的细菌等异物和衰老死亡的细胞。

③ 产生免疫应答的重要场所。脾脏是体内对血液中的循环抗原起免疫反应的主要淋巴器官。脾脏内定居着大量淋巴细胞和其他免疫细胞，抗原一旦进入脾脏即可刺激T细胞和B细胞，使其活化和增殖，产生致敏淋巴细胞和浆细胞。脾脏中B细胞占65%，血流中的大部分抗原在脾脏中被巨噬细胞吞噬、加工，传递给T细胞，辅助B细胞进行体液免疫应答。脾脏是体内产生抗体的主要器官，如果切除脾脏，机体产生抗体的能力则大大降低。

④ 产生吞噬细胞增强素。脾脏能产生一种增强巨噬细胞及中性粒细胞吞噬作用的四肽激素，该物质由美国Tuft大学发现，故称特夫素。

3. 扁桃体

扁桃体是一种重要的外周免疫器官。表面为复层扁平上皮，上皮向内凹陷形成许多隐窝，隐窝周围有许多淋巴小结和弥散淋巴组织，淋巴小结有生发中心存在，其中含有多种免疫细胞。

4. 哈德尔氏腺

即副泪腺，亦称瞬膜腺，是禽类眼窝内腺体之一，较发达，通常呈淡红色至褐红色的带状，位于眶内眼球腹侧和后内侧，疏松地附于眼眶筋膜上。它除了具有分泌泪液，润滑、保护瞬膜外，也分布有T细胞、B细胞，可在抗原刺激下产生特异性免疫应答，分泌特异性抗体，这些抗体可通过泪液进入呼吸道黏膜，成为口腔、上呼吸道的抗体来源之一，在上呼吸道免疫方面起着很重要的作用。鸡新城疫Ⅱ系弱毒疫苗点眼就主要在哈德尔氏腺进行免疫应答，产生抗体。

5. 黏膜相关淋巴组织

又称黏膜免疫系统，是机体与外界相通的腔道黏膜相关的淋巴组织，是构成机体抵抗病原入侵的第一道免疫屏障，局部黏膜的免疫状况是决定动物机体是否被感染的首要因素。

黏膜相关淋巴组织分布于呼吸道、消化道、泌尿生殖道以及外分泌腺如唾液腺、泪腺及乳腺等处，主要包括肠道黏膜集合淋巴结和消化道、呼吸道、泌尿生殖道黏膜下层的许多淋巴小结及弥散淋巴组织等。

黏膜相关淋巴组织在胎儿期就已开始发育，但在出生时还未发育完全。随着年龄的增长，受骨髓和胸腺的影响以及在抗原的刺激下逐步完善。

黏膜相关淋巴组织内富含T细胞、B细胞及巨噬细胞等，以产生分泌型IgA的B细胞占多数，产生的IgA分布于黏膜表面，参与免疫应答。

二、免疫细胞

凡参与免疫应答或与免疫应答有关的细胞统称为免疫细胞。免疫细胞按其功能可分为以下几大类。

① 淋巴细胞，包括T细胞，B细胞，NK细胞等。在淋巴细胞中，接受抗原物质刺激后能分化增殖，发生特异性免疫应答，产生抗体或淋巴因子的细胞，称为免疫活性细胞，主要为T细胞和B细胞；它们在免疫应答过程中起核心作用。

② 免疫辅佐细胞，主要包括单核吞噬细胞、树突状细胞等。免疫辅佐细胞也称抗原递呈细胞，能捕获和处理抗原以及能把抗原递呈给免疫活性细胞，在免疫应答过程中起重要的辅佐作用。

③ 其他免疫细胞，包括各种粒细胞、红细胞和肥大细胞等，可参与免疫应答中的某一特定环节。

（一）T细胞和B细胞

1. T细胞的来源、分布与作用

T细胞来源于骨髓多能干细胞。由骨髓多能干细胞分化的前T细胞进入胸腺发育为成熟的T淋巴细胞，又称为胸腺依赖性淋巴细胞，简称T淋巴细胞或T细胞。成熟的T细胞经血流分布到外周免疫器官的胸腺依赖区定居和增殖。定居在外周免疫器官的T细胞可经血液—组织—淋巴—血液再循环巡游全身各处，称为淋巴细胞的再循环。T细胞受到抗原刺激后，可进一步活化、增殖、分化为效应性T细胞和少量的长寿记忆性T细胞，效应性T细胞执行特异性细胞免疫功能，记忆性T细胞参加淋巴细胞再循环。

2. B细胞的来源、分布与作用

B细胞也来源于骨髓多能干细胞。由骨髓多能干细胞分化的前B细胞在骨髓或腔上囊分化发育为成熟的B淋巴细胞，又称为骨髓依赖性淋巴细胞或囊依赖性淋巴细胞，简称B淋巴细胞或B细胞。成熟的B细胞经血流分布到外周免疫器官的非胸腺依赖区定居和增殖。定居在外周免疫器官的B细胞与T细胞一样可进入淋巴细胞的再循环。B细胞受到抗原刺激后可分化为浆细胞和少量的长寿记忆性B细胞。浆细胞可分泌抗体，执行特异性体液免疫功能；记忆性B细胞参加淋巴细胞再循环。

3. 表面标志

T细胞和B细胞在光学显微镜下均为小淋巴细胞，无法从形态上区分。但在这两种淋巴细胞表面存在着大量不同种类的蛋白质分子，这些表面分子又称为表面标志。表面标志是淋巴细胞识别抗原、与其他免疫细胞相互作用以及接受微环境刺激的分子基础，也是鉴别和分离T细胞和B细胞及其亚群的重要依据。

根据功能的不同，可把表面标志分为表面受体和表面抗原。表面受体是指淋巴细胞表面上能与相应配体如特异性抗原、绵羊红细胞、补体等发生特异性结合的分子结构。表面抗原是指在淋巴细胞表面能被特异性抗体如单克隆抗体识别的表面分子。

（1）T细胞的重要表面标志

① T细胞抗原受体（TCR）：TCR存在于人和各种动物T细胞表面，是T细胞识别抗原并与之特异性结合的受体。

② 红细胞受体（E受体）：即存在于T细胞表面的CD2分子，是T细胞的重要表面标志。B细胞无此表面受体。人和一些动物的T细胞上因为具有E受体，可在体外与绵羊红细胞结合，形成红细胞花环即E花环。E花环试验是鉴别T细胞和检测外周血中T细胞的比例及数目的常用方法，但它并不能反应细胞免疫功能状态。

③ 细胞因子受体（CKR）：CKR可表达于静止及活化T细胞表面，静止T细胞表面的细胞因子受体亲和力弱，数量少；而活化T细胞表面CKR亲和力高。

④ MHC-Ⅰ类分子受体或MHC-Ⅱ类分子受体：即存在于T细胞表面的CD4或CD8分子。在同一T细胞表面只能表达其中一种分子，据此可将T细胞分为两大亚群，即具有CD4分子的T细胞和具有CD8分子的T细胞。

⑤ MHC（组织相容性复合体）-Ⅰ类分子：MHC-Ⅰ类分子是T细胞的表面抗原。所有T细胞表面均存在MHC-Ⅰ类分子，T细胞受抗原刺激后还可表达MHC-Ⅱ类分子。

在T细胞表面还有其他表面标志，如有丝分裂原受体，各种激素或介质如肾上腺素、皮质激素、组胺等物质的受体等。各种激素或介质的受体是神经内分泌系统对免疫系统功能产生影响的物质基础。

（2）B细胞的重要表面标志

① B细胞抗原受体（BCR）：是由B细胞表面膜免疫球蛋白（SmIg）和Igα及Igβ的异二聚体分子构成的跨膜蛋白复合体。SmIg起特异性识别和结合抗原的作用；Igα及Igβ的异二聚体分子是一种信号传导分子，在B细胞活化过程中起信号传导作用。

BCR是B细胞表面的重要标志，SmIg是鉴别B细胞的主要依据，常用荧光素或铁蛋白标记的抗免疫球蛋白抗体来鉴别B细胞。

② Fc受体：许多免疫细胞表面都有Fc受体，它是结合免疫球蛋白Fc片段的分子结构。结合不同类别Ig的Fc受体的性质各异，免疫细胞上Fc受体的类型和数目也是不固定的。

大多数B细胞表面具有IgG的Fc受体，能与IgG的Fc片段结合。B细胞活化时此受体密度明显提高，分化至晚期又下降。B细胞表面的Fc受体可与免疫复合物结合，有利于B细胞对抗原的捕获和结合，以及B细胞的活化和抗体产生。

③ 补体受体（CR）：大多数B细胞表面有C_{3b}和C_{3d}的受体，分别称为CRI和CRⅡ，能特异性识别和结合C_{3b}和C_{3d}。其他细胞如单核巨噬细胞、中性粒细胞、人的红细胞等也有CR，但T细胞无此受体。CRI主要见于成熟B细胞，B细胞活化时其密度明显增高，但进入分化晚期又下降。CRⅡ也是EB病毒（人类疱疹病毒4型）的受体。CR有利于B细胞捕捉与补体结合的抗原-抗体复合物，这种结合可促进B细胞的活化。

在B细胞表面还有其他一些重要受体和抗原，如白细胞介素2受体（IL-2R）等多种细胞因子的受体、有丝分裂原受体和MHC-Ⅱ类分子等。

4. T细胞、B细胞的亚群及其功能

(1) T细胞的亚群及其功能　根据T细胞表面是否具有CD4或CD8分子，可将T细胞分为两大亚群，即具有CD4分子的T细胞（$CD4^+$ T细胞）和具有CD8分子的T细胞（$CD8^+$ T细胞）。

$CD4^+$T细胞的TCR识别的抗原是由抗原递呈细胞的MHC-Ⅱ类分子所结合和递呈的。根据$CD4^+$T细胞在免疫应答中的不同功能可将其分为：①辅助性T细胞（T_H），其主要功能为协助体液免疫和细胞免疫；②诱导性T细胞（T_I），其主要功能为诱导T_H和T_S细胞的成熟；③迟发型变态反应T细胞（T_D），其主要功能为介导迟发型变态反应。

$CD8^+$T细胞的TCR识别的抗原是由抗原递呈细胞或靶细胞的MHC-Ⅰ类分子所结合和递呈的。根据$CD8^+$T细胞在免疫应答中的不同功能可将其分为：①抑制性T细（T_S），具有抑制细胞免疫和体液免疫的作用，对于稳定与调节免疫系统的生理功能和免疫应答的强度起着重要的作用；②细胞毒性T细胞（T_C），又称杀伤性T细胞（T_K），活化后称为细胞毒性T淋巴细胞（CTL）。在免疫效应阶段，T_C活化后产生CTL，CTL能特异性地杀伤带有抗原的靶细胞，如感染微生物的细胞、同种异体移植细胞及肿瘤细胞等。

(2) B细胞的亚群及其功能　根据B细胞产生抗体时是否需要T_H细胞的协助，将其分为B1和B2两个亚群。B1为T细胞非依赖细胞，产生抗体时不需T细胞的协助；B2为T细胞依赖细胞，必须在T_H细胞的协助下才能产生抗体。

(二) K细胞和NK细胞

K细胞和NK细胞具有非特异性杀伤功能，这些细胞直接来源于骨髓。

1. 杀伤细胞

简称K细胞。是一类既无T细胞也无B细胞表面标志的淋巴细胞，主要存在于腹腔渗出液、血液和脾脏中，其他组织很少。K细胞无吞噬作用，但具有抗体依赖性细胞介导的细胞毒作用（ADCC）（图7-3），能杀伤与特异性抗体（IgG）结合的靶细胞。因为K细胞表面具有IgG的Fc受体，当靶细胞与相应的IgG结合，K细胞可与结合到靶细胞IgG的Fc上，使自身活化，释放细胞毒，裂解靶细胞。如果用酶破坏Fc段，或先用IgG封闭K细胞的Fc受体，则靶细胞不被杀伤。在ADCC反应中，IgG与靶细胞结合是特异性的，而K细胞的杀伤作用是非特异性的，任何被IgG结合的靶细胞均可被K细胞非特异性的杀伤。

2. 自然杀伤细胞

简称NK细胞，是一类不需要特异性抗体参与也不需要抗原刺激即可杀伤靶细胞的淋巴细胞，主要存在于外周血液和脾脏中。其主要生物学功能为非特异性杀伤肿瘤细胞、病原微生物及排斥骨髓移植细胞。NK细胞表面存在着识别靶细胞表面分子的受体结构，通过此受体与靶细胞结合而发挥杀伤作用。NK细胞表面也有IgG的Fc受体，凡被IgG结合的靶细胞，均可被NK

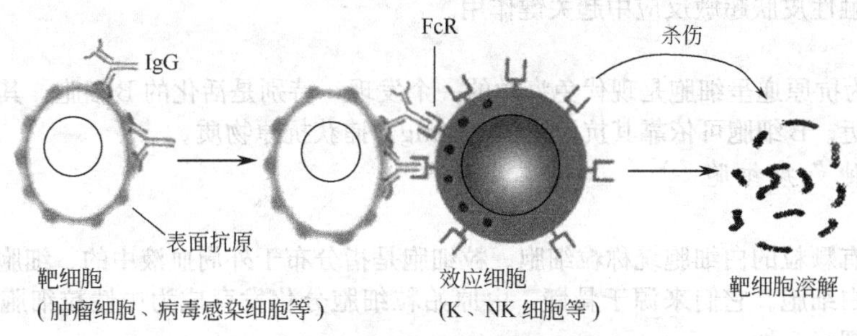

图 7-3 抗体依赖性细胞介导的细胞毒作用（ADCC）

细胞通过其 Fc 受体的结合导致裂解，即 NK 细胞也具有 ADCC 作用。

（三）辅佐细胞

在免疫应答中，辅佐细胞将抗原递呈给免疫活性细胞，故也称抗原递呈细胞（APC）。其主要功能是捕捉或处理抗原，递呈抗原给 T 细胞或 B 细胞使之激活。APC 包括单核巨噬细胞、树突状细胞、郎罕氏细胞、B 细胞等。

1. 单核巨噬细胞

单核巨噬细胞包括血液中的单核细胞和组织中固定的或游走的巨噬细胞，在功能上都具有吞噬作用。

单核巨噬细胞起源于骨髓干细胞，在骨髓中经前单核细胞分化发育为单核细胞后进入血液，随血流进入全身多组织器官中，分化成熟为巨噬细胞。不同组织内的巨噬细胞具有不同的名称，如肺泡中的尘细胞、肝脏中的枯否氏细胞、脾脏和淋巴结中固定和游走的巨噬细胞、结缔组织中的组织细胞、骨组织中的破骨细胞、神经组织中的小胶质细胞等。

单核巨噬细胞的膜表面具有多种受体，例如 IgG 的 Fc 受体、补体受体，它们通过与 IgG 和补体结合，促进巨噬细胞的活化和吞噬功能。巨噬细胞表面具有较多的 MHC-Ⅰ类和 MHC-Ⅱ类分子，与抗原递呈有关。

单核巨噬细胞具有以下免疫功能。

① 吞噬作用。单核巨噬细胞具有强大的吞噬作用，是机体防御功能的重要组成部分，可吞噬和消灭多种病原微生物、清除异物和体内衰老死亡的细胞等。

② 细胞毒作用。单核巨噬细胞在抗体存在下可发挥 ADCC 作用。

③ 递呈抗原作用。在免疫应答中，当外来抗原进入机体后，首先由单核巨噬细胞吞噬、消化，经胞内酶降解为抗原决定簇小片段，随后这些抗原片段与 MHC-Ⅱ类分子结合形成抗原片段-MHC-Ⅱ类分子复合物，并移向细胞表面，这种复合物被递呈给具有相应抗原受体的 T 细胞，从而激发免疫应答。

④ 合成和分泌各种活性因子。单核巨噬细胞能合成和分泌许多酶类（蛋白酶、溶菌酶等）、白细胞介素 1（IL-1）、干扰素和各种补体成分（C_1、C_2、C_3、C_4、C_5、B 因子）等。

2. 树突状细胞

又称 D 细胞。来源于骨髓和脾脏的红髓，成熟后主要分布在脾和淋巴结，在结缔组织中也广泛存在。D 细胞是非淋巴样单核细胞，其形态学特征为树突状，呈星状突起，核极不规则。D 细胞内无溶酶体和吞噬体，故无吞噬能力。大多数 D 细胞表面有较多的 MHC-Ⅰ类和 MHC-Ⅱ类分子，少数 D 细胞表面有 Fc 受体和 C_{3b} 受体，可通过结合抗原-抗体复合物将抗原递呈给淋巴细胞。D 细胞的主要功能是递呈不需细胞处理的抗原，尤其是可溶性抗原，能将具有进入 D 细胞能力的病毒抗原、细菌内毒素抗原等递呈给免疫活性细胞。

3. 朗罕细胞

又称 L 细胞。来源于骨髓和脾脏的红髓，其形态学特征与 D 细胞相似，无吞噬能力。L 细胞存在于表皮层的颗粒层或扁平上皮基层中，是主要定居在皮肤中的 APC，有较强的抗原递呈能力，在介导接触性皮肤超敏反应中起关键作用。

4. B细胞

B细胞作为抗原递呈细胞是现代免疫学的一个发现，特别是活化的B细胞，其抗原递呈能力与巨噬细胞相近。B细胞可依靠其抗原受体（SmIg）捕获抗原物质。

（四）其他免疫细胞

1. 粒细胞

胞浆中含有颗粒的白细胞统称粒细胞。粒细胞是指分布于外周血液中的、细胞浆含有特殊染色颗粒的一群白细胞。它们来源于骨髓，由原始粒细胞分化发育成为中性粒细胞、嗜酸性粒细胞、嗜碱性粒细胞3种。

中性粒细胞占循环血液中白细胞总数的60%。中性粒细胞内有溶酶体，其内含有过氧化物酶、碱性磷酸酶及其他抗菌物质。细胞膜上有IgG Fc受体及补体C_{3b}受体。中性粒细胞是血液中的主要吞噬细胞，具有高度的移动性和吞噬功能，在防御感染中起重要作用。同时可分泌炎症介质，促进炎症反应，还可处理颗粒性抗原，将其提供给巨噬细胞。

嗜酸性粒细胞约占血液白细胞总数的2%～12%，因动物种类而有很大的差异。嗜酸性粒细胞的胞浆内有很多嗜酸性颗粒，颗粒含有多种酶，尤其富含过氧化物酶。该细胞具有吞噬杀菌能力，并具有抗寄生虫的作用。嗜酸性粒细胞表面有IgE受体，能通过IgE抗体与某些寄生虫接触，释放颗粒内含物，杀灭寄生虫。

嗜碱性粒细胞存在于血液中，在家畜中约占血细胞的0.5%～1%，在鸡中约占4%。嗜碱性粒细胞胞浆内有很多嗜碱性颗粒。细胞膜上存在着IgE的Fc受体，能与IgE结合。结合在嗜碱性粒细胞上的IgE与特异性抗原结合后，立即引起细胞脱颗粒，释放血管活性物质，引起Ⅰ型过敏反应。

2. 红细胞

红细胞和白细胞一样具有重要的免疫功能，它具有识别抗原、清除体内免疫复合物、增强吞噬细胞的吞噬功能、递呈抗原物质和免疫调节等功能。

第二节 抗 原

一、抗原的性质

凡能刺激机体免疫系统产生抗体或致敏淋巴细胞，并能与相应抗体或致敏淋巴细胞在体内或体外发生特异性反应的物质，统称为抗原（Ag）。抗原具有两种基本特性，即免疫原性和反应原性，这两种基本特性统称为抗原性。

免疫原性是指抗原刺激机体免疫系统产生抗体或致敏淋巴细胞的过程。该过程包括抗原进入机体后，刺激淋巴细胞活化、增殖、分化，产生抗体或效应淋巴细胞。

反应原性是指抗原与相应抗体或效应T细胞发生特异性反应的性能，又称免疫反应性。

同时具有免疫原性和反应原性的物质称为完全抗原，如细菌、病毒、异种动物血清和大多数蛋白质等。

只具有反应性，而单独使用不能刺激机体产生免疫应答的物质，即不具有免疫原性，故称为不完全抗原或半抗原。如细菌的荚膜多糖和脂多糖等、某些小分子的药物如青霉素和一些简单的有机分子。当半抗原与载体蛋白如牛血清蛋白（BSA）、牛血清丙种球蛋白（BGG）、卵清蛋白（OA）等结合可成为完全抗原，进入机体后可刺激免疫系统发生免疫应答，产生抗体。

二、构成抗原的条件

抗原物质要具有良好的免疫原性，需具备以下条件。

1. 异源性

又称异物性。凡是化学结构与宿主成分不同的外来物质，或者在胚胎期机体的淋巴细胞从未接触过的物质，均属异源性物质。根据抗原来源与宿主的关系，异源性抗原分为以下几种。

① 异种物质。通常认为，与宿主的生物学亲缘关系越远的物质，其分子结构差异越大，免疫原性也越强。如微生物抗原对人来说是强抗原；马血清对人是强抗原，对驴则是弱抗原。

② 同种异体物质。同种属不同个体之间的物质，有时也相互具有免疫原性。如血型抗原、组织相容性抗原。因此，在不同个体间进行输血或组织器官移植时，可引起输血或移植排斥反应。

③ 自身组织。正常情况下，自身组织没有免疫原性。若机体受感染、电离辐射、外伤或药物等各种因素的作用，使自身物质的组织蛋白结构发生改变，成为自身抗原，称此类物质为改变的自身抗原。一些组织成分，如眼球内的晶体蛋白、精子蛋白、甲状腺球蛋白等，由于分化较晚，与免疫系统缺少接触，一旦因外伤、感染等原因使之释放入血液，会被免疫系统视为“非己”物质，成为自身抗原，称此类物质为隐蔽的自身抗原。

2. 分子大小

并非所有的异源性物质都具有免疫原性。具有免疫原性的物质，其分子量都较大，一般在10000以上。在一定条件下，分子量越大，免疫原性越强。分子量小于5000者，其免疫原性较弱。分子量低于1000者为半抗原，不具有免疫原性，但与大分子蛋白质载体结合后可获得免疫原性。

3. 化学组成和分子结构的复杂性

仅分子量大，若是结构简单的聚合物，不一定具有免疫原性。如明胶的分子量高达10万以上，但因其化学结构简单，由直链氨基酸组成，因而抗原性很弱。一般而言，分子结构越复杂的物质免疫原性越强，如含芳香族氨基酸的蛋白质比含非芳香族氨基酸的蛋白质免疫原性强。

4. 抗原的物理状态与可降解性

抗原免疫原性的强弱也与抗原物质的物理性状有关。如球形蛋白质分子的免疫原性比纤维形蛋白质分子强；聚合状态的蛋白质较单体状态的蛋白质免疫原性强；颗粒性抗原比可溶性抗原的免疫原性强。因此，可溶性抗原分子聚合后或吸附于大的颗粒表面就可以增强其免疫原性，如免疫原性弱的蛋白质吸附于氢氧化铝胶、脂质体等大分子颗粒上，可增强其抗原性。

可降解性对抗原性也有影响。若降解过快，则会没有足够的分子去刺激免疫细胞，抗原性较差，如含L-氨基酸的蛋白质；若缺乏降解性，则不易被APC降解、加工，不具有抗原性，如含D-氨基酸的聚合体。

三、抗原决定簇

1. 抗原决定簇的概念

抗原抗体反应最重要的特点是具有高度的特异性，而抗原特异性的物质基础是抗原分子中的抗原决定簇（AD）。抗原决定簇（图7-4）是指抗原分子表面具有特殊立体构型和免疫活性的化学基团，由于抗原决定簇通常位于抗原分子表面，因而又称为抗原表位。抗原决定簇决定抗原的特异性，可与抗体发生特异性结合。

2. 决定簇的大小与数量

抗原决定簇的大小是相对恒定的，其大小主要受免疫活性细胞膜受体和抗体分子的抗原结合位点所制约。通常蛋白质抗原的每个决定簇由5～7个氨基酸残基组成；多糖抗原的决定簇由5～6个单糖残基组成；核酸抗原的决定簇由5～8个核苷酸残基组成。

抗原分子抗原决定簇的数目称为抗原价。含有多个抗原决定簇的抗原为多价抗原，大部分抗原都属于此类；只有一个抗原决定簇的抗原称为单价抗原。

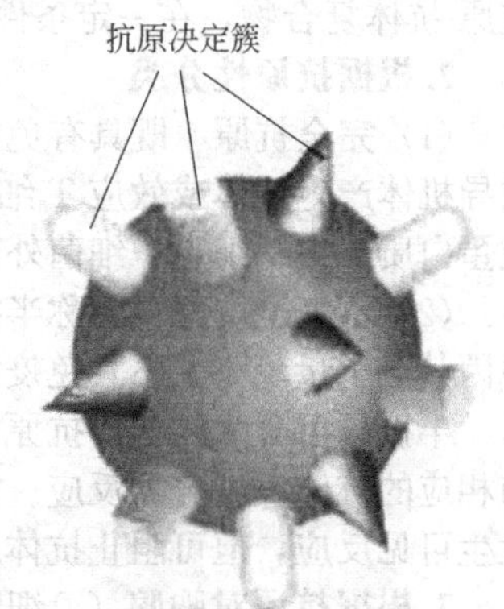

图7-4 抗原决定簇

根据决定簇特异性的不同，又可将抗原分为单特异性决定簇抗原和多特异性决定簇抗原（图7-5）。单特异性决定簇抗原是只有一种特异决定簇的抗原，多特异性决定簇抗原是指含有两种以上不同特异性的决定簇的抗原。

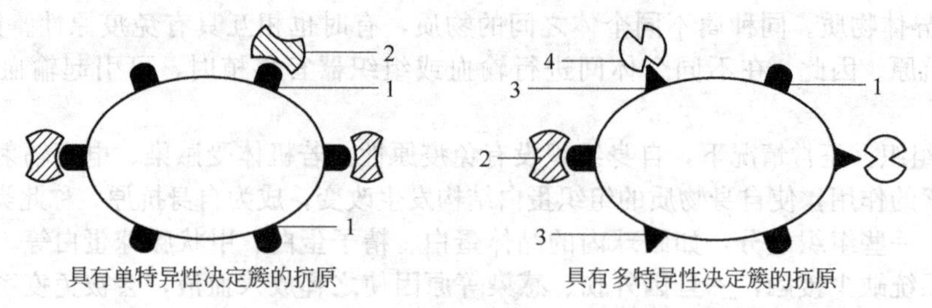

图 7-5　抗原的单特异性和多特异性决定簇

1，3—抗原决定簇；2，4—抗体

根据抗原的抗原价和决定簇特异性的不同，可以将抗原分为单价单特异性抗原、多价单特异性抗原、多价多特异性抗原。天然抗原一般都是多价和多特异性决定簇抗原。

四、抗原的交叉性

不同抗原物质之间除了具有本身特异性抗原决定簇之外，可能存在相同的抗原决定簇，这种现象称为抗原的交叉性。这些共有的抗原组成或决定簇称为共同抗原或交叉抗原。

种属相关的生物之间的共同抗原称为类属抗原，如 A 群沙门菌和 B 群沙门有共同抗原，牛冠状病毒和鼠肝炎病毒、猫传染性腹膜炎与猪传染性胃肠炎病毒有相同的抗原组成。如果两种微生物有共同抗原，它们与相应抗体相互之间可以发生交叉反应，则在血清学诊断中会造成判断上的混乱，应该加以注意。

与种属特异性无关，存在于人、动物、植物及微生物之间的共同抗原称为异嗜性抗原。在临床上，由于某些细菌与人体组织细胞有共同的抗原成分，可引起机体产生变态反应，从而造成病理损伤。例如，溶血性链球菌与人的肾小球基底膜及心肌组织之间有异嗜性抗原，人体反复感染链球菌后产生的抗链球菌的抗体，可对人自身的肾小球和心肌组织产生免疫效应，导致肾小球肾炎或心肌炎。

五、抗原的分类

1. 根据抗原颗粒大小和溶解性分类

（1）颗粒性抗原　很难溶解在水溶液中。颗粒性抗原与相应抗体发生特异性结合后可出现凝集反应。如细菌、支原体、立克次体、衣原体、红细胞等抗原。

（2）可溶性抗原　在水溶液中溶解形成亲水胶体。可溶性抗原与相应抗体特异性结合后形成抗原-抗体复合物，在一定条件下出现可见的沉淀反应。如蛋白质、多糖、脂多糖及病毒等抗原。

2. 根据抗原性分类

（1）完全抗原　既具有免疫原性又具有反应原性的物质均属完全抗原。完全抗原进入机体能诱导机体产生抗体或效应 T 细胞，并能在体内外与相应的抗体或效应 T 细胞结合。例如，大多数蛋白质、组织细胞、细菌外毒素、抗毒素、异种动物血清、各种疫苗等均是完全抗原。

（2）不完全抗原　又称半抗原，只具有反应原性。如多糖、类脂、核酸、某些药物等。半抗原因其分子量较小，不具免疫原性，但与大分子蛋白质载体结合后即成为完全抗原。

半抗原可分为复合半抗原和简单半抗原。复合半抗原不能单独刺激机体产生免疫应答，但可与相应的抗体发生可见反应。简单半抗原不能单独刺激机体产生免疫应答，也不能与相应的抗体发生可见反应，但可阻止抗体与完全抗原结合。

3. 根据抗原对胸腺（T 细胞）的依赖性分类

在免疫应答过程中，根据是否有 T 细胞的参加将抗原分为非胸腺依赖性抗原和胸腺依赖性抗原。

（1）胸腺依赖性抗原　简称TD抗原，也称为T细胞依赖性抗原。这类抗原在刺激B细胞分化为浆细胞产生抗体的过程中需要T_H的协助。绝大多数抗原属于TD抗原，如异种红细胞、异种组织、异种蛋白、微生物等。TD抗原既具有表面的半抗原决定簇（B细胞决定簇），又具有载体决定簇（T细胞决定簇），可引起体液免疫和细胞免疫，并能刺激产生记忆性T细胞和记忆性B细胞。TD抗原刺激机体产生的抗体主要为IgG。

（2）非胸腺依赖性抗原　简称TI抗原，也称为非T细胞依赖性抗原。这类抗原不需T_H细胞辅助就能直接激活B细胞分化成浆细胞产生抗体。如大肠杆菌脂多糖、肺炎球菌荚膜多糖、聚合鞭毛素、聚乙烯吡咯烷酮等。这类抗原多数为大分子多聚体，在抗原分子上有大量重复出现的同一抗原决定簇，降解缓慢，能与B细胞表面的多个抗原受体结合，从而直接激活B细胞，产生IgM类抗体。不易产生细胞免疫，无免疫记忆。

4. 根据抗原与抗原递呈细胞的关系分类

（1）外源性抗原　来自细胞外，通过APC吞噬、捕获或与B细胞特异性结合后，进入细胞内的抗原。

（2）内源性抗原　在自身细胞内合成的新抗原，如细胞内寄生的微生物及其代谢产物、肿瘤细胞内的肿瘤抗原等。

六、重要的抗原物质

1. 细菌抗原

细菌是多种抗原成分的复合体。细菌的细胞浆是含有复杂的酶和核蛋白的混合物，其中很多物质有抗原性，但是因为被局限在微生物内部，所以在刺激机体产生保护性免疫应答方面没有细菌表面抗原重要。根据细菌的结构，可将细菌表面抗原分为菌体抗原、鞭毛抗原、荚膜抗原和菌毛抗原等。

（1）菌体抗原　又称O抗原。菌体抗原主要指革兰阴性细菌细胞壁抗原，其化学本质是脂多糖的多糖侧链，与外膜相连。

（2）鞭毛抗原　又称H抗原。细菌鞭毛由蛋白亚单位组成，称为鞭毛蛋白或鞭毛素。鞭毛抗原不耐热，56～80℃即可破坏。鞭毛抗原的特异性较强。

（3）荚膜抗原　又称K抗原。荚膜由细菌菌体外的黏液物质组成，细菌荚膜构成有荚膜细菌的主要外表面，是细菌主要的表面抗原。绝大多数荚膜物质是由两种以上的单糖组成的多聚糖，仅少数菌如炭疽杆菌和枯草杆菌等荚膜为D-谷氨酰多肽。有荚膜的细菌能抵抗吞噬作用，所以有荚膜的细菌，除非有抗体存在，通常不易从血流中清除。由于这种原因，针对荚膜抗原的抗体起着重要作用，故不含K抗原的疫苗免疫效果较差。

（4）菌毛抗原　菌毛由菌毛素组成，也有很强的抗原性。

2. 病毒抗原

各种病毒结构不一，因而抗原成分复杂。

（1）囊膜抗原　又称为V抗原。有囊膜的病毒均具有V抗原。V抗原的特性主要由囊膜上纤突决定。囊膜抗原有型和亚型的特异性，如流感病毒囊膜上的血凝素（HA）和神经氨酸酶（NA）具有很高的特异性，是流感病毒亚型分类的基础。血凝素和神经氨酸酶的变异，导致出现新的抗原性，也即出现新的变异型。

（2）衣壳抗原　又称为Vc抗原。无囊膜的病毒，其抗原特异性常决定于颗粒表面的衣壳结构蛋白，如口蹄疫病毒的结构蛋白Vp1、Vp2、Vp3和Vp4等，即属此类抗原。

3. 细菌外毒素和类毒素

破伤风梭菌、白喉杆菌和肉毒梭菌等都能产生外毒素。细菌外毒素成分为糖蛋白或蛋白质，具有很强的抗原性，能刺激机体产生抗体即抗毒素。细菌外毒素经处理后，成为毒力减弱或完全丧失的类毒素，但仍保持免疫原性。

4. 异种动物血清

异种动物血清是很好的抗原物质，临床上将异种动物血清用作治疗时，往往可以对该种血清产生抗体，反复应用可引起过敏反应。

第三节 免疫应答

动物机体对侵入体内的抗原物质进行识别并产生一系列复杂的免疫连锁反应的过程称为免疫应答。这一过程包括 T、B 淋巴细胞对抗原的识别、活化、增殖与分化，产生特异性抗体和致敏淋巴细胞及淋巴因子，并对再次进入的相应抗原物质进行清除等。

本章介绍的免疫应答是指特异性免疫应答，是由巨噬细胞及其他抗原递呈细胞和 T、B 淋巴细胞共同参与的反应过程，表现为体液免疫和细胞免疫。动物机体的外周免疫器官及淋巴组织是免疫应答产生的场所。通过免疫应答，动物机体可建立对某种病原微生物的特异性抵抗力即免疫力，这是后天获得的，故又称获得性免疫。人工免疫接种的目的就是使动物获得这种免疫力。

一、免疫应答的过程

免疫应答的过程一般可划分为三个阶段，即致敏阶段、反应阶段和效应阶段。

（一）致敏阶段

即抗原识别阶段。包括抗原物质进入体内后，抗原递呈细胞对抗原的识别、摄取、加工处理、递呈及免疫活性细胞对抗原的特异性识别。

1. 抗原递呈细胞的分类

抗原递呈细胞（APC）是一类能摄取和处理抗原，并把抗原信息传递给淋巴细胞而使淋巴细胞活化的细胞。按照细胞表面的主要组织相容性复合体（MHC）Ⅰ类和Ⅱ类分子，可把抗原递呈细胞分为两类。

（1）带有 MHC-Ⅱ类分子的抗原递呈细胞　包括单核巨噬细胞、树突状细胞、郎罕氏细胞、B 淋巴细胞等，主要进行外源性抗原的递呈。由 APC 处理后的抗原与 MHC-Ⅱ类分子形成抗原肽-MHC-Ⅱ类分子复合物，递呈给 $CD4^+$ 的 T_H 细胞。

（2）带有 MHC-Ⅰ类分子的抗原递呈细胞　包括所有的有核细胞，可作为内源性抗原的递呈细胞，如病毒感染细胞、肿瘤细胞、胞内菌感染的细胞均属于这一类细胞。

2. 抗原递呈细胞对抗原的识别、摄取和处理

（1）抗原递呈细胞对外源性抗原的识别、摄取和处理　巨噬细胞等对外源性抗原的识别大多是随机捕获，无特异性识别能力；也可通过细胞膜上的受体捕获抗原并摄入细胞内。摄取方式有吞噬，吞饮、吸附和调理等。抗原被摄取后，经内化，形成吞噬体，吞噬体与溶酶体融合形成吞噬溶酶体或内体，外源性抗原在内体的酸性环境中被水解为抗原肽段。同时，在内质网中新合成的 MHC-Ⅱ类分子转运到内体，与具有免疫活性的多肽结合，形成抗原肽与 MHC-Ⅱ类分子的复合物，然后被高尔基体运送至抗原递呈细胞的表面供 T_H 细胞所识别。

B 细胞可非特异性地吞饮抗原物质，也可借助其抗原受体特异性地与抗原表位结合，然后细胞膜将抗原和受体卷入细胞内，抗原载体部分在 B 细胞内被加工处理后，以与 MHC-Ⅱ类分子复合物的形式运送到 B 细胞表面，外露的载体部分可供 T_H 细胞的 TCR 所识别。

（2）抗原递呈细胞对内源性抗原的识别、摄取与处理　以病毒感染细胞为例，病毒在细胞内繁殖后产生的病毒蛋白，被蛋白酶体摄取并酶解成肽段，抗原肽段与内质网中合成的 MHC-Ⅰ类分子结合，所形成的多肽-MHC-Ⅰ类分子复合物，被高尔基体运至细胞表面供细胞毒性 T 细胞所识别。

3. T、B 淋巴细胞对抗原的识别

（1）T 细胞对抗原的识别　对外源性和内源性抗原的识别分别是由两类不同的 T 细胞执行的，即识别外源性抗原的细胞为 $CD4^+$ 的 T_H 细胞，识别内源性抗原的细胞为 $CD8^+$ 的细胞毒性 T

细胞（CTL）。T细胞识别抗原的分子基础是其抗原受体（TCR）和抗原递呈细胞的MHC分子，它不能识别游离的、未经抗原递呈细胞处理的抗原物质，只能识别经抗原递呈细胞处理并与MHC-Ⅰ类和MHC-Ⅱ类分子结合了的抗原肽段，这称为MHC的限制性。

（2）B细胞对抗原的识别　B细胞识别抗原的物质基础是其膜表面抗原受体（BCR），即SmIg。B细胞对TI抗原可直接识别；对TD抗原的识别需要巨噬细胞的处理后递呈给T_H细胞，然后对其加以识别。因此，B细胞对TD抗原的识别需要巨噬细胞和T_H细胞参加。

（二）反应阶段

即免疫细胞的活化增殖和分化阶段。抗原特异性淋巴细胞识别抗原活化后，T淋巴细胞增殖，分化形成致敏淋巴细胞，并产生淋巴因子；B淋巴细胞增殖分化为浆细胞，合成并分泌特异性抗体。一部分淋巴细胞在增殖过程中分化为记忆性淋巴细胞。

（三）效应阶段

此阶段为产生的抗体、淋巴因子和致敏淋巴细胞与其他免疫细胞共同作用清除抗原物质的过程，也就是机体发挥细胞免疫和体液免疫的效应阶段。浆细胞合成并分泌的抗体，进入血液、淋巴液、组织液及黏膜表面，与相应抗原结合，在巨噬细胞、K细胞以及补体的协同作用下，杀灭病原体或破坏抗原物质，发挥体液免疫效应。致敏淋巴细胞和细胞毒T细胞可直接杀伤再次进入的抗原或带有抗原的靶细胞；致敏淋巴细胞释放的淋巴因子也可杀伤或破坏靶细胞，最终消除抗原物质，表现细胞免疫效应。

抗原从体内清除后，在一定时期内体内仍存在特异性抗体和致敏淋巴细胞，若机体再次遇到相同的抗原物质，可快速地组织免疫应答，迅速而有效地清除抗原，此谓再次应答。即使抗体和致敏淋巴细胞在体内已经消失，由于有记忆性细胞的存在，机体也能迅速地产生免疫应答，称为回忆应答。这就是获得性免疫长期存在的原因。

二、免疫应答的类型

（一）体液免疫

抗原进入机体后，经过加工处理，刺激B细胞转化为浆母细胞，浆母细胞再增殖发育成浆细胞，浆细胞针对抗原的特性，合成及分泌抗体。抗体不断排出细胞外，分布于体液中，发挥特异性的体液免疫作用。

体液免疫是由B细胞介导的免疫应答，而体液免疫效应是由B细胞通过对抗原的识别、活化、增殖，最后分化成浆细胞并分泌抗体来实现的。

（二）细胞免疫

广义的细胞免疫包括巨噬细胞的吞噬作用，K细胞、NK细胞等介导的细胞毒作用和T细胞介导的特异性免疫。这里介绍的是狭义的细胞免疫，即T细胞介导的特异性免疫应答，指T细胞在抗原的刺激下，增殖分化为效应性T淋巴细胞并产生细胞因子，直接杀伤或激活其他细胞杀伤、破坏抗原或靶细胞，从而发挥免疫效应过程。

在细胞免疫应答中最终发挥免疫效应的是效应性T淋巴细胞和细胞因子。效应性T淋巴细胞主要包括细胞毒性T细胞和迟发型变态反应性T细胞；细胞因子是细胞免疫的效应因子，对细胞性抗原的清除作用较抗体明显。

三、免疫应答中的效应物质及作用

（一）抗体

抗体（Ab）是由抗原进入机体刺激B细胞分化增殖为浆细胞而合成并分泌的一类能与相应抗原发生特异性结合并产生免疫效应的免疫球蛋白。因抗体分布于血液、淋巴液、组织液及黏膜的外分泌液等体液中，主要存在于血清内，故将抗体介导的免疫称为体液免疫。

免疫球蛋白（Ig）是具有抗体活性及化学结构与抗体相似的球蛋白统称。抗体与免疫球蛋白是相互关联但又不完全相同的两个概念，抗体是与生物学功能相联系的概念，而免疫球蛋白则是与化学结构相联系的概念。

免疫球蛋白是多链糖蛋白，具有蛋白质的通性，对物理及化学因素敏感，不耐热，在60～70℃时即被破坏，能被多种蛋白水解酶裂解破坏，可在乙醇、三氯乙酸或中性盐类中沉淀。因此，通常用50%饱和硫酸铵或硫酸钠从免疫血清中提取抗体。

1. 免疫球蛋白的基本结构

根据免疫球蛋白化学结构及其抗原性差异，可分为IgG、IgM、IgA、IgE和IgD五类。

所有种类免疫球蛋白的单体分子结构都是相似的，即是由两条相同的重链和两条相同的轻链共四条肽链构成的"Y"或"T"字形的分子结构。IgG、IgE、血清型IgA和IgD均是以单体分子形式存在，IgM是五个单体分子构成的五聚体，分泌型的IgA是二个单体构成的二聚体。下面以IgG结构为代表介绍免疫球蛋白的单体结构。

(1) 四肽链结构 所有单体都具有四条肽链组成的基本结构（图7-6）。两条相同的轻链（L链）为分子量较小的肽链，分别由210～230个氨基酸残基组成。根据L链恒定区结构的差异，可将其分为κ与λ两个亚型。每个单体免疫球蛋白分子仅具有一个型的L链。两条相同的重链（H链）为分子量较大的肽链，分别由420～446个氨基酸残基组成，链内有4～5个二硫键。根据H链恒定区结构的不同可将其分为5类，即μ、γ、α、δ、ε链，由它们组成的免疫球蛋白分别称为IgM，IgG，IgA，IgD和IgE。

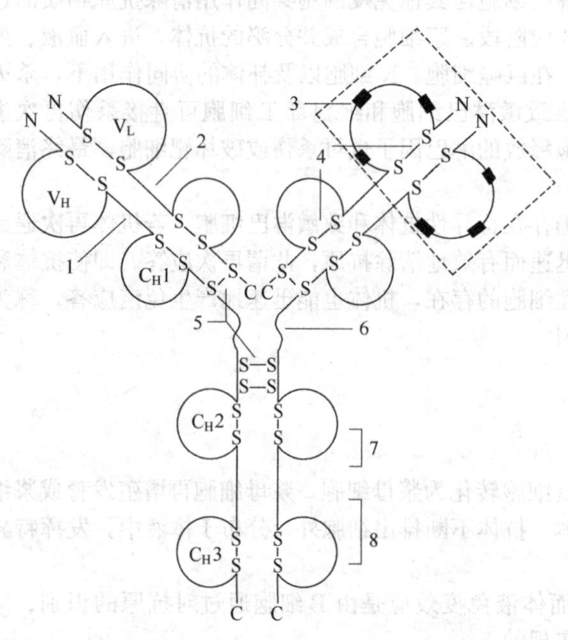

图7-6 Ig的基本结构及功能区示意图

1—重链；2—轻链；3—高变区；4，5—链间二硫键；6—铰链区；7—补体结合点；8—Fc段受体结合位点

单体是构成所有免疫球蛋白分子的基本结构。每条重链和轻链都分为氨基端（N端）和羧基端（C端），一条L链通过二硫键和非共价键作用力与一条H链结合。同样两条H链之间通过二硫键及非共价键作用力结合在一起。

(2) 可变区与恒定区 通过对H链或L链的氨基酸序列比较分析，发现其N端序列变化很大，称此区为可变区（V区）。V区约占L链的1/2，称为轻链的可变区（V_L区）；约占H链的1/4，称重链的可变区（V_H区）。

可变区又分为高变区（HVR）和骨架区（FR）。高变区的氨基酸序列的变化大大超过V区的其他部分，V_L的HVR在24～34位、50～56位、90～102位氨基酸位置；V_H的HVR在31～37位、50～56位、95～111位氨基酸位置。每条L链和H链的高变区相互作用形成一个单一的抗原结合位点。高变区为抗体与抗原的结合位置，称为决定簇互补区（CDR）。V区除高变区之外的其他部位，氨基酸序列变化有限，称为骨架区。

在C端氨基酸相对稳定，变化很小，称此区为恒定区（C区）。占L链的其余1/2和H链的3/4，这个区域氨基酸数量、种类、排列顺序及含糖量都比较稳定。

(3) 功能区 疫球蛋白的多肽链分子可折叠形成几个由链内二硫键连接形成的环球形结构，这些球形结构称为免疫球蛋白的功能区（图7-6），每个功能区约由110个氨基酸组成。L链功能区有2个，V区1个（V_L），C区1个（C_L）。H链功能区IgG、IgA、IgD分别有4个，V区1个（V_H），C区3个（C_H1、C_H2、C_H3）；IgM、IgE分别有5个，V区1个（V_H），C区4个（C_H1、

C_H2、C_H3、C_H4）。

功能区的作用如下。

① V_L 和 V_H 是抗原结合的部位。

② C_L 和 C_H1 上具有同种异型的遗传标记。

③ IgG 的 C_H2 和 IgM 的 C_H3 具有补体 C_{1q} 结合位点；IgG 借助 C_H2 部分可通过胎盘。

④ C_H3 或 C_H4 具有结合单核细胞、巨噬细胞、粒细胞、B 细胞、NK 细胞 Fc 段受体的功能，不同的抗体可与不同的细胞结合，介导调理吞噬、细胞毒作用及超敏反应。

（4）铰链区　铰链区不是一个独立的功能区，是位于重链 C_H1 与 C_H2 之间含有 10～60 个氨基酸的可弯曲的片段，该区富含脯氨酸残基。铰链区能使 Ig 分子活动自如，呈“T”字形或“Y”字形。当 Ab 与抗原决定簇结合时，铰链区发生扭曲，可由“T”字形变成“Y”字形，有利于两臂的伸展，易与抗原分子上不同的抗原决定簇结合；也有利于补体结合位点的暴露，由此结合并激活补体，从而发挥多种生物学效应。

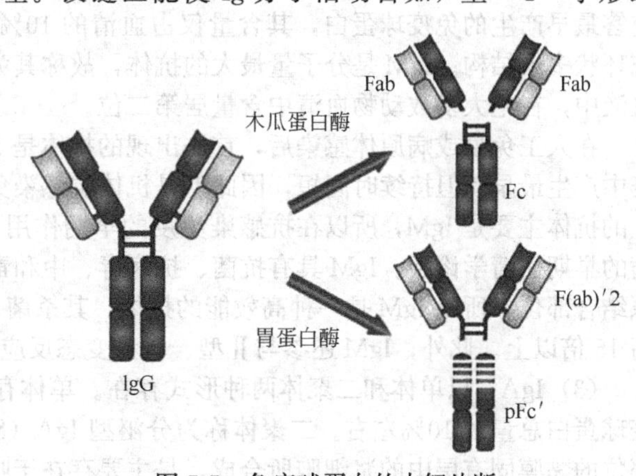

图 7-7　免疫球蛋白的水解片断

IgG 分子可被木瓜蛋白酶在铰链区重链间的二硫键近 N 端切断，水解成 3 个大小相似的片断（图 7-7），其中两个可与抗原结合，称为 Fab 片段；另一片段可形成结晶，称为 Fc 片段。胃蛋白酶酶切位点在铰链区重链间的二硫键近 C 端，可将 IgG 水解为 2 个大小不同的片段（图 7-7）：小片段类似于 Fc 片段，但失去了 Fc 片段原有功能，故称其为 pFc′片段；大片段为具有双价抗体活性的大片段，称其为 F（ab）′片段。

个别免疫球蛋白还具有一些特殊分子结构，如连接链（J 链）、分泌片（SP）等。J 链指连接两个单体的一小段富含半胱氨酸的多肽，由浆细胞合成，其中二硫键把五个 IgM 单体的 H 链 C 端以环状连接，形成“星状”的五聚体；把两个 IgA 单体的 H 链 C 端连接形成二聚体（图 7-8）。分泌片是分泌型 IgA 所特有的一种特殊结构，为多肽链。

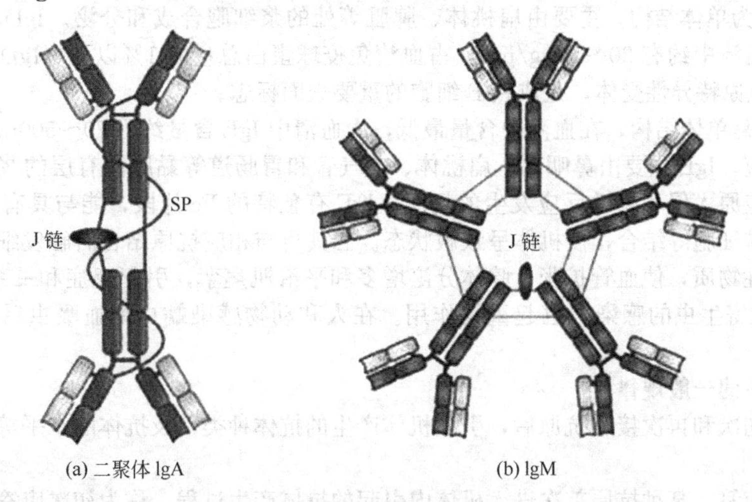

图 7-8　二聚体 IgA 和五聚体 IgM

2. 各类免疫球蛋白的特性及功能

IgG、IgM、IgA、IgE 和 IgD 等免疫球蛋白都具有各自的特性和生物学作用。

(1) IgG 主要由脾、淋巴结中的浆细胞合成和分泌，多以单体形式存在，相对分子量为160000～180000。IgG是人和动物血清中含量最高的抗体，其含量约占血清免疫球蛋白总量的75%～80%，是介导体液免疫的主要抗体。IgG是动物自然感染和人工主动免疫后机体产生的主要抗体，故IgG是抗感染免疫的主要抗体。大多数抗菌、抗病毒和抗毒素抗体都为IgG类，IgG也是血清学诊断和疫苗免疫后监测的主要抗体。IgG在动物体体内不仅含量高，而且持续时间长，可发挥抗菌、抗病毒、抗毒素及抗肿瘤等免疫活性，能调理、凝聚和沉淀抗原。IgG是唯一能通过人和兔胎盘的抗体，在新生儿抗感染中起重要作用。此外，IgG还参与Ⅱ型、Ⅲ型变态反应。

(2) IgM 主要由脾脏和淋巴结中的B细胞产生，分布于血液中，是动物机体初次体液免疫应答最早产生的免疫球蛋白，其含量仅占血清的10%左右。在血清中，IgM由五个单体聚合成花环状多聚结构。IgM是分子量最大的抗体，故称其为巨球蛋白。它不能穿过血管，故仅存在于血液中，在绝大多数动物血清中含量居第二位。

在人工免疫或病原体感染后，首先出现的抗体是IgM，然后才产生IgG。IgM虽然在体液免疫中产生最早，但持续时间短，因此不是机体抗感染免疫的主要抗体。因为在初次免疫应答中产生的抗体主要是IgM，所以在抗感染免疫的早期作用十分重要，并可通过检测IgM抗体进行疫病的早期血清学诊断。IgM具有抗菌、抗病毒、中和毒素等免疫活性，由于其分子上含有多个抗原结合部位，所以IgM是一种高效能的抗体，其杀菌、溶菌、溶血、调理吞噬及凝集作用比IgG高15倍以上。此外，IgM还参与Ⅱ型、Ⅲ型变态反应。

(3) IgA 以单体和二聚体两种形式存在。单体存在于血清中，称为血清型IgA，占血清免疫球蛋白总量的10%左右。二聚体称为分泌型IgA（SIgA），由呼吸道、消化道、泌尿生殖道等部位的黏膜固有层中的浆细胞所合成，是主要存在于呼吸道、消化道、泌尿生殖道的外分泌液以及初乳、唾液、泪液等中的免疫球蛋白。SIgA除有J链外，还有SP（分泌片，又称分泌成分）。SP是由局部黏膜的上皮细胞所合成，在IgA通过黏膜上皮细胞的过程中，SP与之结合形成分泌型的二聚体。SP可防止IgA在消化道内被蛋白酶所降解，从而使IgA能发挥免疫作用。

SIgA具有重要的功能，在局部通过凝集特异性抗原，中和病毒和毒素，阻止病原体吸附肠道黏膜表面而使其丧失黏附和活动能力。SIgA是黏膜表面抗感染免疫的第一道屏障，能抵御微生物的侵袭，使其不能进入血液。在传染病的预防接种中，经滴鼻、点眼、饮水及喷雾等途径免疫，均可产生SIgA而建立相应的黏膜免疫力。

(4) IgD 为单体结构，主要由扁桃体、脾脏等处的浆细胞合成和分泌。IgD在血液中含量很低，在成人血清中约有20～50μg/mL，占血清免疫球蛋白总量的1%以下。IgD主要作为成熟B细胞膜上的抗原特异性受体，是成熟B细胞的重要表面标志。

(5) IgE 是单体结构，在血液中含量最低，人血清中IgE含量约为20～500ng/mL，但能介导Ⅰ型超敏反应。IgE主要由鼻咽部、扁桃体、支气管和胃肠道等黏膜固有层的浆细胞产生，这些部位常是变应原入侵和超敏反应发生的场所。IgE有独特的Fc片段，能与具有该受体的肥大细胞和嗜碱性粒细胞等结合，使机体呈致敏状态。当其再与相应抗原结合后触发细胞脱颗粒，释放多种生物活性物质，使血管扩张，腺体分泌增多和平滑肌痉挛，引起炎症和一系列过敏反应。此外，IgE在抗寄生虫的感染中也起重要作用。在人和动物感染蠕虫如血吸虫后，产生相当高的IgE。

3. 抗体产生的一般规律

动物机体初次和再次接触抗原后，引起机体产生的抗体种类以及抗体的水平等都有差异（图7-9）。

(1) 初次应答 某种抗原首次进入机体内引起的抗体产生过程，称为初次应答。初次应答的主要特点如下。

① 抗体产生的潜伏期比较长。抗原初次进入机体，需要抗原递呈细胞对抗原进行捕捉、加工处理，然后激活B细胞，B细胞进一步增殖分化为浆细胞产生抗体，该过程复杂且较长。潜伏

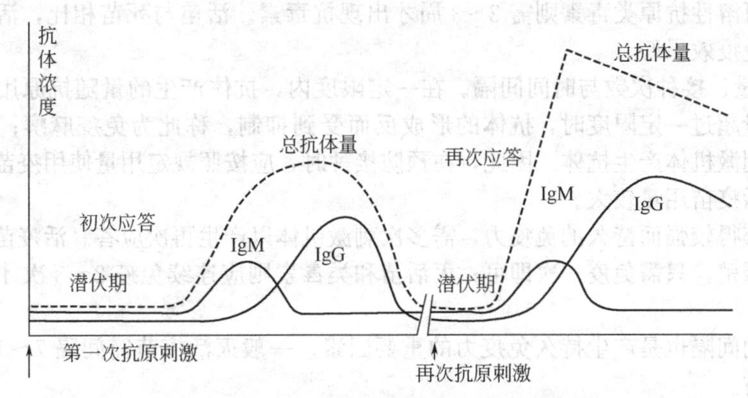

图 7-9　初次应答与再次应答抗体产生规律

期的长短与抗原的种类有关，细菌抗原一般经过 5～7d 血液中出现抗体，病毒抗原为 3～4d，而毒素则需经 2～3 周才出现抗体。潜伏期之后为抗体的对数上升期，抗体含量直线上升。此后为高峰持续期，抗体产生和排出相对平衡。最后为下降期。

② 初次应答最早出现的抗体是 IgM，几天内达到高峰，然后下降；接着产生 IgG，IgA 产生最迟，常在 IgG 产生后 2 周至 1～2 个月才能在血液中检出；产生的抗体以 IgM 为主。

③ 初次应答产生的抗体总量较低，维持时间也较短，与抗原的亲和力较弱。其中 IgM 的维持时间最短，IgG 可在较长时间内维持较高水平，其含量也比 IgM 高。

(2) 再次应答　动物机体第二次接触相同的抗原时体内产生抗体过程，称为再次应答。再次应答的特点如下。

① 抗体产生的潜伏期显著缩短，约为初次应答的一半。

② 再次应答可产生高水平的抗体。机体再次接触与第一次相同的抗原时，起初原有抗体水平略有降低，接着抗体水平很快上升，比初次应答多几倍到几十倍，且维持时间较长，对抗原的亲和力更强。

③ 再次应答中产生抗体的顺序与初次应答相同，但以 IgG 为主，再次应答间隔时间越长，机体越倾向于只产生 IgG，经消化道等黏膜途径进入机体的抗原可诱导产生分泌型 IgA。

再次应答在抗体产生的速度、数量、质量以及维持时间等方面均优于初次应答，因此在预防接种时，间隔一定时间进行疫苗的再次接种，可起到强化免疫的作用。

(3) 回忆应答　抗原刺激机体产生的抗体经一定时间后，在体内逐渐消失，此时若机体再次接触相同的抗原物质，可使已消失的抗体快速回升，这称为抗体的回忆应答。

再次应答和回忆应答取决于体内记忆性 T 细胞和 B 细胞的存在，记忆性 T 细胞可很快增殖分化成 T_H 细胞，对 B 细胞的增殖和产生抗体起辅助作用；记忆性 B 细胞与抗原再次接触时，可被活化，增殖分化成浆细胞产生抗体。

4. 影响抗体产生的因素

抗体是机体免疫系统受到抗原的刺激后产生的，因此抗体产生的水平取决于抗原和机体两个方面的因素。

(1) 抗原方面的因素

① 抗原的性质。抗原的类型影响机体发生的免疫应答类型。一般来说，抗原刺激机体同时产生体液免疫和细胞免疫，但有主次之分。细胞外寄生的病原体以及胞内寄生的病原体体外生活阶段多引起体液免疫；胞内寄生的病原体如病毒、胞内菌、胞内原虫等，在细胞内增殖时主要引起细胞免疫应答。

② 抗原的物理状态和化学结构。抗原的物理状态和化学结构等方面的不同，对机体刺激的强度也不同，机体产生的免疫效果也不一样。聚合状态的抗原一般比单体抗原的免疫原性强；颗粒性抗原比可溶性抗原的免疫原性强。例如给动物注射颗粒性抗原，只需 2～5d 血液中即有抗体

出现；而注射可溶性抗原类毒素则需 2～3 周才出现抗毒素。活苗与死苗相比，活苗刺激机体产生抗体较快，免疫效果好。

③ 抗原用量、接种次数与时间间隔。在一定限度内，抗体产生的量随抗原用量的增加而增加。但抗原用量超过一定限度时，抗体的形成反而受到抑制，称此为免疫麻痹；而抗原用量过少，又不足以刺激机体产生抗体。因此，在预防接种时，应按照规定用量使用疫苗，一般活疫苗用量较少，灭活疫苗用量较大。

为使机体获得较强而持久的免疫力，需多次刺激机体以产生再次应答。活疫苗因其在机体内有一定程度的增殖，只需免疫一次即可；灭活苗和类毒素则应连续免疫 2～3 次才能产生足够的抗体。

适当的时间间隔也是产生持久免疫力的重要因素。一般灭活疫苗需间隔 7～10d，类毒素则需间隔 6 周左右。

④ 接种途径。抗原进入机体的途径影响抗体产生的量和类型。接种途径的选择以刺激机体产生良好的免疫反应为原则。由于大多数抗原易被消化酶水解而失去免疫原性，因此多数疫苗采用非经口途径接种，如注射、滴鼻、点眼、气雾、刺种等。但某些弱毒苗如新城疫 Lasota 系、传染性法氏囊病疫苗等可经饮水免疫。

（2）机体方面

① 遗传因素。除先天性免疫功能低下的个体外，大多数机体只要营养良好，都能产生足够的抗体。

② 年龄因素。初生或出生不久的动物，免疫应答能力较差，主要因为其免疫系统还未发育健全，其次也与母源抗体的影响有关。母源抗体是指幼小动物通过胎盘、初乳、卵黄等途径从母体获得的抗体。母源抗体一方面可以保护幼小动物抵抗感染，另一方面又可抑制或中和相应抗原，对接种后机体的免疫应答有干扰。因此，在实际工作中，给幼龄动物初次免疫时必须考虑母源抗体的影响，避免其对免疫效果的干扰。老龄动物免疫功能逐渐下降，也可影响抗体的产生。

③ 其他因素。营养不良的机体免疫系统发育不良、处于感染状态的动物免疫系统受到损害等，都可影响抗体的产生。如雏鸡感染传染性法氏囊病病毒，可使法氏囊受损，导致雏鸡体液免疫应答能力下降，影响抗体产生。处于特殊生理时期如妊娠的动物，抗体的产生也受一定影响。

5. 多克隆抗体和单克隆抗体

（1）多克隆抗体（PcAb） 在机体淋巴组织内可存在千百种抗体形成细胞，每种抗体形成细胞只识别其相应的抗原决定簇，当受抗原刺激后可增殖分化为一种细胞群，这种由单一细胞增殖形成的细胞群体可称为细胞克隆（clone）。

大多数天然抗原物质，如细菌或其分泌的外毒素以及各种组织成分等，往往具有多种不同的抗原决定簇，因此进入机体后可激活许多淋巴细胞克隆，机体可产生针对各种抗原决定簇的特异性抗体。多克隆抗体是多个抗原决定簇刺激机体后，由多个免疫淋巴细胞分泌的多种抗体的混合物。采用传统的免疫方法，使抗原物质经不同途径进入动物体内，经免疫后，分离出血清，由此获得的抗血清即为多克隆抗体。多克隆抗体也称为第一代抗体，由于这种抗体是不均一的，无论是对抗体分子结构与功能的研究或是临床应用都受到很大限制，因此单克隆抗体的研究及应用前景广阔。

（2）单克隆抗体（McAb） 由一个 B 细胞分化增殖的子代细胞产生的针对单一抗原决定簇的抗体，称为单克隆抗体。McAb 在理化性质、分子结构、遗传标记以及生物学特性等方面都是完全相同的均一性抗体，也称为第二代抗体。

1975 年 Kohler 和 Milstein 建立了体外淋巴细胞杂交瘤技术，用人工的方法将产生特异性抗体的 B 细胞与同系骨髓瘤细胞融合，形成 B 细胞杂交瘤细胞，这种杂交瘤细胞既具有骨髓瘤细胞无限繁殖特性，又具有 B 细胞分泌特异性抗体的能力。由克隆化的 B 细胞杂交瘤所产生的抗体即为单克隆抗体。

与多克隆抗体比较，McAb 具有无可比拟的优越性。它具有高特异性、高纯度、均质性好、亲和力不变、重复性强、效价高、成本低、并可大量生产等优点。

McAb 主要应用于以下几个方面。

① 标准化诊断试剂。用于各种病原体以及肿瘤的诊断。目前国内外用 McAb 技术，已经研制多种病原体的诊断试剂盒，如检测乙肝病毒、旋毛虫、马传贫病毒、伪狂犬病病毒等。除了用于微生物鉴定之外，利用对各种不同类型细胞特有的表面分子的 McAb，还可以用于识别不同类型的细胞，如不同的淋巴细胞或其他免疫活性细胞，也可用来识别一些肿瘤细胞。

② 免疫治疗试剂。McAb 可用于细菌和病毒性疾病的治疗，如犬瘟热单克隆抗体和犬细小病毒单克隆抗体可分别用于犬瘟热和犬细小病毒病的治疗。McAb 也可用于肿瘤的治疗，目前已报道用 McAb 治疗骨髓瘤、白血病、消化道癌和胰腺癌等有一定的效果。

6. 抗体的抗原性

抗体的本质是免疫球蛋白，其不仅具有抗体活性，而且对于异种动物也具有很好的抗原性，即注射到异种动物体内可产生抗免疫球蛋白的抗体。

根据抗体的抗原决定簇存在部位以及在异种、同种异体或自身体内产生免疫反应的差别，可将抗体的抗原性分为 3 种，即同种型、同种异型、独特型。

(1) 同种型　指同一种系所有正常个体都具有的 Ig 分子的抗原特异性标记。即同种型抗原存在种属差异，在异种体内可诱导产生相应的抗体。

(2) 同种异型　指同一种属不同个体间的 Ig 分子抗原性的不同，在同种异体间免疫可诱导免疫反应。免疫球蛋白的同种异型代表着同种动物不同个体间免疫球蛋白遗传基因上的差别，其所决定的氨基酸称为异型标志。

(3) 独特型　指同一动物个体内，不同 B 细胞克隆产生的免疫球蛋白，其 V_H 和 V_L 区内氨基酸组成不同，因而表现出其自身抗原特异性的差异。这反映了每一种特异性抗体 V 区结构的抗原独特性，故称为独特型。独特型的抗原决定簇称为独特位，可在异种、同种异体以及自身体内诱导产生相应的抗体，称为抗独特型抗体。独特型和抗独特型抗体可形成复杂的免疫网络系统，由此构成机体内免疫细胞间相互制约的关系，在机体免疫应答调节中占有重要地位。

(二) 效应细胞

在特异性细胞免疫中，机体受抗原刺激后，经过致敏阶段、反应阶段，T 细胞分化成效应性 T 细胞并产生细胞因子，从而发挥免疫效应。效应性 T 细胞主要有细胞毒性 T 细胞和迟发型变态反应 T 细胞两大类，前者为 $CD4^+$T 细胞，后者为 $CD8^+$T 细胞。

1. 细胞毒性 T 细胞（T_C 或 CTL）与细胞毒作用

T_C 又称杀伤性 T 细胞，能特异性杀伤表达抗原的靶细胞。T_C 在动物机体内以无杀伤活性的前体细胞形式存在，一旦受到带有特异性抗原的细胞如病毒感染细胞、肿瘤细胞等的刺激，T_C 即可活化，增殖、分化成为具有杀伤靶细胞作用的 T_C。效应 T_C 与靶细胞即病毒感染细胞、肿瘤细胞、胞内菌感染细胞特异性结合，直接杀伤靶细胞。Tc 溶解靶细胞主要由其释放的两种物质参与，一是穿孔素，这是导致靶细胞溶解的重要介质；二是淋巴毒素，它可与靶细胞表面的相应受体结合，诱导靶细胞自杀。T_C 在完成过一个靶细胞的杀伤作用后可以从靶细胞上脱落下来，又可杀伤其他相应的靶细胞，即 T_C 具有连续杀伤功能，这一点在动物机体的肿瘤免疫中具有重要的意义。

2. 迟发型变态反应性 T 细胞（T_D）与炎症反应

T_D 在动物机体内以非活化的前体形式存在，当 T_D 与抗原结合并在活化的 T_H 释放的白细胞介素的作用下，T_D 前体细胞活化，增殖、分化为具有免疫效应的 T_D。T_D 的主要功能为介导迟发型变态反应。当机体再次接触同一抗原物质后，T_D 可通过释放多种淋巴因子，吸引单核细胞、淋巴细胞聚集到炎症部位，形成以单核细胞、淋巴细胞浸润为主的炎症反应，从而发挥清除抗原的功能。

(三) 细胞因子

细胞因子（CK）是指一类由免疫细胞和非免疫细胞合成和分泌的具有调节细胞功能的高活

性、多功能的多肽或蛋白质分子，是免疫应答中免疫细胞间相互作用的介质，具有介导和调节免疫应答的多种生理功能。许多细胞能够产生细胞因子，这些细胞概括起来主要有三类。第一类是活化的免疫细胞；第二类是基质细胞类，包括血管内皮细胞、成纤维细胞、上皮细胞等；第三类是某些肿瘤细胞。

1. 细胞因子的分类

细胞因子可分为白细胞介素、干扰素、肿瘤坏死因子、集落刺激因子、生长因子和趋化性细胞因子等六类。

(1) 白细胞介素（IL） 白细胞介素是由活化的单核-巨噬细胞或淋巴细胞产生的一类主要负责信号传递、联络白细胞群，调节细胞的活化、增殖和分化作用的细胞因子。根据其发现的先后顺序命名为IL-1，IL-2…，至今已经报道的IL有二十多种。

主要白细胞介素的生物学特性有以下几点：①调节自然免疫功能，如IL-1、IL-6、IL-10、IL-12、IL-15、IL-19；②调节特异性免疫功能，如IL-2、IL-4、IL-13；③刺激造血，如IL-3、IL-7、IL-11。

(2) 干扰素（IFN） 干扰素是最先发现的细胞因子，可由多种细胞产生，因其具有干扰病毒感染和复制的能力故称干扰素。

根据其来源和理化性质，可将干扰素分为α、β和γ三种类型。IFN-α主要由病毒感染的白细胞产生，IFN-β由病毒感染的成纤维细胞产生，IFN-α和IFN-β称为Ⅰ型干扰素。IFN-γ主要由灭活病毒或活病毒作用于活化T细胞和NK细胞产生，也称为Ⅱ型干扰素。Ⅰ型干扰素具有广谱的抗病毒、抗肿瘤和免疫调节作用。Ⅱ型干扰素的生物学活性相对于Ⅰ型干扰素较弱，主要发挥免疫调节作用。

(3) 肿瘤坏死因子（TNF） 肿瘤坏死因子是Garwell等在1975年发现的一种能使肿瘤发生出血坏死的物质。肿瘤坏死因子分为TNF-α和TNF-β两种；前者主要由活化的单核-巨噬细胞产生，抗原刺激的T细胞、活化的NK细胞和肥大细胞也可分泌TNF-α。TNF-β主要由活化的T细胞产生，又称淋巴毒素。

(4) 集落刺激因子（CSF） 指能够刺激多能造血干细胞和不同发育分化阶段的造血干细胞进行增殖分化，并在半固体培养基中形成相应细胞集落的细胞因子。根据作用不同可分为5类：①刺激粒细胞形成的粒细胞集落刺激因子（G-CSF）；②刺激巨噬细胞形成的单核-巨噬细胞集落刺激因子（M-CSF）；③刺激粒细胞和巨噬细胞形成的粒细胞-巨噬细胞集落刺激因子（GM-CSF）；④促刺激红细胞形成的促红细胞生成素（EPO）；⑤促进肥大细胞增殖分化的干细胞生长因子（SCF）。

(5) 生长因子（GF） 生长因子是具有刺激细胞生长作用的细胞因子，包括转化生长因子-β（TGF-β）、表皮细胞生长因子（EGF）、血管内皮细胞生长因子（VEGF）、成纤维细胞生长因子（FGF）、神经生长因子（NGF）、血小板源的生长因子（PDGF）等。

(6) 趋化性细胞因子 趋化性细胞因子是细胞因子领域中结构同源的一个大家族，由分子量为8～18kD的蛋白质组成。该细胞因子家族的成员有3种细胞来源：①抗原激活的T细胞；②由脂多糖激活或细胞因子激活的单核-巨噬细胞、内皮细胞、成纤维细胞或上皮细胞；③血小板。

趋化性细胞因子具有细胞趋化作用，当病原微生物侵入机体时，趋化性细胞因子迅速将中性粒细胞动员起来，使其聚集在感染部位，发挥其吞噬与杀菌功能。

2. 细胞因子的共同特点

(1) 理化特性 细胞因子是糖蛋白，分子量大小不等，为8～80kD，大多数为15～30kD；多数以单体形式存在；细胞因子之间缺乏明显的同源性。

(2) 细胞因子产生的多源性 一种细胞因子可由多种不同来源、不同类型的细胞产生，如IL-10可以由T细胞、B细胞等产生；另一方面，一种细胞可分泌多种细胞因子，如T细胞受刺激后，可以从产生M-CSF、IL-10等。

(3) 生物学功能的多样性 一种细胞因子可具有多种生物学功能，并可作用于多种不同的靶细胞。

（4）生物学活力的高效性　细胞因子的半衰期短，在动物机体内含量少，10^{-12} mol/L 水平就能发挥显著的生物学效应，这与细胞因子同靶细胞表面特异性受体之间具有极高的亲和力有关。

（5）合成分泌的快速性　细胞因子是一种分泌型多肽或蛋白质，当细胞因子产生细胞接受刺激作用后，迅速合成。细胞因子在细胞内极少存储，合成后大多通过自分泌形式作用于自身细胞和旁分泌方式作用于邻近细胞，发挥生物学作用，同时也被迅速降解。一旦刺激结束，合成立即停止。

（6）生物学作用的双重性　细胞因子不仅具有生理性作用，还具有病理性作用。如 IL-6，参与抗体形成、B 细胞分化及增殖的调节，并具有较强的抗病毒活性，还参与炎症反应、影响血细胞生成。

【复习思考题】

1. 名词解释：特异性免疫　免疫活性细胞　ADCC　抗原　半抗原　抗原决定簇　单价抗原　交叉抗原　免疫应答　体液免疫　细胞免疫　抗体　单克隆抗体　细胞因子
2. 中枢免疫器官包括哪些？有何功能。
3. 外周免疫器官包括哪些？有何功能。
4. 简述免疫细胞的组成及其作用。
5. 抗原应具备哪些条件？
6. 简述免疫应答的基本过程。
7. 简述抗体的基本结构及其各部分的功能。
8. 免疫球蛋白包括哪些种类？各有何功能。
9. 试述影响抗体产生的因素。
10. 简述细胞因子的共同特点。

（向金梅　雷莉辉）

第八章　变态反应

【能力目标】

能根据各型变态反应的原理和特点分析、判定各型变态反应。

【知识目标】

掌握变态反应的基本类型及各型反应的特点；熟悉各型变态反应的发生机制及常见疾病；了解变态反应的防治原则。

第一节　变态反应的类型

变态反应也叫超敏反应，是指机体免疫系统在某些抗原再次刺激时做出的过于强烈或不适当的、可导致组织器官损伤的免疫反应。它是以机体生理功能紊乱或组织细胞损伤为主要特征的特异性免疫应答，表现出各种特征的免疫病理损伤过程。

引起变态反应的原因有以下两大方面。

① 异种或异体抗原的进入。引起变态反应的物质称为变应原或过敏原。这些物质可以是完全抗原，如微生物、寄生虫、异种动物血清或蛋白、异体组织细胞、植物花粉、昆虫毒液和食物等；也可以是半抗原，如青霉素、磺胺类、奎宁、油漆、染料和化学品等。变应原可通过呼吸道、消化道、皮肤或黏膜等多种途径进入机体，先使机体处于致敏状态，以后出现变态反应。

② 机体免疫反应性异常。事实上大多数机体对变应原不发生变态反应，只有少数具有过敏体质的机体才发生。这是先天遗传决定的，并可传给下代，其机率遵循遗传法则。如注射青霉素的人很多，但是只有极少数人对青霉素发生过敏。过敏性体质的机体与抗原首次接触时即可被致敏，但不产生临床反应，被致敏的机体再次接触同一抗原时，才可发生反应；反应的快慢不定，快者可在再次接触变应原后数秒钟内发生，慢者则需数天甚至数月的时间。

根据变态反应中参与的细胞和活性物质、损伤组织器官的机理和产生反应所需时间长短的不同等，将变态反应分为四个型，即过敏反应（Ⅰ型）、细胞毒型变态反应（Ⅱ型）、免疫复合物型变态反应（Ⅲ型）和迟发型变态反应（Ⅳ型）。其中前三型是由抗体介导的，反应发生较快，称速发型变态反应；Ⅳ型则是T细胞介导的，与抗体无关，反应发生较慢，至少12h以后发生，故称迟发型变态反应。变态反应的类型及特点见表8-1。

一、过敏反应（Ⅰ型变态反应）

1. 主要特点

过敏反应是指被致敏的机体再次接触变应原时，在数分钟至数小时内出现的反应，也称速发型变态反应。变应原有异种血清、生物提取物（如花粉、胰岛素、肝素和脑垂体后叶提取物等）、疫苗、半抗原性药物（如抗生素）、有机碘、尘埃、油漆等。

过敏反应的特点是反应局限在某一系统，有时也呈全身反应，无补体参加，有明显的个体差异。

2. 发生机制

（1）致敏阶段　变应原首次进入机体，刺激机体产生亲细胞性的过敏性抗体IgE，其Fc片段

表 8-1　变态反应的类型和特点

类型	参加成分		反应速度		特点
	效应分子	效应细胞	开始	反应高峰/h	
Ⅰ型	IgE	肥大细胞 嗜碱性粒细胞 嗜酸性粒细胞 血小板	数分钟内	1/4～1/2	①很快出现反应高峰 ②IgE 为亲细胞性抗体，无补体及淋巴因子参与 ③有功能障碍，无组织损伤 ④有个体差异和遗传倾向
Ⅱ型	IgG IgM 补体	单核巨噬细胞 嗜中性粒细胞 K 细胞 NK 细胞	数小时内		①达到反应高峰较快 ②发生过程中有细胞性抗原 ③有抗体及补体参与，无淋巴因子参与 ④有个体差异和遗传倾向
Ⅲ型	IgG IgM IgA 补体	嗜中性粒细胞 嗜碱性粒细胞 单核巨噬细胞 血小板	数小时内	18	①达到反应高峰较慢 ②由抗原-抗体复合物引起，抗原为可溶性分子 ③有抗体及补体参与，无淋巴因子参与 ④既有功能障碍，又有组织损伤
Ⅳ型	细胞因子	T 淋巴细胞 单核巨噬细胞 粒细胞 NK 细胞	12～24h	48～72	①反应的开始及高峰出现慢 ②无明显个体差异 ③与抗体及补体无关，属细胞免疫 ④既有功能障碍，又有组织损伤

能与组织中的肥大细胞和血液中的嗜碱性粒细胞上的 Fc 受体结合。此时机体便处于致敏状态，这种致敏状态通常于第一次接触抗原后 2 周开始形成，可维持半年至数年。

(2) 反应阶段　变应原再次进入致敏状态的动物体时，可与肥大细胞和嗜碱性粒细胞上的 IgE 结合。1 个变应原分子可与 2 个 IgE 结合，而使细胞表面的 IgE 分子互相连接，形成搭桥状，从而改变细胞膜的稳定性，激活细胞内的酶系统，促使细胞内的嗜碱性颗粒被释放，脱出的颗粒又受到细胞外酶的催化作用，使颗粒内的各种活性介质包括组胺、前列腺素、5-羟色胺、舒缓激肽等游离出来，产生各种生物效应。

以上活性介质作用于皮肤、消化道和呼吸道等相应的效应器官，导致平滑肌收缩、毛细血管扩张、血管通透性增强、腺体分泌增多等反应（图 8-1）。反应发生在皮肤可出现红肿和荨麻疹；发生在呼吸道，则引起喷嚏、流涕、呼吸困难、哮喘、肺水肿等；发生在胃肠道可引起呕吐、腹痛和腹泻；发生在全身则表现血压下降，过敏性休克，甚至死亡。

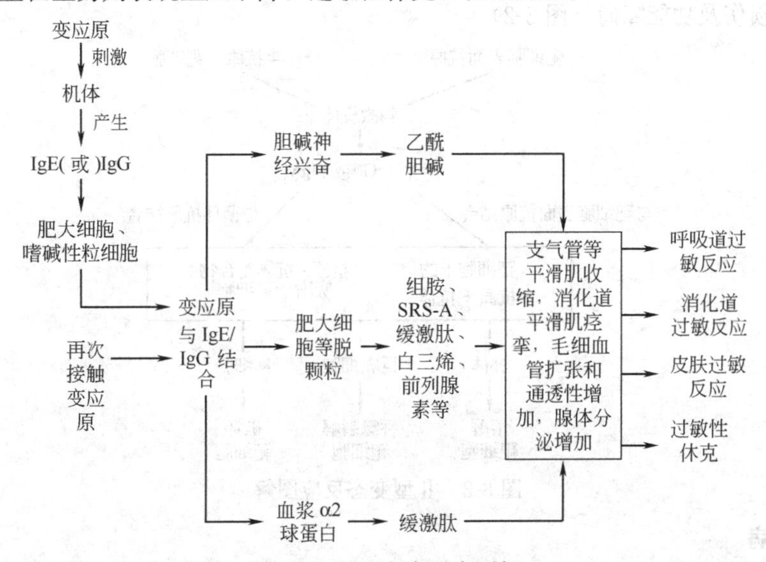

图 8-1　Ⅰ型变态反应图解

3. 常见疾病

（1）过敏性休克　过敏性休克是最严重的一种Ⅰ型变态反应性疾病，主要由药物或异种血清引起。

① 药物过敏性休克　以青霉素引起者最为常见。青霉素本身无免疫原性，但其降解产物青霉噻唑和青霉烯酸可与机体内的蛋白质结合获得免疫原性，进而刺激机体产生 IgE，使之致敏。当机体再次接触青霉噻唑或青霉烯酸后，可诱发过敏反应，严重者导致过敏性休克，甚至死亡。值得注意的是，有些机体初次注射青霉素就能发生过敏性休克，这可能是曾吸入过青霉菌孢子或使用过被青霉素污染的注射器等医疗器械，机体已处于致敏状态之故。其他药物如普鲁卡因、链霉素、有机碘等，偶尔也可引起过敏性休克。

② 血清过敏性休克　血清过敏性休克又称血清过敏症或再次血清病。常发生于曾用过动物免疫血清，机体已处于致敏状态，后来再次接受同种动物免疫血清的个体。如临床上使用破伤风抗毒素进行治疗或紧急预防时，可出现此种反应。

（2）呼吸道过敏反应　少数机体吸入植物花粉、细菌、动物皮屑、尘螨等抗原物质时，可出现发热、鼻部发痒、喷嚏、流涕等过敏性鼻炎，或发生气喘、呼吸困难等外源性支气管哮喘等。

（3）消化道过敏反应　主要表现为过敏性胃肠炎。少数机体食入鱼、虾、蟹、蛋等，出现呕吐、腹痛、腹泻等症状。

（4）皮肤过敏反应　主要表现为皮肤荨麻疹、湿疹或血管性水肿。可由食物、药物、花粉、羽毛、冷、热、日光、感染病灶、肠道寄生虫等引起。

二、细胞毒型变态反应（Ⅱ型变态反应）

1. 主要特点

此类反应是由 IgG 或 IgM 类抗体与细胞表面的抗原结合，在补体、吞噬细胞及 NK 细胞等参与下，引起的以细胞裂解死亡为主的病理损伤。在临床上表现为溶血性贫血（黄疸）、白细胞减少或血小板减少等。

2. 发生机制

本型变态反应的变应原可以是受侵害细胞本身的表面抗原如血型抗原，也可以是吸附在细胞表面的相应抗原，如药物半抗原、荚膜多糖、细菌内毒素脂多糖等。这些变应原能刺激机体产生抗体 IgG 和 IgM。当 IgG 和 IgM 与细胞上的相应抗原或吸附于细胞表面的相应抗原、半抗原发生特异性反应时，形成抗原-抗体-细胞复合物，可激活补体系统，引起细胞溶解或被吞噬细胞吞噬，导致组织损伤及功能障碍（图 8-2）。

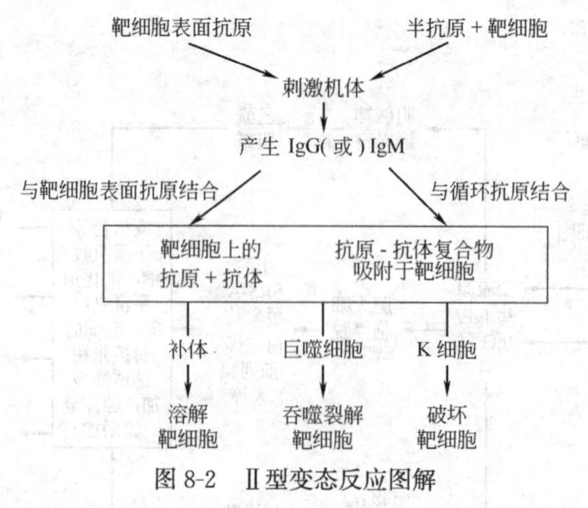

图 8-2　Ⅱ型变态反应图解

3. 常见疾病

（1）不相容输血的反应　红细胞可以从一个动物输给另一个动物。如果供体红细胞与受体红细胞的血型一致则不引起免疫反应。如果受体含有针对供体红细胞抗原的抗体，则会引起输血反应，即红细胞与抗体结合而凝集，并激活补体系统，产生血管内溶血；在局部则形成微循环障碍等。此种反应产生的抗体通常为 IgM。

(2) 初生幼畜溶血性疾病　母畜对同种异体红细胞的致敏不但可以通过不相容性输血引起，还可通过胎儿红细胞经胎盘向母体血流的渗漏所引起。致敏母畜的初乳中含有很高浓度的抗胎儿红细胞抗体，初生幼畜可从初乳摄入母源抗体，并经肠壁吸收而到达血液循环。此抗体与初生幼畜红细胞上的抗原结合，在补体作用下迅速裂解红细胞，结果导致初生幼畜的溶血症。

(3) 由药物引起的Ⅱ型变态反应　某些药物可以牢固地与细胞特别是与红细胞结合，如青霉素、奎宁、L-多巴、氨基水杨酸和非那西汀等均可吸附于红细胞表面，使红细胞表面抗原发生改变，而被当作外来异物引起免疫反应，导致溶血性贫血；磺胺类药物、氨基比林、苯基丁氮酮、非那嗪和氯霉素等可结合到粒细胞上，从而引起粒细胞缺乏；而苯基丁氮酮、奎宁、司眠脲、氯霉素和磺胺类药物等还可引起血小板减少症。引种反应产生的抗体为 IgG 和 IgM。

(4) 传染病的Ⅱ型变态反应　某些传染病病原体如沙门菌的脂多糖、马传染性贫血病毒、阿留申病病毒、附红细胞体、锥虫和巴贝西焦虫等的某些抗原成分，可以吸附在宿主的红细胞上，而被机体免疫系统当作外来异物清除，从而引起自身免疫溶血性贫血，这是临诊病例严重贫血的原因。

三、免疫复合物型变态反应（Ⅲ型变态反应）

1. 主要特点

血液循环中的可溶性抗原与相应的抗体（IgG、IgM 类）结合形成可溶性的免疫复合物，在一定条件下沉积于组织，通过激活补体并在血小板、中性粒细胞等其他细胞的参与下，引起血管壁及其周围组织的炎症反应。此反应有个体差异。

2. 发生机制

抗原如某些病原微生物、异种血清进入机体，产生相应的抗体（IgG、IgM 或 IgA），抗原与相应抗体结合形成抗原-抗体复合物，即称免疫复合物。由于抗原与抗体比例不同，所形成的免疫复合物的大小和溶解性也不同。当抗体量大于抗原量或两者比例相当时，可形成分子较大的不溶性免疫复合物，易被吞噬细胞吞噬而清除；当抗原量过多时，则形成较小的可溶性免疫复合物，它能通过肾小球滤过，随尿液排除体外。所以，以上两种情况对机体都没有损害。只有当抗原略多于抗体时，可形成中等大小的免疫复合物，它既不易被吞噬细胞吞噬，又不能通过肾小球滤过随尿液排除体外，故会较长时间地存留在血流中，当血管壁通透性增高时，可沉积于血管壁、肾小球、关节滑膜和皮肤等组织上，激活补体，引起相应组织器官的水肿、出血、炎症和局部组织坏死等一系列反应（图 8-3）。

3. 常见疾病

(1) 局部Ⅲ型变态反应

① Arthus 反应。如果将抗原皮下注射于带有相应沉淀性抗体的动物，则于几小时内在接种部位发生急性炎症反应。炎症反应以红斑和水肿开始，最终发生局部出血和血管栓塞，严重的则发生坏死。这种反应最初由 Arthus 给家兔和豚鼠注射马血清时发现的，故称为 Arthus 反应。其发病的原因是局部的抗原多于抗体，它们形成中等大小的免疫复合物，沉积于注射局部的毛细血管壁上，并激活补体，引起嗜中性粒细胞积聚等一系列反应。

② 犬的蓝眼病。犬的蓝眼病是因犬Ⅰ型腺病毒感染或活疫苗接种所致。蓝眼病的病变包括暂时性眼前房色素层炎、角膜水肿和浑浊。角膜有嗜中性粒细胞浸润，病变部通过间接荧光抗体法可查到病毒和抗体的复合物。此病发生于感染后 1～3 周，随着病毒的清除而自然消退。

③ 过敏性肺炎。当高度致敏的动物再次吸入相应抗原时，肺部可发生局部性Ⅲ型变态反应。如一些干草上多孢菌大量繁殖，形成无数极小的孢子。它们如被吸入，可达到肺泡，并可刺激产生高滴度的沉淀抗体，导致间质性肺炎。

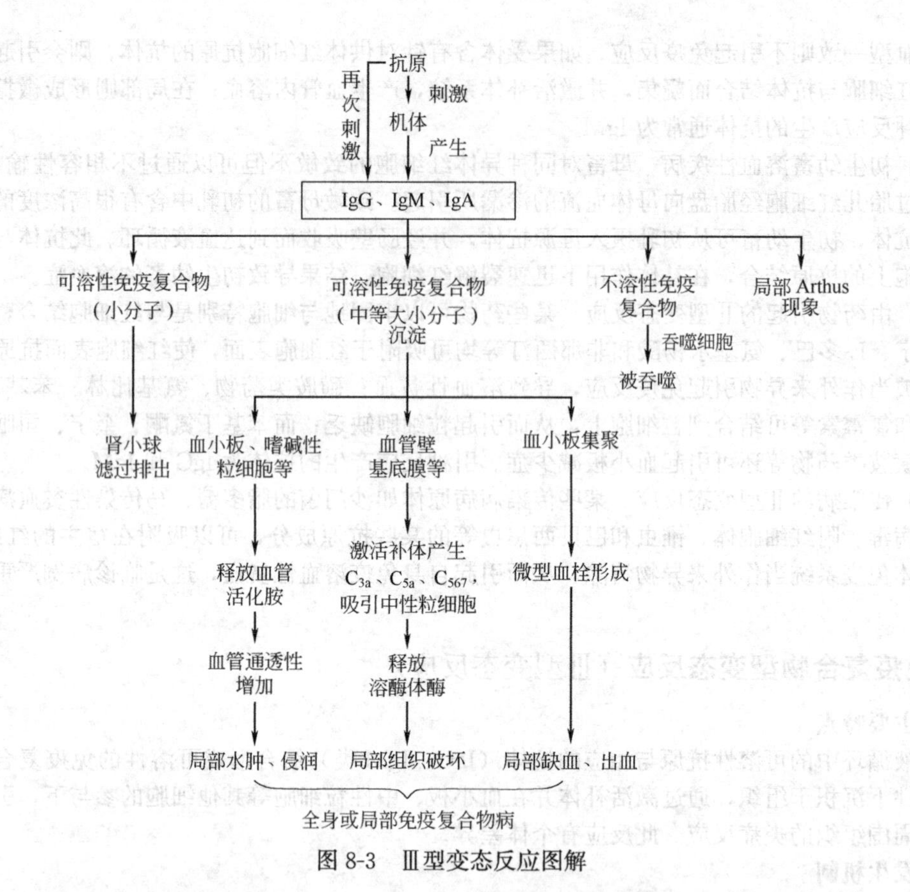

图 8-3 Ⅲ型变态反应图解

④ 犬的葡萄球菌性Ⅲ型变态反应。犬的葡萄球菌性变态反应是一种慢性的皮炎，表现为皮脂溢出、深部或趾间疖病和脓疱病等。组织学检查发现其真皮呈嗜中性粒细胞增多的血管炎，同时经葡萄球菌抗原皮肤试验，表明这种病是属于Ⅲ型变态反应。

(2) 全身Ⅲ型变态反应

① 急性血清病。动物在初次大量接受异种血清注射后，经 8～12d 潜伏期，循环中出现相应抗体（IgG、IgM），而初次注射的抗原尚未完全清除，二者结合形成可溶性免疫复合物，此复合物可激活补体，引起全身性血管炎，皮肤红斑、水肿和荨麻疹，嗜中性粒细胞减少、淋巴结肿大，关节肿大和蛋白尿。反应通常可在几天内恢复。

② 慢性血清病。抗原不是一次大量注射，而是多次小量注射。可引起两种类型的肾脏损伤，一种是复合物沉集于上皮，引起肾小球基底膜明显变厚，称为膜性肾小球病；一种为弥散性肾小球肾炎，以内皮细胞和肾小球细胞增生并伴有不同数量的炎性细胞侵润为特征。

③ 传染病引起的Ⅲ型变态反应。慢性感染过程的动物血清中可出现大量抗体，它们与释放到血液中的抗原结合，形成免疫复合物，从而引起以肾小球肾炎为特征的Ⅲ型变态反应。如马传染性贫血、水貂阿留申病和非洲猪瘟等慢性病毒性传染病都有这一特征。

四、迟发型变态反应（Ⅳ型变态反应）

1. 主要特点

由于本型变态反应出现迟于以上 3 个型，故名迟发型变态反应。本型反应的特点是无抗体和补体参加，而与致敏淋巴细胞有关，属细胞免疫范畴；反应发生缓慢，持续时间长，一般于再次接触抗原后 6～48h 反应达最高峰。

2. 发生机制

机体在某些抗原如结核分枝杆菌、副结核分枝杆菌、布氏杆菌、鼻疽杆菌等初次刺激下，体内T细胞分化为致敏淋巴细胞和记忆细胞，使机体进入致敏状态，这一时期需要1～2周。当机体再次与相同抗原接触时，致敏淋巴细胞释放出多种淋巴因子，吸引和激活吞噬细胞向抗原集中，并加强吞噬，形成以单核细胞、淋巴细胞等为主的局部浸润，导致局部组织肿胀、化脓甚至坏死等炎性变化。抗原被消除后，炎症消退，组织即恢复正常（图8-4）。

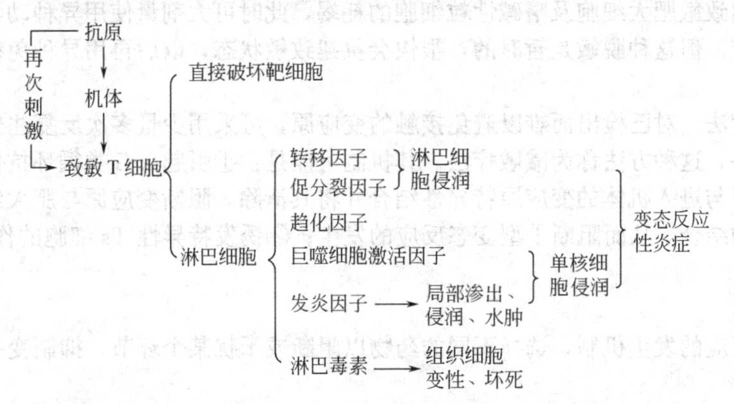

图8-4 Ⅳ型变态反应图解

3. 常见疾病

（1）传染性变态反应　由于患某种传染病而引起的迟发型变态反应称为传染性变态反应。最典型的例子是结核分枝杆菌感染引起局灶性的慢性炎症过程，其实质是一种迟发型变态反应，布氏杆菌病、马鼻疽等的病理过程也都是如此。此外，野兔热、马流行性淋巴管炎和钩端螺旋体引起的慢性间质性肾炎也都属于迟发型变态反应。

应用上述病原体的抽提物皮内接种感染动物时，可在注射局部引起迟发型变态反应，故将此用于这些传染病的诊断和检验。如结核菌素试验，当感染动物以0.1mL（10万IU/mL）剂量结核菌素皮内接种后，在72h局部出现红肿皮肤，肿胀厚度差≥4mm，而未感染动物皮肤肿胀厚度差＜2mm。

（2）变态反应性接触性皮炎　组织细胞接触某种化学物质，细胞蛋白质可与此化学物质形成复合物，因而被当作异物，引起细胞免疫应答。如果这些反应发生于皮肤，就引起变态反应性接触性皮炎。

引起变态反应性接触性皮炎的化学物质通常都是简单的物质，如甲醛、苦味酸、苯胺染料、植物树脂、有机磷及金属盐等。这种皮炎在犬最为常见，有些犬甚至不发生通常对花粉蛋白的Ⅰ型变态反应，而对花粉树脂产生Ⅳ型变态反应性接触性皮炎。

上述四型变态反应可部分同时存在于同一个体，同一种变应原亦可能引起不同型的变态反应。如青霉素可引起过敏性休克（Ⅰ型）、溶血性贫血（Ⅱ型）、血清病样反应（Ⅲ型）、接触性皮炎（Ⅳ型）。

第二节　变态反应的防治原则

一、预防原则

1. 查明变应原，避免接触

查明变应原，避免与之接触，是变态反应最理想的预防方法。可通过询问病史或进行皮肤试验查明变应原。对已确定的变应原，如青霉素等药物或食物，要禁用。预防或控制感染可减少免疫复合物病的发生。

2. 脱敏疗法、减敏疗法和药物治疗

（1）脱敏疗法　对于皮肤试验阳性但又必须使用异种动物免疫血清者，可采用短期内小剂量多次注射的方法。方法是在给动物大剂量注射血清之前，先少量多次皮下注射血清（0.2～2mL/次），间隔15min后再注射中等剂量血清（10～100mL/次），若无严重反应，15min后可注射全量血清。其原理可能是小剂量变应原虽然可引起肥大细胞和嗜碱性粒细胞脱颗粒，但由于每次产生的生物活性介质较少，在机体拮抗Ⅰ型变态反应机制作用下，不引起明显的症状，而连续多次注射可导致体内致敏肥大细胞及嗜碱性粒细胞的耗竭，此时可大剂量使用异种动物免疫血清而不会引起变态反应。但这种脱敏是暂时的，很快会重建致敏状态，以后再用异种免疫血清时，仍需做皮肤试验。

（2）减敏疗法　对已检出而难以避免接触的变应原，可采用少量多次反复注射的方法来消除机体的致敏状态，这种方法称为减敏疗法。其机制可能是：①引起IgG类循环抗体产生，这些高亲和力的抗体可与进入机体的变应原特异性结合并将其清除，阻断变应原与肥大细胞、嗜碱性粒细胞表面IgE的结合，从而阻断Ⅰ型变态反应的发生；②诱发特异性Ts细胞的作用。

二、治疗原则

针对变态反应的发生机制，选择不同的药物以阻断或干扰某个环节，抑制变态反应，达到治疗目的。

1. 阻止生物活性介质的释放

（1）稳定肥大细胞膜　色甘酸钠、肾上腺糖皮质激素可稳定肥大细胞膜，防止肥大细胞脱颗粒及释放生物活性介质。

（2）提高细胞内cAMP浓度　变应原与肥大细胞上IgE结合后，对细胞膜上腺苷酸环化酶具有抑制作用，能降低细胞内cAMP浓度，从而导致组胺等生物活性介质释放。儿茶酚胺类药物和氨茶碱均能通过不同的作用环节提高细胞内的cAMP浓度，抑制生物活性介质的释放。

2. 拮抗生物活性介质

苯海拉明、氯苯那敏、异丙嗪等药物，能与组胺竞争靶细胞膜上的组胺受体而影响组胺的作用；阿司匹林为缓激肽拮抗药；多根皮苷酊有拮抗白三烯的作用。

3. 改变效应器官的反应性

常用的肾上腺素、麻黄碱不仅可解除支气管痉挛，而且可减少腺体分泌；葡萄糖酸钙、氯化钙、维生素C等除具有解痉、降低毛细血管通透性作用外，还可以减轻皮肤及黏膜的炎症反应。

4. 免疫抑制疗法

肾上腺皮质激素具有明显的抗炎和免疫抑制作用，它可抑制巨噬细胞的趋化作用，阻止巨噬细胞对抗原的摄取和处理，阻止巨噬细胞释放IL-1；在一定浓度下，可抑制淋巴细胞DNA复制。此外，尚能稳定肥大细胞和嗜碱性粒细胞的细胞膜，使cAMP浓度升高，阻止血管活性介质的释放，抑制变态反应的发生。常用于Ⅰ型、Ⅲ型变态反应性疾病如过敏性休克、肾小球肾炎等的治疗。

【复习思考题】

1. 解释名词：变态反应　变应原　传染性变态反应
2. 变态反应与免疫反应有何异同？
3. 变态反应有哪些主要类型？
4. 在变态反应发生过程中有哪些类型的抗体参与？
5. 如何防止变态反应的发生？

（刘　莉　王　涛）

第九章　血清学试验

【能力目标】

能运用凝集试验、沉淀试验、补体结合试验、中和试验、免疫荧光抗体技术、免疫酶技术进行未知抗原或抗体的检测。

【知识目标】

掌握血清学试验的种类、特点及影响因素；熟悉凝集试验、沉淀试验、免疫酶技术的原理；了解各项血清学试验的实际应用。

第一节　概　述

一、血清学试验的概念

抗原与相应的抗体无论在体内还是体外均能发生特异性结合反应，并表现出特定的现象。在体内表现为体液免疫应答；在体外结合后，由于抗原和抗体的性质、反应的条件、参与反应的因素和检测方法的不同，可表现为各种特定的反应形式。因抗体主要存在于血清中，所以通常将体外发生的抗原抗体反应统称为血清学反应或血清学试验。但现代的抗原抗体反应早已突破了血清学时代的概念。抗原和抗体的体外反应是应用最为广泛的一种免疫学技术，为疾病的诊断、抗原和抗体的鉴定及定量提供了良好的方法，因此广泛应用于微生物的鉴定、传染病和寄生虫病的监测和诊断。

二、血清学试验的特点

血清学试验分为凝集试验、沉淀试验、补体结合试验、中和试验和免疫标记技术等，这些试验一般具有以下特点。

1. 特异性和交叉性

血清学试验具有高度的特异性。由于抗原决定簇的组成、结构不同，所诱导产生的抗体也不同。一种抗原只能与相应抗体结合，表现出高度的特异性。如抗猪瘟抗体只能与猪瘟病毒结合，而不能与口蹄疫病毒或者其他病毒相结合；同样，抗口蹄疫病毒抗体也只能与口蹄疫病毒结合，而不能与其他病毒相结合。这种特异性可用于分析、鉴别各种抗原和进行疾病的诊断。但若两种抗原之间含有部分共同抗原时，则发生交叉反应。如肠炎沙门菌的血清能凝集鼠伤寒沙门菌。一般亲缘关系越近，交叉反应的程度也越高。交叉反应是区分血清型和亚型的重要依据。

2. 敏感性

血清学试验不仅有高度的特异性，而且还具有极高的敏感性。不仅可用于定性，还可以用于检测微量的抗原和抗体，其灵敏度大大超过当前所应用的化学方法。血清学试验的敏感性视种类而异。

3. 反应的可逆性

抗原和抗体的结合是分子表面的结合，其结合的温度为0～40℃、pH在4.0～9.0范围内。如温度超过60℃或pH降到3.0以下，或加入解离剂如硫氰化钾、尿素等，则抗原-抗体复合物又可重新解离，解离后的抗原或抗体性质不改变。利用这一特性，可进行免疫亲和层析，以提取免疫纯的抗原或抗体。

4. 反应的二阶段性

血清学反应有二阶段性，但其间无严格的界限。第一阶段为抗原与抗体的特异性结合阶段，反应发生快，几秒至几分钟即可，但无可见反应。第二阶段为抗原与抗体在介质作用下出现各种可见反应，如凝集、沉淀、补体结合等反应，反应发生较慢，需几分钟、几十分钟或更长时间；此阶段受电解质、温度和酸碱度等的影响。

5. 最适比和带现象

抗原与抗体在适宜的条件下能发生结合反应。但对于血清学试验，只有在抗原与抗体呈适当比例时，结合才出现可见反应；在最适比例时，反应最明显。如抗原过多或抗体过多，则抗原抗体的结合不能形成大的复合物，因而抑制可见反应的出现，这一现象称为带现象。抗体过多出现的抑制现象称前带现象，而抗原过多出现的抑制现象称后带现象。为了克服带现象，在进行血清学试验时，需将抗原或抗体做适当稀释（图 9-1）。

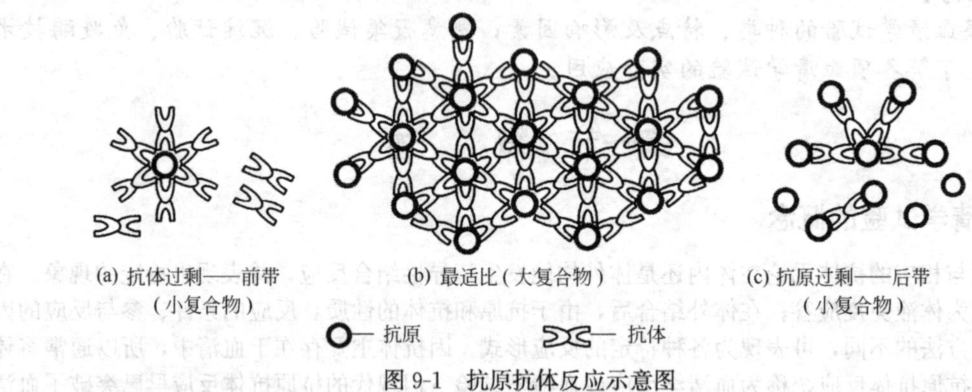

图 9-1 抗原抗体反应示意图

6. 用已知测未知

所有的血清学试验均不外乎用已知抗原测定未知抗体，或用已知的抗体测定未知抗原。在反应中只能有一种材料是未知的，但可以用两种或两种以上的已知材料检测一种未知抗原或抗体。

三、影响血清学试验的因素

血清学试验通常受电解质、温度、酸碱度、振荡及是否含有杂质等理化因素的影响。

1. 电解质

特异性的抗原和抗体具有对应的极性基，它们互相吸附后，不能与水分子结合，因而失去亲水性，变为憎水系统，此时易受电解质的作用失去电荷而互相凝聚，发生凝集或沉淀反应。因此，血清学试验加入适当浓度的电解质，能出现可见反应。常用的电解质是 0.85％氯化钠即生理盐水，但有些血清学试验要求用较高的离子浓度或 PBS。

2. 温度

较高的温度可以增加抗原和抗体的活性及接触的机会，从而加速反应的出现。因此，将抗原、抗体充分混合后，通常在 37℃水浴中保温一定时间，可促使第二阶段反应的出现。亦可用 56℃水浴，则反应更快。但有的抗原和抗体需在低温下长时间结合，反应才能更充分。

3. 酸碱度

血清学试验常用的 pH 为 6.0～8.0，过高或过低的 pH 可使抗原-抗体复合物重新解离。当 pH 降至抗原或抗体的等电点时，可引起非特异性的酸凝集，造成假象。

4. 振荡

适当的机械振荡能增加分子或颗粒间的相互碰撞，加速抗原抗体的结合反应。但强烈的振荡又可以使抗原-抗体复合物解离。

5. 杂质和异物

血清学试验中如存在与反应无关的杂质如蛋白质、类脂质和多糖等，会抑制反应的进行或引起非特异性反应。因此，血清学试验中应设阳性对照和阴性对照，以利于做出正确的判断。

近年来，血清学试验由于与现代科学技术相结合，发展很快。加上半抗原连接技术的发展，几乎所有小分子活性物质均能制成人工复合抗原，以制备相应的抗体，从而建立血清学检测技术，使血清学技术的应用面愈来愈广，涉及到生命科学的所有领域，成为生命科学进入分子水平不可缺少的检测手段。

在医学和兽医学领域已广泛应用血清学试验，直接或间接从传染病、寄生虫病、肿瘤、自身免疫病和变态反应性疾病的感染组织或血清、体液中检出相应抗原或抗体，从而作出确切诊断。对传染病来说，几乎没有不能用血清学试验诊断的。在群体检疫、疫苗免疫效果监测和流行病学调查中，也已大规模地应用检测抗体的血清学试验。此外，生物活性物质的超微定量、物种及微生物鉴定和分型等方面，也广泛应用血清学试验。

血清学试验方法的研究，正向着高度特异性、高度敏感性、精密的分辨能力、高水平的定位、试验电脑化、反应微量化、方法标准化、试剂商品化和方法简便快速等方面发展。

第二节 凝集试验

颗粒性抗原（如细菌、红细胞等）或吸附在乳胶、白陶土、离子交换树脂和红细胞的抗原，与相应抗体结合后，在适量电解质存在下，经过一定时间，互相凝聚形成肉眼可见的凝集块，称为凝集试验（图 9-2）。参与试验的抗原称为凝集原，抗体称为凝集素。参与凝集试验的抗体主要为 IgG 和 IgM。

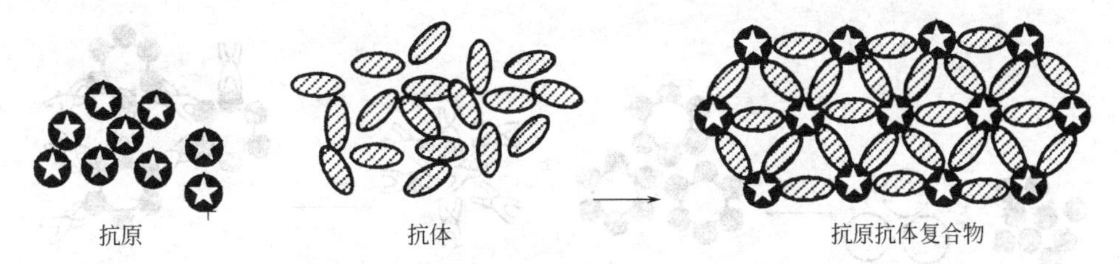

图 9-2 凝集试验中抗原抗体结合过程示意图

凝集试验根据抗原的性质、反应的方式分为直接凝集试验和间接凝集试验两种。

一、直接凝集试验

直接凝集试验指颗粒性抗原与相应抗体在电解质的参与下，直接结合凝聚成团块的现象。按试验方法可分为平板凝集试验和试管凝集试验。

1. 平板凝集试验

平板凝集试验是一种定性试验，可在玻板或载玻片上进行。将含有已知抗体的诊断血清与待检菌悬液各一滴在玻片上混合均匀，数分钟后，如出现颗粒状或絮状凝集，即为阳性反应（图 9-3）。反之，也可用已知的诊断抗原悬液检测待检血清中有无相应的抗体。此法简便快速，适用于新分离细菌的鉴定或分型、抗体的定性检测。如大肠杆菌和沙门菌等的鉴定，布氏杆菌病、鸡白痢、禽伤寒和败血霉形体病的检疫；亦可用于血型的鉴定等。

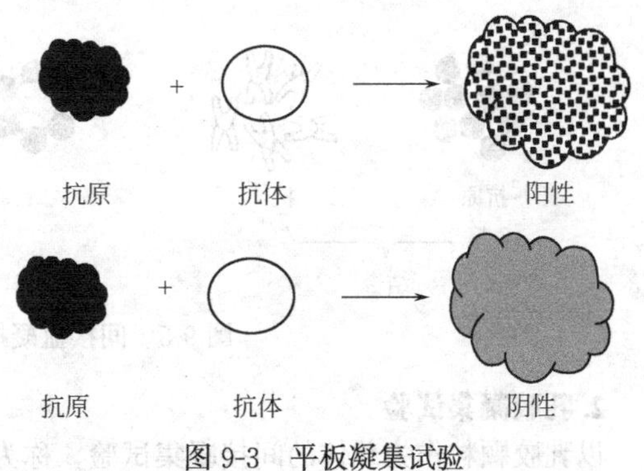

图 9-3 平板凝集试验

2. 试管凝集试验

试管凝集试验是一种既可定性也可定量的试验，可在小试管中进行。操作时将待检血清用生理盐水或其他稀释液做倍比稀释，然后每管加入等量抗原，混匀，37℃水浴或放入恒温箱中数小时，观察液体澄清度及沉淀物，根据不同凝集程度记录结果。以出现50%以上凝集的血清最高稀释倍数为该血清的凝集价，也称效价或滴度。本试验主要用于检测待检血清中是否存在相应的抗体及其效价，如布氏杆菌病的诊断与检疫。

二、间接凝集试验

将可溶性抗原（或抗体）先吸附于与免疫无关的小颗粒的表面，再与相应的抗体（或抗原）结合，在电解质存在的适宜条件下，可出现肉眼可见的凝集现象，称为间接凝集试验。用于吸附抗原（或抗体）的颗粒称为载体。常用的载体有动物红细胞、聚苯乙烯乳胶、硅酸铝、活性炭和葡萄球菌A蛋白等。根据试验时所用的载体颗粒不同，可分为间接血凝试验、乳胶凝集试验、炭粉凝集试验等。间接凝集试验的灵敏度比直接凝集试验高2～8倍，适用于抗体和各种可溶性抗原的检测。其特点是微量、快速、操作简便、无需特殊设备，应用范围广泛。

1. 间接血凝试验

以红细胞为载体的间接凝集试验，称为间接血凝试验。吸附抗原的红细胞称为致敏红细胞。致敏红细胞与相应抗体结合后，能出现红细胞凝集现象（图9-4）。用已知抗原吸附于红细胞上检测未知抗体称为正向间接血凝试验；用已知抗体吸附于红细胞上鉴定未知抗原称为反向间接血凝试验。常用的红细胞有绵羊、家兔、鸡及人的为O型血的红细胞。由于红细胞几乎能吸附任何抗原，而且红细胞是否凝集容易观察，故利用红细胞作载体进行的间接凝集试验已广泛应用于血清学诊断的各个方面，如多种病毒性传染病、霉形体病、衣原体病、弓形体病等的诊断和检疫。

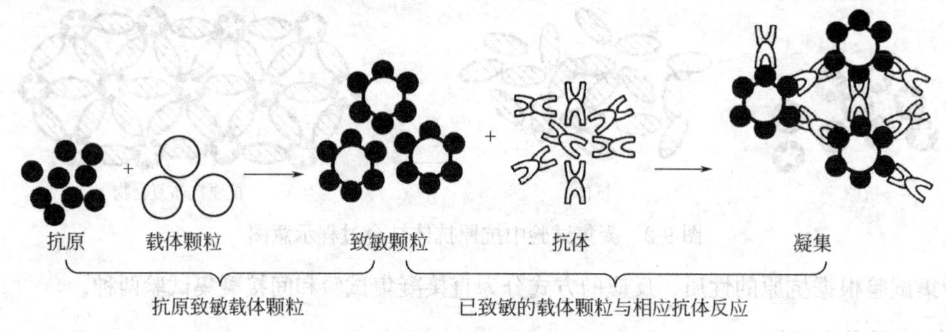

图9-4　间接凝集反应原理示意图

抗体与游离抗原结合后就不能凝集抗原致敏的红细胞，从而使红细胞凝集现象受到抑制，这一试验被称为间接血凝抑制试验。通常是用抗原致敏的红细胞和已知抗血清检测未知抗原或测定抗原的血凝抑制价。血凝抑制价即抑制血凝的抗原最高稀释倍数（图9-5）。

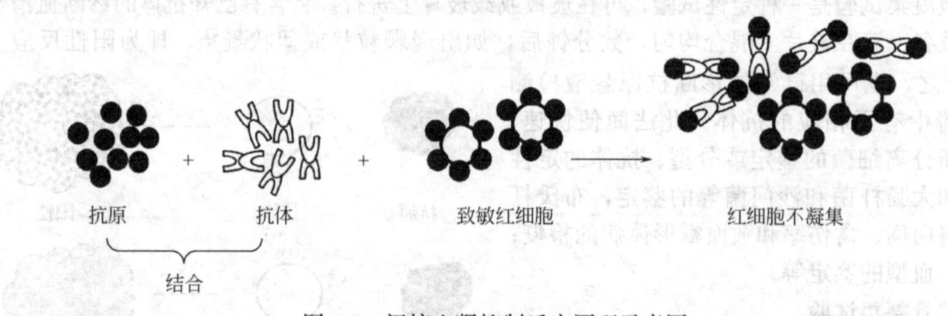

图9-5　间接血凝抑制反应原理示意图

2. 乳胶凝集试验

以乳胶颗粒作为载体的间接凝集试验，称为乳胶凝集试验。该试验既可检测相应的抗体，也可鉴定未知的抗原，而且方法简便、快速，在临床诊断中广泛应用于伪狂犬病、流行性乙型脑炎、钩端螺旋体病、猪细小病毒病、猪传染性萎缩性鼻炎、禽衣原体病、山羊传染性胸膜肺炎、囊虫病等的诊断。

3. 协同凝集试验

葡萄球菌A蛋白是大多数金黄色葡萄球菌的特异性表面抗原，能与多种哺乳动物血清中的IgG分子的Fc片段相结合，结合后的IgG仍保持其抗体活性。当这种覆盖着特异性抗体的葡萄球菌与相应抗原结合时，可以相互连接引起协同凝集反应，在玻板上数分钟内即可判定结果。目前已广泛应用于快速鉴定细菌、霉形体和病毒等。

4. 炭粉凝集试验

以极细的活性炭粉作为载体的间接凝集试验，称为炭粉凝集试验。反应在玻板上或塑料反应盘进行，数分钟后即可判定结果。通常是用抗体致敏炭粉颗粒制成炭素血清，用以检测抗原，如马流产沙门菌；也可用抗原致敏炭粉，用以检测抗体，如腺病毒感染、沙门菌病、大肠杆菌病、囊虫病等的诊断。

技能 2-1 凝集试验

[学习目标]

掌握平板凝集试验和试管凝集试验的操作方法及结果判定；初步掌握SPA协同凝集试验的操作方法及结果判定。

[仪器材料]

① 器材：恒温箱、冰箱、水浴锅、磁力搅拌器、离心机、试管（1cm×8cm）、刻度吸管（5mL、10mL、0.5mL、0.2mL）、玻璃板、酒精灯、火柴或牙签等。

② 试剂：0.01mol/L PBS液（pH7.4）、含0.1%NaN_3的0.01mol/L PBS液（pH7.4）、含0.5%福尔马林的0.01mol/L PBS液（pH7.4）、生理盐水、0.5%石炭酸生理盐水、琼脂斜面培养基。

③ 其他：布氏杆菌平板凝集抗原、琥红抗原、试管抗原、被检血清、布氏杆菌标准阳性血清及标准阴性血清，金黄色葡萄球菌SPA阳性株NO.1800株（国内分离株）、SPA阴性株Wood46株，炭疽阳性血清和阴性血清，炭疽杆菌、枯草杆菌及蜡样芽孢杆菌。

[方法步骤]

一、直接凝集试验

1. 平板凝集试验（以布氏杆菌为例）

① 取洁净的玻璃板，用玻璃铅笔按表9-1划成4cm^2小格若干。

② 吸取被检血清，按0.08mL、0.04mL、0.02mL和0.01mL量，分别加在第一横行的四个格内。大规模检疫时可只做2个血清量，大动物用0.04mL和0.02mL，中小动物用0.08mL和0.04mL。每检一份血清更换一支吸管。同时设立标准阳性血清、标准阴性血清、生理盐水对照。

③ 每格内加入布氏杆菌平板抗原0.03mL于血清附近，然后用牙签或火柴杆自血清量最少的一格开始，依次向前将抗原与血清混匀。每份被检血清用1根牙签。

④ 将玻璃板置于酒精灯上方较远处稍加温，使之达到30℃左右，于3～5min内记录结果。阳性血清对照出现“++”以上的凝集，阴性血清对照无凝集，生理盐水对照无凝集。

反应强度：在对照试验出现正确反应结果的前提下，根据被检血清各血清量凝集片的大小及液体透明程度，判定各血清量凝集反应的强度。

++++：出现大的凝集片或粒状物，液体完全透明，即100%菌体凝集。

+++：有明显凝集片，液体几乎完全透明，即75%菌体凝集。

++：有可见凝集片，液体不甚透明，即50%菌体凝集。

表 9-1 布氏杆菌平板凝集试验

要素	试验组				对照组		
	1	2	3	4	阳性血清	阴性血清	生理盐水
生理盐水/mL							0.5
阳性血清/mL					0.03		
阴性血清/mL						0.03	
被检血清/mL	0.08	0.04	0.02	0.01			
平板抗原/mL	0.03	0.03	0.03	0.03	0.03	0.03	0.03

＋：仅可勉强看到粒状物，液体浑浊，即25％菌体凝集。

－：无凝集现象，液体均匀浑浊。

判定标准：牛、马、鹿、骆驼0.02mL血清量出现“＋＋”以上凝集时，判为阳性反应；0.04mL血清量出现“＋＋”凝集时，判为疑似反应。猪、绵羊、山羊和犬0.04mL血清量出现“＋＋”以上凝集时，判为阳性反应；0.08mL血清量出现“＋＋”凝集时，判为疑似反应。

2.琥红平板凝集试验（以布氏杆菌为例）

吸取被检血清和布氏杆菌琥红凝集抗原各0.03mL加到玻璃板方格内，用牙签或火柴杆混匀，4min内观察结果。同时设立标准阳性血清、标准阴性血清、生理盐水对照。

在对照标准阳性血清出现凝集颗粒、标准阴性血清和生理盐水对照不出现凝集的前提下，被检血清出现大的凝集片或小的颗粒状物，液体透明判阳性；液体均匀浑浊，无任何凝集物判阴性。

3.试管凝集试验（以羊布氏杆菌病为例）

① 取7支小试管置于试管架上，4支用于被检血清，3支作对照。如检多份血清，可只作一份对照。

② 按表9-2操作，先加入0.5％石炭酸生理盐水，然后另取吸管吸取被检血清0.2mL加入第1管中，反复吹吸5次充分混匀，吸出1.5mL弃掉，再吸出0.5mL加入第2管，以第1管的方法吹吸混匀第2管，再吸出0.5mL加入第3管，以此类推至第4管，混匀后吸出0.5mL弃掉。第5管中不加血清，第6管加1∶25稀释的布氏杆菌阳性血清0.5mL，第7管加1∶25稀释的布氏杆菌阴性血清0.5mL。

表 9-2 布氏杆菌试管凝集试验操作术式

管号	1	2	3	4	5	6	7
血清稀释倍数	1:25	1:50	1:100	1:200	对照		
					抗原对照	阳性对照	阴性对照
0.5% 石炭酸生理盐水 /mL	2.3	0.5	0.5	0.5	0.5	—	—
被检血清 /mL	0.2	0.5	0.5	0.5		阳性血清 0.5	阴性血清 0.5
抗原 (1:20)/mL	0.5	0.5	0.5	0.5	0.5	0.5	0.5
	弃去 1.5			弃去 0.5			

③ 用0.5％石炭酸生理盐水将布氏杆菌试管抗原进行1∶20稀释后，每管加入0.5mL。

④ 全部加完后，充分振荡，放入37℃恒温箱中24h，取出后观察并记录结果。阳性血清对照管出现“＋＋”以上的凝集现象，阴性血清和抗原对照管无凝集。

反应强度：在对照试验出现正确反应结果的前提下，根据被检血清各管中上层液体的透明度及管底凝集块的形状，判定各管凝集反应的强度。

＋＋＋＋：管底有极显著的伞状凝集物，上层液体完全透明。

＋＋＋：管底凝集物与“＋＋＋＋”相同，但上层液体稍有浑浊。

＋＋：管底有明显凝集物，上层液体不甚透明。

＋：管底有少量凝集物，上层液体浑浊，不透明。

－：液体均匀浑浊，不透明，管底无凝集，由于菌体自然下沉，管底中央有圆点状沉淀物，振荡时立即散开呈均匀浑浊。

判定标准：马、牛、骆驼在1∶100稀释度出现“＋＋”以上的反应强度判为阳性；在1∶50稀释度出现“＋＋”的反应强度判为可疑。绵羊、山羊、猪在1∶50稀释度出现“＋＋”以上的反应强度判为阳性；在1∶25稀释度出现“＋＋”的反应强度判为可疑。

可疑反应的家畜，经3～4周后采血重检。对于来自阳性畜群的被检家畜，如重检仍为可疑，可判为阳性；如畜群中没有临床病例及凝集反应阳性者，马和猪重检仍为可疑，可判为阴性；牛和羊重检仍为可疑，可判为阳性。

注：试管法检查人布氏杆菌病，血清1∶100稀释度出现“＋＋”以上的反应强度判为阳性。

[**注意事项**]

① 每次试验必须设立标准阳性血清、标准阴性血清和生理盐水对照。

② 抗原保存在2～8℃，用前置室温30～60min，使用前摇匀，如出现摇不散的凝块，不得使用。

③ 被检血清必须新鲜，无明显的溶血和腐败现象。加入防腐剂的血清应自采血之日起，15d内检完。

④ 大规模检疫时，吸管量不足可将用完吸管用灭菌生理盐水清洗六次以上，再吸取另一份血清。

⑤ 平板凝集反应温度最好在30℃左右，于3～5min内记录结果，如反应温度偏低，可于5～8min内判定。用酒精灯加温玻璃板时，不能离火焰太近，以防抗原和血清干燥。

⑥ 平板凝集反应适用于普查初筛，筛选出的阳性反应血清，需做试管凝集试验，以试管凝集的结果为被检血清的最终判定。

二、SPA协同凝集试验（以炭疽SPA协同凝集试验为例）

SPA为金黄色葡萄球菌细胞壁上的A蛋白，它能与IgG的Fc片段结合，同时不影响Fab片段的活性，将带有SPA的金黄色葡萄球菌与抗体混合，再加入适量的相应抗原，结果使出现的凝集现象更易于观察。它对颗粒性抗原和可溶性抗原都有相同的作用。此法方便、快速、便于推广使用（图9-6）。

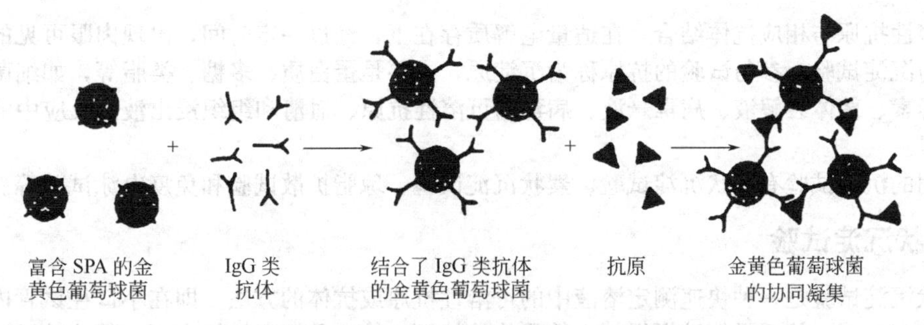

图9-6 SPA协同凝集试验示意图

① 将NO.1800株接种琼脂斜面培养基上，37℃培养20～24h。

② 用生理盐水洗下菌体，4000r/min离心20min。

③ 将沉淀的菌体用0.01mol/L PBS液（pH7.4）洗3次，然后用含0.5%福尔马林的0.01mol/L PBS液（pH7.4）制成10%的悬液，置室温下3h。

④ 将悬液56℃水浴30min，离心，用0.01mol/L PBS液（pH7.4）洗2次，最后用含0.1% NaN3的0.01mol/L PBS液（pH7.4）制成10%悬液，即为SPA稳定液，置4℃冰箱备用。

⑤ 取10%SPA悬液1mL，如从冰箱取出，可再用PBS液洗1次，加灭活的炭疽阳性血清0.1mL，混匀后置37℃水浴30min，其间经常振荡以保持菌体呈悬浮状态，以利于相互结合。

⑥ 4000r/min离心20min，去上清，沉淀用0.01mol/L PBS液（pH7.4）洗2次，以除去未结合的剩余抗体。最后加0.1%NaN_3的0.01mol/L PBS液（pH7.4）至10mL，此即为1%标记的SPA凝集用诊断液。在制备诊断液过程中，同时做不含A蛋白葡萄球菌与阳性血清及含A蛋白葡萄球菌与阴性血清感作对照。

⑦ 取洁净载玻片，用接种环取1环SPA凝集用诊断液，再从琼脂斜面上取少量待检细菌，充分混合，2min内记录结果。

⑧ 对照组的设立

a. SPA阴性菌标记阳性血清对照。

b. SPA阳性菌标记阴性血清对照

c. SPA稳定液与炭疽杆菌凝集对照。

d. 抗炭疽血清与炭疽杆菌凝集对照。

e. 其他芽孢杆菌凝集试验对照。

结果判定

＋＋＋＋：2min内，菌体凝集成大颗粒，液体透明。

＋＋＋：2min内，菌体凝集成较大颗粒，液体透明。

＋＋：2min内，菌体凝集成较小颗粒，液体轻度透明。

＋：2min内，菌体部分凝集成细小颗粒，液体浑浊。

－：2min内，无凝集现象，或2min以上出现细小颗粒。

[注意事项]

对于冻干金黄色葡萄球菌SPA阳性菌种，使用时先用普通肉汤培养，然后再接种到琼脂斜面上为佳，并且在菌种保存过程中应特别注意出现培养性状的变异，以避免由于培养性状改变引起的自家凝集。

附：培养SPA菌株的固体培养基（遵义医院配方）

蛋白胨10g，葡萄糖1g，$Na_2HPO_4 \cdot 12H_2O$ 2g，牛肉水1000mL，pH为7.8，加琼脂25g，制成斜面。

第三节　沉淀试验

可溶性抗原与相应抗体结合，在适量电解质存在下，经过一定时间，出现肉眼可见的白色沉淀，称为沉淀试验。参与试验的抗原称为沉淀原，主要是蛋白质、多糖、类脂等，如细菌的外毒素、内毒素、菌体裂解液、病毒悬液、病毒的可溶性抗原、血清和组织浸出液。反应中的抗体称为沉淀素。

常用的沉淀试验有环状沉淀试验、絮状沉淀试验、琼脂扩散试验和免疫电泳试验等。

一、环状沉淀试验

环状沉淀试验是一种快速测定溶液中的可溶性抗原或抗体的方法。即在小口径试管内先加入已知沉淀素血清，然后沿管壁慢慢加入等量待检抗原，使之叠加于抗体表面，数分钟后，在抗原抗体相接触的界面出现白色环状沉淀带，即为阳性反应（图9-7）。本法主要用于抗原的定性试验，如炭疽病的诊断（Ascoli氏试验）、链球菌的血清型鉴定和血迹鉴定等。

二、絮状沉淀试验

抗原与抗体在试管内混合，在电解质存在下，抗原-抗体复合物可形成絮状物。在最适比例

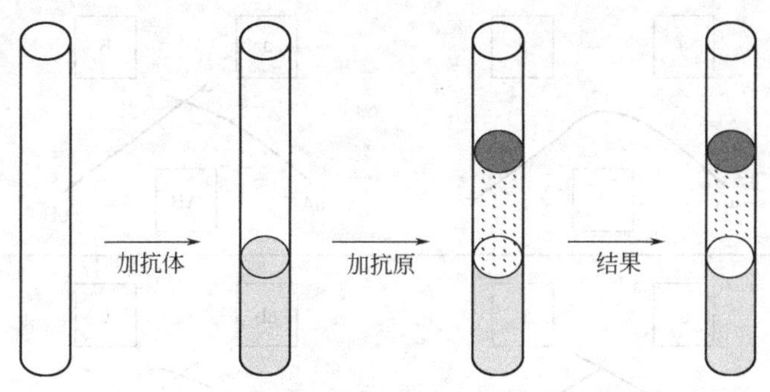

图 9-7 环状沉淀反应原理示意图

时，出现反应最快和絮状物最多。本法常用于毒素、类毒素和抗毒素的定量测定。

三、琼脂扩散试验

琼脂扩散试验简称琼扩。抗原抗体在含有电解质的琼脂凝胶中扩散，当两者在比例适当处相遇时，即发生沉淀反应，出现肉眼可见的沉淀带，称为琼脂扩散试验。

琼脂扩散试验有单向单扩散、单向双扩散、双向单扩散和双向双扩散四种类型。最常用的是双向双扩散。

1. 单向单扩散

在冷至45℃左右的0.5%～1.0%琼脂中加入一定量的已知抗体，混匀后加入小试管中，凝固后将待检抗原加于其上，置密闭湿盒内，37℃恒温箱或室温扩散数小时。抗原在含抗体的琼脂凝胶中扩散，在比例最适处出现沉淀带。此沉淀带的位置随着抗原的扩散而向下移动，直至稳定。抗原浓度越大，则沉淀带的距离也越大，因此可用于抗原的定量。

2. 单向双扩散

在小试管内进行。先将含有抗体的琼脂加于管底，中间加一层不含抗体的同样浓度的琼脂，凝固后加待检抗原，置密闭湿盒内，于37℃恒温箱或室温扩散数日。抗原抗体在中间层相向扩散，在比例最适处形成沉淀带。此法主要用于复杂抗原的分析，目前较少应用。

3. 双向单扩散

在冷至45℃左右的2%琼脂中加入一定量的已知抗体，制成厚2～3mm的琼脂凝胶板，在板上打孔，孔径3mm，孔距10～15mm，于孔内滴加抗原后，置密闭湿盒内，37℃恒温箱或室温进行扩散。抗原在孔内向四周辐射扩散，与琼脂凝胶中的抗体接触形成白色沉淀环，环的大小与抗原浓度呈正比。

本法可用于抗原的定量和传染病的诊断，如马立克病的诊断。

4. 双向双扩散

用1%琼脂制成厚2～3mm的凝胶板，在板上按规定图形、孔径和孔距打圆孔，于相应孔内滴加抗原、阳性血清和待检血清，放于密闭湿盒内，置37℃恒温箱或室温扩散数日，观察结果。

当用于检测抗原时，将抗体加入中心孔，待检抗原分别加入周围相邻孔。若均出现沉淀带且完全融合，说明是同种抗原；若两相邻孔沉淀带有部分相连并有交角时，表明二者有共同抗原决定簇；若两相邻孔沉淀带互相交叉，说明二者抗原完全不同（图9-8）。

当用于检测抗体时，将已知抗原置于中心孔，周围1、2、3、4孔分别加入待检血清，其余两对应孔加入标准阳性血清。若待检血清孔与相邻阳性血清孔出现的沉淀带完全融合，则判为阳性。若待检血清孔无沉淀带或出现的沉淀带与相邻阳性血清孔出现的沉淀带相互交叉，判为阴性。若待检血清孔无沉淀带，而两侧阳性血清孔的沉淀带在接近待检血清孔时向内弯曲的，判为弱阳性；而向外弯曲的，则判为阴性（图9-9）。

本法应用广泛，已普遍用于传染病的诊断和抗体的检测，如鸡马立克病、鸡传染性法氏囊

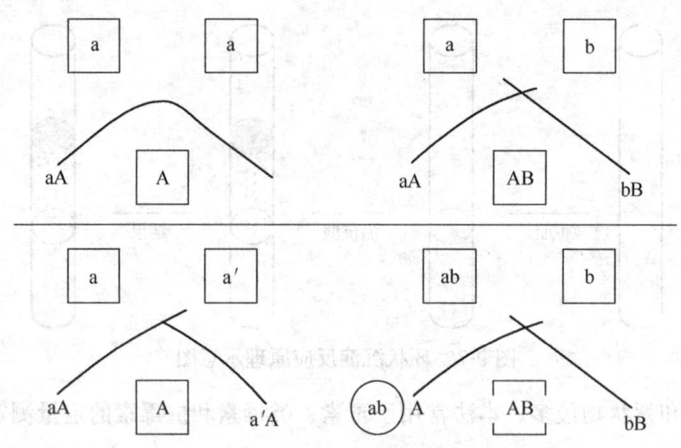

图 9-8 双扩散用于检测抗原

a，b 为单一抗原；ab 为同一分子上的两个决定簇；

A，B 为抗 a、抗 b 抗体；a′为与 a 部分相同的抗原

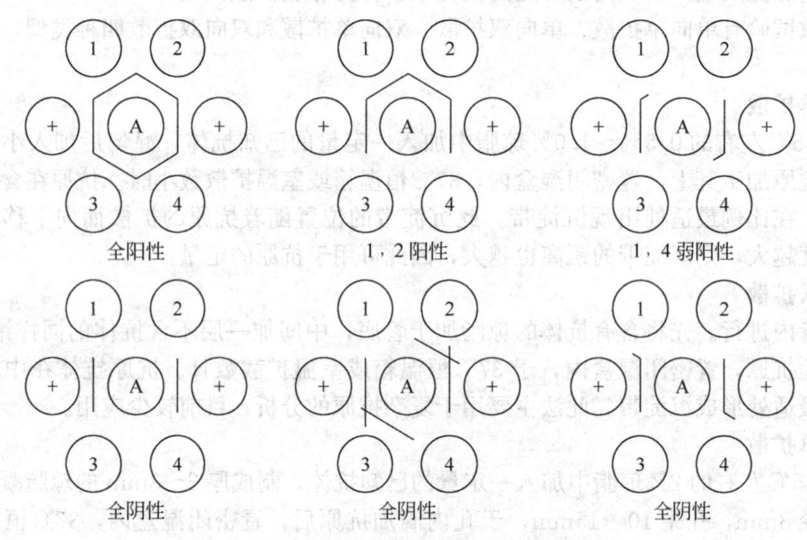

图 9-9 双向双扩散用于检测抗体结果判定

A 为抗原；＋为阳性血清；1，2，3，4 为被检血清

炎、禽流感、霉形体病、鸡传染性喉气管炎、伪狂犬病、牛地方性白血病、马传染性贫血和蓝舌病等。

四、免疫电泳技术

免疫电泳技术是凝胶扩散试验与电泳技术相结合的免疫检测技术。在抗原抗体凝胶扩散的同时，加入电泳的电场作用，使抗体或抗原在凝胶中的扩散移动速度加快，缩短了试验时间；同时限制了扩散移动的方向，使集中朝电泳的方向扩散移动，增加了试验的敏感性，故此方法比一般的凝胶扩散试验更快速和灵敏。根据试验的用途和操作不同可分为免疫电泳、对流免疫电泳、火箭免疫电泳等技术。

1. 免疫电泳

免疫电泳是琼脂双扩散免疫与琼脂平板电泳技术结合而成。将抗原样品在琼脂平板上电泳，使其中的各种成分因电泳迁移率的不同而彼此分开，然后再加入抗体进行双向扩散，把已分离的各抗原成分与抗体在琼脂中扩散而相遇，在二者比例适当的地方形成肉眼可见的沉淀弧。

此方法可以用来研究抗原和抗体的相对应性；测定样品的各成分以及它们的电泳迁移率；根据蛋白质的电泳迁移率、免疫特性及其他特性，可以确定该复合物中含有某种蛋白质；鉴定抗原或抗体的纯度。

2. 对流免疫电泳

该方法是在电场的作用下，利用抗原抗体相向扩散的原理，使抗原抗体在电场中定向移动，限制了双向双扩散时抗原、抗体向多方向的自由扩散，可以提高试验的敏感性，缩短反应时间。

试验时，在pH为8.6的琼脂凝胶板上打孔，两孔为一组，孔径3mm，抗原、抗体孔间距为4～5mm。将抗原加入负极端孔内，抗体加入正极端孔内，用2～4mA/cm电流电泳1h左右，观察结果，在两孔之间出现沉淀带的为阳性反应（图9-10）。沉淀带出现的位置与抗原抗体的泳动速度及含量有关。当二者平衡时所形成的沉淀带在两孔之间，呈一直线。若二者泳动速度差异悬殊，则沉淀带位于对应孔附近，呈月牙形。如果抗原或抗体含量过高时，可使沉淀带溶解。因此，对每份检样应选2～3个稀释度进行试验。

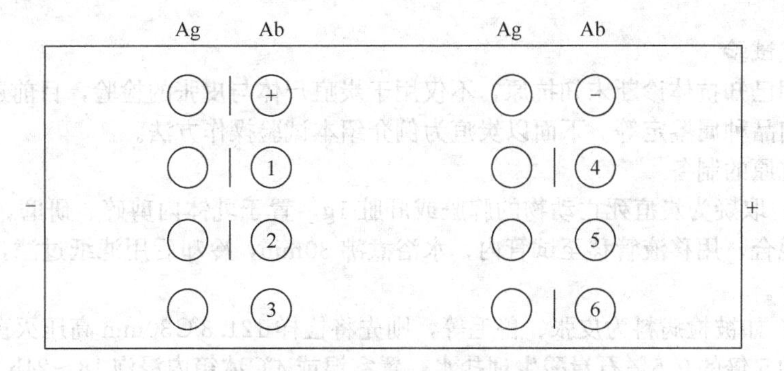

图 9-10 对流免疫电泳示意图

Ag：抗原；Ab：抗体；

＋为阳性血清；－为阴性血清；1、2、3、4、5、6为待检血清

3. 火箭免疫电泳

火箭免疫电泳是单向单扩散和电泳技术相结合的一种血清学试验。具体方法是让抗原在电场的作用下，在含有抗体的琼脂中定向泳动，二者比例合适时形成类似火箭样的沉淀峰。沉淀峰的高度与抗原的浓度成正比（图9-11）。

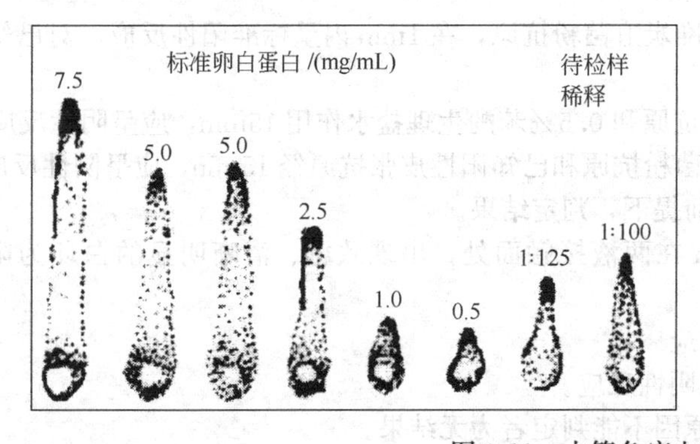

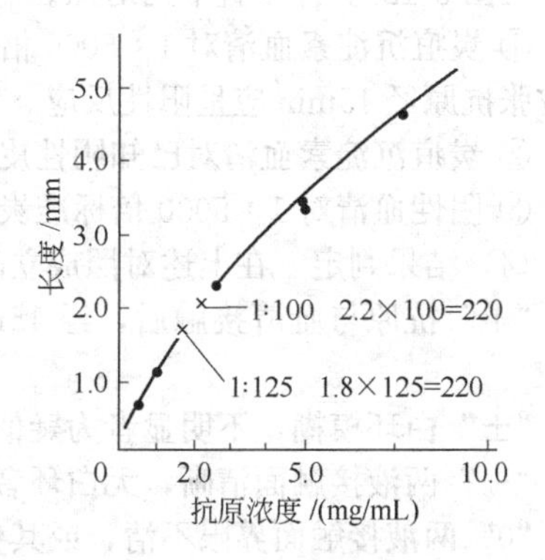

图 9-11 火箭免疫电泳

试验时，在冷至56℃左右的巴比妥缓冲液琼脂中加入一定量的已知抗体，制成琼脂凝胶板。在板的负极端打一排孔，孔径3mm孔距8mm，然后滴加待检抗原和已知抗原，以2～4mA/cm电流电泳1～5h。若抗原与抗体比例合适，则孔前出现顶端完全闭合的火箭状沉淀峰；抗原大量过剩时，或不形成沉淀峰，或沉淀峰不闭合；抗原中等过剩时，沉淀峰呈圆形；当二者比例不适当时，常不能形成火箭状沉淀峰。

技能 2-2 沉淀试验

[学习目标]

掌握琼脂扩散试验的操作方法及结果判定；学会炭疽环状沉淀试验的操作方法及结果判定。

[仪器材料]

① 器材：水浴锅、冰箱、沉淀管、毛细滴管、小漏斗、滤纸、玻璃板、石棉、平皿、打孔器、8 号针头、高压蒸汽灭菌器、乳钵、试管、酒精灯等。

② 试剂：生理盐水、0.5%苯酚生理盐水、$Na_2HPO_4 \cdot 12H_2O$、KH_2PO_4、NaCl、琼脂粉、2%NaN_3、蒸馏水。

③ 其他：炭疽病料（可用炭疽芽孢苗腹腔感染死亡小鼠的肝或脾），标准炭疽菌粉抗原，炭疽沉淀素血清及阴性抗原，已知炭疽皮张阴、阳性抗原，鸡马立克待检血清，鸡马立克琼脂扩散抗原，鸡马立克标准阳性和标准阴性血清。

[方法步骤]

1. 环状沉淀试验

此反应多用已知抗体诊断未知抗原，不仅用于炭疽尸体与皮张的检验，目前还用于链球菌的分类、鉴定，肉品种属鉴定等。下面以炭疽为例介绍本试验操作方法。

(1) 待检抗原的制备

① 热浸法：取疑为炭疽死亡动物的脾脏或肝脏 1g，置于乳钵内剪碎、研磨，加入 5～10mL 生理盐水使之混合，用移液管移至试管内，水浴煮沸 30min，冷却后用滤纸过滤，得到清亮的液体即为待检抗原。

② 冷浸法：如被检病料为皮张、兽毛等，则先将检样 121.3℃30min 高压灭菌，然后剪成小块并称重，加约 5 倍的 0.5%石炭酸生理盐水，置室温或 4℃冰箱内浸泡 18～24h，滤纸过滤，使之透明即为待检抗原。

现以待检皮张抗原为例，介绍其检测过程。

(2) 取 5 支沉淀管，用毛细滴管或 1mL 注射器吸取炭疽沉淀素徐徐注入斜置的沉淀管内，达到管高的 1/3 处，加时注意勿使液面产生气泡。

(3) 取其中一支沉淀管，用毛细滴管吸取待检抗原沿管壁徐徐加入，使其层积在炭疽沉淀素血清上，达到管高的 2/3 处，加时注意不要发生气泡或者将其摇动，随即直立沉淀管，静置试管架上（图 9-12）。并设置下列对照。

① 炭疽沉淀素血清对 1∶5000 倍标准炭疽菌粉抗原，在 1min 内呈标准阳性反应，对已知阳性皮张抗原经 15min 应呈阳性反应。

② 炭疽沉淀素血清对已知阴性皮张抗原和 0.5%苯酚生理盐水作用 15min，应呈阴性反应。

③ 阴性血清对 1∶5000 倍标准炭疽菌粉抗原和已知阳性皮张抗原经 15min，应呈阴性反应。

(4) 结果判定　在上述对照成立的前提下，判定结果。

“+”抗原与血清接触后，经 15min 在两液接触面处，出现致密、清晰明显的白环为阳性反应。

“±”白环模糊，不明显者为疑似反应。

“－”两液接触面清晰，无白环者为阴性反应。

“0”两液接触面界限不清，或其他原因不能判定者为无结果。

对可疑和无结果者，须重做一次。

[注意事项]

① 待检抗原必须清亮，如不清亮，可离心后取上清液，也可冷藏后使脂类物质上浮，用吸管吸取底层的液体待检。

② 必须进行对照观察，以免出现假阳性。

③ 炭疽杆菌是人畜共患的病原微生物，实验中一定严格按照要求操作，避免散布病原及造

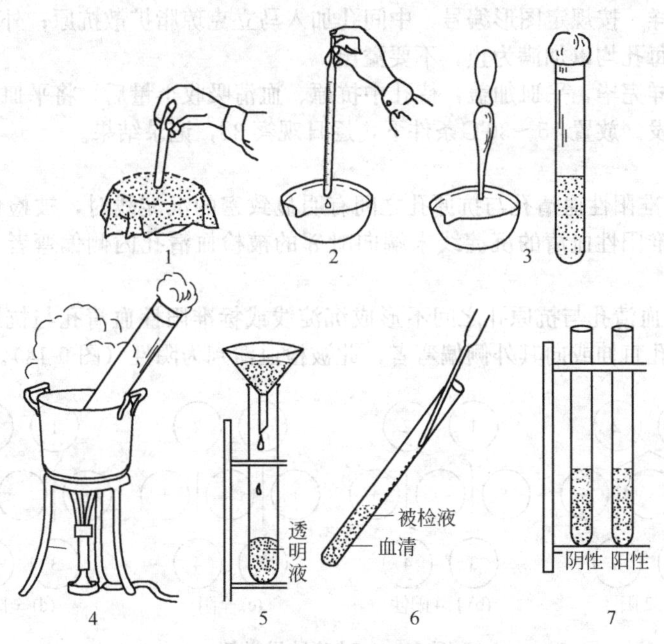

图 9-12　炭疽沉淀反应操作方法图解

1—研碎；2—加 5～10 倍盐水；3—将乳剂装入试管内；4—煮沸 30min；
5—滤过；6—层积法；7—结果

成人员感染。

2. 琼脂扩散试验（以鸡马立克病的检验为例）

（1）琼脂板的制备

① 0.01mol/L PBS 液（pH7.4）：$Na_2HPO_4 \cdot 12H_2O$ 2.9g，KH_2PO_4 0.3g，NaCl 8.0g，蒸馏水加至 1000mL，混合后充分溶解即成。

② 1%琼脂板：琼脂粉 1.0g，0.01mol/L PBS 液（pH7.4）100mL，2%NaN_3 1.0mL。

将以上成分混合，煮沸 30min，中间振荡数次，待琼脂融化均匀后倒入平皿内，使其厚度为 2.5～3mm。直径 120mm 平皿注入琼脂液 27～28mL；直径 90mm 平皿注入琼脂液 15～18mL，待琼脂冷凝后加盖，倒置平皿，防止水分蒸发，在 4℃冰箱中可保存 1 周左右。

也可根据待检血清样品的多少采用大、中、小三种不同规格的玻璃板。即 10cm×16cm 的玻璃板，注入琼脂液 40mL；6cm×7cm 的注入 11mL；3.2cm×7cm 的注入 6mL。

（2）打孔　孔径 4mm，孔距 4mm。将图案（图 9-13）放在带有琼脂的平皿或玻璃板下面，照图案在固定的位置用打孔器打孔。目前多采用组合打孔器直接打孔，孔图呈梅花形。用 8 号针头挑出孔内的琼脂，注意勿伤边缘或使琼脂层脱离皿底。

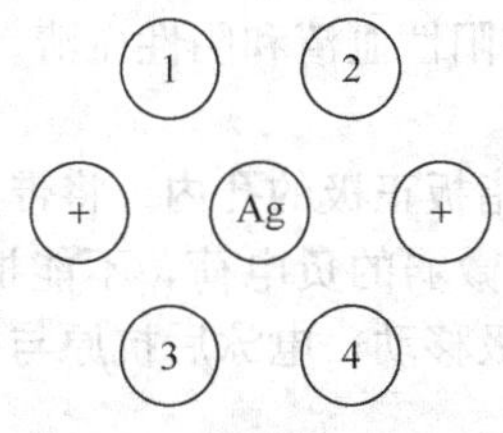

图 9-13　打孔、加样图

Ag 为抗原；+为阳性血清；1，2，3，4 为被检血清

（3）封底　在酒精灯火焰上缓缓加热至孔底边缘的琼脂刚刚要熔化为止。以此封闭孔的底部，以防侧漏。

(4) 编号、加样　按规定图形编号，中间孔加入马立克琼脂扩散抗原；外周孔加入标准阳性血清及被检血清。每孔均以加满为止，不要溢出。

(5) 扩散　加样完毕，平皿加盖，待孔中抗原、血清吸收半量后，将平皿轻轻倒置，放入湿盒内，以防水分蒸发。放置15～30℃条件下，逐日观察3d，记录结果。

(6) 结果判定

① 阳性：当标准阳性血清孔与抗原孔之间有明显致密的沉淀线时，被检血清孔与抗原孔之间形成沉淀线或标准阳性血清的沉淀线末端向毗邻的被检血清孔内侧偏弯者，此被检血清判为阳性。

② 阴性：被检血清孔与抗原孔之间不形成沉淀线或标准阳性血清孔与抗原孔之间的沉淀线向毗邻的被检血清孔直伸或向其外侧偏弯者，此被检血清判为阴性（图9-14）。

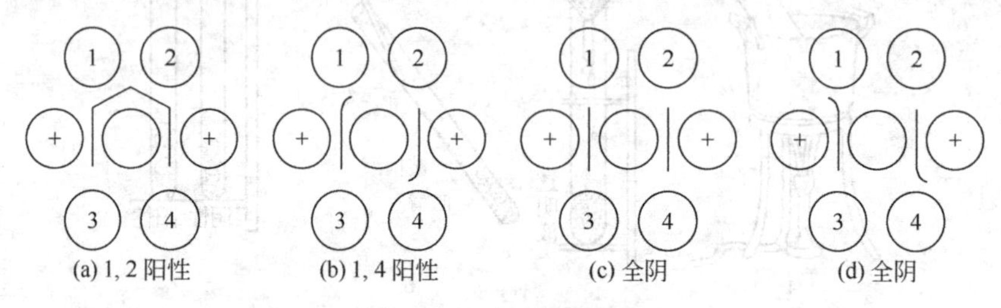

图9-14　试验结果举例

[注意事项]

① 溶化的琼脂倒入平皿时，注意使整个平板厚薄均匀一致，不要产生气泡。在冷却过程中，不要移动平板，以免造成琼脂表面不平坦。

② 制备的琼脂板放在4℃冰箱冷却后，打孔效果为佳。

③ 加样后的琼脂板，切勿马上倒置以免液体流出，待孔中液体吸收一半后再倒置于湿盒中。

技能2-3　对流免疫电泳

[学习目标]

以水貂阿留申病对流免疫电泳为例，明确实验原理，熟悉其基本操作方法。

[仪器材料]

① 器材：电泳仪、打孔器、微量加样器、10cm×4.5cm玻璃板、针头等。

② 试剂

a. pH为8.5～8.6的三羟甲基氨基甲烷（Tris）-巴比妥钠缓冲液：巴比妥钠10.31g，三羟甲基氨基甲烷6.005g，叠氮钠0.2g，蒸馏水1000mL。

b. 琼脂粉。

③ 其他：阿留申病毒国际标准毒株Utah-1猫肾传代细胞培养物制备而成的抗原（由指点单位提供）、待检血清、阿留申病毒标准阳性血清和阴性血清。

[实验原理]

电泳时，将免疫血清置于靠近琼脂板正极的孔内，将带负电抗原置于靠近负极的孔内。通电后，由于抗体在pH8.6条件下只带有微弱的负电荷，不能抵抗电渗作用向正极移动，反而向负极倒退；而一般抗原带负电荷，向正极移动；电泳后抗原与抗体在两孔之间相遇，在比例适当的部位形成肉眼可见的沉淀线。

本法由于加入电泳的作用，帮助了抗原-抗体的定向移动，加速了反应的出现，提高了反应的敏感性；此法比琼脂扩散的灵敏度高10～16倍。

[方法步骤]

1. 制备琼脂凝胶板

① 取 pH8.6 三羟甲基氨基甲烷（Tris)-巴比妥钠缓冲液 100mL，加入琼脂粉 0.8g，充分溶化。

② 取洁净并烘干的玻璃板，用滴管吸取上述溶化并冷至 56℃的琼脂铺在玻璃板上，厚度为 2～3mm。

2. 打孔

待琼脂冷却后打孔（图 9-13)，孔径 3mm，孔间距 4mm，挑出琼脂，封底。

3. 加样

用微量加样器吸取抗原加入相应孔内，换滴头后吸取抗体加入孔内，每孔 10μL。同时设标准阳性和标准阴性血清对照。

4. 电泳

将加好样的琼脂板置于电泳槽内，抗原孔置于负极端，板的两端用滤纸或纱布搭桥，与缓冲液相连，电泳槽内的缓冲液浓度与琼脂板中的相同。电压 90～100V，电泳时间 30～60min。

5. 结果观察

断电后，将玻璃板置于灯光下，衬以黑色背景观察。在对照组成立的情况下，抗原与待检血清孔之间形成一条清晰的白色沉淀线为阳性。如沉淀线不清晰，可将琼脂板置于电泳槽中过夜或放入温盒内，37℃数小时再观察。

[**注意事项**]

① 如抗原抗体比例不合适，结果不出现明显可见的沉淀线。试验时除了应用高效价的血清外，对每份待检样品应作不同的稀释度进行检查。

② 琼脂质量差时，电渗作用加大，可使血清中的其他蛋白成分泳向负极，造成非特异性反应，故须应用优质琼脂粉或琼脂糖。

第四节 补体结合试验

补体结合试验是应用可溶性抗原如蛋白质、多糖类、脂质、病毒等，与相应抗体结合后，其抗原-抗体复合物可以结合补体。但这一反应肉眼看不到，只有在加入一个指示系统即溶血系统的情况下，才能判定。参与反应的抗体主要是 IgG 和 IgM。

一、补体结合试验的原理

补体结合试验有溶菌和溶血两大系统，含抗原、抗体、补体、溶血素和红细胞五种成分。补

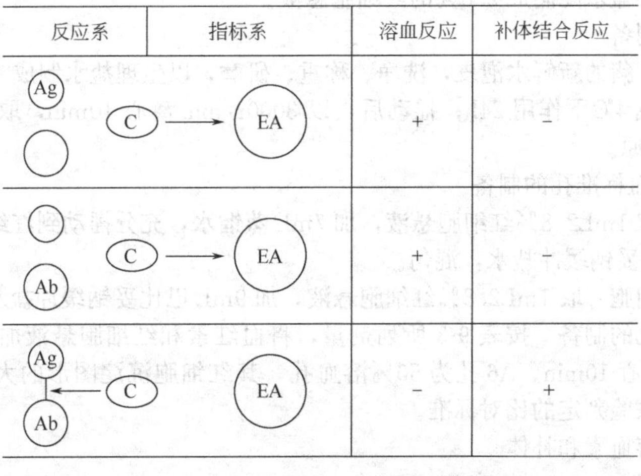

反应系	指标系	溶血反应	补体结合反应
Ag、○	C → EA	+	−
○、Ab	C → EA	+	−
Ag—Ab ← C	EA	−	+

图 9-15　补体结合反应原理示意图

Ag 为抗原；Ab 为抗体；C 为补体；EA 为致敏红细胞

体没有特异性，能与任何一组抗原-抗体复合物结合，如果与细菌及相应抗体形成的复合物结合，就会出现溶菌反应；而与红细胞及溶血素形成的致敏红细胞结合，就会出现溶血反应（图 9-15）。试验时，首先将抗原、待检血清和补体按一定比例混匀后，保温一定时间，然后再加入红细胞和溶血素，作用一定时间后，观察结果。不溶血为补体结合试验阳性，表示待检血清中有相应的抗体，抗原-抗体复合物结合了补体，加入溶血系统后，由于无补体参加，所以不溶血。溶血则为补体结合试验阴性，说明待检血清中无相应的抗体，补体未被抗原-抗体复合物结合，当加入溶血系统后，补体与溶血系统复合物结合而出现溶血反应。

二、补体结合试验的应用

补体结合试验可用于检测未知抗原或抗体，生产上用于多种传染病如口蹄疫、水泡病、副结核病、山羊传染性胸膜肺炎、禽衣原体病等的诊断及抗原的定型。但由于操作较繁琐，影响因素较多，已逐渐被其他简易、敏感的试验所替代。

技能 2-4 补体结合试验

[学习目标]

以口蹄疫补体结合试验为例，初步掌握实验的基本操作过程及结果判定。

[仪器材料]

① 器材：水浴锅、离心机、天平、研钵、试管、吸管、“U” 形底微量板等。

② 试剂：pH7.4 巴比妥钠缓冲盐水、生理盐水。

③ 其他：溶血素、补体（豚鼠新鲜血清或冻干补体）、口蹄疫 O、A、C 高免血清，以上均由指定单位购买；病畜水泡皮。

[实验原理]

补体结合试验有溶菌和溶血两大系统，如补体被溶菌系统利用，结果不溶血为阳性；如补体被溶血系统利用，则溶血为阴性。试验时，要求所用要素必须非常准确，尤其是补体用量，否则会产生假阳性或假阴性，故正式试验前须对所用要素进行滴定，然后进行本试验。

[方法步骤]

1.绵羊红细胞悬液的制备

由健康公绵羊颈静脉采血，置于装有玻璃珠的烧瓶内，充分振荡，脱去纤维，制成脱纤血。用两层纱布过滤后，移入离心管内，加 2～3 倍的生理盐水，混匀后以 1500r/min 离心 10min；吸去上清液，再加生理盐水，混匀后 2000r/min 离心弃上清。如此反复三次，最后吸取血细胞泥，用巴比妥钠缓冲盐水配制成 2.8%的红细胞悬液。

2.被检抗原的制备

取发病牛、羊、猪的新鲜水泡皮，洗净、称重、研磨，以生理盐水制成 1∶2～1∶3 的乳剂，室温下作用 1～2h 或 4℃下作用 24h；摇动后，以 3000r/min 离心 10min，取上清液于 58℃灭能 40min，即成被检抗原。

3. 0～100%溶血标准孔的制备

（1）血红素　取 1mL2.8%红细胞悬液，加 7mL 蒸馏水，充分摇动到红细胞全部溶解。再加 2mL（pH7.4）巴比妥钠缓冲盐水，混匀。

（2）0.28%红细胞　取 1mL2.8%红细胞悬液，加 9mL 巴比妥钠缓冲盐水，混匀。

（3）溶血标准孔的制备　按表 9-3 所列剂量，将血红素和红细胞悬液加入微量板 A1～A11 各孔。1000r/min 离心 10min。A6 孔为 50%溶血孔，其红细胞沉淀图形的大小和溶血颜色深浅作为微量补体结合试验判定的比对标准。

4.棋盘式滴定溶血素和补体

（1）稀释溶血素

① 1∶100 稀释液：0.1mL 溶血素加 9.9mL 巴比妥钠缓冲盐水。

表 9-3　标准溶血百分比

孔位	A1	A2	A3	A4	A5	A6	A7	A8	A9	A10	A11
血红素	0	20	40	60	80	100	120	140	160	180	200
0.28%红细胞	200	180	160	140	120	100	80	60	40	20	0
溶血百分比/%	0	10	20	30	40	50	60	70	80	90	100

② 按表 9-4 所示方法，制备 8 个溶血素稀释液。

表 9-4　溶血素稀释液制备

管号	溶血素浓度	溶血素量	巴比妥钠缓冲盐水量	溶血素稀释度	溶血素最终浓度
A	1∶100	1.0	1.5	1∶250	1∶500
B	1∶100	0.5	2.0	1∶500	1∶1000
C	1∶100	1.0	9.0	1∶1000	1∶2000
D	1∶1000	2.0	1.0	1∶5000	1∶3000
E	1∶1000	1.5	1.5	1∶2000	1∶4000
F	1∶1000	1.0	1.5	1∶2500	1∶5000
G	1∶1000	0.5	1.0	1∶3000	1∶6000
H	1∶1000	0.5	1.5	1∶4000	1∶8000

（2）制备敏化红细胞

① 取 8 支试管，写明标签 A～H。将上述 8 个溶血素稀释液分别取 1mL 移入相应编号的试管中。

② 各管再加入 1mL 标准化的 2.8%红细胞悬液，混匀。溶血素最终浓度如表 9-4 所列。

③ 25℃温育 20min。

（3）稀释补体

① 1∶10 稀释补体：0.5mL 新鲜补体加 4.5mL 巴比妥钠缓冲盐水；或 0.5mL 保存补体加 3.5mL 蒸馏水，就是 1∶10 稀释补体。

② 按表 9-5，制备 12 个补体稀释液。

表 9-5　补体稀释液制备

管号	稀释用补体浓度	补体加入量	巴比妥钠缓冲盐水量	补体最终浓度
1	1∶10	2.0	3.0	1∶25
2	1∶10	1.0	4.0	1∶50
3	1∶25	1.0	2.0	1∶75
4	1∶50	1.5	1.5	1∶100
5	1∶25	0.5	2.0	1∶125
6	1∶50	1.0	2.0	1∶150
7	1∶25	0.5	3.0	1∶175
8	1∶100	1.0	1.0	1∶200
9	1∶50	0.5	2.0	1∶250
10	1∶150	1.0	1.0	1∶300
11	1∶175	1.0	1.0	1∶350
12	1∶100	0.5	1.0	1∶400

（4）棋盘式滴定

① 用“U”形底微量板。首先每孔加 50μL 巴比妥钠缓冲盐水。

② 将 12 个补体稀释液移入微量板 1 列～12 列。即将管 1（1∶25 稀释）补体加入第 1 列（A1～H1）8 孔，每孔 50μL；将管 2（1∶50 稀释）加入第 2 列（A2～H2）8 孔，每孔 50μL；依此类推，将 12 管补体分别加入 12 列各孔中。

③ 将 8 管以 8 个不同浓度溶血素敏化的红细胞悬液依次加入微量板 A～H 行。即将 A 管

（溶血素 1∶500 稀释）敏化红细胞加入 A 行（A1～A12）12 孔，每孔 25μL；将 B 管（溶血素 1∶1000 稀释）敏化红细胞加入 B 行（B1～B12）12 孔，每孔 25μL；依此类推，直至 8 管敏化红细胞分别加入 8 行各孔中。

④ 37℃振荡 40min。1000r/min 离心 10min。

⑤ 结果判定。确定补体最高稀释度时，引起 50%溶血的溶血素最高稀释度，该补体最高稀释度（如 1∶200）即为补体效价。4 倍效价为补体工作液（1∶50）。该溶血素最高稀释度（如 1∶2000）即为溶血素效价。2 倍效价为溶血素工作液（1∶1000）。

5. 定型补体结合试验

（1）布局　通常牛病料鉴定“O”和“A”两个型，某些地区的病料加上“亚洲-1”型。定型布局如表 9-6 所列。A1～A4 为“O”型，B1～B4 为“A”型。A5、A6 为“O”“A”型血清对照，B7 为抗原对照，A8 为补体对照，A9 为空白对照。

（2）操作步骤　补体结合试验各试剂加入量和次序列于表 9-7。

表 9-6　定型补体结合试验布局

孔号	1	2	3	4	5	6	7	8	9
A	○	○	○	○	◇	◆		△	※
B	●	●	●	●			◎		

表 9-7　口蹄疫病毒微量补体结合试验　　单位：μL

血清型	O				A				对照			
孔号	A1	A2	A3	A4	B1	B2	B3	B4	A5	A6	B7	A8
血清稀释度	1:8	1:12	1:18	1:27	1:8	1:12	1:18	1:27	1:8	1:8	—	—
缓冲液	0	25	25	25	0	25	25	25	25	25	25	50
高免血清量	25	50 →	50 →	50 → 弃 50	50 →	50 →	50 →	50 → 弃 50	25	25	—	—
被检抗原	25	25	25	25	25	25	25	25	—	—	25	—
补体量	50	50	50	50	50	50	50	50	50	50	50	50
	37℃振荡 60min											
敏化红细胞	25	25	25	25	25	25	25	25	25	25	25	25
	37℃振荡 30min											
结果	+	-	-	-	++++	++++	++	+	-	-	-	-

注：“-”完全溶血；“++++”完全不溶血；“++”50% 溶血；“+”75% 溶血。

① 加巴比妥钠缓冲盐水稀释液：A2～A4、B2～B4 每孔各加 25μL；对照 A5、A6、B7 孔各加 25μL；A8 孔加 50μL；A9 孔加 100μL。

② 加高免抗血清

a. 稀释血清。将“O”、“A”两型血清分别以巴比妥钠缓冲盐水做 1∶8 稀释。

b. A1、A5 孔加 1∶8“O”型血清 25μL/孔，A2 孔加 50μL/孔。B1 孔加 1∶8“A”型血清 25μL/孔，B2 孔加 50μL/孔。

c. 从 A2～A4 孔做 1∶1.5 连续稀释。用微量移液器先将 A2 孔中的 25μL 巴比妥钠缓冲盐水和 50μL 血清混匀，然后吸出 50μL 移入 A3 孔；混匀后再吸出 50μL 移入 A4 孔；混匀后吸出 50μL 弃去。A1～A4 孔的血清稀释度分别为 1∶8、1∶12、1∶18、1∶27。B2～B4 孔作同样连续稀释。

③ 加抗原。除对照 A5、A6、A8、A9 孔外，各孔加待检样品 25μL。

④ 加补体。除空白对照 A9 孔外，各孔加补体工作液 50μL。

⑤ 37℃振荡 60min。

⑥ 制备敏化红细胞和加样：2.8%红细胞悬液与溶血素工作液等体积混合，25℃敏化 20min。各反应孔加 25μL/孔。

⑦ 37℃振荡 30min，1000r/min 离心 30min。

6. 结果判定

(1) 试验成立条件

① 当空白对照孔（A9）完全不溶血（++++）；

② 补体对照孔（A8）完全溶血（—）；

③ 血清对照孔（A5 和 A6）和抗原对照孔（B7）完全溶血（—）。

如此，试验才成立。

(2) 判定血清型

① 若某血清型 4 孔完全溶血（—），或仅含量最高浓度血清的第 1 孔，被阻止溶血不足 50%，如表 9-7 所示 A1～A4 孔，则判定为“阴性”，即不是“O”型。

② 若某血清型 4 孔中 3 孔或 4 孔 50%以上被阻止溶血（++、+++）或完全不溶血（++++），如表 9-7 所示 B1～B4 孔，则判定为阳性，即该病料为口蹄疫病毒“A”型。

第五节 中和试验

病毒或毒素与相应抗体结合后，丧失了对易感动物、鸡胚和易感细胞的致病力，称为中和试验。本试验具有高度的特异性和敏感性，并有严格量的要求。

一、毒素和抗毒素中和试验

由外毒素或类毒素刺激机体产生的抗体，称为抗毒素。抗毒素能中和相应的毒素，使其失去致病力。主要有以下两种方法。

体内中和试验是将一定量的抗毒素与致死量的毒素混合，在恒温下作用一定时间后，接种实验动物，同时设不加抗毒素的对照组。如果试验组的动物被保护，而对照组的动物死亡，即证明毒素被相应抗毒素中和。在兽医临床上，常用于魏氏梭菌和肉毒梭菌毒素的定型。做此试验时，首先要测定毒素的最小致死量或半数致死量。

另一种是在细胞培养上进行的毒素中和试验和溶血毒素中和试验。方法同上。

二、病毒中和试验

病毒免疫动物所产生的抗体，能与相应病毒结合，使其感染性降低或消失，从而丧失致病力。应该注意，抗体只能在细胞外中和病毒，对已进入细胞的病毒，则无作用；而且抗体并不都有中和活性，有些抗体与病毒结合后不能使其失活，如马传染性贫血病毒与相应抗体结合后，仍保持高度的感染力。试验有体内和体外两种方法。

1. 体内中和试验

也称保护试验，即先给实验动物接种疫苗或抗血清，间隔一定时间后，再用一定量病毒攻击，视动物是否得到保护来判定结果。常用于疫苗免疫原性的评价和抗血清的质量评价。

2. 体外中和试验

将病毒悬液与抗病毒血清按一定比例混合，在一定条件下作用一段时间，然后接种易感动物、鸡胚或易感细胞，根据接种后动物、鸡胚是否得到保护，细胞是否有病变来判定结果。此试验常用于病毒性传染病的诊断，如口蹄疫、猪水疱病、蓝舌病、牛黏膜病、牛传染性鼻气管炎、鸡传染性喉气管炎、鸭瘟和鸭病毒性肝炎等的诊断。此外，还可用于新分离病毒的鉴定和定型等。

技能 2-5 中和试验

[学习目标]

初步掌握病毒中和抗体的检测方法，会运用此方法对蓝舌病等常见动物传染病进行检测。

[仪器材料]

① 器材：96 孔组织培养板，单头和多头微量移液器（20～200μL）及滴头；微型振荡器；二氧化碳培养箱等。

② 试剂：培养液［199 培养基中加 10%无蓝舌病病毒抗体的胎牛血清（经 56℃、30min 灭能），含青霉素 200IU/mL、链霉素 200μg/mL］、维持液和稀释液［199 培养基中加 2%无蓝舌病病毒抗体的胎牛血清（56℃、30min 灭能），含青霉素 200IU/mL、链霉素 200μg/mL］。

③ 其他：蓝舌病病毒（1～24 血清型国际标准毒株，由中国兽医药品监察所提供）、蓝舌病标准阳性血清和阴性血清（由中国兽医药品监察所提供）、被检血清、仓鼠肾细胞（BHK21）或非洲绿猴肾细胞（Vero）。

[实验原理]

特异性的血清中和抗体与病毒结合后，能使病毒失去对敏感细胞的感染能力，从而阻止病毒的繁殖。这一反应不但表现为一种病毒只能被相应的免疫血清所中和，而且还表现在中和一定量的病毒，必须有一定效价的免疫血清。中和试验以测定病毒的感染力为基础，必须选用对病毒敏感的细胞、动物或鸡胚为实验材料，中和抗体滴度的判定以比较病毒受免疫血清中和后的残存感染力为依据。蓝舌病病毒感染动物后，7d 左右出现中和抗体，中和抗体具有高度的型特异性，故可通过中和试验对蓝舌病病毒进行定型鉴定。

[方法步骤]

1. 病毒繁殖

将蓝舌病病毒 1～24（BLUV1～24）血清型分别接种 BHK21 或 Vero 细胞单层，37℃吸附 1h 后加入维持液，置 5%二氧化碳培养箱于 37℃培养，接种 24h 后逐日观察。待 CPE 达 75%以上，收获病毒培养物，冻融 1 次或置冰浴中用超声波处理（40μA、1min），2000r/min 离心 20min，分装小瓶，每瓶 1mL，置−70℃保存备用。

2. 毒价测定

将各型病毒在 96 孔板上作 10^{0}～10^{-10} 稀释，每个稀释度作 8 孔，每孔病毒悬液为 50μL，加入细胞悬液 100μL(3×10^{5} 个细胞/mL)，每块板设 8 孔细胞对照。置 5%二氧化碳培养箱于 37℃培养，从 72～168h 逐日观察记录 CPE。按 Karber 方法计算出各型病毒的 $TCID_{50}$（半数组织培养感染剂量）/50μL。

3. 试验程序

① 蓝舌病标准阳性血清、阴性血清、被检血清经 56℃30min 灭能后，作 1∶20 稀释。

② 对照设立

a. 细胞对照：设 4 孔正常细胞对照，每孔加细胞悬液 100μL（3×10^{5} 个细胞/mL）、稀释液 100μL。

b. 阴性对照：设 4 孔阴性对照，每孔加阴性血清和 100$TCID_{50}$/50μL 病毒悬液各 50μL，再加入细胞悬液 100μL(3×10^{5} 个细胞/mL)。

c. 病毒回归对照：将各型病毒稀释成 1∶1000、1∶100、1∶10、1∶1$TCID_{50}$/50μL，每个稀释度作 4 孔，每孔加入病毒悬液 50μL。再加入细胞悬液 100μL（3×10^{5} 个细胞/mL），每孔补充稀释液 50μL。

d. 阳性对照：将阳性血清分别作 1∶4、1∶8、1∶16 稀释，每个稀释度作 4 孔，每孔加各稀释度阳性血清和 100$TCID_{50}$/50μL 病毒悬液各 50μL，再加入细胞悬液 100μL（3×10^{5} 个细胞/

mL)。

e. 血清毒性对照：每份被检血清须按稀释度各设一孔毒性对照，每孔加各稀释度血清 50μL，稀释液 50μL 和细胞悬液 100μL（3×10^5 个细胞/mL）。

4. 中和试验

① 将每份被检血清作 1∶4、1∶8、1∶16 稀释，每个稀释度作 5 个孔，每孔加各稀释度血清 50μL。

② 第 1 孔作为血清毒性对照，加入稀释液 50μL 和细胞悬液 100μL（3×10^5 个细胞/mL）。

③ 第 2～4 孔为正式试验孔，每孔加入病毒悬液 50μL（$100TCID_{50}/50\mu L$），振荡 3～5min，置 37℃中和 1h，加细胞悬液 100μL（3×10^5 个细胞/mL）。

④ 置 5%二氧化碳培养箱于 37℃培养 7d，24h 后逐日观察 CPE 并进行记录。

5. 结果判定

病毒对照应保证在 $100TCID_{50}/50\mu L$ 的病毒液 1∶1 和 1∶10 稀释度的各孔均出现 CPE，1∶100 有 1～2 个孔出现细胞病变，1∶1000 的 4 孔全无细胞病变。阳性、阴性、正常细胞、血清毒性对照全部成立时，才能进行判定。判定时间为 72～168h。被检血清孔 50%出现保护判为阳性，低于 50%判为阴性。当某份血清的某一稀释度出现 50%或 50%以上保护时，该血清稀释度即为该份血清的中和抗体滴度。当中和抗体滴度≥1∶8 时判为阳性。

6. 试验结果记录

出现 CPE 记为“+”；无 CPE 记为“－”。

第六节　免疫标记技术

抗原抗体的结合具有高度特异性，其反应强度与抗原或抗体的量有关。在反应量不足或抗原为半抗原、抗体为单价抗体时，肉眼不易察出。而有一些物质即使在含量极微时仍能用某种特殊的理化测试仪器将其检测出来。如将这些物质标记在抗体或抗原分子上，它就能追踪抗原或抗体并与之结合，通过化学或物理的手段使不见的反应放大、转化为可见的、可测知的、可描记的光、色、电、脉冲等信号。根据抗原抗体结合的特异性和标记分子的敏感性建立的试验技术，就称为免疫标记技术。主要有荧光抗体技术、酶标记抗体技术、放射免疫技术等。这些技术可用于检测抗原或抗体，其特异性和敏感性远远高于常规的血清学技术。以下着重介绍荧光抗体技术和酶标记抗体技术。

一、荧光抗体技术

又称免疫荧光技术。是用荧光色素对抗体或抗原进行标记，再与相应抗原或抗体结合，然后在荧光显微镜下观察荧光，以分析示踪相应的抗原或抗体的方法。本法既有免疫学的特异性和敏感性，又有借助显微镜观察的直观性与精确性，已广泛应用于细菌、病毒、原虫等的鉴定和传染病的快速诊断。

1. 荧光色素的选择

用于标记抗体或抗原的荧光色素必须具备：①有与蛋白质分子形成稳定共价键的化学基团，而不形成有害产物；②荧光效率高，与蛋白质结合的需要量很小；③结合物在一般贮存条件下稳定，结合后不影响抗体的免疫活性；④作为组织学标记，结合物的荧光必须与组织的自发荧光即背景颜色有良好的反衬，以便能清晰地判断结果；⑤结合程序简单，能制成直接应用的商品，可长期保存。

可用于标记的荧光素有异硫氰酸荧光素（FITC）、四乙基罗丹明（RB 200）和四甲基异硫氰酸罗丹明（TMRITC）。其中应用最广泛的是 FITC，罗丹明只是作为前者的补充，用作对比染色时标记。

2. 标本片的制备

标本制作的要求首先是保持抗原的完整性，并尽可能减少形态变化，抗原位置保持不变。同时还必须使抗原-标记抗体复合物易于接受激发光源，以便良好地观察和记录。这就要求标本要相当薄，并要有适宜的固定处理方法。细菌培养物、感染动物的组织或血液、脓汁、粪便、尿沉渣等，可用涂片或压印片。组织学、细胞学和感染组织主要采用冰冻切片或低温石蜡切片。也可用生长在盖玻片上的单层细胞培养作标本。细胞培养可用胰酶消化后作成涂片。细胞或原虫悬液可直接用荧光抗体染色后，再转移至玻片上直接观察。标本固定最常用的固定剂为丙酮和95%乙醇。固定后应随即用PBS反复冲洗，干后即可用于染色。

3. 染色方法

荧光抗体染色法常用的有直接法和间接法。

(1) 直接法　用荧光抗体直接检查抗原。即直接滴加标记抗体于标本区，置湿盒中，于37℃染色30min左右，然后置大量pH7.0～7.2 PBS中漂洗15min，干燥、封片即可镜检。直接法应设标本自发荧光对照、阳性标本对照和阴性标本对照。直接法用于检测抗原，每检测一种抗原均需制备相应的荧光抗体（图9-16）。

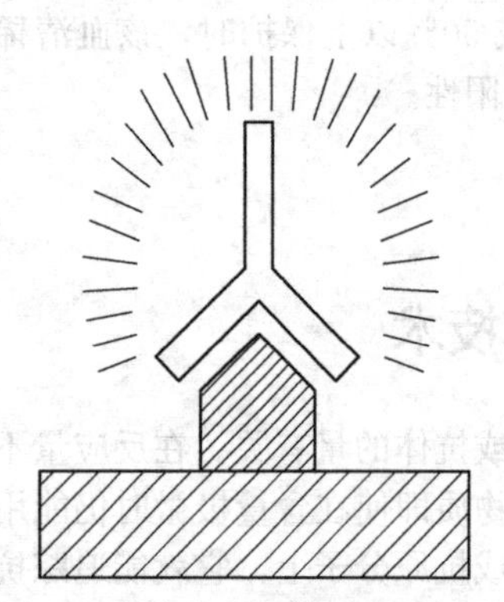

图9-16　直接荧光抗体染色法示意图

图9-17　间接荧光染色法示意图

(2) 间接法　将标本先滴加特异性的抗血清，置湿盒中，于37℃作用30min，漂洗后，再用标记的抗抗体染色，漂洗、干燥、封片镜检。除设自发荧光、阳性和阴性对照外，间接法首次试验还应设无中间层对照（标本＋标记抗抗体）和阴性血清对照（中间层用阴性血清代替特异性抗血清）。间接法既可用于检测抗原，又可用于检测抗体，而且制备一种荧光抗抗体即可用于同种属动物的多种抗原-抗体系统的检测（图9-17）。将SPA标记上FITC制成FITC-SPA，性质稳定，可制成商品；用它代替标记的抗抗体，可对多种动物的抗原-抗体系统进行检测，应用面更广。

间接法的优点：比直接法敏感，对一种动物而言，只需制备一种荧光抗抗体，即可用于多种抗原或抗体的检测，镜检所见的荧光也比直接法明亮。

4. 荧光显微镜检查

荧光显微镜不同于光学显微镜之处，在于它的光源是高压汞灯或溴钨灯，并有一套位于集光器与光源之间的激发滤光片，它只让一定波长的紫外光及少量可见光（蓝紫光）通过；此外，还有一套位于目镜内的屏障滤光片，只让激发的荧光通过，而不让紫外光通过，以保护眼睛并能增加反差。为了直接观察微量滴定板中的抗原抗体反应，如感染细胞培养物上的荧光，可使用现已有商品化的倒置荧光显微镜。

5. 免疫荧光技术的应用

(1) 细菌学诊断　利用免疫荧光抗体技术可直接检出或鉴定新分离的细菌，具有较高的敏感性和特异性。链球菌、致病性大肠杆菌、沙门菌属、宋内痢疾杆菌、李氏杆菌、巴氏杆菌、布氏杆菌、炭疽杆菌、马鼻疽杆菌、猪丹毒杆菌和钩端螺旋体等均可采用免疫荧光抗体染色进行检测和鉴定。动物的粪便、黏膜拭子涂片，病变组织的触片或切片，以及尿沉渣等均可作为检测样本，经直接法检出目的菌，具有很高的诊断价值。对含菌量少的标本，可采用滤膜集菌法，然后直接在滤膜上进行免疫荧光染色，这一方法已在水的卫生细菌学调查、海水细菌动力学研究中得到应用。以较低浓度的荧光抗体加入培养基中，进行微量短期的玻片培养，于荧光显微镜下直接观察荧光集落的“荧光菌球法”，已广泛用于下痢粪便中的病原体检测。尤其对于已用药物治疗的患畜，在病因学诊断上有较大价值，因为在这种情况下培养病原体常难以成功。免疫荧光抗抗体间接染色法检测抗体，可用于流行病学调查、早期诊断和现症诊断。如钩端螺旋体 IgM 抗体的检测，可作为早期诊断或近期感染的指征。用间接法检出结核分枝杆菌的抗体，可以作为对结核病的活动性和化疗监控的重要手段。

(2) 病毒病诊断　用免疫荧光抗体技术直接检出患畜病变组织中的病毒，已成为病毒感染快速诊断的重要手段。如猪瘟、鸡新城疫等可取感染组织作成冰冻切片或触片，用直接或间接免疫荧光染色可检出病毒抗原，一般可在 2h 内做出诊断报告。猪流行性腹泻在临床上与猪传染性胃肠炎十分相似，将患病小猪小肠冰冻切片用猪流行性腹泻病毒的特异性荧光抗体做直接免疫荧光检查，即可对猪流行性腹泻进行确诊。

对含病毒较低的病理组织，需先经细胞短期培养增殖后，再用荧光抗体检测病毒抗原，可提高检出率。某些病毒如猪瘟病毒、猪圆环病毒，在细胞培养上不出现细胞病变，即可应用免疫荧光作为病毒增殖的指征。应用间接免疫荧光染色法检测血清中的病毒抗体，亦常作为诊断和流行病学调查之用，尤以 IgM 型抗体的检出可供早期诊断和作为近期感染的指征。

(3) 其他方面的应用　免疫荧光抗体技术已广泛应用于淋巴细胞 CD 分子和膜表面免疫球蛋白（mIg）的检测，为淋巴细胞的分类和亚型鉴定提供研究手段。用抗 IgM 和 IgG 的抗血清标记 SPA 荧光菌体做荧光 SPA 花环试验，可计算带有 mIgG 的 B 细胞的百分率。

二、免疫酶技术

免疫酶技术是利用抗原抗体的特异性结合和酶的高效特异的催化作用显色而建立起来的免疫检测技术。常用的标记酶是辣根过氧化物酶（HRP），其作用底物为过氧化氢，催化时需要供氢体，无色的供氢体氧化后生成有色产物，使不可见的抗原抗体反应转化为可见的呈色反应。常用的供氢体有 3,3′-二氨基联苯胺（DAB）和邻苯二胺（OPD），前者反应后形成不溶性的棕色物质，适用于免疫酶组化法；后者反应后形成可溶性的橙色产物，敏感性高，易被酸终止反应，呈现的颜色可数小时不变，是 ELISA 中常用的供氢体。下面主要介绍免疫酶组化技术、酶联免疫吸附试验和斑点酶联免疫吸附试验。

1. 免疫酶组化技术

又称免疫酶染色法，是将免疫酶应用于组织化学染色，以检测组织和细胞中或固相载体上抗原或抗体的存在极其分布位置的技术。

(1) 直接法　用酶标记抗体直接处理含待检抗原的标本，洗涤后浸于含有过氧化氢和 DAB 的显色反应液中作用，然后在普通光学显微镜下观察颜色反应，抗原所在部位呈棕黄色。

(2) 间接法　含待检抗原的标本先用未标记的抗血清处理，洗涤后再用相应的酶标记抗抗体处理，洗涤，然后浸于含有过氧化氢和 DAB 的显色反应液中作用，普通光学显微镜下观察颜色反应，以指示是否有抗原-抗体-抗抗体复合物存在。

(3) 抗抗体搭桥法　本法不需要事先制备标记抗体，是利用抗抗体既能与反应系统的抗体结合，又能与抗酶抗体结合（抗酶抗体与针对抗原的抗体必须是同源的）的特性，以抗抗体作桥连接抗体和抗酶抗体，最后用底物显色。此法的优点是克服了因酶与抗体交联引起的抗体失活和标记抗体与非标记抗体对抗原的竞争，从而提高了敏感性；但抗酶抗体与酶之间的结合多为低亲和性，冲洗标本时易被洗脱，使敏感性降低。

(4) 酶抗酶复合物法　是将 HRP 和抗 HRP 抗体结合形成酶-抗酶抗体复合物（PAP），用 PAP 来代替抗抗体搭桥法中的抗酶抗体和酶。此法敏感性较搭桥法高，亦可用于 ELISA。

(5) 杂交抗体法　将特异性抗体分子与抗酶抗体分子经胰酶消化成双价 $F(ab)_2$ 片段，将这两种抗体的 F(ab)$_2$ 片段按适当的比例混合，在低浓度的乙酰乙胺和充氮条件下，使之进一步裂解为单价 Fab 片段，再在含氮条件下使其还原复合。经分子筛色谱后，即可获得 25%～50%的杂交抗体。这种杂交抗体分子含有两个抗原结合部位：一边能与特异性抗原结合；另一边能与酶结合。因此，不必事先制备标记抗体。检测标本直接用杂交抗体和酶处理，即可浸入底物溶液中，进行显色反应。杂交抗体还可采用杂交瘤技术和基因工程抗体技术进行制备。

(6) 增效抗体法　同时使用酶标抗体与抗酶抗体。其程序为：抗原、酶标记抗体、抗抗体、抗酶抗体、酶、底物。此法能使更多的酶连接在抗原上，从而使显色反应增强，提高其敏感性。

2. 酶联免疫吸附试验

简称 ELISA。为一种固相免疫酶测定技术，是当前应用最广、发展最快的一项新技术。其基本过程是将抗原或抗体吸附于固相载体的表面，酶标记物与相应的抗体或抗原反应后，形成酶标记抗原-抗体复合物，在遇到相应底物时，生成可溶性或不溶性的有色物质，可用肉眼或酶标测定仪判定结果（图 9-18）。颜色的深浅与相应的抗体或抗原量成正比，因此，可用于抗体或抗原定量测定。目前多采用 ELISA 试剂诊断盒进行检测。本试验广泛用于猪瘟、猪传染性胃肠炎、猪繁殖呼吸道综合征、流行性乙型脑炎、伪狂犬病、弓形虫病和鸡新城疫等传染病的诊断。

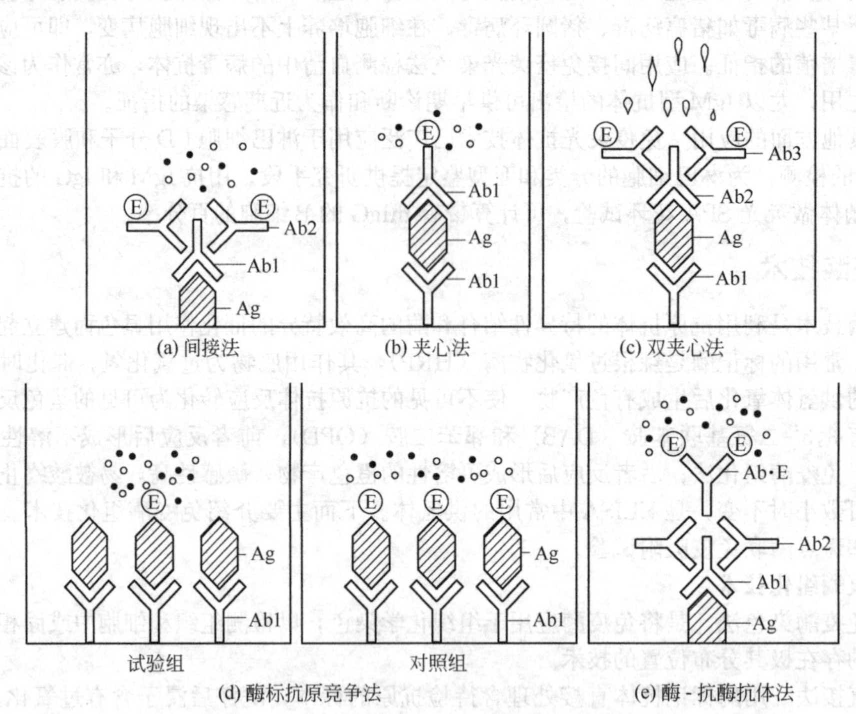

图 9-18　酶联免疫吸附试验（ELISA）的类型

Ag 为抗原；Ab1 为特异性抗体；Ab2 为抗抗体；Ab3 为用另一种动物制备的特异性抗体；Ab · E 为酶与抗酶抗体复合物；E 为酶；黑色小点为底物酶解后色素；白色小环为未酶解的底物

(1) 间接法　用于测定抗体。用抗原包被固相载体，然后加入待检血清样品，经孵育一定时间后，若待检血清中含有特异性的抗体，即与固相载体表面的抗原结合形成抗原-抗体复合物。洗涤除去其他成分，再加上酶标记的抗抗体，反应后加入底物，在酶的催化作用下底物发生反应，产生有色物质。样品中含抗体越多，出现颜色越快越深。

(2) 夹心法　又称双抗体法，用于测定大分子抗原。将纯化的特异性抗体包于固相载体，加入待检抗原样品，孵育后洗涤，再加入酶标记的特异性抗体，洗涤除去未结合的酶标抗体结合物，最后加入底物显色，颜色的深浅与样品中的抗原含量成正比。

(3) 双夹心法　用于测定大分子抗原。此法是采用酶标抗抗体检测多种大分子抗原，它不仅不必标记每种抗体，还可提高试验的敏感性。将抗体（Ab1）吸附在固相载体上，洗涤后加入待测抗原（Ag）样品，使之与固相载体上的抗体结合，洗涤除去未结合的抗原，加入不同种动物制备的特异性相同的抗体（Ab2），使之与固相载体上的抗原结合，洗涤后加入酶标记的抗抗体（Ab3-HRP），使之结合 Ab2 上。结果形成 Ab1-Ag-Ab2-Ab3-HRP 复合物。洗涤后加底物显色，呈色反应的深浅与样品中的抗原量呈正比。

(4) 酶标抗原竞争法　用于测定小分子抗原及半抗原。用特异性抗体包被固相载体，加入含待测抗原的溶液和一定量的酶标记抗原共同孵育，对照仅加酶标抗原，洗涤后加入酶底物。被结合的酶标记抗原的量由酶催化底物反应产生有色产物的量来确定。如待检溶液中抗原越多，被结合的酶标记抗原的量越少，显色就越浅。根据样品的 OD 值即可检测样品中抗原的含量。

(5) 酶-抗酶抗体（PAP）法　又称 PAP-ELISA，反应过程同免疫酶组化法，只是操作在反应板上进行。此方法虽可提高试验的敏感性，但因不易制备理想的酶-抗酶抗体复合物，试验中较多干扰因素影响结果的准确性，因此较少采用。

3. 斑点酶联免疫吸附试验

斑点酶联免疫吸附试验是近几年创建的一项免疫酶新技术，不仅保留了常规 ELISA 的优点，而且还弥补了抗原或抗体对载体包被不牢等缺点，以其独特的优势，广泛用于猪瘟、猪伪狂犬病、猪细小病毒病、牛副结核、马传染性贫血等多种传染病的抗原和抗体的检测以及杂交瘤细胞的筛选。其原理是以纤维素薄膜为固相载体，在膜上进行免疫酶反应。先将抗原或抗体吸附在纤维素膜的表面，通过相应的抗体或抗原和酶标记物的一系列反应，形成酶标记抗原-抗体复合物，加入底物后，结合物上的酶催化底物形成带色物质，沉着于抗原-抗体复合物吸附部位，呈现出肉眼可见的颜色斑点，试验结果可通过颜色斑点的出现与否和色泽深浅进行判定。

免疫酶技术是血清学试验中最为完善的一类免疫检测技术，可用于抗原或抗体的定性、定量和定位分析，而且具有敏感、特异、简便、快速、易标准化和商品化等优点。

技能 2-6　免疫荧光抗体技术

[学习目标]

掌握免疫荧光抗体染色的基本要领，会运用此方法对猪瘟等常见动物传染病进行检测。

[仪器材料]

① 器材：荧光显微镜、冰冻切片机、载玻片、盖玻片等。

② 试剂：pH7.2 的 0.01mol/L PBS 液、缓冲甘油、碳酸盐缓冲液。

③ 其他：猪瘟荧光抗体（由指定单位购买，按说明书稀释使用）、猪瘟病猪扁桃体或肾脏。

[实验原理]

标记荧光素的抗体即荧光抗体同时具有荧光素及抗体的特性。在特定的条件下用其染色标本，如标本中存在相应的抗原，荧光抗体便于标本中抗原发生特异性结合，在荧光显微镜的蓝紫光或紫外光的照射下，发出特异的荧光。

[方法步骤]

1. 组织片的制作

取新鲜的扁桃体与肾脏组织块，将样品组织块修切出 1cm×1cm 的面，用冰冻切片机制成 5～7μm 厚的冰冻组织切片，黏于厚度为 0.8～1.0mm 的清洁的载玻片上，空气中自然干燥，立刻在室温下放入纯丙酮内固定 15min，取出用 PBS 液轻轻漂洗 3～4 次，自然干燥或用电扇吹干后尽快用荧光抗体染色。如不能及时染色，可用塑料纸包好，放入低温冰箱中保存。

此外，也可做组织触片。将小块组织用滤纸将创面血液吸干，然后用玻片轻压创面，使之粘上 1～2 层细胞，自然干燥或用电扇吹干，固定后染色。

2. 荧光抗体染色（以猪瘟直接荧光抗体染色为例）

① 用 PBS 液将猪瘟荧光抗体稀释至工作浓度。

② 滴加荧光抗体于固定的组织切片上，以覆盖为度，放入湿盒中，37℃孵育30min。

③ 将切片取出，用PBS液进行3×3min浸洗（浸洗3次，换液3次，每次3min），然后置室温中，待半干时以缓冲甘油封片，立即置荧光显微镜下观察。

④ 设立猪瘟抗血清作抑制染色试验，以鉴定荧光的特异性。将组织切片固定后，滴加猪瘟高免血清，37℃孵育30min，3×3min浸洗后，以猪瘟荧光抗体染色，以下操作同前。结果应为阴性。

⑤ 将染色后的组织切片置激发光为蓝紫光或紫外光的荧光显微镜下观察，判定结果。

阳性反应：扁桃体隐窝上皮或肾曲小管上皮细胞的胞浆内呈明亮的翠绿色荧光，细胞形态清晰。

阴性反应：无荧光或荧光微弱，细胞形态不清晰。

[注意事项]

① 可疑急性猪瘟病例，活体采取扁桃体效果最佳。

② 被检脏器必须新鲜，如不能及时检查，最好作冰冻切片保存。

③ 试验中所用载玻片应为无自发荧光的石英玻璃或普通优质玻璃，用前应浸泡于无水乙醇和乙醚等量混合液中，用时取出用绸布擦净。

④ 观察标本片，需在较暗的室内进行。当高压汞灯点燃3～5min后再开始检查。

⑤ 一般标本在高压汞灯下照射超过3min即有荧光减弱现象。标本片染完后应当天观察。

⑥ 荧光显微镜每次观察时间以1～2h为宜。超过1.5h灯泡发光强度下降，荧光强度随之减弱。

附：所需试剂配制

① pH7.2的0.01mol/L PBS液：氯化钠8.0g，氯化钾0.2g，无水磷酸二氢钾0.2g，无水磷酸氢二钠1.15g，蒸馏水1000mL。将以上成分溶于水，并加入0.1g硫柳汞防腐。

② 缓冲甘油：优质纯甘油9份和碳酸盐缓冲液1份混合而成。

③ 碳酸盐缓冲液：0.5mol/L碳酸钠1份，0.5mol/L碳酸氢钠3份，混合即成。

技能2-7 免疫酶技术

[学习目标]

掌握免疫酶技术的原理、操作方法及结果判定，具备应用酶联免疫吸附试验检测动物传染病的能力。

[仪器材料]

① 器材：冰冻切片机、显微镜、酶标检测仪、96孔酶标反应板、微量加样器等。

② 试剂：免疫酶组化法试剂（α-萘酚液、派洛宁液、内源性酶抑制剂、底物溶液、洗液及酶标抗体稀释液），酶联免疫吸附试验试剂［0.1mol/L（pH7.4）PBS液、底物溶液、终止液］。

③ 其他：猪瘟酶标抗体、兔抗猪IgG酶标抗体、猪繁殖与呼吸障碍综合征抗原、用于培养猪繁殖与呼吸障碍综合征病毒的正常细胞液、猪繁殖与呼吸障碍综合征阳性和阴性血清，以上均由指定单位购买。

[实验原理]

酶标记的抗体即酶标抗体，一方面保持与相应抗原结合的免疫特性，另一方面还具有酶的催化活性。当酶标抗体与相应抗原结合时，形成酶标抗体-抗原复合物，复合物上的酶遇到相应的底物时，则将其催化生成有色物质，有色产物的出现，客观上反映了酶的存在，根据有色产物的有无及其浓度，即可间接推断被检标本中是否有相应抗原存在及其数量的多少，达到定性或定量测定的目的。

[方法步骤]

1. 免疫酶组化法（以猪瘟为例）

(1) 稀释酶标抗体　用酶标抗体稀释液按其说明书的工作浓度进行稀释。

（2）待检标本片的制作　取可疑猪瘟的肾脏、脾脏、淋巴结等制成触片或作成厚度4μm的冰冻切片。余下组织低温冰箱保存或置于50%甘油盐水中于普通冰箱中保存，以备复检或比较用。标本片干后，立即以4℃丙酮固定15min。固定后的标本片可贮藏于4℃冰箱中备用，保存时间不得超过一周。

（3）染色方法

① 萘酚复染法操作如下。

a. 滴加α-萘酚液于标本片上，染色4～5min。

b. 0.015mol/L（pH7.4）PBS液冲洗10min。

c. 滴加派洛宁液于标本片上，染色2min。

d. 0.015mol/L（pH7.4）PBS液冲洗后，用吸水纸吸干。

e. 滴加工作浓度的酶标抗体液，以覆盖为度，置湿盒内37℃孵育30～45min，用0.015mol/L（pH7.4）PBS液冲洗。

f. 滴加DAB液室温下染色30min。

g. 0.015mol/L（pH7.4）PBS液冲洗后，在蒸馏水中漂洗。

h. 干燥后，将标本片置于无水乙醇中脱水5min，然后在二甲苯中透明5min，最后用加拿大胶封片。

i. 放置显微镜下观察，先用低倍，后用高倍镜。

② DAB单染色法操作如下。

a. 滴加内源性酶抑制剂于标本片上，作用30min。

b. 0.015mol/L（pH7.4）PBS液冲洗10min。以下步骤同萘酚复染色法e～i。

（4）对照组的设立

① 已知猪瘟材料制片染色的阳性对照。

② 已知正常组织制片染色的阴性对照。

③ 抗体抑制试验对照：取被检标本片，滴加猪瘟阳性血清，37℃作用45min，再用酶标抗体按上述方法进行染色，结果应为阴性。

④ DAB底物染色对照：取被检标本片，不加酶标抗体，只加DAB液，以检查内源性酶被抑制的情况。

（5）结果判定　在对照组成立的前提下进行判定。

① 萘酚复染法：在细胞浆内，抗原-酶标抗体复合物呈黄褐色，内源性酶呈红色，背景为浅棕色。

② DAB单染色法：在细胞浆内，抗原-酶标抗体复合物呈黄褐色，背景为淡黄色或无色。

凡存在细胞浆染成黄褐色的细胞者判为阳性，不存在细胞浆染成黄褐色的细胞者判为阴性。

[**注意事项**]

① 标本必须新鲜，否则易出现非特异性反应。

② 应选择既不影响抗原活性又不妨碍抗体进入细胞的固定剂。病毒标本的固定剂一般选用冷甲醇和丙酮。

2. 固相酶联免疫吸附试验（ELISA试验）

ELISA试验有间接法、双抗体夹心法和竞争抑制法等，本试验以猪繁殖与呼吸障碍综合征间接ELISA为例。

（1）包被　将96孔酶标反应板1、3、5、7、9、11孔依次加入100μL猪繁殖与呼吸障碍综合征抗原液，将2、4、6、8、10、12孔依次加入100μL正常细胞液，置湿盒中，4℃过夜。

（2）洗涤　甩去孔中液体，用洗液洗3次，每次5min。

（3）加待检血清　将待检血清用待检血清稀释液进行1∶2稀释，向抗原包被孔和邻近正常细胞包被孔各加入100μL，同时设阴性血清对照孔（A1、A2）和阳性血清对照孔（B1、B2），置湿盒内37℃孵育1h。

（4）洗涤　重复（2）步骤。

（5）加酶标抗体　将兔抗猪 IgG 酶标抗体稀释至工作浓度，每孔加 100μL，37℃孵育 1h。

（6）洗涤　重复（2）步骤。

（7）加底物　每孔加入 100μL 底物溶液，室温下作用 3～10min。

（8）终止反应　当阳性血清孔出现黄色反应时，每孔加 50μl 蒸馏水终止反应。

（9）测光密度值　立即用酶标检测仪测定 490nm 波长的光密度值。

（10）结果判定　标准阳性对照孔 OD 值≥0.015，试验结果有效。计算待检样品抗原包被孔 OD 值与正常细胞包被孔 OD 值的比值（S/P），S/P<0.4 判为阴性，S/P≥0.4 判为阳性。

目前商品化的 ELISA 诊断试剂盒较多，多为以检测血清为主的间接 ELISA 法，其操作简单，使用方便，适用于群体检测。如猪繁殖与呼吸障碍综合征间接 ELISA 试剂盒、禽流感间接 ELISA 试剂盒等，已广泛用于畜禽传染病的检测。

附：所需试剂配制

1.免疫酶组化法试剂配制

（1）α-萘酚液　α-苯酚 1.00g，40%乙醇 100mL，3% H_2O_2 0.20mL，混合即可，现用现配。

（2）派洛宁液　派洛宁 0.10g，苯胺 4.0g，40%乙醇 96mL。

（3）内源性酶抑制剂　0.01%H_2O_2 的 0.01%叠氮钠溶液，1%H_2O_2 1.00mL，1% NaN_3 1.00mL，0.015mol/L（pH7.4）PBS 液 100mL。

（4）底物溶液　即 3-3′二氨基联苯胺（DAB）液。

① 0.05mol/L（pH7.6）Tris-HCI 缓冲液

A 液：0.2mol/L Tris 液：三羟甲基氨基甲烷 2.43g，双蒸馏水 100mL。

B 液：0.1mol/L HCl。

取 A 液 25mL，B 液 38.9mL，混合，加蒸馏水至 100mL。

② DAB 液：0.05mol/L（pH7.6）Tris-HCl 缓冲液 100mL，3-3′二氨基联苯胺盐酸盐 76.00mg，1% H_2O_2 0.5mL，现用现配。

（5）洗液、酶标抗体稀释液　即 0.1mol/L（pH7.4）PBS 液，$Na_2HPO_4 \cdot 12H_2O$ 2.85g，KH_2PO_4 0.2g，NaCl 8.5g，双蒸馏水加至 1000mL。

2.酶联免疫吸附试验试剂配制

（1）待检样品稀释液、洗液和酶标抗体稀释液　即 0.1mol/L（pH7.4）PBS 液。

（2）底物溶液　邻苯二胺（OPD）底物液。

① 0.1mol/L 柠檬酸液：柠檬酸 21g，双蒸馏水加至 1000mL。

② 0.2mol/LNa_2HPO_4 液：$Na_2HPO_4 \cdot 12H_2O$ 71.6g，双蒸馏水加至 1000mL。

③ pH5.4 柠檬酸-磷酸盐缓冲液：0.1mol/L 柠檬酸液 24.3mL，0.2mol/L Na_2HPO_4 液 25.7mL，混匀即可。

④ OPD 液：pH5.4 柠檬酸-磷酸盐缓冲液 50mL，双蒸馏水 50mL，邻苯二胺 20mg，30% H_2O_2 0.15mL，将前三种成分混合，待邻苯二胺充分溶解后再加 H_2O_2。此溶液对光敏感，应避免强光直射，现用现配。

（3）终止液　即 2mol/LH_2SO_4 溶液，浓硫酸（98%）22.2mL，蒸馏水 177.8mL。

【复习思考题】

1.名词解释：血清学试验　凝集试验　间接凝集试验　沉淀试验　补体结合试验中和试验　免疫荧光技术　免疫酶技术　载体

2.血清学试验有何特点？试验中为什么要设对照试验？

3.简述凝集试验的类型及应用。

4.简述沉淀试验的类型及应用。

5.简述免疫荧光技术和免疫酶技术的原理及应用。

（雷莉辉　向金梅）

第十章　免疫学应用

【能力目标】

具有正确指导和合理利用免疫制品进行传染病诊断、预防与治疗的能力。

【知识目标】

掌握机体获得特异性免疫的途径及其实际应用；疫苗、免疫血清使用时的注意事项。了解疫苗的种类；疫苗、免疫血清及卵黄抗体制作的基本程序；活疫苗和灭活疫苗的优缺点。

第一节　免疫诊断及免疫防治

一、免疫诊断

机体对某种病原体产生的特异性免疫包括体液免疫和细胞免疫，前者表现为机体血清中出现大量特异性抗体，后者则表现为体内产生对同种抗原产生反应的致敏淋巴细胞。免疫诊断的内容包括以抗原和抗体特异性结合为基础而建立发展起来的血清学试验、细胞免疫的检测技术以及体内变态反应检测等，目前已广泛应用于传染病、寄生虫病、肿瘤、自身免疫病和变态反应性疾病等的诊断，在新分离病毒株和菌株的鉴定和分型以及微生物及寄生虫抗原的分析方面，也有重要作用。

（一）对动物传染病的诊断

1. 血清学诊断

血清学技术已成为诊断畜禽传染病及寄生虫病不可缺少的手段。通过应用血清学技术检测病料中相应的抗原或血清中的特异性抗体，可对疾病做出诊断。常用的血清学技术有凝集试验、沉淀试验、补体结合试验、中和试验和免疫标记技术等。

此外，血清学技术还可用于新分离毒株或菌株的鉴定及分型；一些血清学技术如免疫电泳、免疫沉淀技术等可用于微生物抗原的分析。

2. 细胞免疫检测

微生物或其他因素可导致机体的免疫水平低下，机体中 T 细胞的数量不仅影响细胞免疫水平，也会影响体液免疫的发挥，因此 T 细胞在血液中含量经常作为机体细胞免疫状态甚至整体免疫状态判断的依据。

细胞免疫检测技术不仅可以揭示动物体内细胞免疫的水平和状态，分析特定抗原刺激 T 细胞后的细胞免疫机制，而且可以通过测定抗原进入机体后细胞免疫应答的变化，衡量抗原的免疫原性和免疫效力，还可以用正常 T 淋巴细胞检测干扰素、白细胞介素等免疫因子的生物活性及效价。常用的 T 细胞检测方法有 E 玫瑰花环试验、EY 玫瑰花环试验、淋巴细胞转化试验、细胞毒性 T 细胞试验等。此外，对机体免疫功能检测方法还有巨噬细胞功能检测、红细胞免疫功能检测等。

各种细胞免疫检测技术可作为一些疾病如肿瘤等的诊断、疗效监测和预后判断的辅助方法。

3. 传染性变态反应诊断

某些病原体在引起抗感染免疫的同时，也使机体发生变态反应。因此，利用变态反应原理，通过已知微生物或寄生虫抗原在动物机体局部引发的变态反应，能确定动物机体是否已被感染相应的微生物或寄生虫，并能分析动物的整体免疫功能。迟发型变态反应常用于诊断结核分枝杆菌、鼻疽杆菌、布氏杆菌等细胞内寄生菌的感染。如用结核菌素点眼和皮内注射来诊断牛羊等动物的结核病，就是利用了传染性变态反应诊断的方法。

（二）妊娠诊断

动物妊娠期间能产生新的激素，并从尿液排出。以该激素作为抗原，将激素抗原或抗激素抗体吸附到乳胶颗粒上，利用间接凝集试验或间接凝集抑制试验，检测妊娠动物尿液标本中是否有相应激素存在，进行早期妊娠诊断。如母马在怀孕40d后，子宫内膜能分泌促性腺激素并进入血液，在40～120d期间含量最高，由于该激素具有抗原性，故可用它免疫其他动物制备相应抗体，进行血清学试验诊断马是否怀孕。妊娠诊断方法有间接血凝抑制试验、反向间接血凝试验和琼脂扩散试验等。

二、免疫防治

机体对病原体的免疫力分为先天性免疫和获得性免疫两种。先天性免疫是动物体在种族进化过程中由于机体长期与病原体斗争而建立起来的天然防御能力，它可以遗传；获得性免疫是动物体在个体发育过程中受到病原体及其产物刺激而产生的特异性免疫力，它具有高度的特异性。

机体可通过多种途径获得特异性免疫，主要包括两大类型，即主动免疫和被动免疫。无论主动免疫还是被动免疫都可通过天然和人工两种方式获得。

获得性免疫
- 被动免疫
  - 天然被动免疫
  - 人工被动免疫
- 主动免疫
  - 天然主动免疫
  - 人工主动免疫

（一）被动免疫

被动免疫是指从母体直接获得抗体或通过直接注射外源性抗体而获得的免疫保护。包括天然被动免疫和人工被动免疫。

1. 天然被动免疫

初生幼畜（禽）通过母体胎盘、初乳或卵黄等获得母源抗体而形成的对某种病原体的特异性免疫力，称为天然被动免疫。

动物在生长发育的早期，免疫系统发育不够健全，对病原体不能产生足够的抵抗力，通过接受母源抗体可大大增强抵抗病原微生物感染的能力，以保证早期的健康生长发育。母源抗体输送给胎儿取决于胎盘的结构。人和灵长目动物的胎盘允许IgG通过，但IgM、IgA、IgE不能通过；IgG的被动转移可保护胎儿抵御某些败血性感染；但对于马、猪和反刍动物等，免疫球蛋白分子完全不能通过胎盘。

初生动物从母体获得的大部分抗体来自初乳。因此，对于初生动物而言，喂给初乳对于防止幼畜传染病具有极为重要的意义。在初乳中的IgG、IgM可抵抗败血性感染，IgA可抵抗肠道病原体的感染。初乳的主要免疫球蛋白是IgG，占其全部免疫球蛋白的60%～90%。母猪在产后泌乳早期的初乳中，IgG占乳中免疫球蛋白总量的80%，其次为IgA和IgM。

对某些以侵害初生幼畜（禽）为主的传染病，常可用疫苗给怀孕期母畜（禽）免疫，通过母源抗体来保护初生幼畜（禽）抵抗感染。如由致病性大肠杆菌引起的仔猪黄痢，可用大肠杆菌K88疫苗给母猪免疫而得以预防；小鹅瘟主要引起雏鹅的大批死亡，可用小鹅瘟疫苗免疫产蛋母鹅，可使雏鹅获得坚强的天然被动免疫力。

母源抗体可保护胎儿和新生动物抵御病原体侵害，但在动物免疫接种时也会干扰疫苗的免疫效果，是导致免疫失败的原因之一，故在实际工作中应引起重视。

2. 人工被动免疫

将免疫血清、自然发病后的康复动物的血清或高免卵黄抗体等抗体制剂人工输入动物体内，使其获得某种特异抵抗力，称为人工被动免疫。其特点是免疫力产生快，人工被动免疫可使机体迅速获得特异性免疫力，无诱导期；免疫力维持时间短，一般维持1～4周。

免疫血清可用同种动物或异种动物制备，用同种动物制备的血清称为同种血清；用异种动物制备的血清称为异种血清。抗细菌血清和抗毒素通常用大动物制备，如破伤风抗毒素多用健壮的青年马制备，猪丹毒血清可用牛制备。异种动物血清的产量较大，但免疫后可引起应答反应，在使用时须注意过敏反应。抗病毒血清则多用同种动物制备，如猪瘟血清用猪制备；新城疫血清用鸡制备等。同种动物血清的产量有限，但免疫后不引起应答反应，因而其免疫期比异种血清长。

在家禽，还常用卵黄抗体制剂进行人工接种。如对于爆发鸡传染性法氏囊病的鸡群，用含有高效价的鸡传染性法氏囊病毒卵黄抗体进行紧急人工接种，有良好的防治效果。

人工被动免疫主要用于已感染畜禽的紧急预防和治疗。在传染流行的早期进行的紧急预防，能迅速控制疫情，减少损失；治疗也会有较好的疗效。

（二）主动免疫

主动免疫是指动物受到某种病原体抗原刺激后，由动物自身免疫系统产生的针对该抗原的特异性免疫力。它包括天然主动免疫和人工主动免疫。

1. 天然主动免疫

天然主动免疫是指动物在感染某种病原微生物耐过后产生的对该病原体再次侵入的不感染状态，即产生了抵抗力。

2. 人工主动免疫

人工主动免疫是指用人工接种的方法给动物注入疫苗或类毒素等抗原性生物制品，刺激机体免疫系统发生应答反应而产生的特异性免疫力。

与人工被动免疫相比较，人工主动免疫的免疫力产生较慢，但免疫保护的时间长，免疫期可达数月甚至数年，并具有回忆反应；某些疫苗免疫后，还可产生终生免疫力。

第二节　生物制品及其应用

生物制品是利用微生物、寄生虫及其组分或代谢产物以及动物或人的血液、组织等生物材料为原料，通过生物学、生物化学及生物工程学的方法加工制成的，用于传染病或其他有关疾病的预防、诊断和治疗的生物制剂。狭义的生物制品主要包括疫苗、免疫血清和诊断液，而广义的生物制品还包括各种血液制剂，肿瘤、移植免疫及自身免疫病等非传染性疾病的免疫诊断、治疗和预防制剂，以及提高动物机体非特异性免疫力的免疫增强剂等。

一、生物制品的分类和命名

（一）生物制品的分类

兽医临床常用的生物制品有疫苗、免疫血清和诊断液，主要用于传染病的预防、诊断和治疗。

1. 疫苗

疫苗是指由病原微生物、寄生虫及其组分或代谢产物制成，接种动物后能产生主动免疫的一类生物制品。以往把用细菌制备的制剂，称为“菌苗”；把用病毒及立克次体制备的制剂，称为“疫苗”；以细菌代谢产物——毒素制备的制剂，称为“类毒素”。但随着生物工程技术、生物化学及分子生物学的发展，在疫苗种类和类型上均有重要的进展，新的疫苗、苗型不断研制成功，种类繁多；归纳起来主要有以下三类。

（1）常规疫苗　指利用细菌、病毒等完整微生物或其代谢产物制成的疫苗，主要包括活苗、灭活疫苗和代谢产物疫苗。

① 活苗可分为强毒苗、弱毒苗和异源苗。

强毒苗是应用最早的疫苗种类，如我国古代民间预防天花所使用的痂皮粉末就含有强毒，使用强毒免疫有较大的危险性，但在某些特定情况下也可考虑。如小鹅瘟病毒对雏鹅毒力很强，但对成年鹅无致病力，用以免疫产蛋母鹅可使所产雏鹅获得坚强的被动免疫力。

异源苗是利用具有共同保护性抗原的不同种病毒制作的疫苗。目前已知以下各组病毒有交叉免疫作用，麻疹病毒、牛瘟病毒与犬瘟热病毒，牛病毒性腹泻病毒和猪瘟病毒，鸽痘病毒与鸡痘病毒，火鸡疱疹病毒与马立克病毒，牛痘病毒和天花病毒等。因此，兽医临床上可用火鸡疱疹病毒接种鸡预防马立克病，用鸽痘病毒接种鸡预防鸡痘等。

目前应用的活疫苗主要是弱毒苗。虽然弱毒苗的毒力已经致弱，但仍然保持着原有的免疫性，能在体内繁殖。其优点是接种少量的弱毒苗就可诱导机体产生坚强的免疫力，免疫期较长，不需使用佐剂，引起过敏的机会较小，某些弱毒苗可刺激机体细胞产生干扰素，对抵抗其他野毒的感染有益；其缺点是研制周期较长，毒力有返强的潜在危险，贮存与运输不便，且保存期较短，为此多作成冻干苗，以延长其保存期。

大多数弱毒苗是通过强毒人工致弱而制成。人工致弱途径有：通过不适宜的人工培养条件，使强毒株在异常的条件下生长繁殖，使其毒力减弱或丧失；在非易感动物体内长期传代。如炭疽芽孢苗就是通过高温（42℃）培养而制成，禽霍乱疫苗最初是在营养缺乏的条件下培养的。病毒的疫苗株多采用细胞培养、鸡胚培养和实验动物接种传代培育，如中国株（C株）猪瘟兔化弱毒疫苗是通过兔体继代培育成功的，在国际上享有盛誉。

② 灭活疫苗又称死疫苗、死苗，是指将含有细菌或病毒的材料，利用物理的或化学的方法处理，使其丧失感染性或毒性，但保持有免疫原性，接种动物后能产生主动免疫的一类生物制品。其优点是研制周期短，使用安全和易于保存。其缺点是由于死疫苗接种后不能在动物体内繁殖，因此接种剂量大，免疫周期较短，需加入适当的佐剂以增强免疫效果。

灭活疫苗分为组织灭活疫苗和培养物灭活疫苗。组织灭活疫苗有病变组织灭活苗和鸡胚组织灭活苗两种。病变组织灭活苗是用患传染病的病死动物的典型病变组织，经过辗磨、过滤、按照一定比例稀释并加入灭活剂灭活后制备而成，如猪瘟结晶紫疫苗，兔出血症组织灭活疫苗。这种苗多为自家苗，即用于发病本场。此类疫苗因多为未经注册批准的正式产品，只能在非常情况下经政府批准使用。培养物灭活疫苗是选用免疫原性强的病原微生物经人工培养后，用化学或物理方法灭活制成，如鸡传染性法氏囊病油乳剂灭活苗、猪丹毒氢氧化铝疫苗等。

③ 代谢产物疫苗是指利用细菌的代谢产物如毒素、酶等制成的疫苗。如破伤风毒素、白喉毒素、肉毒梭菌毒素经甲醛灭活后制成的类毒素具有良好的免疫原性，是一种良好的主动免疫制剂。此外，致病性大肠杆菌肠毒素、多杀性巴氏杆菌的攻击毒素和链球菌的扩散因子等都可作为代谢产物疫苗。但除类毒素外，其他代谢产物疫苗在生产上还没有广泛应用。

（2）亚单位疫苗　从病原体提取免疫有效成分，去除无效或有害成分，利用一种或几种亚单位或亚结构成分制成的疫苗称为亚单位疫苗。这些免疫有效成分包括细菌的荚膜、鞭毛，病毒的囊膜、膜粒、衣壳蛋白等。亚单位疫苗没有微生物的遗传信息，但免疫动物能产生针对此微生物的免疫力，并且可免除微生物非抗原成分引起的不必要的副作用，保证疫苗的安全性。如狂犬病亚单位疫苗、口蹄疫 Vp3 疫苗、流感血凝素疫苗及脑膜炎球菌多糖疫苗、致病性大肠杆菌 K88 疫苗等。亚单位疫苗由于制备困难，价格昂贵，在生产中难以推广应用。

（3）生物技术疫苗　生物技术疫苗是利用生物技术制备的分子水平的疫苗，包括基因工程亚单位疫苗、合成肽疫苗、抗独特型疫苗、DNA 疫苗及基因工程活载体疫苗。

① 基因工程亚单位疫苗是指利用 DNA 重组技术，将微生物的保护性抗原基因重组于载体质粒后导入受体菌或细胞，使该基因在受体菌或细胞中高效表达，产生大量的保护性抗原肽段，提取该抗原肽段，加佐剂即制成亚单位疫苗。首次报道研制成功的是口蹄疫基因工程亚单位苗，此外还有预防仔猪和犊牛下痢的大肠杆菌菌毛基因工程亚单位疫苗。此类疫苗因需解决高效表达、蛋白质分泌、免疫原性不如传统疫苗好等问题，因而目前尚未推广。

② 合成肽疫苗是指用人工合成的多肽抗原与适当载体和佐剂配合而成的疫苗。如人工合成白喉杆菌的 14 个氨基酸肽、流感病毒血凝素的 18 个氨基酸肽等。此类疫苗解决了疫苗减毒不彻

底导致的安全问题、生产过程中一些病毒不能人工培养问题、某些病毒如流感病毒不断出现新的血清型问题等。

③ 抗独特型抗体疫苗。与特定抗原的抗体结合的抗体，称为抗独特型抗体。此抗体具有原始病原微生物抗原的作用，可以用来代替免疫原制造疫苗，即为抗独特型抗体疫苗。它适用于制作目前尚不能培养或培养困难、或危险性大的一些微生物疫苗。此类疫苗制备不易，成本较高。

④ DNA疫苗是一种最新的分子水平的生物技术疫苗，将编码保护性抗原的基因与能在真核细胞中表达的载体DNA重组，重组的DNA可直接注射到动物体内，刺激机体产生体液免疫和细胞免疫。

⑤ 基因工程活载体疫苗包括基因缺失苗和活载体疫苗。

基因缺失苗是利用基因工程技术切去病毒致病基因，使其失去致病力，但仍保留其免疫原性及复制能力，成为基因缺失株。该基因缺失株用作疫苗比较稳定，无毒力返祖现象，是效果良好而且安全的新型疫苗。

活载体疫苗是用基因工程技术将保护性抗原基因即目的基因转移到载体中使之表达的活疫苗。目前有多种理想的病毒载体，如痘病毒、腺病毒和疱疹病毒等都可以用于活载体疫苗的制备。国外已经研制出以腺病毒为载体的乙肝疫苗、以疱疹病毒为载体的新城疫疫苗等。

2. 免疫血清

又称高免血清。是利用某种抗原对同一动物反复多次接种，使之产生高效价特异性抗体，经采血分离血清即可制成，主要用于治疗和紧急预防。血清注入机体后可立即发挥抗病作用，但这种免疫力维持时间较短，一般为2～3周，故使用免疫血清进行传染病防治时应多次注射。

在临床上，抗菌血清应用较少，较多的是抗病毒血清和抗毒素血清，如小鹅瘟抗血清、破伤风抗毒素等。因它们只能中和游离的病毒和外毒素，对已经结合细胞的病毒和毒素不能发挥作用，故使用抗血清时也应注意早期、足量。

3. 诊断液

利用微生物、寄生虫或其代谢产物、以及含有其特异性抗体的血清制成，专供传染病、寄生虫病、某些其他疾病以及机体免疫状态检测用的生物制品，称为诊断液。

诊断液包括诊断抗原和诊断抗体。诊断抗原包括变态反应性抗原和血清学反应抗原。变态反应性抗原如检查结核感染的提纯结核菌素，检查牛、羊布氏杆菌感染的布氏杆菌水解素等，利用此类抗原刺激机体产生迟发型变态反应来判断机体感染状态。血清学反应抗原包括各种凝集反应抗原，如鸡白痢全血平板凝集反应抗原、鸡霉形体病全血平板凝集反应抗原、布氏杆菌病试管凝集反应抗原、布氏杆菌病平板凝集反应抗原等；沉淀反应抗原，如炭疽环状沉淀反应抗原、马传染性贫血琼脂扩散试验抗原等；补体结合反应抗原，如鼻疽补体结合反应抗原、马传染性贫血补体结合反应抗原等。应该指出的是在各种类型的血清学试验中，同种微生物的抗原会因试验类型而有所差异，故在选择诊断抗原时，应根据所要进行的试验类型选择诊断抗原的种类。

诊断抗体包括诊断血清和诊断用特殊抗体。诊断血清是用抗原免疫动物制成的，如鸡白痢阳性血清、魏氏梭菌定型血清、炭疽沉淀素血清、大肠杆菌和沙门菌的因子血清等。单克隆抗体、荧光抗体、酶标抗体等是目前广泛应用的诊断抗体。

（二）生物制品的命名

根据《中华人民共和国兽用生物制品质量标准》的规定来进行命名。

① 生物制品的命名遵循明确、简练和科学的基础原则，采用“动物种名＋病名＋制品种类”的命名方法，如牛巴氏杆菌病灭活疫苗、马传染性贫血活疫苗。诊断制剂则在制品种类之前加上诊断方法名称，如鸡白痢全血平板凝集抗原、猪支原体肺炎微量间接血凝抗原。

② 国家规定，由特定细菌、病毒、立克次体、螺旋体、霉形体等微生物及寄生虫制成的主动免疫的制品，一律称为疫苗；将特定细菌、病毒等微生物及寄生虫毒力致弱或异源毒制成的制品，称为“活疫苗”；用物理或化学方法灭活后制成的疫苗，称为灭活疫苗。

③ 同一种类不同毒株制成的疫苗，可在全称后加括号，注明毒株，如猪丹毒活疫苗（GC42

株)、猪丹毒活疫苗(G4T10 株)。

④ 联合和多价生物制品的命名，由两种以上的病原体制成的一种疫苗，采用“动物种名＋若干病名＋X联苗”的形式，如“猪瘟、猪丹毒、猪肺疫三联活疫苗”；由两种以上的血清型制成的一种疫苗，采用“动物种名＋病名＋若干型名＋X价疫苗”的形式，如“口蹄疫O型、A型双价弱毒疫苗”。

⑤ 共患病一般可不列动物种名，如“气肿疽活疫苗”；但人用制品应加以表明，如“人用狂犬病疫苗”。制品的制造方法、剂型、灭活剂、佐剂一般不标明。在制造方法改变时，则应在基本名称前加以标明，如“旧结核菌素”、“精制破伤风类毒素”。

二、疫苗制造的基本程序

(一) 疫苗的菌种和毒种

菌种和毒种是国家的重要生物资源，世界各国都为此设置了专业性保藏机构。用于疫苗生产的菌种和毒种应符合以下要求：背景资料完整；生物学特性典型；遗传性状稳定。

为了保持菌种和毒种的稳定性，最好采用冷冻真空干燥法保存。冻干的细菌、病毒分别保存在4℃和－20℃以下，液氮是长期保存菌种和毒种的理想介质。在疫苗生产之前，要鉴定所用的菌种或毒种的毒力、免疫原性及稳定性。

(二) 灭活、灭活剂及佐剂

1. 灭活

灭活是指破坏微生物的生物学活性、繁殖能力及致病性，但尽可能保持其原有免疫原性，用以制备灭活苗。

灭活的方法包括物理灭活和化学灭活。物理灭活有热灭活、超声波灭活、紫外线灭活等方法。目前除诊断抗原尚采用物理灭活(主要是热灭活)外，一般很少使用。化学法是利用化学药品或酶使微生物及活性物质的一些结构发生改变，从而丧失生命力、感染性、毒性或活性。化学灭活法是目前疫苗生产上主要采用的灭活方法，但化学灭活的效果常受灭活剂种类、剂量和作用温度、pH、时间等因素影响，因此必须筛选最佳的灭活条件。

2. 灭活剂

灭活剂是指用于灭活的化学试剂。常用的灭活剂有甲醛、苯酚、结晶紫及烷化剂等，其中甲醛是最传统的同时也是应用最广的灭活剂。

(1) 甲醛 其灭活机制是还原作用。低浓度时能破坏微生物的生命链，使其丧失活力或毒性而保存抗原性；高浓度时与微生物蛋白质的氨基结合形成另一种化合物，从而破坏、杀死微生物。甲醛用来灭活的浓度随微生物种类而异，一般需氧菌所用甲醛浓度为0.1%～0.2%，厌氧菌则多用0.4%～0.5%的甲醛杀菌或脱毒，病毒可用0.05%～0.4%。灭活时一般处理条件为37～39℃ 24h以上，有的需要更长时间。如气肿疽灭活苗，用0.5%的甲醛液37～38℃灭活72～96h；而破伤风类毒素用0.4%甲醛，37～38℃灭活21～23d。

(2) 苯酚 其灭活机制是使微生物蛋白质变性和抑制特异酶系统的活性，从而导致微生物死亡。常用浓度为0.3%～0.5%。

(3) 结晶紫 是一种碱性染料，其灭活机制主要是它的阳离子与微生物蛋白质带负电的羧基形成弱电离化合物，干扰了微生物的正常代谢活动而起到灭活作用，如猪瘟结晶紫灭活苗。

(4) 烷化剂 可破坏微生物的核酸，而不影响微生物的蛋白质成分，是病毒灭活的良好灭活剂；常用的有二乙烯亚胺(BEI)、*N*-乙酰乙烯亚胺(AEI)等。对口蹄疫灭活苗的制备结果表明，BEI和AEI性能良好，已成功用于疫苗的生产，尤其是BEI的保存、毒性及成本等方面更为优越，被广泛采用。常用的灭活浓度为BEI为0.02%，AEI为0.05%。

3. 佐剂

当一种物质先于抗原或与抗原混合注射到动物体内，能非特异性地改变或增强抗原物质的免疫原性，增强机体的免疫应答，或者改变机体免疫应答类型，这种物质称为佐剂；也称免疫佐剂或抗原佐剂，属于免疫增强剂中的一类。

佐剂在人工免疫中之所以能得到广泛应用，除能使弱抗原性物质增强抗原性外，还在于：①可以用最小的抗原量、最少的接种次数，增加抗原所激发的抗体应答，达到产生大量特异性抗体的目的。②增强对肿瘤细胞或细胞内病原体感染细胞的有效免疫应答，增强吞噬细胞的非特异杀伤功能和特异性细胞免疫的刺激作用等，如应用卡介苗或短小棒状杆菌，可提高机体免疫功能，增强特异性及非特异性杀伤肿瘤细胞作用。

灭活苗、类毒素、微生物亚单位苗、基因工程苗及合成肽苗等，免疫原性较差，必须在其中加入佐剂，以增强其免疫原性。选择佐剂在考虑其免疫增强作用的同时，还应考虑其安全性。世界卫生组织及一些专家认为，理想的佐剂除了有效辅助引发免疫反应外，尚应具备下列标准：①佐剂物质应安全、无毒、无致癌性，也不应是辅助致癌物，不能诱导、促进肿瘤形成。通过肌肉、皮下、静脉、腹腔、滴鼻、口服等各种途径进入动物体后无任何副作用。②佐剂物质应有较高的纯度，有较强的吸附力。③佐剂物质应具有在动物体内降解吸收的性质，不应长时期留存而诱发组织损伤。④佐剂物质不应诱发自身超敏性，不含有与动物有交叉反应的抗原物质。⑤佐剂物质应稳定，佐剂抗原混合物储存 1 年以上不分解、不变质和不产生不良反应。

根据佐剂在体内存留时间可分为贮存型佐剂和非贮存型佐剂。贮存型佐剂能将抗原物质吸附或黏着而成为一种凝胶状态物，注入动物体后可较久地存留在体内，持续地释放出抗原物质起刺激作用，从而能显著地增高抗体滴度，提高免疫效果。如不溶性胶体佐剂有氢氧化铝胶、明矾、磷酸铝、EDTA、藻胶酸钠等，油乳佐剂有弗氏完全佐剂、弗氏不完全佐剂、span 白油佐剂等。非贮存型佐剂又称为细胞毒型佐剂，这类佐剂既可以同抗原混合，也可以在相互隔开的部位分别注射，均可出现效果。非贮存型佐剂又分为生物佐剂如结核菌和卡介苗等，非生物佐剂如蜂胶和左旋咪唑等两类。

（三）疫苗的制备

1. 细菌性灭活苗的制备

（1）菌种和种子培养　菌种应由中国兽医药品监察所提供，选用 1～3 个品系，毒力强，免疫原性优良的菌株，按规定定期复壮，并进行形态、培养特性、菌型、抗原性等的鉴定，将合格菌种增殖培养并经无菌检验、活菌计数达到标准后作为种子液，于 2～8℃冷暗处保存备用。

（2）菌液培养　选择细菌培养的方法有固体表面培养法、液体静置培养法、液体深层通气培养法、透析培养法及连续培养法等。一般固体表面培养法容易获得高浓度细菌悬液，含培养基成分少，单生产量较小，主要用于诊断液的生产；而在疫苗生产中需要大量的培养菌液，故主要选择液体培养法。

（3）灭活　根据细菌的特性选用有效的灭活剂和最适合的条件进行灭活。如制造猪丹毒氢氧化铝菌苗时，在菌液中加入 0.2%～0.5%甲醛，37℃杀菌 18～24h；破伤风类毒素于除菌毒素液中加入 0.4%甲醛，37～38℃脱毒 21～23d。

（4）浓缩　为提高某些灭活苗的免疫力，可通过浓缩的方法提高菌苗中细菌抗原的浓度。常用的浓缩方法有离心沉淀法、氢氧化铝吸附沉淀法和羧甲基纤维素沉淀法等，可使菌液浓缩一倍以上。

（5）配苗　按比例加入佐剂并充分混匀。根据佐剂的类型，可在灭活的同时或之后加入适当比例的佐剂，充分混匀。如猪肺疫氢氧化铝菌苗可在加入甲醛灭活的同时，加入氢氧化铝胶配苗；油佐剂苗常用的配苗程序是于灭菌的油乳剂中，边搅拌边加入适当比例的灭活菌液。配苗须充分混匀，并及时分装、加塞、贴标签或印字。

2. 细菌性活苗的制造程序

弱毒活苗的制备中，菌种来源、种子液培养、菌液培养、浓缩等环节类似于灭活苗的制备程序，经上述培养检验合格的菌液，按规定比例加入保护剂配苗。充分混匀后随即准确分装，冻干，加塞，抽真空，封口，于冷库保存，并送质检部门抽样检验。

3. 病毒性动物组织苗的制备

病毒在易感动物体内各器官组织中增殖、分布量有很大差异。选择含毒量高的动物组织，经加工后制成的疫苗，称为组织苗。其中包括组织灭活疫苗和组织弱毒疫苗两类，这里只介绍组织灭活苗。

(1) 毒种、动物及接种　用抗原性优良、致死力强大的自然毒株的组织毒种或病毒增殖培养物，也可用弱毒株组织毒种，经纯粹性检验和免疫原性检测后进行接种。接种的动物应选择清洁级以上等级的易感实验动物，根据情况选用不同的接种途径，如脑内、静脉、肌肉、皮下或腹腔注射等途径进行接种。接种后，每天观察和检查规定的各项指标，如精神、食欲和体温等。

(2) 收获与制苗　根据观察的征象和检查的结果选用符合要求的发病动物，收获含毒量高的组织器官，经无菌检验及毒价测定之后，按规定加入平衡液和灭活剂制成匀浆，再根据病毒种类，用适当条件进行灭活或脱毒。如兔病毒性出血症组织苗选用发病兔的肝脏，匀浆后加入甲醛灭活，经检验合格后制成组织灭活苗。

4. 病毒性禽胚培养疫苗的制造程序

禽胚作为疫苗生产的原材料，来源方便，质量较易控制，制造程序简单，设备要求较低，生产的疫苗质量可靠。除常用鸡胚外，鹅胚和鸭胚也可用于某些病毒的增殖。

(1) 种毒和鸡胚的选择　种毒应由国家菌、毒种保藏部门供应，多为冻干的弱毒。按要求继代、复壮，通常继代3代以上，经无菌检验、毒价测定等检验，符合标准后，作为生产用毒种。

生产用的鸡胚应来源于SPF鸡群，鸡蛋必须新鲜、洁净，按常规无菌孵化至所需日龄用于接种。

(2) 鸡胚的接种　根据病毒的种类和疫苗的生产程序选择最佳的接种途径和最佳接种剂量。鸡胚接种时常用的接种途径有卵黄囊、尿囊腔和绒毛尿囊膜接种。

(3) 鸡胚接种后的检查和收获病毒　接种后，一般在37℃左右继续孵化2～7d，弃去接种24h内死亡的胚蛋，24h后死亡的胚蛋随时取出，放4～8℃冷冻4～24h，以备收获材料。

(4) 配苗　按规定收取胚液、胎儿和绒毛尿囊膜，经无菌检验合格后即可配苗。湿活苗通常于鸡胚液内加入青、链霉素，置0～10℃冷暗处处理后分装。冻干活苗按比例加入保护剂，充分混合后，加入青、链霉素，混匀后分装冻干。灭活苗加入适当浓度的灭活剂，在适当条件下灭活后，加入佐剂，充分混匀后分装。

5. 病毒性细胞培养苗的制造

(1) 种毒和细胞　种毒由国家指定的菌、毒种保藏部门鉴定分发，毒力、最小免疫量、安全性、无菌检验均合格。因多为冻干品，应按规定在细胞中继代培养后用作毒种。

制苗用的细胞大体可分为原代细胞和传代细胞两类。根据不同的病毒、疫苗性质、工艺流程等选择不同的细胞。按要求将细胞培养成细胞单层，备用。原代单层细胞培养通常是用胚胎或动物脏器制备，应用最多的组织有肾、睾丸、肺、皮肤等，鸡胚组织也常使用。如鸡胚成纤维细胞(CEF)、兔肾上皮细胞等。

(2) 病毒的接种和收获　选择特定病毒易感的单层细胞培养，接种病毒液，接种量约为生长液的1/20～1/10，37℃培养，待出现70%～80%以上细胞病变时即可收获。选用反复冻融或加EDTA-胰酶液消化分散细胞等方法收取。细胞毒液经无菌检验、毒价测定合格后供配苗用。

(3) 配苗　活疫苗在细胞毒液内按规定加入适当的灭活剂，再加入阻断剂终止灭活；有的疫苗必须加入佐剂，充分混合、分装。干苗则在细胞毒液中按比例加入保护剂或稳定剂，充分混匀、分装，进行冻干。

(四) 成品的检验程序及检验

成品检验是保证疫苗质量的重要环节，由监察部门承担。

1. 纯粹检验或无菌检验

生物制品都不应有外源微生物污染。灭活疫苗不得含有活的本菌或本毒。

(1) 抽样　每种产品按规定的比例随机抽样，抽取的样品部分用于成品检验，部分用作留样保存。

（2）检验用培养基　不同的产品所用培养基和检验方法也不同，通常选择最适宜于各种易污染细菌生长的而对活菌制品细菌不适于生长的培养基。在没有特殊规定的情况下，一般厌氧性及需氧性细菌的检验用硫乙醇酸盐培养基（T. G）及酪胨琼脂（G. A）；霉菌及腐生菌检验用葡萄糖蛋白胨水。

（3）判定结果　除一些组织苗如猪瘟兔化弱毒乳兔组织疫苗、鸡新城疫鸡胚组织疫苗等按规定允许含一定数量非病原菌外，每批抽检的样品应全部无菌生长。如经无菌检验证明含污染菌，必须进行污染菌病原性鉴定及杂菌计数再作结论。

2. 活菌计数

弱毒活菌苗必须进行活菌计数，以计算头份数和保证免疫效果。应选用最适合疫苗菌生长的培养基，抽样 37℃培养 24～48h 计数，确定此批使用剂量。

3. 安全检验

生物制品的安全性是其首要的条件，各种制品都必须经过安全检验合格者方可出厂。

（1）安全检验的内容　检验的内容包括外源性细菌污染的检验，杀菌、灭菌或脱毒效果检验，残余毒力及毒性物质的检验和对胚胎的致畸和致死性检验等。

（2）安全检验的方法和结果判定　方法主要是动物检验，所选动物应是敏感性高的等级动物。检验结果应符合规定的各种制品的安全检验标准。

4. 效力检验

主要包括疫苗的免疫原性检验，免疫产生期与持续期检验，抗原的热稳定性和最小免疫量测定。可用动物保护试验、活菌计数与病毒量滴定或血清学方法进行。

5. 其他检验

（1）一致性检验　即鉴别检验或同一性试验。这种试验主要是对生物制品的性状进行核实检查，及确定微生物的种属。一致性检验一般采用已知特异血清（国家检定机构发给的标准血清）或参考血清及其适宜方法，对制品进行特异鉴别。不同的制品采用不同的方法，如中和试验、凝集试验、沉淀试验、间接血凝试验、血凝试验、抑制血凝试验以及菌种形态和培养特性的检查等。

（2）物理性状检验

① 液体疫苗和诊断液　外观必须符合其规定要求，如炭疽芽孢苗静置后为透明液体，瓶底应有少量白色沉淀；应无异物，无摇不散的凝块及霉团等；同时检查瓶装量是否准确，封口是否严密，瓶签有无差错等。

② 血清制品　所有血清都应为微带乳光的橙黄色或茶色清朗液体，不应有摇不散的絮状沉淀与异物。若有沉淀时，稍加摇动，即成轻度均匀浑浊。装量、封口、瓶签同时检查。

③ 冻干疫苗　应为海绵状疏松物，色微白、微黄或微红，无异物和干缩现象；安瓿口无裂缝及碳化物。加水后，常温下 5min 即溶解成均匀一致的混悬液。

（3）真空度检验及残余水分测定　此项是针对冻干品而言的。在入库时和出库前 2 个月时都应进行真空度检查，剔除无真空的产品；冻干品残余水分不得超过 4%。

三、免疫血清与卵黄抗体的制备

利用微生物及其代谢产物、微生物亚单位等特异性抗原作为免疫原，反复免疫同一动物，使之产生大量抗体，采取的血清即为免疫血清或高度免疫血清；用类似方法免疫产蛋鸡群，则其卵黄中亦含有高浓度的特异性抗体，收集卵黄，经处理后即为高度免疫卵黄抗体。

目前，有些细菌等引起的疾病可用抗生素治疗，疫苗的使用能有效地预防传染病的发生；但是，在特定情况下，尤其对已经发生的病毒性传染病的治疗，抗体的作用无法替代，而在既无疫苗也无免疫血清可用的某些鸡病中，卵黄抗体则是很好的选择。

1. 免疫血清的制备

(1) 动物的选择　制备免疫血清的动物多为家兔、豚鼠、马、骡、牛、羊及鸡等。在免疫前，须经健康检查，确认无传染病并健康者方可使用。实验条件下最好选 SPF 动物。

生产免疫血清时通常用大动物，选 3～8 岁健康良好、性情温驯、体型较大的马、骡或牛，经检疫无马传染性贫血、鼻疽、牛结核和布氏菌病等，购进后应隔离饲养，进行必要的传染病预防注射。

(2) 抗原制备　根据所制造的抗血清的不同，所用抗原、制法亦有所不同。抗病毒性血清，基础免疫用弱毒疫苗，高度免疫一般是用本动物的含毒组织作抗原，即首先把强毒接种本动物，使其发病，采取其含毒性组织作为抗原，注射于免疫动物；抗细菌性血清，是用抗原性好的强毒或弱毒菌种，接种于规定培养基内，于 37℃培养，细菌发育良好者，经纯菌检验合格后用作抗原；抗毒素血清，一般用类毒素作免疫原。

(3) 抗原接种　动物在免疫过程中分为基础免疫和高度免疫。基础免疫一般是注射疫苗，然后连续多次注射强毒进行高度免疫，每次注射剂量要随着注射次数的增加而增加。接种抗原的次数和剂量应根据制造抗血清的品种和动物健康情况加以调整。为了获得效价高的抗血清，动物饲养条件必须保持良好。

(4) 血清抗体的检测　免疫程序接近结束时，测定血清的抗体效价，如果效价已达规定的要求，即可视作免疫成功，开始采血；血清效价不合格，则可继续增加注射抗原次数或剂量；多次免疫仍不合格，应将动物淘汰。

(5) 血清采集与提取　抗体滴度达到要求后可采血，采血应在上午空腹时进行。禁食一夜，可避免血中出现乳糜而获得澄清的血清。免疫血清的分离应在无菌条件下进行，并应尽量防止溶血。

(6) 免疫血清的检验　检验标准因使用目的不同而异，而且各有其安全与效力检验方法与标准，按要求检验合格后才能使用。

2. 卵黄抗体的制备

卵黄抗体是用某种疫苗连续多次接种产蛋家禽，使其蛋黄中含有高效价特异性抗体，用人工方法分离蛋黄加工而制成。高免卵黄抗体制备简单，价格低廉，故目前在肉禽、蛋禽中应用较多，但种禽禁止使用。现以鸡传染性法氏囊病（IBD）为例，简要介绍 IBD 高免卵黄抗体的制备。

(1) 动物的选择　选择健康的蛋鸡，隔离饲养观察 1 周后无特殊反应者，方可免疫。

(2) 疫苗免疫　选 40～50 日龄 SPF 鸡，用通过 SPF 鸡传代的野毒滴鼻、点眼，每只鸡接种 0.2～0.3mL，在 48～72h 死亡的鸡，无菌采集其法氏囊，检查后备用。取 10g 病料加 100mL 0.5%甲醛生理盐水，匀浆、冻融、过滤，滤液加 8%甘油，置 37℃18～24h 灭活，即为水剂灭活苗；也可加白油等佐剂，制成油乳剂灭活苗。经无菌检验、安全试验及保护试验合格，即可作为组织灭活苗，对鸡进行免疫。一般免疫 2～3 次，间隔 7～10d。用琼脂扩散方法测定卵黄抗体效价，如已达到 1∶64 以上，即可收集高免蛋；如效价不高，可再进行加强免疫。

(3) 高免卵黄抗体的制备　高免蛋用 0.1%新洁尔灭溶液浸泡 5min，洗涤干净，放入无菌室晾干备用；无菌操作，打破蛋壳，分离蛋黄；收集的蛋黄置于无菌的组织匀浆器中，加等量灭菌生理盐水，加入青霉素、链霉素各 1000IU(μg)/mL，加入硫柳汞浓度达 0.01%，匀浆、过滤，分装于消毒瓶内，4℃冷藏备用。

(4) 高免卵黄抗体的检验　制得的卵黄抗体需进行效价测定、无菌检验及安全性检验。IBD 高免卵黄抗体效价应不低于≥1∶32。

IBD 高免卵黄抗体可用于 IBD 早期和中期感染的治疗和紧急预防。皮下、肌内或腹腔注射均可，每次注射的被动免疫保护期为 5～7d。

四、生物制品使用注意事项

1. 疫苗使用注意事项

① 疫苗的质量。首先，疫苗应购自国家批准的生物制品厂家。购买时要注意疫苗是否过期，

要使用有效期内的疫苗。生物制品使用前要逐瓶检查，并剔除破损、封口不严及物理性状如色泽、外观、透明度、有无异物等与说明不符者。

② 疫苗的运输和保存。疫苗购买后，必须按规定的条件运输和保存，否则会使疫苗的质量明显下降而影响免疫效果，甚至会造成免疫失败。

疫苗运输中要防止高温、暴晒和冻融。活苗运输可用带冰块的保温瓶运送，运送过程中要避免高温和阳光直射，北方地区要防止气温低而造成的冻结及温度高低不定引起的冻融。

疫苗需低温保存。灭活苗需保存于2～15℃的阴暗环境中，不能低于0℃；非经冻干的活湿苗，要保存在4～8℃冰箱中，仅可短期保存；冻干活疫苗一般要求低温冷冻－15℃以下保存，温度越低，保存时间越长；而冻结苗应在－70℃以下的低温条件下保存。

③ 掌握疫情和接种时机。在疫苗接种前，应当了解当地疫情发生情况，有针对性地作好疫苗和血清的准备工作。

要注意接种时机，应在疫病流行季节之前1～2个月进行预防接种，最好在疫病的流行峰期之前完成全程免疫，使畜禽免疫力在流行高峰时节达到最高水平。

④ 注意疫苗要与病原体的型别一致。使用生物制品时，应注意病原有无型别问题。对具有多血清型而又没有交叉免疫的病原微生物，如口蹄疫病毒，有7个主型，约70个亚型，主型之间交叉免疫性差，甚至同一主型的不同亚型也不能完全交叉免疫，特别需要注意对型免疫，或采用多价苗。

⑤ 制定合理的免疫程序。应根据实际情况制定合理的免疫程序。免疫程序受多种因素的影响，尤其是母源抗体及疫苗性质的影响，因此必须予以注意，否则会影响免疫效果。

⑥ 注意消毒灭菌。使用生物制品所用的用具，如注射器、针头等，都要清洗灭菌后方可使用。注射器和针头尽量作到每只动物换一个，绝不能一个针头连续注射。用清洁的针头吸药。接种完毕，所有的用具及剩余疫苗应灭菌处理。

⑦ 正确稀释，及时用完。冻干苗应用规定的稀释液进行稀释。疫苗稀释时，应根据实际动物数量计算好用量，稀释后要振荡均匀再抽取使用。稀释后的疫苗要及时用完，气温15℃左右当天用完；15～25℃，6h用完；25℃以上，4h以内用完，过期作废。有的疫苗，如马立克病液氮苗必须在1～1.5h内用完。

⑧ 注意抗菌药物的干扰。动物在接种活菌苗如巴氏杆菌苗、猪丹毒杆菌苗前、后10d内不能使用抗生素及其他抗菌药物，也不能饲喂含抗生素的饲料，以免造成免疫失败。

⑨ 疫苗剂量和免疫次数。在一定限度内，疫苗用量与免疫效果呈正相关。过低的剂量刺激强度不够，不能产生足够强烈的免疫反应；而剂量增加到一定程度之后，免疫效果不增加，反而受到抑制。因此疫苗的剂量应按照规定使用，不得任意增减。灭活苗最好接种两次，以获得理想的免疫效果。

⑩ 注意合理的免疫途径。选择免疫途径时要考虑病原体侵入机体的门户和定位。要尽量使免疫途径符合自然情况，自然感染途径不仅可调动全身的体液免疫和细胞免疫，而且可诱发局部黏膜免疫，尽早发挥免疫防御作用。但有些疫苗必须经特定途径免疫，才能起到良好的免疫作用，如禽痘疫苗用刺种接种，新城疫Ⅰ系疫苗用肌内注射等。

疫苗常用的接种途径有皮下或肌内注射、饮水、点眼、滴鼻、气雾、刺种等，应根据疫苗的类型、疫病特点及免疫程序来选择适当的接种途径，一般以疫苗使用说明为准。例如灭活疫苗、类毒素和亚单位苗不能经消化道接种，一般用于肌内或皮下注射，注射时应选择活动少易于注射的部位，如颈部皮下，禽胸部肌肉等。

⑪ 防止不良反应的发生。免疫接种时，应注意被免疫动物的体质情况、年龄以及是否怀孕等。对于幼龄动物应选用毒力弱的疫苗，如新城疫的首次免疫用Ⅳ系而不用Ⅰ系，鸡传染性支气管炎首次免疫用H120，而不用H52；对体质弱或正患病的动物应暂缓接种；对怀孕动物用弱毒的活疫苗，可能导致流产、死胎或畸形，故应暂缓免疫。

免疫后应注意观察动物状态，有些疫苗使用后会出现短时间的轻微反应，如发热、局部淋巴结肿大等，属正常反应。如出现剧烈或长时间的不良反应，应及时治疗。

2. 免疫血清使用的注意事项

① 尽早使用，治疗时间越早，效果越好。

② 血清用量应根据动物的体重和年龄不同及使用目的来确定。预防用量，大动物为 10～20mL，中等动物（猪、羊等）为 5～10mL，以皮下注射为主，也可肌内注射。治疗量需要按预防量加倍，并根据病情采取重复注射。大剂量时可采取静脉注射，以使其尽快见效，小剂量时肌内注射。不同的抗血清用量相差很大，应用时应按照说明书的规定进行。静脉注射时应预先加热到 30℃左右，皮下注射和肌内注射量较大时应多点注射。

③ 足量多次。抗体在机体内会逐渐衰减，免疫力维持时间较短，足量多次使用才能保证效果。

④ 异种动物制备的免疫血清使用时可能会引起超敏反应。如果动物在注射血清后数分钟或半小时内出现不安、呼吸急促、颤抖、出汗等症状，应立即皮下注射肾上腺素或地塞米松进行抢救。

【复习思考题】

1. 名词解释：生物制品　疫苗　灭活　佐剂　免疫血清　卵黄抗体　诊断液
2. 举例说明特异性免疫的获得途径及其应用。
3. 简述活疫苗和灭活疫苗的优缺点。
4. 使用疫苗应注意哪些事项？
5. 使用免疫血清应注意哪些事项？

（郭洪梅　牟永成）

第三篇

主要病原微生物及检验

第十一章　主要病原性细菌及检验

【能力目标】

会进行不同病料的病原菌分离培养；能运用常规的微生物学及血清学检验方法，对病原性细菌进行鉴定。

【知识目标】

掌握常见病原性细菌的形态、染色和培养特性及常用微生物学和血清学检验方法；了解常见病原性细菌的生化特性、抗原结构、致病力、抵抗力和防制原则。

第一节　葡萄球菌

葡萄球菌广泛分布于空气、饮水、饲料、地面及物体表面，人及动物的皮肤、黏膜、肠道、呼吸道及乳腺中也有存在。绝大多数不致病，致病性葡萄球菌常引起各种化脓性疾患、败血症或脓毒血症，也可污染食品、饲料，引起中毒。

一、生物学特性

1. 形态与染色

葡萄球菌呈圆形或卵圆形，直径0.4～1.2μm，呈不规则排列，常堆积成葡萄串状，但在脓汁或液体培养基中常呈双球或短链排列。无鞭毛，不形成芽孢，有的形成荚膜或黏液层。革兰染色阳性。

2. 培养特性

本菌为需氧或兼性厌氧菌，对营养要求不高，在普通培养基上生长良好，并能产生各种不同的脂溶性色素。致病性葡萄球菌在血液琼脂平板上形成明显的β溶血环。触酶阳性，氧化酶阴性，多数菌株能分解葡萄糖、乳糖、麦芽糖产酸而不产气；致病性葡萄球菌能分解甘露醇，还可产生血浆凝固酶。在普通肉汤中生长迅速，初浑浊，管底有少量沉淀，轻轻振荡，沉淀物上升，迅即消散。培养2～3d后可形成很薄的菌环，在管底则形成多量黏稠沉淀。

3. 抗原构造

葡萄球菌细胞壁上的抗原构造比较复杂，含有多糖及蛋白质两类抗原。

(1) 多糖抗原　具有型特异性。金黄色葡萄球菌的多糖抗原为A型，化学组成为磷壁酸中的核糖醇残基。表皮葡萄球菌的为B型，化学成分为甘油残基。

(2) 蛋白抗原　所有人源菌株都含有葡萄球菌蛋白A（SPA），来自动物源的则很少。

4. 分类

过去按葡萄球菌产生的色素将其分为金黄色葡萄球菌、白色葡萄球菌和柠檬色葡萄球菌；1974年葡萄球菌的分类定为3种：金黄色葡萄球菌、表皮葡萄球菌和腐生葡萄球菌。《伯杰氏系统细菌学手册》（1986）则将葡萄球菌属的细菌分为20多种，其中常见的动物致病菌有金黄色葡萄球菌、金黄色葡萄球菌厌氧亚种、中间葡萄球菌及猪葡萄球菌等。

5. 抵抗力

本菌的抵抗力较强，为不形成芽孢的细菌中最强的。在干燥的脓汁中或血液中可存活2～3个月，80℃30min才被杀死，煮沸可迅速灭活；消毒剂中3%～5%石炭酸、70%酒精、1%～3%

龙胆紫对此菌都有良好的消毒效果，0.05%洗必泰、消毒净、新洁尔灭、0.01%杜米芬均可在5min内杀死本菌。

葡萄球菌对磺胺类药物、青霉素、金霉素、红霉素、新霉素等敏感，但易产生耐药性。某些菌株能产生青霉素酶或携带抗四环素、红霉素等基因，从而对这些抗生素产生耐药性。

二、致病性与免疫性

葡萄球菌能产生多种酶和毒素，引起畜禽各种化脓性疾病。如马的创伤感染、脓肿和蜂窝织炎，牛及羊的乳房炎，鸡关节炎，猪、羊皮炎等；也可引起人的食物中毒。实验动物以家兔最敏感。细菌致病力的大小常与这些毒素和酶有一定的关系。致病性葡萄球菌产生的毒素和酶主要有以下几种。

1. 溶血毒素

多数致病性葡萄球菌能产生此种毒素，按抗原性可分为α、β、γ、δ、ε五种。溶血毒素对多种哺乳动物红细胞有溶血作用；对白细胞、血小板及多种细胞有毒性作用；还可引起平滑肌、骨骼肌痉挛；注入动物皮内能引起皮肤坏死；若给家兔静脉注射可使其死亡。不耐热，65℃作用30min即可破坏。人源菌株主要产生α毒素，动物分离菌株常见β毒素。

2. 血浆凝固酶

多数致病菌株能产生血浆凝固酶，可使血浆纤维蛋白与菌体交联，引起菌体凝集。此酶有助于致病菌株抵御宿主体内吞噬细胞和杀菌物质的作用，同时也使感染局限化。检测葡萄球菌的血浆凝固酶是鉴别菌株的重要指标，致病菌株多数为凝固酶阳性，非致病菌株则为阴性。

3. 耐热核酸酶

由葡萄球菌的致病菌株产生，100℃作用15min不失去活性。感染部位的组织细胞和白细胞崩解时释放出核酸，使渗出液黏性增加，此酶能迅速分解核酸，利于病原菌扩散。目前也将该酶的检测作为鉴定致病菌的重要指标之一。

此外，葡萄球菌还可产生溶纤维蛋白酶、透明质酸酶、磷酸酶、卵磷脂酶、脂酶等，这些酶的作用多是有利于细菌在体内的扩散。

4. 肠毒素

引起人类食物中毒，刺激呕吐中枢，出现呕吐、腹泻。但动物中，除猫崽及幼猴外，大多数对此毒素有很强的抵抗力。

人和动物对致病性葡萄球菌有一定的天然免疫力。只有当皮肤黏膜受创伤后，或机体免疫力降低时，才易引起感染。

三、微生物学检验方法

不同病型应采取不同的病料，如化脓性病灶取脓汁或渗出物，败血症取血液，乳腺炎取乳汁，食物中毒取可疑食物、呕吐物及粪便等。

1. 涂片镜检

取病料直接涂片、革兰染色镜检。根据细菌形态、排列和染色特性作初步诊断。

2. 分离培养

将病料接种于血液琼脂平板，培养后观察其菌落特征、色素形成、有无溶血，菌落涂片染色镜检；菌落呈金黄色，周围呈溶血现象者多为致病菌株。确定其致病力可做甘露醇发酵试验、血浆凝固酶试验、耐热核酸酶试验，阳性者多为致病菌，必要时可做动物接种试验。

3. 生化试验

葡萄球菌生化反应不恒定，常因菌株及培养条件而异。触酶阳性，氧化酶阴性，多数能分解乳糖、葡萄糖、麦芽糖、蔗糖，产酸而不产气。致病菌株多能分解甘露醇，还原硝酸盐，但不产生靛基质。

4. 动物试验

实验动物中家兔最为易感，皮下接种24h培养物1.0mL，可引起局部皮肤溃疡坏死。静脉接种0.1～0.5mL，于24～28h死亡；剖检可见浆膜出血，肾、心肌及其他脏器出现大小不等的脓肿。

发生食物中毒时，可将从剩余食物或呕吐物中分离到的葡萄球菌接种到普通肉汤中，于30%二氧化碳条件下培养40h，离心沉淀后取上清液，100℃30min加热后，幼猫静脉或腹腔内注射，15min到2h内出现寒战、呕吐、腹泻等急性症状，表明有肠毒素存在。用ELISA或DNA探针可快速检出肠毒素。

四、防治原则

注意卫生，皮肤创伤及时清洗、消毒处理。发病后选择敏感药物进行治疗，通过抗生素药敏试验，选择敏感药物，避免滥用抗生素，以防耐药性产生。加强饲养管理，定期消毒圈舍。

第二节 链 球 菌

链球菌是一种常见的化脓性细菌。种类很多，在自然界中分布很广，水、尘埃、动物体表、消化道、呼吸道、泌尿生殖道黏膜、乳汁等都有存在。有的为非致病菌，有的构成人和动物的正常菌群，有些可引起机体发生化脓性疾病、肺炎、乳腺炎、败血症等多种疾病。

一、生物学特性

1. 形态与染色

链球菌呈圆形或卵圆形，直径0.5～1.0μm，常呈短链、长链或成对排列。一般致病性链球菌的链比较长，非致病性链球菌链比较短，肉汤中培养的链球菌常呈长链排列。无芽孢，个别菌株有鞭毛，有的菌株有菌毛，幼龄培养物可形成荚膜，革兰染色阳性。

2. 培养特性

本菌为需氧或兼性厌氧菌，少数为厌氧菌。营养要求较高，普通培养基上生长不良，在加有血液、血清、腹水、葡萄糖等的培养基中才能良好生长。在血液琼脂平板上，长成直径0.1～1.0mm、灰白色、表面光滑、边缘整齐的小菌落。多数致病菌株可形成不同的溶血现象。在血清肉汤中生长，初呈均匀浑浊，后呈长链的细菌沉于试管底部，上部培养基透明。能发酵葡萄糖、蔗糖，不同菌株表现对其他糖不同的利用能力。

3. 抗原构造

链球菌的抗原构造较复杂，可分三种。

(1) 属特异性抗原　又称P抗原，为核蛋白抗原。各种链球菌的P抗原都是一致的，且和肺炎球菌、葡萄球菌的核蛋白有交叉反应，所以链球菌的P抗原没有种、属、群、型的特异性。

(2) 群特异性抗原　又称C抗原，是存在于链球菌细胞壁中的多糖成分。C抗原有群特异性，根据含多糖抗原的不同，可将链球菌分为20个血清群，分别用大写英文字母A、B、C、D、E等表示。

(3) 型特异性抗原　又称表面抗原，是链球菌细胞壁的蛋白质抗原，位于C抗原的外层。其中分为M、T、R、S四种不同性质的抗原成分，M抗原与致病性及免疫原性有关。M抗原主要见于A群链球菌。根据M抗原的不同，可将A群链球菌分为60多个血清型。非A群链球菌有的具有类M蛋白结构。

4. 分类

链球菌的分类方法很多，常用的分类方法如下。

(1) 根据抗原分类　根据C抗原的不同，可将乙型溶血性链球菌分为A、B、C、D、E等20个血清群。在同种链球菌之间，因表面抗原不同，有可分为若干型。如A群链球菌可分成60多个型，B群链球菌分为4个型。与兽医关系密切的有A群的化脓链球菌、B群的无乳链球菌、C群的马腺疫链球菌和停乳链球菌、D群的猪链球菌及E群的乳房链球菌等。

(2) 根据溶血能力分类　根据链球菌在血琼脂平板上的溶血现象分为α、β、γ三类，在鉴定细菌的致病性方面有一定意义。

① α型链球菌：菌落周围形成不透明的草绿色溶血环，红细胞未完全溶解，血红蛋白变成草绿色。此类链球菌致病力不强，多为条件性致病菌。

② β型链球菌：菌落周围有完全透明的溶血环，红细胞被完全溶解。此类链球菌致病力强，常引起人和动物的各种疾病。

③ γ型链球菌：菌落周围无溶血现象。一般不致病。

5. 抵抗力

本菌的抵抗力不强，60℃ 30min即被杀死，常用消毒药都能杀死该菌。

本菌对磺胺类药物、青霉素、红霉素及广谱抗生素均敏感。青霉素是治疗链球菌病的首选药物。

二、致病性与免疫性

1. 致病性

链球菌可产生多种毒素和酶，如溶血素、红疹毒素、杀白细胞素、透明质酸酶、链激酶等，可引起动物和人类的多种疾患。可致猪、牛、羊、马、犬、猫、鸡及实验动物和野生动物的化脓性炎症、败血症和脓毒血症等。人类感染链球菌可引起猩红热、风湿热、急性肾小球肾炎、丹毒等疾病。

(1) 化脓性炎症　由皮肤伤口侵入，引起皮肤及皮下组织化脓性炎症，如疖痈、蜂窝组织炎、丹毒、乳房炎等；沿淋巴管扩张，引起淋巴管炎，淋巴腺炎，败血症等；经呼吸道侵入，常有急性扁桃腺炎、咽峡炎，并蔓延周围引起脓肿、中耳炎、乳突炎、气管炎、肺炎等；不卫生接生，经产道感染，造成“产褥热”。

(2) 败血症　目前最为常见的是猪链球菌病。在世界各国均常见，且危害严重。自1998年我国暴发猪链球菌病后，从而再次引起关注。猪链球菌病的病原至少有三种，马链球菌兽疫亚种、猪链球菌2型、猪链球菌1型。可致猪败血症、肺炎、脑膜炎、关节炎及心内膜炎等。

(3) 猩红热　由产生致热外毒素的A群链球菌所致的急性呼吸道传染病，临床特征为发热、咽峡炎、全身弥漫性皮疹和疹退后的明显脱屑。

(4) 其他疾病　B群链球菌又称无乳链球菌。当机体免疫功能低下时，可引起皮肤感染、心内膜炎、产后感染、新生儿败血症和新生儿脑膜炎。

2. 免疫性

A群链球菌感染后，可产生特异免疫，主要是M蛋白的抗体（IgG）。M蛋白有多种抗原型，各型间缺乏有效的交叉保护。

三、微生物学检验方法

根据链球菌所致疾病不同，可采取脓汁、乳汁、血液等为病料作检查。

1. 涂片镜检

取适宜病料涂片、革兰染色镜检，若发现有革兰阳性呈链状排列的球菌，可初步诊断。在链球菌败血症羊、猪等动物组织涂片中，往往成双球状，有荚膜，用瑞氏染色或姬姆萨染色比革兰染色更清楚；在腹腔或心包液等组织液中常呈长链状排列，但荚膜不如组织中明显。

2. 分离培养

将病料接种于血液琼脂平板，37℃恒温箱培养18～24h，观察其菌落特征。如病料中含菌较少，可先将病料接种于血清肉汤培养基中，37℃恒温箱培养6～18h，肉汤呈轻微浑浊，管底形成黏性沉淀，再取培养液划线接种血液琼脂平板。链球菌形成圆形、隆起、表面光滑、边缘整齐的灰白色小菌落，多数致病菌株形成溶血。

3. 生化试验

取纯培养物分别接种于乳糖、菊糖、甘露醇、山梨醇、水杨苷生化培养基做糖发酵试验，37℃恒温箱培养24h，观察结果（表11-1）。

表11-1 主要病原链球菌的特性

菌　种	甘露醇	山梨醇	乳糖	菊糖	水杨苷
化脓链球菌	+/−	−	+	−	+
无乳链球菌	−	−	+	−	(+)
马链球菌兽疫亚种	−	+	+	−	+
马链球菌马亚种	−	−	−	−	+
肺炎链球菌	−	−	+	+	(+)
猪链球菌	−	−	+	(+)	+

注：+阳性，−阴性，(+) 反应缓慢，+/−有些菌株为阳性、有些菌株为阴性。

4. 血清学试验

可使用特异性血清，对所分离的链球菌进行血清学分群和分型。

四、防治原则

一般防治原则与葡萄球菌相同。链球菌主要通过飞沫传播，故对急性咽炎、扁桃体炎患者，要彻底治疗，防止风湿热、急性肾炎的发生；此外，应注意空气、器械、敷料等的消毒灭菌。青霉素G是治疗A群链球菌感染的首选药物，B群等链球菌对抗生素药物敏感不一，使用时最好先做药物敏感试验。

第三节　肠道杆菌

肠道杆菌是一大群寄居在人和动物肠道、生物学性状近似的中等大小的杆菌，属于肠杆菌科。其共同特性为革兰阴性，无芽孢，多数有周鞭毛，少数有荚膜，大多有菌毛，需氧或兼性厌氧。对营养要求不高，在普通培养基上生长良好。生化反应活泼，能分解多种糖类和蛋白质，形成不同代谢产物，可依此进行区别。抗原构造复杂，主要有菌体（O）抗原、鞭毛（H）抗原及表面（K）抗原三种。根据生化反应、血清学试验、DNA同源性研究，本科至少包括28个菌属，110个以上的菌种。它们广泛分布于水、土壤或腐败物中。多数是肠道的正常菌群，但在宿主免疫力下降或侵入肠道以外的部位时也可引起疾病。少数是致病菌，主要通过消化道感染而引起疾病；同时也是污染肉、乳、蛋及水源的重要病原菌，这些细菌在公共卫生和兽医临床诊断上有着重要意义。

一、大肠杆菌

大肠埃希菌是肠杆菌科埃希菌属中具有代表性的菌种，俗称大肠杆菌，是人和动物肠道内正常菌群成员之一。一般不致病，并能合成维生素B和维生素K，产生大肠杆菌素，抑制致病性大肠杆菌生长，对机体有利。但在一定条件下可引起肠道外感染，某些可引起肠道感染，称为致病性大肠杆菌。另外，一些大肠杆菌还是分子生物学和基因工程中重要的实验材料和研究对象。

（一） 生物学特性

1. 形态与染色

大肠杆菌为革兰阴性无芽孢的短杆菌，大小 $(0.4\sim0.7)\mu m\times(2\sim3)\mu m$，两端钝圆，散在或成对；大多数菌株为周身鞭毛，但也有无鞭毛或丢失鞭毛变异株；一般均有普通菌毛，少数菌株兼有性菌毛；除少数菌株外，通常无可见荚膜，但常有微荚膜。本菌对碱性染料有良好的着色性，菌体两端偶尔略深染。

2. 培养特性

本菌为需氧或兼性厌氧菌，在普通培养基上生长良好，最适生长温度为37℃，最适pH为7.2～7.4。普通肉汤中培养18～24h时，呈均匀浑浊，管底有黏性沉淀，液面管壁有菌环，培养物常有特殊的粪臭味。在营养琼脂上生长18～24h时，形成圆形凸起、光滑、湿润、半透明、灰白色、边缘整齐或不太整齐（运动活泼的菌株）中等偏大的菌落，直径约2～3mm。麦康凯琼脂上形成红色菌落；伊红美蓝琼脂上生成黑色带金属光泽的菌落；在SS琼脂上一般不生长或生长较差，生长者呈红色；远藤琼脂上形成带金属光泽的红色菌落。一些致病性菌株在绵羊血平板上可产生β溶血。

本菌能发酵多种糖类如葡萄糖、麦芽糖、甘露醇等，产酸产气；大多数菌株可迅速发酵乳糖，仅极少数迟发酵或不发酵；约半数菌株不分解蔗糖。吲哚和甲基红试验均为阳性，V-P试验和枸橼盐利用试验均为阴性，几乎均不产生硫化氢，不分解尿素。

3. 抗原及血清型

大肠杆菌抗原主要有O、K和H三种，它们是本菌血清型鉴定的物质基础。目前已确定的大肠杆菌O抗原有173种，K抗原有80种，H抗原有56种。因此有人认为自然界中可能存在的大肠杆菌血清型可高达数万种，但致病性大肠杆菌血清型数量是有限的。

O抗原是S型菌的一种耐热菌体抗原，121℃加热2h不破坏其抗原性。其成分是细胞壁中脂多糖上的侧链多糖，当S型菌体丢失这部分结构变成R型菌时，O抗原也随之丢失，这种菌株无法作分型鉴定。每个菌株只含有一种O抗原，其种类以阿拉伯数字表示，可用单因子抗O血清做玻片或试管凝集试验进行鉴定。

K抗原是菌体表面的一种热不稳定抗原，多存在于被膜或荚膜中，个别位于菌毛中。具有K抗原的菌株不会被其相应的抗O血清凝集，称为O不凝集性。根据耐热性不同，K抗原又分成L、A和B三型。一个菌落可含1～2种不同K抗原，也有无K抗原的菌株。在80种K抗原中，除K88和K99是两种蛋白质K抗原外，其余均属多糖K抗原。

H抗原是一类不耐热的鞭毛蛋白抗原，加热至80℃或经乙醇处理后即可破坏其抗原性。有鞭毛的菌株一般只有一种H抗原，无鞭毛菌株或丢失鞭毛的变种则不含H抗原。H抗原能刺激机体产生高效价凝集抗体。

大肠杆菌的血清型按O∶K∶H排列形式表示。如O111∶K58(B)∶H12，表示该菌具有O抗原111，B型K抗原58，H抗原12。

4. 抵抗力

大肠杆菌对热的抵抗力较其他肠道杆菌强，加热60℃ 15min仍有部分细菌存活。在自然界生存力较强，土壤、水中可存活数周至数月。胆盐和煌绿等对大肠杆菌有较强的选择性抑制作用。

（二）致病性与免疫性

1. 致病性

大肠杆菌在人和动物的肠道内，大多数于正常条件下是不致病的共栖菌，在特定条件下如移位侵入肠外组织或器官可致大肠杆菌病。但少数大肠杆菌与人和动物的大肠杆菌病密切相关，它们是病原性大肠杆菌，正常情况下极少存在于健康机体内。根据毒力因子与发病机制的不同，可将与动物疾病有关的病原性大肠杆菌分为五类：产肠毒素大肠杆菌（ETEC），产类志贺毒素大肠杆菌（SLTEC），肠致病性大肠杆菌（EPEC），败血性大肠杆菌（SEPEC）及尿道致病性大肠杆菌（UPEC），其中研究最清楚的是前两类。

（1）产肠毒素大肠杆菌（ETEC） 是一类致人和幼畜（初生仔猪、犊牛、羔羊及断奶仔猪）腹泻最常见的病原性大肠杆菌，其致病因素主要由黏附素性菌毛和肠毒素两类毒力因子构成，二者密切相关且缺一不可。初生幼畜被ETEC感染后常因剧烈水样腹泻和迅速脱水死亡，发病率和死亡率均很高。

黏附素性菌毛是ETEC的一类特有菌毛，它能黏附于宿主的小肠上皮细胞，故又称其为黏附素或定居因子，对其抗原亦相应称作黏附素抗原或定居因子抗原。目前，在动物ETEC中已发现的黏附素主要有F4（K88)、F5（K99)、F6（987P）和F41，其次为F42和F17。黏附素虽然不是导致宿主腹泻的直接致病因子，但它是构成ETEC感染的首要毒力因子。ETEC必须首先黏附于宿主的小肠上皮细胞，才能避免肠蠕动和肠液分泌的清除作用，并得以在肠内定居和繁殖，进而发挥致病作用。

肠毒素是ETEC在体内或体外生长时产生并分泌到胞外的一种蛋白质性毒素，按其对热的耐受性不同可分为不耐热肠毒素（LT）和耐热肠毒素（ST）二种。在动物ETEC中，只有猪源$F4^{+}$菌株能同时产生LT和ST，其他菌株仅产ST。LT对热敏感，65℃加热30min即被灭活。硫酸铵能使其沉淀，福尔马林可将其变为类毒素。作用于宿主小肠和兔回肠可引起肠液积蓄，对此菌可应用家兔肠袢试验做测定。LT对Y1小鼠肾上腺细胞和中国仓鼠卵巢细胞（CHO）具有引起病变的毒性作用，可用于培养鉴定。ST通常无免疫原性，100℃加热30min不失活，可透析，能抵抗脂酶、糖化酶和多种蛋白酶作用。对人和猪、牛、羊均有肠毒性，可引起肠腔积液而导致腹泻。

(2) 产类志贺毒素大肠杆菌（SLTEC） 是一类在体内或体外生长时可产生类志贺毒素(SLT）的病原性大肠杆菌。引起婴、幼儿腹泻的EPEC以及引起人出血性结肠炎和溶血性尿毒综合征的肠出血性大肠杆菌（EHEC）都产生这类毒素。在动物，SLTEC可致猪的水肿病，以头部、肠系膜和胃壁浆液性水肿为特征，常伴有共济失调、麻痹或惊厥等神经症状，发病率较低但致死率很高。近年来，发现SLTEC与犊牛出血性结肠炎有密切关系，在致幼兔腹泻的大肠杆菌菌株中也查到SLT。

引起猪水肿病的SLTEC有两类毒力因子。黏附性菌毛在1990年首次报道，从致猪水肿病的大肠杆菌分离，将此菌毛命名为F107，现统一命名为F18。F18菌毛是猪水肿病的SLTEC菌株的一个重要的毒力因子，它有助于细菌在猪肠黏膜上皮细胞定居和繁殖。致水肿病2型类志贺毒素是引起猪水肿病的SLTEC菌株所产生的一种蛋白质性细胞毒素，被肠道吸收后，可在不同组织器官内引起血管内皮细胞损伤，改变血管的通透性，导致病猪出现水肿和典型的神经症状，而神经症状是由脑水肿所致。

除上述一些主要毒力因子外，与大肠杆菌致病性有关的其他毒力因子，如内毒素、具有抗吞噬作用的K抗原、溶血素、大肠菌素V、血清抵抗因子、铁载体等，在不同动物大肠杆菌病的发生中可能起到不同的致病作用。

2. 免疫性

母源抗体能保护初生幼畜抵抗致病性大肠杆菌。相应血清型的灭活疫苗、亚单位苗具有免疫预防效果。

（三）微生物学检验方法

1. 分离培养

对败血症病例可无菌采取其病变的内脏组织，直接在血液琼脂平板或麦康凯琼脂平板上划线分离培养；对幼畜腹泻及猪水肿病病例，可采取其各段小肠内容物或黏膜刮取物以及相应肠段的肠系膜淋巴结分别在血液琼脂平板和麦康凯琼脂平板上划线分离培养。37℃恒温箱培养18～24h，观察其在各种培养基上的菌落特征。实际工作中，在直接分离培养的同时进行增菌培养，如分离培养没有成功，则取24h及48h的增菌培养物做划线分离培养。

大肠杆菌在麦康凯琼脂平板上形成直径1～3mm、红色的露珠状菌落，部分菌株如仔猪黄痢与水肿病菌株在血液琼脂平板上呈β溶血。挑取麦康凯平板上的红色菌落或血平板上呈β溶血(仔猪黄痢与水肿病菌株）的典型菌落几个，分别转到三糖铁培养基和普通琼脂斜面作初步生化鉴定和纯培养。

大肠杆菌在三糖铁琼脂斜面上生长，产酸，使斜面部分变黄，穿刺培养，于管底产酸产气，使底层变黄且浑浊；不产生硫化氢。

2. 生化试验

(1) 糖发酵试验 取纯培养物分别接种葡萄糖、乳糖、麦芽糖、甘露醇和蔗糖生化培养基，

37℃培养 2～3d，观察结果。

（2）吲哚试验 取纯培养物接种蛋白胨水，37℃培养 2～3d，加入吲哚指示剂，观察结果。

（3）MR 试验和 V-P 试验 取纯培养物接种葡萄糖蛋白胨水，37℃培养 2～3d，分别加入 MR 和 V-P 指示剂，观察结果。

（4）枸橼酸盐试验 取纯培养物接种枸橼酸盐培养基上，37℃培养 18～24h，观察结果。

（5）硫化氢试验 取纯培养物接种醋酸铅琼脂，37℃培养 18～24h，观察结果。

3. 动物试验

取分离菌的纯培养物接种实验动物，观察实验动物的发病情况，并作进一步细菌学检查。

4. 血清学试验

将三糖铁培养基上符合大肠杆菌的生长物或普通琼脂斜面纯培养物做 O 抗原鉴定，同时可做生化试验，以确定分离株是否为大肠杆菌。在此基础上，通过对毒力因子的检测便可确定其属于何类致病性大肠杆菌。也可以做血清型鉴定。

（四）防治原则

目前国内外已有多种预防幼畜腹泻的实验性或商品化菌苗。大体上包括以抗黏附素免疫为基础的含单价或多价菌毛抗原的灭活全菌苗或亚单位苗；以抗肠毒素免疫为主的类毒素苗或 LT 亚单位苗；表达一种或两种黏附素以及同时表达一种黏附素和 LT 的基因工程菌苗等。用这些菌苗免疫怀孕母畜后，均能使其后代从初乳中获得抗 ETEC 感染的被动保护力。

近年来，国内不少单位均研制成含多种常见 O 抗原的鸡大肠杆菌灭活油佐剂或氢氧化铝佐剂菌苗，给各种日龄鸡注射后可获得较好的预防效果，免疫力可达 3～5 个月不等。国内对猪水肿病的预防已开始试用由 3～4 种常见 O 抗原的野毒菌株制成的灭活菌苗，结果表明，此苗能较显著减少仔猪群中该病的发病率，保护率约 60%～70%，尚需进一步研究改进。

多年实践证明，在已发生仔猪黄痢的猪群中，仔猪出生后立即口服或肌注抗血清，可获满意预防效果，发病初期仔猪用此血清也可取得较好的治疗效果。

抗生素类药物虽然可减轻患病畜禽病情或暂时控制疫情发展，但停药后常可复发。特别是耐药菌株的大量出现，以往有效的许多药物变得无效或低效。所以最好选用经药物敏感试验确定为高效的抗生素进行治疗，方能取得良好效果。

二、沙门菌

沙门菌是肠杆菌科沙门菌属的细菌，是一群寄生于人和动物肠道内的无芽孢直杆菌，革兰阴性，生化特性和抗原结构相似，需氧或兼性厌氧。除极少数外，通常都为周身鞭毛。绝大多数发酵葡萄糖产酸产气，也偶尔有不产气的；在三糖铁琼脂上产生 H_2S，一般利用枸橼酸盐。除亚利桑那沙门菌外，大部分沙门菌都不发酵乳糖。不产吲哚，不分解尿素，甲基红试验阳性，V-P 试验阴性。绝大多数沙门菌对人和动物有致病性，能引起人和动物多种不同的沙门菌病，是人类食物中毒的主要病原之一。

根据新近的沙门菌的分类方案，本属菌可分为肠道沙门菌和邦戈尔沙门菌两个种。肠道沙门菌又分为 6 个亚种，即肠道亚种、萨拉姆亚种、亚利桑那亚种、双相亚利桑那沙门菌、豪顿沙门菌及因迪卡沙门菌。长期以来沙门菌根据其血清型分类，目前已有 2500 种以上，其中只有 10 个以内的罕见血清型属于邦戈尔沙门菌，其余均属于肠道沙门菌，它几乎包括了所有对人和温血动物致病的各种血清型菌株，并具有属的典型生化特性。虽然沙门菌已规定有新的命名法，但通常仍惯用简单的通用名称，即以该菌所致疾病、或最初分离地名、或抗原式三种方式来命名。目前，对沙门菌或各亚种成员的鉴定主要根据生化试验，而血清型分型是作为亚种水平以上的鉴定内容。

（一）生物学特性

1. 形态与染色

沙门菌的形态和染色特性与大肠杆菌相似，呈直杆状，大小 $(0.7\sim1.5)\mu m\times(2.0\sim5.0)\mu m$，革兰阴性。除雏沙门菌和鸡沙门菌无鞭毛不运动外，其余各菌均为周身鞭毛，能运动，个别菌株可偶尔出现无鞭毛的变种。绝大多数有普通菌毛，一般无荚膜。

2. 培养及生化特性

本属大多数细菌的培养特性与大肠杆菌相似，只有鸡白痢、鸡伤寒、羊流产和甲型副伤寒等沙门菌在普通琼脂培养基上生长贫瘠，形成较小的菌落。在肠道杆菌鉴别或选择性培养基上，大多数菌株因不发酵乳糖而形成无色菌落，如远藤琼脂和麦康凯琼脂培养时形成无色透明或半透明的菌落；SS琼脂上产生 H_2S 的致病性沙门菌菌株菌落中心呈黑色。与大肠杆菌相似，在培养时易发生 S—R 变异（表 11-2）。培养基中加入硫代硫酸钠、胱氨酸、血清、葡萄糖、脑心浸液和甘油等均有助于本菌生长。绝大多数沙门菌发酵糖类时均产气，但伤寒和鸡伤寒沙门菌从不产气（表 11-3）。正常产气的血清型也可能有不产气的变型，常见沙门菌的生化特性见表 11-4。

表 11-2　大肠杆菌与沙门菌在鉴别培养基上的菌落特征

细菌	鉴别培养基				
	麦康凯琼脂	远藤琼脂	伊红美蓝琼脂	SS琼脂	三糖铁琼脂
大肠杆菌	红色	紫红色有光泽	紫黑色带金属光泽	红色	斜面黄色，底层变黄有气泡，不产 H_2S
沙门菌	淡橘红色	淡红色或无色	较小无色透明	淡红色，半透明，产 H_2S 菌株菌落中心有黑点	斜面红色，底层变黄有气泡，部分菌株产 H_2S

表 11-3　大肠杆菌与沙门菌生化试验鉴别

细菌名称	葡萄糖	乳糖	麦芽糖	甘露醇	蔗糖	吲哚试验	MR试验	V-P试验	枸橼酸盐	H_2S试验	动力
大肠杆菌	⊕	⊕/−	⊕	⊕	v	+	+	−	−	−	+
沙门菌	⊕	−	⊕	⊕	−	−	+	−	+	+/−	+/−

注：⊕ 产酸产气，+ 阳性，− 阴性，+/−大多数菌株阳性/少数阴性，v种间有不同反应。

表 11-4　常见沙门菌的生化特性

菌名	葡萄糖	乳糖	麦芽糖	甘露醇	蔗糖	硫化氢	尿素分解	靛基质	甲基红	V-P	枸橼酸盐利用
鼠伤寒沙门菌	⊕	−	⊕	⊕	−	+	−	−	+	−	
猪霍乱沙门菌	⊕	−	⊕	⊕	−		−	−	+	−	+
猪伤寒沙门菌	⊕	−	⊕	−	−	−	−	−	+	−	−
都柏林沙门菌	⊕	−	⊕	⊕	−	+	−	−	+	−	+
肠炎沙门菌	⊕	−	⊕	⊕	−	+	−	−	+	−	
马流产沙门菌	⊕	−	⊕	⊕	−	+	−	−	+	−	+
鸡白痢沙门菌	⊕	−	−	⊕	−	+	−	−	+	−	−
鸡伤寒沙门菌	+	−	+	+	−		−	−	+	−	−

注：⊕ 产酸产气，+ 阳性，−阴性。

3. 抗原及变异

沙门菌具有O、H、K和菌毛四种抗原。O和H抗原是其主要抗原，构成绝大部分沙门菌血清型鉴定的物质基础，其中O抗原又是每个菌株必有的成分。

（1）O抗原　是沙门菌细胞壁表面的耐热多糖抗原，100℃ 2.5h不被破坏，它的特异性依赖于细胞壁脂多糖侧链多糖的组成。一个菌体可有几种O抗原成分，以小写阿拉伯数字表示。将具有共同O抗原（群因子）的各个血清型菌归入一群，以大写英文字母表示。目前已发现的全部沙门菌可分为A、B、C1～C4、D1～D3、E1～E4、F、G1～G2、H…Z和O51～O63以及O65～O67计51个O群，包括58种O抗原。由人及哺乳动物分离到的沙门菌绝大多数属于A～E群。O抗原可刺激机体产生IgM型抗体。

沙门菌经酒精处理破坏鞭毛抗原后的菌液，即为血清反应用的O抗原，与O血清做凝集反应时，经过较长时间，可以出现颗粒状不易分散的凝集现象。

(2) H抗原　是蛋白质性鞭毛抗原，共有63种，60℃30～60min及酒精作用均可破坏其抗原性，但能抵抗甲醛。H抗原可分为第1相和第2相两种。第1相抗原以小写英文字母表示，其特异性高，仅为少数沙门菌株所具有，故曾称为特异相。第2相抗原用阿拉伯数字表示，但少数是用小写英文字母表示的，其特异性低，常为许多沙门菌所共有，曾称为非特异相。多数沙门菌具有第1和第2两相H抗原，称作双相菌，并常发生位相变异。少数沙门菌只有其中一相H抗原，称为单相菌。同一O群的沙门菌又根据它们的H抗原的不同再细分成许多不同的血清型菌。H抗原可刺激机体产生IgG型抗体。

运动活泼的沙门菌新培养物经甲醛处理后，即为血清学上所使用的抗原，此时鞭毛已被固定，而且能将O抗原全部遮盖，故不能被O抗体凝集。此抗原若与H血清相遇，则在2h之内出现疏松、易于摇散的絮状凝集。

(3) K抗原　是伤寒、丙型副伤寒和部分都柏林沙门菌表面包膜抗原，它包在O抗原的外面，属于K抗原的范畴，但一般认为它与菌株的毒力有关，故称为Vi抗原。Vi抗原是一种*N*-乙酰-*D*-半乳糖胺糖醛酸聚合物，60℃1h即破坏其凝集性和免疫原性。有Vi抗原的菌株不被相应的抗O血清凝集，称为O不凝集性，将Vi抗原加热破坏后则能被凝集。在普通培养基上多次传代后易丢失此抗原。Vi抗原的抗原性弱，刺激机体产生较低效价的抗体。

沙门菌的抗原有时可发生变异，除H—O和S—R变异外，在菌型鉴定中最常见的是H抗原的位相变异。将一个双相沙门菌的菌株在琼脂平板上划线分离，所得的菌落中，有的有第1相H抗原，有的则有第2相H抗原。若任意挑取一个菌落在培养基上多次传代，其后代又可出现部分是第1相而另一部分是第2相的菌落。这种两个相的H抗原可以交相产生的现象称为位相变异。所以双相菌初次分离时，单个菌落的纯培养往往只有一个相H抗原，鉴别时常只能检出一个相，而测不出另一相。此时，可用已知相血清诱导的位相变异试验来获得未知的另一个相H抗原。

4. 抵抗力

本菌的抵抗力中等，对热、消毒药和外界不良因素的抵抗力与大肠杆菌相似，在水中能存活数周至数月，在粪便中可存活1～2个月。不同的是亚硒酸盐、煌绿等染料对本菌的抑制作用小于大肠杆菌，故常用其制备选择培养基，有利于分离粪便中的沙门杆菌。

(二) 致病性与免疫性

1. 致病性

本属菌均有致病性，并有极其广泛的动物宿主，是一种重要的人畜共患病的病原。本菌最常侵害幼龄动物，引发败血症、胃肠炎及其他组织局部炎症，对成年动物则往往引起散发性或局限性沙门菌病，发生败血症的怀孕母畜可表现流产，在一定条件下也能引起急性流行性暴发。在一个发病的畜禽群中，会有一定比例的个体是隐性感染或康复带菌者，并间歇排菌，成为主要传染源。许多带菌的野鸟和啮齿动物以及蜱和某些昆虫也能成为畜禽的一种传染来源。沙门菌很容易在动物与动物、动物与人、人与人之间通过直接或间接的途径传播，不需要中间宿主，主要传染途径是消化道。许多环境条件，如卫生不良、过度拥挤、气候恶劣、内服皮质类激素、分娩、长途运输以及发生其他病毒或寄生虫感染，均可导致易感动物发生沙门菌病。

根据沙门菌致病类型的不同，可将其分为三群。第一群是具有高度适应性或专嗜性的沙门菌，它们只引发人或某种动物产生特定的疾病，属于这一群的不多。如鸡白痢和鸡伤寒沙门菌仅使鸡和火鸡发病；马流产、牛流产和羊流产等沙门菌分别致马、牛、羊的流产等；猪伤寒沙门菌仅侵害猪。第二群是在一定程度上适应于特定动物的偏嗜性沙门菌，仅为个别血清型。如猪霍乱和都柏林沙门菌，分别是猪和牛羊的强适应性菌型，多在各自宿主中致病，但也能感染其他动物。第三群是非适应性或泛嗜性沙门菌，它们具有广泛感染的宿主谱，能引起人和各种动物的沙门菌病，具有重要的公共卫生意义。这群血清型占本属的大多数，鼠伤寒和肠炎沙门菌是其中的突出代表。经常危害人和动物的泛嗜性沙门菌约 20 余种，加上专嗜性和偏嗜性菌在内不过仅 30 余种。除鸡和雏鸡沙门菌外，绝大部分沙门菌培养物经口、腹腔或静脉接种小鼠，能使其发病死亡。但致死剂量随接种途径和菌种毒力不同而异。豚鼠和家兔对本菌易感性不及小鼠。

沙门菌的毒力因子有多种，其中主要的有脂多糖、肠毒素、细胞毒素及毒力基因等。脂多糖是沙门菌外胞壁的基本成分，构成细胞的 O 抗原和内毒素；它是本菌的一个重要的毒力因子，在防止宿主吞噬细胞的吞噬和杀伤作用上起着重要作用；可引起宿主发热、黏膜出血、白细胞减少、弥散性血管内凝血、循环衰竭等中毒症状以及休克死亡。有些沙门菌血清型可产生类似大肠杆菌的肠毒素。细胞毒素则能引起肠上皮细胞的损伤。毒力基因是指在沙门菌的质粒和染色体上具有的能编码有助于病原体在宿主体内定居和造成机体损伤的产物的基因。

2. 免疫性

体液免疫和细胞免疫在抗沙门菌感染中都很重要。动物接触环境中沙门菌或在注射疫苗后，其体液免疫应答主要是 IgM 抗体；在疾病康复或口服弱毒苗感染的动物肠道中，可出现特异性分泌型 IgA；沙门菌免疫母牛的初乳和奶中含有特异性抗体。细胞免疫反应与大剂量沙门菌攻击动物的保护性通常呈现很好的相关性，细胞免疫在抗沙门菌感染中具有重要作用。

（三）微生物学检验方法

根据不同情况取不同种类标本做检查，如粪便、肠内容物、血液或病变组织等。

1. 分离培养

对未污染的被检组织可直接在普通琼脂、血琼脂或鉴别培养基平板上划线分离，37℃培养 12～24h 后，可获得第一次纯培养。但已污染的被检材料如饮水、粪便、饲料、肠内容物和已败坏组织等，因含杂菌数远超过沙门菌，故常需要增菌培养基增菌后再进行分离。

增菌培养基最常用的有亮绿-胆盐-四硫磺酸钠肉汤、四硫磺酸盐增菌液、亚硒酸盐增菌液以及亮绿-胱氨酸-亚硒酸氢钠增菌液等。这些培养基能抑制其他杂菌生长而有利于沙门菌大量繁殖。接种量为培养基量的 1/10。接种后于 37℃培养 12～24h，如未出现疑似本菌菌落，则需从已培养 48h 的增菌培养物中重新划线分离一次。

鉴别培养基常用麦康凯琼脂、伊红美蓝琼脂、SS 琼脂、去氧胆盐钠-枸橼酸盐琼脂等，必要时还可用亚硫酸铋琼脂和亮绿中性红琼脂等。绝大多数沙门菌因不发酵乳糖，故在这类平板上生长的菌落颜色与大肠杆菌不同。

2. 生化试验

挑取几个鉴别培养基上的可疑菌落分别纯培养，进行生化特性鉴定。沙门菌能发酵葡萄糖、麦芽糖和甘露醇，产酸产气；但不能发酵乳糖和蔗糖；V-P 试验呈阴性；不水解尿素；不产生靛基质；有的产生硫化氢。

3. 血清学分型鉴定

沙门菌血清学分型鉴定应在生化试验符合沙门菌的基础上进行。将纯培养物用生理盐水洗下与 A-E 组多价 O 血清做玻片凝集试验，再用各种单因子血清进行分群。在确定 O 群以后，则应测定其 H 抗原，写出抗原式。

此外，还可用乳胶颗粒凝集试验、ELISA、对流免疫电泳、核酸探针和 PCR 等方法进行快速诊断。

（四）防治原则

目前应用的兽用疫苗多限于预防各种家畜特有的沙门菌病，例如猪副伤寒、马流产以及牛、羊的都柏林等沙门菌的灭活菌苗，在国内外均已应用。也有用弱毒或无毒活菌苗注射或口服免疫动物，而且效果优于灭活菌苗，但有些国家禁用。至今，对多种畜禽致病的沙门菌仍无法制出普遍有效的菌苗。

有效的治疗抗生素主要有庆大霉素、卡那霉素、呋喃唑酮、氯霉素、TMP-SMZ 以及诺氟沙星或环丙沙星等。但因本属菌的耐药菌株不断在增加，最好在使用前做药敏试验。

第四节 炭疽杆菌

炭疽芽孢杆菌属需氧芽孢杆菌属，习惯称之为炭疽杆菌，是引起人类、各种家畜和野生动物炭疽的病原，对人、畜有致病性，且危害极为严重，在兽医学和医学上均占有相当重要的地位。其他与炭疽杆菌相似的需氧芽孢杆菌一般无致病性。

一、生物学特性

1. 形态与染色

本菌为革兰阳性粗大杆菌，长3～8μm，宽1～1.5μm，无鞭毛，不运动。芽孢呈椭圆形，位于菌体中央，芽孢囊不突出菌体。在动物体内菌体单在或3～5个菌体形成短链，相连的菌端平截而呈竹节状。在动物体或含有血清的培养基上能形成荚膜，但在普通培养基中不形成荚膜。荚膜有较强的抗腐败能力，当菌体因腐败而消失后，仍有残留荚膜显示，称为“菌影”。在猪体内的此菌形态较为特殊，菌体常弯曲或部分膨大，轮廓不清。在培养基中，此菌常形成长链，并于培养18～24h后开始形成芽孢。一般认为动物体内的炭疽杆菌只有在接触空气中的氧气之后，才能形成芽孢。芽孢成熟后，菌体的躯壳消失，因此在陈旧的培养物中能见到游离芽孢。

2. 培养特性

本菌为需氧菌，在氧不足的情况下虽然也可以生长，但较差。可生长的温度范围为15～40℃，最适生长温度为30～37℃。最适pH为7.2～7.6。对营养要求不高，普通培养基中即能良好生长。

在普通琼脂上培养24h后，强毒菌株形成灰白色不透明、大而扁平、表面干燥、边缘呈卷发状的粗糙型菌落；无毒或弱毒菌株形成的菌落较小，形成表面较为光滑湿润、边缘比较整齐的光滑型菌落。在血液、血清琼脂平板上或碳酸氢钠琼脂上，置于5%二氧化碳环境中培养，强毒菌株可形成圆形隆起、光滑湿润、有光泽的黏液型菌落。在血液琼脂上一般不溶血，但个别菌株也可轻微溶血。在普通肉汤中培养24h后，上部液体仍清朗透明，液面无菌膜或菌环形成，管底有白色絮状沉淀，若轻摇试管，沉淀会往上升起，卷绕成团而不消散。在明胶穿刺培养中，细菌除沿穿刺线生长外，向四周呈直角放射状生长，整个生长物好似倒立的雪松状。经培养2～3d后，明胶表面逐渐被液化呈漏斗状。在含0.5IU/mL青霉素的培养基中培养时，幼龄炭疽杆菌细胞壁的肽聚糖合成受到抑制，形成原生质体，相互连接成串珠状，称为“串珠反应”。若培养基中青霉素含量加至10IU/mL时，则完全不能生长或轻微生长。这是炭疽杆菌所特有的，可与其他需氧芽孢杆菌鉴别。

3. 抗原结构

已知本菌有荚膜抗原、菌体抗原、保护性抗原和芽孢抗原4种主要抗原。①荚膜抗原仅见于有毒菌株，与毒力有关，其抗原刺激产生的抗体无保护作用，但其反应性较特异，故依此建立了各种血清学鉴定方法，如荚膜肿胀试验及免疫荧光抗体法等，均呈较强的特异性。②菌体抗原是存在于本菌细胞壁及菌体内的半抗原，此抗原与细菌毒力无关，但性质稳定，即使在腐败的尸体中经过较长时间，或经过加热煮沸甚至高压蒸汽处理，抗原性不被破坏；常用的Ascoli反应，加热处理抗原依据于此。但此法特异性不高，其他需氧芽孢杆菌能发生一定程度的交叉反应。③保护性抗原是一种胞外蛋白质抗原成分，在人工培养条件下也可产生，为炭疽毒素的组成成分之一，具有免疫原性，能使机体产生抗本菌感染的保护力。④芽孢抗原是芽孢的外膜、中层、皮质层一起组成的炭疽芽孢的特异性抗原，它具有免疫原性和血清学诊断价值。

4. 抵抗力

本菌繁殖体的抵抗力不强，与一般非芽孢菌大致相同，60℃ 30～60min或75℃ 5～15min即可杀死。常用消毒剂均能于短时间内将其杀死。如1∶2500碘液、0.5%过氧乙酸10min即可将其杀死。对青霉素、链霉素、红霉素、氯霉素等多种抗生素及磺胺类药物高度敏感，可用于临床治疗。在未解剖的尸体中，细菌可随腐败而迅速崩解死亡。

芽孢的抵抗力特别强，在干燥状态下可长期存活。需经煮沸 15～25min，121℃灭菌 5～10min，或 160℃干热灭菌 1h 方被杀死。

实验室干燥保存 40 年以上的炭疽芽孢仍有活力。干燥皮毛上附着的芽孢也可存活 10 年以上。牧场一旦被其污染，传染性常可保持 20～30 年。对于曾经掩埋炭疽尸体的土地，必须加以严格控制。在开垦后的头 1～2 年，只准种植黑麦、蒜、三叶草等植物，因其根系可分泌一种杀死炭疽杆菌的物质，能起到净化土壤的作用。

常用的消毒剂是新配的 20%石灰乳或 20%漂白粉，作用 48h；0.1%升汞，作用 40min 或 4%高锰酸钾，作用 15min。炭疽芽孢对碘特别敏感，0.04%碘液 10min 即将其破坏，但有机物的存在对其作用有很大影响。此外，过氧乙酸、环氧乙烷、次氯酸钠等都有较好的效果。皮毛消毒可用加有 2%盐酸的 5%食盐水，于 25～30℃下浸泡 40h；或于室温 20～25℃和相对湿度 40%～68%的室内，将环氧乙烷与溴甲烷按 1∶44 的比例混合，以每立方米空间 1.5kg 的用量熏蒸 24h。

二、致病性

本病原菌引起的炭疽病几乎遍及世界各地，四季均可发生。它能致各种家畜、野兽和人类的炭疽，其中牛、绵羊、鹿等易感性最强，马、骆驼、猪、山羊等次之，犬、猫、食肉兽等则有相当大的抵抗力，禽类一般不感染。此菌主要通过消化道传染，也可以经呼吸道、皮肤创伤或吸血昆虫传播。食草动物炭疽常表现为急性败血症，菌体通常要在死前数小时才出现于血流。猪炭疽多表现为慢性的咽部局限感染，犬、猫和食肉兽则多表现为肠炭疽。

人类对炭疽杆菌的易感性介于食草动物与猪之间，一般通过接触病畜尸体材料或污染的畜产品，经消化道、呼吸道或皮肤创伤感染而发生肠炭疽、皮肤炭疽、肺炭疽或纵隔炭疽，它们均可并发败血症和炭疽性脑膜炎。实验动物中小鼠、豚鼠、家兔和仓鼠均极易感，大鼠则有抵抗力。

此菌的毒力主要与荚膜和毒素有关。荚膜能增强细菌抗吞噬能力，使其易于扩散。毒素包括水肿毒素及致死毒素两种，但不能单独发挥生物学活性作用，都必须与保护性抗原组合才具有毒性作用；它们主要是损伤微血管的内皮细胞，增强微血管的通透性，损害肾脏功能，干扰糖代谢，血液呈高凝状态，易形成感染性休克和弥漫性血管内凝血，最后导致动物死亡。

三、微生物学检验方法

死于炭疽的病畜尸体严禁剖检，只能自耳根部采取血液，必要时可切开肋间采取脾脏。皮肤炭疽可采取病灶水肿液或渗出物，肠炭疽可采取粪便。已经误解剖的畜尸，则可采取脾、肝、心、肺、脑等组织进行检验。

1. 涂片镜检

病料涂片以碱性美蓝、瑞氏或姬姆萨染色法染色镜检，如发现有荚膜的竹节状大杆菌，即可初步诊断；陈旧病料，可以看到“菌影”，确诊还需分离培养。

2. 分离培养

取病料接种于普通琼脂或血液琼脂，37℃培养 18～24h，观察有无典型的炭疽杆菌菌落。为了抑制杂菌生长，还可接种于戊烷脒琼脂、溶菌酶-正铁血红素琼脂等炭疽选择性培养基。经 37℃培养 16～20h 后，挑取纯培养物与芽孢杆菌如枯草芽孢杆菌、蜡状芽孢杆菌等鉴别。

3. 生化试验

本菌能分解葡萄糖、麦芽糖、蔗糖、果糖和甘油，不发酵阿拉伯糖、木糖和甘露醇。能水解淀粉、明胶和酪蛋白。V-P 试验阳性，不产生靛基质和 H_2S，能还原硝酸盐。牛乳经 2～4d 凝固，然后缓慢胨化，不能或微弱还原美蓝。

4. 动物试验

将被检病料或培养物用生理盐水制成 1∶5 乳悬液，皮下注射小白鼠 0.1～0.2mL 或豚鼠、家兔0.2～0.3mL。如为炭疽，动物多在18～72h败血症死亡。剖检时可见注射部位呈胶样水肿，脾脏肿大。取血液、脏器涂片镜检，当发现有荚膜的竹节状大杆菌时，即可确诊。

5.血清学试验

有多种血清学方法，多用已知抗体来检查被检的抗原。

(1) Ascoli沉淀反应　Ascoli于1902年创立，是用加热抽提待检炭疽菌体多糖抗原与已知抗体进行的沉淀试验。这个诊断方法快速简便，不仅适用于死亡动物的新鲜病料，而且对干的皮毛、陈旧或严重污染杂菌的动物尸体的检查也适用。但此反应的特异性不高，敏感性也较差，因而使用价值受到一定影响。

(2) 间接血凝试验　此法是将炭疽抗血清吸附于炭粉或乳胶上，制成炭粉或乳胶诊断血清。然后采用玻片凝集试验的方法，检查被检样品中是否含有炭疽芽孢。若被检样品每毫升含炭疽芽孢7.8万个以上，可表现阳性反应。

(3) 协同凝集试验　此法可快速检测炭疽杆菌或病料中的可溶性抗原。将炭疽标本的高压灭菌滤液滴于玻片上，加1滴含阳性血清的协同试验试剂，混匀后，于2min内呈现肉眼可见凝集者，即为阳性反应。

(4) 串珠荧光抗体检查　将串珠试验与荧光抗体法结合起来。即将被检材料接种于含青霉素0.05IU/mL的肉汤中培养后，涂片用荧光抗体染色检查。此法与常规检验的符合率达到80%～90%，因而具有一定的实用价值。

(5) 琼脂扩散试验　用来检查是否有本菌特异的保护性抗原产生。具体方法是将琼脂培养基上生长的单个菌落，连同周围琼脂一起切取，填入琼脂反应板上事先打好的孔中，与中央孔内于16～18h前滴加的抗炭疽免疫血清进行24～48h的扩散试验，阳性者有沉淀线。

还可应用酶标葡萄球菌A蛋白间接染色法和荧光抗体间接染色法等，检测动物体内的炭疽荚膜抗原进行诊断。

四、防治原则

炭疽痊愈动物可获得坚强的免疫，再次感染者很少。生产上多使用Ⅱ号炭疽芽孢苗，主要用于牛、羊等草食动物，可有效预防此病，免疫期一年。无毒炭疽芽孢苗也有同样的免疫效果，但山羊接种后反应强烈，不宜使用。对死于本病的动物尸体应烧毁或2m以下深埋。

近年来还有炭疽亚单位苗，即以不含活菌的炭疽保护性抗原作为免疫原，此苗不但反应轻，而且能抵抗强毒炭疽杆菌芽孢经呼吸道的攻击。

治疗或紧急预防此病可大剂量使用青霉素，效果较好。四环素及磺胺类药物也有疗效。抗炭疽血清使用较少。

第五节　厌氧芽孢梭菌

病原性厌氧芽孢梭菌为革兰阳性杆菌，均能形成芽孢，且芽孢直径大于菌体，致使菌体形如梭状，故又称为梭状芽孢杆菌。除魏氏梭菌能形成荚膜而无鞭毛外，其余均不形成荚膜，而有周身鞭毛。病原梭菌通常均能产生外毒素，而且毒力强。主要有气肿疽梭菌、腐败梭菌、破伤风梭菌、肉毒梭菌、诺维梭菌、产气荚膜梭菌等。由梭菌引起的动物疾病，按性质和症状大致可分为5类。

(1) 气肿疽与恶性水肿　均为急性败血性传染病，而且都有气性水肿的症状特征，在临床上极为相似，应注意鉴别。气肿疽病原为气肿疽梭菌，主要通过消化道感染。恶性水肿由创伤感染引起，其病原复杂多样，动物的病原主要是腐败梭菌；人的病原则主要是A型产气荚膜梭菌，还可能是A型诺维梭菌等，也可能是两种以上梭菌的混合感染。所以对两病的微生物学诊断主要依靠病原菌检查。

(2) 快疫与类快疫　是一类病程极短促的急性致死性传染病，包括羊快疫、羊猝狙、肠毒血症、黑疫及细菌性血红素尿，它们在临床上有许多相似之处，而且本质上均为毒血症。羊猝狙和肠毒血症的病原为产气荚膜梭菌，本菌在肠道内产生毒素，不一定侵入体内，故微生物学诊断主要是检查肠内容物的毒素。羊快疫是腐败梭菌经消化道感染所致，病菌最初在肠道内产生毒素，其后则侵入体内造成败血症，故微生物学诊断则依靠病原菌检查。黑疫的病原为B型诺维梭菌，细菌性血红素尿的病原为溶血梭菌，二者主要存在于肝脏，因肝组织受肝片吸虫或其他因素损害，细菌乘机繁殖，产生毒素而引起此病。微生物学诊断主要依靠病原检查，也可检查毒素。

(3) 痢疾与肠炎 由产气荚膜梭菌在肠道内产生毒素引起，包括羔羊痢疾、犊牛痢疾和人、禽坏死性肠炎。细菌不一定侵入体内，微生物学诊断亦主要为肠内容物的毒素检查。

(4) 食物中毒 包括人畜肉毒梭菌中毒症与人产气荚膜梭菌食物中毒，都是由于病原菌在食物或饲料中生长繁殖，产生毒素被食入而致病。肉毒梭菌中毒症的微生物学诊断主要检测肉毒毒素，其次是细菌检查。产气荚膜梭菌食物中毒则是依靠由可疑食物中分离细菌，并测定其毒素产生能力。

(5) 破伤风 是破伤风梭菌经创伤感染，在感染部位发育繁殖，产生毒素而引起疾病。此病症状特征性极强，通常无需微生物学诊断。如有需要，可作毒素或细菌检查。

梭菌大多专性厌氧，培养须采用厌氧培养。常用的培养基为熟肉培养基和葡萄糖血琼脂等，最适宜生长环境为37℃，pH7.2～7.6。诺维梭菌、溶血梭菌等厌氧要求十分苛刻，其培养基必须新鲜制备或保存于厌氧环境之中。若在空气环境中放置超过数小时，其中某些物质转化为氧化型，虽再作厌氧培养，细菌也不生长。这些细菌对氧极为敏感，仅在空气中暴露20～30min即遭抑制而不再生长。因此，划线接种后应立即厌氧培养，培养物解除厌氧状态后应迅速移植，不能久置于空气之中。腐败梭菌、诺维梭菌、肉毒梭菌等在固体培养基表面易于蔓延生长，造成菌落融合混杂。为获得单个菌落，可将培养基的琼脂浓度提高至4%～6%，或在培养基中加入0.1%～0.5%巴比妥钠、苯巴比妥钠或水合氯醛，也可划线接种之后在表面上再加注一层琼脂培养基，以限制菌落蔓延。

一、破伤风梭菌

破伤风梭菌是引起人、畜破伤风的病原，大量存在于动物肠道及粪便中，随粪便排出污染土壤，形成芽孢后则长期存在。动物多以去势、断尾、分娩断脐、外科手术创伤等感染。本菌在局部繁殖，产生毒素经血流进入全身，引起以骨骼肌发生强直性痉挛症状为特征的破伤风病，又称为强直症，此菌也因此称之为强直梭菌。

（一）生物学特性

1. 形态与染色

本菌为两端钝圆、细长、正直或略弯曲的杆菌，大小约（0.5～1.7）μm×（2.1～18.1）μm，长度变化很大。多单在，有时成双，偶有短链，在湿润琼脂表面上可形成较长的丝状。无荚膜，周鞭毛，能运动。在动物体内外均能形成圆形芽孢，位于菌体一端，而使芽孢体呈鼓槌状。革兰染色阳性。

2. 培养特性

此菌严格厌氧，接触氧后很快死亡。最适生长温度为37℃，最适pH7.0～7.5。对营养要求不高，在普通培养基中即能生长。在血琼脂平板上生长，可形成直径4～6mm的菌落，常常伴有狭窄的β溶血环。在一般琼脂表面不易获得单个菌落，尤其是在培养基湿润的情况下，扩散成薄膜状覆盖整个平板表面，边缘呈卷曲细丝状，用高浓度琼脂可抑制其扩散生长。在厌氧肉肝汤和疱肉培养基中，轻微浑浊生长，有细颗粒状或黏稠状沉淀，肉渣部分消化且微变黑，产生气体并具有特殊臭味。20%胆汁或6.5%NaCl能抑制其生长。

3. 抗原结构

本菌具有不耐热的鞭毛抗原，用凝集试验可分为10个血清型，其中第Ⅵ型为无鞭毛不运动的菌株，我国最常见的是第Ⅴ型。各型细菌都具有一个共同的耐热性菌体抗原，而Ⅱ、Ⅳ、Ⅴ和

Ⅸ型还有共同的第二菌体抗原。各型细菌均产生抗原性相同的外毒素，并能被任何一个型的抗毒素所中和。

4. 抵抗力

此菌繁殖体抵抗力不强，但其芽孢的抵抗力极强，芽孢在土壤中可存活数十年。湿热105℃ 25min及120℃ 20min可杀死，干热150℃在1h以上可杀死芽孢，5%石炭酸、0.1%升汞作用15h杀死芽孢。对青霉素敏感，磺胺类药物对本菌有抑制作用。

（二）致病性及免疫性

此菌芽孢随土壤、污物通过适宜的皮肤黏膜伤口侵入机体时，即可在其中发育繁殖，产生强烈毒素，引发破伤风。此病在健康组织中，于有氧环境下，生长受抑制，而且易被吞噬细胞消灭。如在深而窄的创口，同时创伤内发生组织坏死时，坏死组织能吸收游离氧而形成良好的厌氧环境；或伴有其他需氧菌的混合感染，有利于形成良好的厌氧环境，芽孢转变成细菌，在局部大量繁殖而致病。

在自然情况下，本菌可感染很多动物。除人易感外，马属动物的易感性最高，其次是牛、羊、猪，犬、猫偶有发病，禽类和冷血动物不敏感，幼龄动物比成年动物更敏感。实验动物中，家兔、小鼠、大鼠、豚鼠和猴对破伤风痉挛毒素易感。

此菌产生两种毒素。一种为破伤风痉挛毒素，毒力非常强，可引起神经兴奋性的异常增高和骨骼肌痉挛。另一种为破伤风溶血素，不耐热，对氧敏感，可溶解马及家兔的红细胞，其作用可被相应抗血清中和，与破伤风梭菌的致病性无关。破伤风梭菌毒素具有良好的免疫原性，用它制成类毒素，可产生坚强的免疫，能非常有效地预防本病的发生。

（三）微生物学检验方法

破伤风具有典型的临床症状，一般不需微生物学诊断。如有特殊需要，可采取创伤部的分泌物或坏死组织进行细菌学检查。另外还可用患病动物血清或细菌培养滤液进行毒素检查，其方法为小鼠尾根皮下注射0.5～1.0mL，观察24h，看是否出现尾部和后腿强直或全身肌肉痉挛等症状，且不久死亡。还可用破伤风抗毒素血清进行毒素保护试验。

（四）防治原则

预防本病可用明矾沉淀破伤风类毒素，注射后1个月产生免疫力，免疫期1年。破伤风抗毒素血清可用于紧急预防及破伤风治疗，效果良好。但作用仅能维持14～21d。

二、产气荚膜杆菌

产气荚膜杆菌又名魏氏梭菌。在自然界分布极广，土壤、污水、饲料、食物、粪便以及人畜肠道等都有存在，是动物和人创伤感染恶性水肿的主要病原菌。另外，可引起羔羊痢疾、羊猝狙、羊肠毒血症和魏氏梭菌下痢。

（一）生物学特性

1. 形态与染色

魏氏梭菌为两端钝圆的粗大杆菌，大小为（0.6～2.4）μm×（1.3～19.0）μm，单在或成双，也有短链状排列。无鞭毛，不运动。芽孢大，呈卵圆形，位于菌体中央或近端，使菌体膨胀，但在一般条件下罕见形成芽孢。多数菌株可形成荚膜，荚膜多糖的组成可因菌株不同而有变化。

本菌易为一般苯胺染料着色，革兰染色阳性，且较稳定。

2. 培养特性

本菌对厌氧程度的要求并不严，对营养要求不苛刻，在普通培养基上即可生长，若加入葡萄糖、血液，生长会更好。此菌生长非常迅速，在适宜的条件8min就可繁殖一代。可生长温度范围多数菌株为20～50℃，据此特性，可用高温快速培养法进行选择分离，即在45℃下每培养3～4h传代一次，较易获得纯培养。

在绵羊血琼脂平板上，可形成直径2～5mm、圆形、边缘整齐、灰色至灰黄色、表面光滑半透明的菌落，偶尔出现裂叶状边缘的粗糙菌落及丝状边缘的不规则扁平菌落等。在血琼脂平板上，大多数菌株可产生双环溶血，内环是由 θ 毒素所引起的完全溶血，外围是由 α 毒素产生的不完全溶血环。

3. 生化特性

本菌最为突出的生化特性是对牛乳培养基的“爆裂发酵”，于接种培养 8～10h 后，分解牛乳中的乳糖，使牛乳酸凝，同时产生大量气体使凝块破裂成多孔海绵状，严重时被冲成数段，甚至喷出管外。此现象可用于本菌的快速诊断。本菌对糖的分解作用极强，大多数的糖可被分解，但不分解甘露醇及水杨苷。缓慢液化明胶，产生硫化氢。

4. 抗原性及菌型

以菌体抗原进行血清型分类意义不大，而且菌体抗原与以毒素分型之间没有明显关系。毒素用小写希腊字母表示，有 12 种，其中 α、β、ε 和 ι 是主要致死毒素。依据主要致死型毒素与其抗毒素的中和试验可将此菌分为 A、B、C、D 和 E5 个型。

5. 抵抗力

本菌繁殖体抵抗力与一般细菌相同，芽孢的抵抗力则特别强大。在含糖的厌氧肉肝汤中，因产酸于几周内即可死亡，而在无糖厌氧肉肝汤中能生存几个月。芽孢 90℃ 30min 或 100℃ 5min 死亡，而食物中毒型菌株的芽孢可耐煮沸 1～3h。

（二）致病性

本菌致病作用主要在于它所产生的毒素。A 型菌主要是引起人气性坏疽和食物中毒的病原，也引起动物的气性坏疽，还可引起牛、羔羊、新生羊驼、野山羊、驯鹿、仔猪、家兔等的肠毒血症；B 型菌主要引起羔羊痢疾，还可引起驹、犊牛、羔羊、绵羊和山羊的肠毒血症或坏死性肠炎；C 型菌主要是绵羊猝狙的病原，也能引起羔羊、犊牛、仔猪、绵羊的肠毒血症和坏死性肠炎以及人的坏死性肠炎；D 型菌引起羔羊、绵羊、山羊、牛以及灰鼠的肠毒血症；E 型菌可致犊牛、羔羊肠毒血症，但很少发生。

实验动物以豚鼠、小鼠、鸽和幼猫最易感，家兔次之。用液体培养物 0.1～1.0mL 肌内或皮下注射豚鼠，或胸肌注射鸽，常于 12～24h 引起死亡。喂服羔羊或幼兔，可引起出血性肠炎并导致死亡。

（三）微生物学检验方法

1. 涂片镜检

可取新鲜病料（肝、肾）作组织触片，染色，镜检，如发现革兰染色阳性、粗大、钝圆、单在、不易见芽孢，有时可见荚膜的菌体，可初步诊断。

2. 分离培养

A 型菌所致气性坏疽及人食物中毒，主要依靠细菌分离鉴定。其余各型所致的各种疾病，均系细菌在肠道内产生毒素所致，细菌本身不一定侵入机体；同时正常人肠道中常有此菌存在。因此，从病料中检出该菌，并不能说明它就是病原；只有当分离到毒力强大的此菌时，才具有一定的参考意义。鉴定本菌的要点为厌氧生长、菌落整齐、生长快、不运动，有双层溶血环，引起牛奶“爆烈发酵”，胸肌注射鸽越夜死亡，胸肌涂片可见有荚膜的菌体。

3. 动物试验及毒素检查

有效的微生物学诊断方法是肠内容物毒素检查。取回肠内容物，如采集量不够，可再采空肠后段或结肠前段内容物，加适量灭菌生理盐水稀释，经离心沉淀后取上清液分成两份，一份不加热，一份 60℃加热 30min，分别静脉注射家兔（1～3mL）或小鼠（0.1～0.3mL）。如有毒素存在，不加热组动物常于几分钟至十几小时内死亡，而加热组动物不死亡。为确定致死动物的毒素类别及其细菌型别，还须进一步做毒素中和保护试验。

（四）防治原则

预防羔羊痢疾、猝狙、肠毒血症以及仔猪肠毒血症等，可用三联菌苗或五联菌苗，注射后

14d 产生免疫力，免疫期 6 个月以上。

本病主要经土壤传播，对患本病死亡的动物尸体及污染物应作好无害化处理。

对本病治疗，早期可用多价抗毒素血清，结合抗生素和磺胺类药物，有较好的疗效。

三、肉毒梭菌

肉毒梭菌是一种腐生性细菌，广泛分布于土壤，海洋和湖泊的沉积物，哺乳动物、鸟类和鱼的肠道，饲料以及食品中。此菌不能在活的机体内生长繁殖，即使进入人畜消化道，亦随粪便排出体外。当有适宜营养并获得厌氧环境时，即可生长繁殖并产生肉毒毒素。人畜食入含此毒素的食品、饲料时，即可中毒而发生肉毒中毒症。

（一） 生物学特性

1. 形态与染色

本菌多呈直杆状，不同型菌株的大小有差异。C 型和 D 型为 (0.5～2.4)μm×(3.0～22.0)μm，G 型为 (1.3～1.9)μm×(1.6～9.4)μm。单在或成双，革兰染色阳性。周鞭毛，能运动。芽孢卵圆形，位于菌体近端，大于菌体直径，使细胞膨大，易于在液体和固体培养基上形成芽孢，但 G 型菌罕见形成芽孢。

2. 培养特性

本菌为专性厌氧菌。对温度的要求因菌类不同而异，一般最适生长温度为 30～37℃，产毒素的最适温度为 25～30℃。6.5%NaCl、20%胆汁和 pH8.5 可抑制其生长。营养要求不高，在普通培养基中均能生长。此菌培养特性极不规律，甚至同一菌株也是变化无常的。

在血琼脂平板上，可形成直径 1～6mm、圆形到扇状、裂叶状或根状边缘的不规则菌落，扁平或隆起，透明或半透明，灰色至灰白色，常带有斑状或花叶状的中心结构，β溶血。G 型菌也许会呈扩散膜状生长而覆盖整个平板，也可形成大而粗糙的煎蛋样菌落。在疱肉培养基中培养 24～48h 生长良好，能消化肉渣，使之变黑并产生恶臭气味。

3. 生化特征

肉毒梭菌的生化反应随毒素型而有所差异，同一型的各菌株之间也不完全一致。在病原性梭菌中，本菌的特征为发酵蔗糖，不发酵乳糖，各型均液化明胶，产生 H_2S，但不产生吲哚。

4. 分型与毒素

根据毒素抗原性的差异，可将该菌分为 A、B、C ($C_α$ 和 $C_β$)、D、E、F、G 7 个型，用各型毒素或类毒素免疫动物，只能获得中和相应型毒素的特异性抗毒素。另外，各型菌虽产生其型特异性毒素，但型间尚存在交叉现象，如 E 型菌与 F 型菌能相互产生少量对方的毒素成分。

肉毒毒素是一类锌结合蛋白质，具蛋白酶活性，性质稳定，是毒性最强的神经麻痹毒素之一，其毒性比氰化钾大 1 万倍。例如 A 型菌在食品中自然产生的 A 型毒素，每克食品可致死十几万至几十万只小鼠。纯化结晶的肉毒毒素 1mg 可杀死 2 亿只小鼠，对人的致死量约为 0.1μg。一般来说，经口投服致死量要比腹腔注射致死量大数万倍乃至数十万倍。

5. 抵抗力

本菌繁殖体抵抗力中等，80℃加热 30min 或 100℃加热 10min 能将其杀死，但芽孢的抵抗力极强。不同型菌株的芽孢对热的抵抗力不同，大多数菌株的芽孢在湿热 100℃ 5～7h、高压 105℃ 100min 或 120℃ 5～20min、干热 180℃ 15min 可被杀死。肉毒毒素的抵抗力较强，尤其是对酸，在 pH3～6 范围内毒性不减弱；但对碱敏感，在 pH8.5 以上即被破坏。此外，0.1%高锰酸钾 80℃加热 30min 或 100℃加热 10min 均能破坏毒素。

（二） 致病性

所有动物对肉毒毒素均有感受性，在家畜中以马最为易感，猪最迟钝。在自然情况下，A、B 型毒素引起马、牛、水貂等动物饲料中毒和鸡软颈病；C 型毒素是各种禽类、马、牛、羊以及水貂肉毒中毒症的主要病因；D 型毒素的致病性还不十分清楚。鼠、兔、鸡、鸽等各种实验动物对肉毒毒素都敏感，但易感程度在各动物种属之间、在毒素型别之间都有一定的差异。

（三）微生物学检验方法

从可疑媒介物或患病人畜胃肠内容物及血清中检查肉毒毒素，是主要的微生物学诊断手段。

1. 肉毒毒素检测

被检物若为液体材料，可直接离心沉淀；固体或半流体材料，则须稀释制成乳剂，于室温下浸泡数小时甚至过夜后再进行离心。取上清液腹腔注射小鼠0.5mL，观察4d。若有毒素存在，小鼠一般多在注射后24h内发病、死亡。主要表现为竖毛，四肢瘫软，呼吸困难、呈风箱式，腰部凹陷，最终死于呼吸麻痹。

毒素中和试验可分3组进行。各取1mL被检毒素液，第1组（毒素中和组），加等量多型混合肉毒抗毒素，混匀后置37℃作用30min；第2组（毒素灭活对照组），加等量缓冲液，混匀后煮沸10min；第3组（毒素对照组），加等量缓冲液混匀即可。3组混合液分别腹腔注射小鼠0.5mL，观察4d。若1和2组的小鼠均获保护存活，而第3组小鼠以特有症状死亡，则可判定有肉毒毒素的存在；若第1组也不能保护，则说明该毒素不是肉毒毒素。必要时需进行毒素定型试验。

另外，检测肉毒毒素可用以A～F型抗毒素致敏的醛化红细胞做间接血凝试验，或用已知型别的抗毒素进行琼脂扩散试验。

2. 细菌分离鉴定

利用本菌芽孢耐热性强的特性，接种检验材料悬液于疱肉培养基，于80℃加热30min，置30℃增菌产毒培养5～10d，对上清液进行毒素检测；再移植于血琼脂，35℃厌氧培养48h，挑取可疑菌落，涂片染色镜检；并接种疱肉培养基，30℃培养5d，进行毒素检测及培养特性检查，以确定分离菌的型别。

（四）防治原则

在动物肉毒中毒症常发地区，可用明矾沉淀类毒素作预防注射，有效免疫期可持续半年至一年，也可用氢氧化铝或明矾菌苗接种。

人、畜一旦出现肉毒中毒症后，可立即用多价抗毒素血清进行治疗。若毒素型别已确定，则应用同型抗毒素血清。

四、气肿疽梭菌

气肿疽梭菌又名费氏梭菌，俗称黑腿病杆菌，为气肿疽的病原。此病主要发生于牛，症状主要是肌肉丰满部位发生气性水肿。病变肌肉常呈暗红棕色到黑色，故又称为黑腿病。该菌平日以芽孢形式存在于土壤中，通过消化道或创伤感染而引起发病，因此是一种地区性的土壤传染病。

（一）生物学特性

1. 形态与染色

本菌为两端钝圆的杆菌，(0.5～1.7)μm×(1.6～9.7)μm，易呈多形性。单在或成双，在接种豚鼠腹腔渗出液中常单在或3～5个呈短链。不形成荚膜，具周鞭毛，能运动。在液体和固体培养基中很快形成芽孢，在感染的肌肉及渗出液中也能形成芽孢。芽孢卵圆形，位于菌体中央或近端，横径大于菌体而使芽孢体呈梭状或汤匙状。染色不规则，病料及幼龄培养物中为革兰阳性，老龄培养菌呈阴性。

2. 培养特性

本菌为专性厌氧菌。最适生长温度为37℃，25℃和30℃生长贫瘠，45℃不生长。最适pH为7.2～7.4。在普通培养基上生长不良，加入肝浸液、葡萄糖、血液或血清有助生长。6.5% NaCl、20%胆汁和pH8.5抑制其生长。在葡萄糖血琼脂上，菌落呈圆形、直径0.5～3mm、半透明到不透明、中央隆起的钮扣状，或周围有突出的葡萄叶状，微弱β型溶血；在高层葡萄糖琼脂中培养，菌落呈细弱突起的球形或扁豆状。在厌氧肝片肉汤中，培养12～24h呈均匀浑浊，并产生气体，随后培养液逐渐清朗并形成松散的白色沉淀。

3. 生化特性

与腐败梭菌的区别在于该菌能分解蔗糖而不分解水杨苷，牛乳仅凝固而不胨化，产生靛基质，不产生 H_2S。

4. 抗原性

此菌各菌株都具有一个共同的 O 抗原，而按 H 抗原又分成两个型。多数菌株具有相同的芽孢、菌体及鞭毛抗原。与腐败梭菌有一个共同的芽孢抗原。此菌菌体具有良好的免疫原性，毒素也具有免疫原性，全菌死菌苗可诱导抗菌和抗毒素免疫。

5. 抵抗力

此菌芽孢的抵抗力极强，在腐败尸体中可生存 6 个月，病料中能活 8 年之久，在土壤中可保持活力达 20～25 年。液体培养基中的芽孢能耐受煮沸 20min。0.2%升汞溶液 10min 或 3%福尔马林 15min 内能将芽孢杀死，但芽孢对 NaOH 有极强的抵抗力。

（二）致病性

6 月龄至 2 岁的牛最易感，小于 6 个月的犊牛有抵抗力，成年牛较少发病。绵羊对此菌的抵抗力比牛强，绵羊源菌株的毒力比牛源菌株更强。水牛、鹿、猪等也可感染，犬、猫、兔及禽类等动物和人自然情况下均不感染。实验动物以豚鼠易感性最强，小鼠次之，一般剂量不能感染家兔，鸽子对此菌无感受性。

此菌在适宜培养基中，可产生 α、β、γ 和 δ 四种毒素。α 毒素是耐氧的溶血素，β 毒素是脱氧核糖核酸酶，γ 毒素是透明质酸酶，δ 毒素是不耐氧溶血素。毒素静脉注射小鼠或豚鼠时，可引起呼吸困难和死亡，皮下注射可产生局部出血水肿但不能致死。家兔可明显抵抗毒素的致死作用。抗毒素是特异的，只能抗气肿疽梭菌感染，对腐败梭菌的感染无保护作用。

（三）微生物学检验方法

对可疑病例采取病变组织、肌肉及渗出液进行细菌检查。涂片镜检发现较大的梭状芽孢杆菌，还须进行分离鉴定才能做出诊断。另外，也可用病料或培养菌肌内注射豚鼠，若是此菌，则豚鼠常于 24～48h 内死亡。剖检注射部位肌肉呈暗蓝色，较干而呈海绵状，仅有少许气泡。由此再取动物病料镜检及做分离培养。

鉴别诊断，引起恶性水肿的病原腐败梭菌虽与气肿疽梭菌极为相似，也能致死豚鼠，但菌体排列呈长链或长丝状，而且腐败梭菌能致死兔，这是两菌的主要区别。

（四）防治原则

免疫用的菌苗有氢氧化铝甲醛菌苗和明矾甲醛菌苗两种。注射后 14d 能产生可靠免疫力，免疫期均为半年。抗气肿疽免疫血清用于早期治疗有明显效果，但后期效力不大。

五、腐败梭菌

本菌是引起动物和人恶性水肿的主要病原菌，故也曾称为恶性水肿杆菌。此菌还可引起羊快疫。

（一）生物学特性

1. 形态与染色

此菌为革兰阳性的直或弯曲的杆菌，(0.6～1.9)μm×(1.9～35.0)μm，与气肿疽梭菌极为相似，其不同特征为：在动物体内尤其是在肝背膜和腹膜上可形成微弯曲的长丝状，长者可达数百微米。

2. 培养特性

葡萄糖血琼脂上菌落微隆，边缘不规则而有较长的柔弱分支，淡灰色或近似无色；在不太干燥的培养基上易蔓延融合成大片生长，菌落周围有微弱溶血区。在高层葡萄糖琼脂培养中，当琼脂浓度较低时菌落呈絮团状，浓度较高时呈边缘有不规则丝状突起的心脏形或扁豆形。

3. 生化特性

生化特性为不发酵蔗糖，部分菌株能分解水杨苷，可使牛乳产酸凝固。不产生靛基质。

4. 抗原性

用凝集试验可将本菌分成不同的型，按O抗原可分为4个型，再按H抗原又可分为5个亚型，但没有毒素型的区分。此菌与气肿疽梭菌有许多相同的抗原成分，芽孢抗原彼此相同，但二者毒素的抗原性是特异的，没有抗毒素交叉保护作用。

5. 抵抗力

此菌繁殖型的抵抗力不大，但芽孢的抵抗力强大，在腐败尸体中可存活3个月，在土壤中可以保持20～25年不失去活力；一般消毒药物短期难以奏效，但20%漂白粉、3%～5%硫酸石炭酸合剂、3%～5%氢氧化钠等强力消毒药可于较短时间内杀灭。对磺胺类及青霉素敏感。

（二）致病性

本菌广泛分布于土壤，也存在于某些草食动物消化道、婴儿和成年人粪便中。经创伤感染可致人的气性坏疽和马、牛、羊、猪等家畜的恶性水肿，鸡感染为气性水肿。本菌在一定条件下通过消化道感染，还能引起羊快疫。实验动物中豚鼠与小鼠最为易感，兔、鸽也可感染。

此菌可产生4种毒素。α毒素是一种卵磷脂酶，β毒素是一种脱氧核糖核酸酶，γ毒素是一种透明质酸酶，δ毒素是一种不耐氧的溶血素。这些毒素可增进毛细血管的通透性，引起肌肉坏死并使感染沿肌肉的筋膜面扩散。毒素以及组织崩解产物的全身作用能在2～3d内导致致死性毒血症。

（三）微生物学检验方法

用气性水肿部位的水肿液或病变组织直接涂片镜检，对恶性水肿无多大诊断意义。而羊快疫用肝脏被膜触片染色镜检，若发现长丝状细菌，则具有诊断参考价值。确诊有赖于细菌分离培养鉴定，并应注意与气肿疽梭菌及其他梭菌相鉴别。

（四）防治原则

对羊快疫的免疫预防，我国现用快疫、猝疽、肠毒血症三联菌苗，或羊快疫、猝狙、肠毒血症、羔羊痢疾、黑疫五联菌苗。五联菌苗免疫期，除对羊快疫较短外，对其他四种病可达一年。

第六节　多杀性巴氏杆菌

多杀性巴氏杆菌是巴氏杆菌属中危害最大的畜禽致病菌。本菌可引起多种畜禽发生巴氏杆菌病，表现为出血性败血症或传染性肺炎。本菌广泛分布于世界各地，正常存在于多种健康动物的口腔和咽部黏膜，属于条件致病菌。

一、生物学特性

1. 形态与染色

本菌菌体呈球杆状或短杆状，两端钝圆，大小为（0.25～0.4）μm×（0.5～2.5）μm。单个存在，有时成双排列。新分离的强毒菌株有荚膜，但经培养后荚膜迅速消失。革兰染色阴性。病料用瑞氏染色或美蓝染色时，可见典型的两极着色，即菌体两端染色深、中间浅，无鞭毛，不形成芽孢。

2. 培养及生化特性

本菌为需氧或兼性厌氧菌，对营养要求较严格。在普通培养基上生长贫瘠，在麦康凯培养基上不生长。在加有血液、血清或微量血红素的培养基中生长良好。最适温度为37℃，pH7.2～7.4。在血清琼脂平板上培养24h，可长成淡灰白色、边缘整齐、表面光滑、闪光的露珠状小菌落。在血琼脂平板上，长成水滴样小菌落，无溶血现象。在血清肉汤中培养，开始轻度浑浊，4～6d后液体变清朗，管底出现黏稠沉淀，震摇后不分散；表面形成菌环。

本菌可分解葡萄糖、果糖、蔗糖、甘露糖和半乳糖，产酸不产气。大多数菌株可发酵甘露醇，一般不发酵乳糖，可形成靛基质，甲基红试验和V-P试验均为阴性，不液化明胶，产生硫化氢。

3. 抗原与血清型

本菌主要以其荚膜抗原（K抗原）和菌体抗原（O抗原）区分血清型，前者有6个型，后者分为16个型。以阿拉伯数字表示菌体抗原型，大写英文字母表示荚膜抗原型，我国分离的禽多杀性巴杆氏菌以5∶A为多，其次为8∶A；猪的以5∶A和6∶B为主，8∶A与2∶D其次；羊的以6∶B为多；家兔的以7∶A为主，其次是5∶A。

4. 抵抗力

本菌抵抗力不强，在无菌蒸馏水和生理盐水中很快死亡。在阳光中曝晒10min，56℃ 15min或60℃ 10min可被杀死。在干燥空气中2～3d死亡，厩肥中可存活1个月。3%石炭酸、3%福尔马林、10%石灰乳、2%来苏儿、0.5%～1%氢氧化钠等几分钟即可杀死本菌。对青霉素、链霉素、四环素、土霉素、磺胺类药物及许多新的抗菌药物敏感。

二、致病性及免疫性

本菌对鸡、鸭、鹅、野禽、猪、牛、羊、马、兔等都有致病性，急性型表现为出血性败血症并迅速死亡；亚急性型于黏膜关节等部位出现出血性炎症等；慢性型则呈现萎缩性鼻炎（猪、羊）、关节炎及局部化脓性炎症等。实验动物中小鼠和家兔最易感。

健康带菌动物具有一定程度的免疫力。动物患病痊愈后，可获得较强的免疫。国内外已研制出多种灭活菌苗、弱毒菌苗以及荚膜亚单位疫苗。该菌的高免多价血清具有良好的紧急预防和治疗作用。

三、微生物学检验方法

1. 涂片镜检

采取渗出液、心、肝、脾、淋巴结等病料涂片或触片，以碱性美蓝液或瑞氏染色液染色，如发现典型的两极着色的短杆菌，结合流行病学及剖检变化，即可作初步诊断。但慢性病例或腐败材料不易发现典型菌体，则须进行分离培养和动物试验。

2. 分离培养

用血琼脂平板和麦康凯琼脂同时进行分离培养，麦康凯培养基上不生长，血琼脂平板上生长良好，菌落不溶血，革兰染色为阴性球杆菌。将此菌接种在三糖铁培养基上可生长，并使底部变黄。必要时可进一步作生化反应鉴定。

3. 动物接种

取1∶10病料乳剂或24h肉汤培养物0.2～0.5mL，皮下或肌内注射于小白鼠或家兔，经24～48h死亡，死亡剖检观察病变并镜检进行确诊。

若要鉴定荚膜抗原和菌体抗原型，则要用抗血清或单克隆抗体进行血清学试验。检测动物血清中的抗体，可用试管凝集、间接凝集、琼脂扩散试验或ELISA。

四、防治原则

我国已制成弱毒活疫苗和氢氧化铝甲醛菌苗，供猪、禽、牛等预防接种使用，免疫期半年至一年不等。

治疗可使用链霉素、四环素、土霉素等抗生素和磺胺类药物。

第七节 布氏杆菌

布氏杆菌是革兰阴性需氧的布氏杆菌属的短小杆菌，是多种动物和人布氏杆菌病的病原，不仅危害畜牧生产，而且严重损害人类健康，因此在公共卫生和畜牧业发展上均有重要意义。

一、生物学特性

1. 形态与染色

布氏杆菌是一群革兰染色阴性的球形或短杆状的细菌，初次分离趋向球形。大小为（0.5～0.7）μm×（0.6～1.5）μm，多单在，很少形成短链。不形成芽孢和荚膜，无鞭毛。姬姆萨染色呈紫色。可经柯兹洛夫斯基或改良 Ziehl Neelseni 鉴别染色法染成红色，与其他细菌相区别。

2. 培养及生化特性

本菌为专性需氧菌，但许多菌株，尤其是在初代分离培养时尚需5%～10%二氧化碳。最适生长温度37℃，最适 pH 为6.6～7.4。血清和血液可促进其生长。大多数菌株在初次培养时生长缓慢，一般需5～10d 甚至20～30d 才能形成菌落；但实验室长期传代保存的菌株，培养2～3d即可生长良好，而且对营养要求降低，在普通培养基上也能生长。

在液体培养基中呈轻微浑浊生长，无菌膜；老龄培养物中可形成菌环，有时形成厚的菌膜。在固体培养基上形成的光滑型（S）菌落，无色透明，表面光滑湿润，有光泽，透光淡黄色及侧光呈现轻微乳白色和略带蓝灰色，菌落大小不等，一般直径为0.5～1.0mm，小者0.05～0.1mm，大者3～4mm。粗糙型（R）菌落不太透明，呈多颗粒状，表面灰暗，颜色由无光泽白色、淡黄白色或浅黄色到褐色，易碎或黏滞，不易从培养基表面刮净。有时还可出现浑浊不透明、黏胶状的黏液（M）型菌落。除S、R和M型菌落外，在培养中还会出现这些菌落间的过渡类型，如S→R型菌落间的中间（I）型菌落。

本菌不液化明胶，吲哚、甲基红和V-P试验阴性，不利用柠檬酸盐。有的菌型能分解尿素和产生硫化氢。不同型别分解糖的能力不同，一般能分解葡萄糖，产生少量酸，不分解甘露醇。

3. 抗原性及分型

本菌抗原结构复杂，主要有M抗原（羊布氏杆菌菌体抗原）和A抗原（牛布氏杆菌菌体抗原）两种，两种抗原在各型菌株中含量各有不同。根据其生物学特性，可将本菌分为6个种20个生物型，即羊布氏杆菌又称马尔他布氏杆菌生物型1～3、牛布氏杆菌又称流产布氏杆菌生物型1～9、猪布氏杆菌生物型1～5、绵羊布氏杆菌、沙林鼠布氏杆菌和犬布氏杆菌。

绵羊种和犬种布氏杆菌菌落是天然的R型，其他种为S型。布氏杆菌还会出现S→R变异，此种变异很少发生回变。在变异过程中，还会出现中间过渡（SI）型和中间（I）型，以及黏液（M）型。

4. 抵抗力

本菌对外界环境的抵抗力较强，在污染的土壤和水中可存活1～4个月，皮毛上存活2～4个月，鲜乳中可存活8d，乳、肉食品中存活约2个月，粪便中存活120d，流产胎儿中存活至少75d，子宫渗出物可存活200d。在直射日光下可存活4h。但对湿热的抵抗力不强，60℃加热30min即杀死，煮沸立即死亡。

对消毒剂的抵抗力也不强，2%石炭酸、3%来苏儿、2%烧碱溶液或0.1%升汞，可于1h内杀死本菌；5%新鲜石灰乳2h或1%～2%福尔马林3h可将其杀死；0.5%洗必泰或0.01%度米芬、消毒净或新洁尔灭，5min内即可杀死本菌。链霉素、土霉素、庆大霉素、氯霉素和金霉素等对本菌均有抑制作用，而青霉素无效。对磺胺类药物有一定的敏感性。

二、致病性

本菌不产生外毒素，但有毒性较强的内毒素。病菌通过皮肤、消化道、呼吸道等途径侵入机体后，被吞噬细胞吞噬成为胞内寄生菌，并在淋巴结生长繁殖形成感染灶。一旦侵入血流，则出现菌血症。

不同种别的布氏杆菌各有一定的宿主动物，例如我国流行的三种布氏杆菌中，马尔他布氏杆菌的自然宿主是绵羊和山羊，也能感染牛、猪、人及其他动物；流产布氏杆菌的自然宿主是牛，也能感染骆驼、绵羊、鹿等动物和人，马和犬是此菌的主要贮存宿主；猪布氏杆菌生物型1、2和3的自然宿主是猪，生物型4的自然宿主是驯鹿，生物型2可自然感染野兔；除生物型2外，其余生物型亦可感染人和犬、马、啮齿类等动物。布氏杆菌可引起豚鼠、小鼠和家兔等实验动物感染，豚鼠最为易感。

各种动物感染后，一般无明显临床症状，多属隐性感染，病变多局限于生殖器官，主要表现为流产、睾丸炎、附睾炎、乳腺炎、子宫炎、关节炎、后肢麻痹、跛行或鬐甲瘘等。

三、微生物学检验方法

包括细菌学检查、血清学检查及变态反应检查。

1. 细菌学检查

病料取流产胎儿的胃内容物、肺、肝和脾以及流产胎盘和羊水等；也可采用阴道分泌物、乳汁、血液、精液、尿液以及急宰病畜的子宫、乳房、精囊、睾丸、淋巴结、骨髓和其他有局部病变的器官。

（1）涂片镜检　病料直接涂片，做革兰染色和柯兹洛夫斯基染色镜检。若发现革兰阴性、鉴别染色为红色的球状杆菌或短小杆菌，即可做出初步的疑似诊断。

（2）分离培养　无污染病料可直接划线接种于适宜的培养基；而污染病料，则应接种到加有放线菌酮0.1mg/mL、杆菌肽25IU/mL、多黏菌素B 6IU/mL和加有色素的选择性琼脂平板。初次培养应置于5%～10%二氧化碳环境中，37℃培养。每3d观察1次，如有细菌生长，可挑选可疑菌落做细菌鉴定；如无细菌生长，可继续培养至30d后，仍无生长者方可示为阴性。对于含菌数量较少的病料，如血液、乳汁、精液或尿液等，应使用增菌培养、豚鼠皮下接种或鸡胚卵黄囊接种等增菌方法。

挑选可疑菌落，做涂片、染色和镜检，确定为疑似菌后进行纯培养，再以布氏杆菌抗血清做玻片凝集试验，依此做出诊断。

（3）动物试验　将病料乳剂腹腔或皮下注射感染豚鼠，每只1～2mL，每隔7～10d采血检查血清抗体，如凝集价达到1∶50以上，即认为有感染的可能。也可于接种后5周左右扑杀豚鼠，观察病变并做分离检查。

2. 血清学检查

包括血清中的抗体检查和病料中布氏杆菌的检查两大类方法。动物在感染布氏杆菌7～15d可出现抗体，故检测血清中的抗体是布氏杆菌病诊断和检疫的主要手段。常用的方法是采用玻片凝集试验、虎红平板凝集试验、乳汁环状试验进行现场或牧区大群检疫，再以试管凝集试验和补体结合试验进行实验室最后确诊。还可选用琼脂扩散试验或酶联免疫吸附试验等作为辅助诊断。而用已知抗体检查病料中是否存在布氏杆菌时，常用方法有荧光抗体技术、反向间接血凝试验、间接炭凝集试验以及免疫酶组化法染色等。

3. 变态反应检查

皮肤变态反应一般在感染后的20～25d出现，因此不宜作早期诊断。此法对慢性病例的检出率较高。

凝集反应、补体结合反应和变态反应出现的时间各有特点。即动物感染布氏杆菌后，首先出现凝集反应，消失较早；其次，出现补体结合反应，消失较晚；最后出现变态反应，保持时间也较长。因此在感染初期阶段，凝集反应常为阳性，补体结合反应或为阳性或为阴性，变态反应则为阴性。到晚期、慢性或恢复阶段，则凝集反应与补体结合反应均转为阴性，仅变态反应呈现阳性。

四、防治原则

菌苗接种虽有显著效果，但要根除此病，必须严格执行畜群全面检疫及淘汰病畜的措施。已有的菌苗种类很多，我国创制和应用的菌苗有羊型和猪型两种弱毒菌苗。

国外常用的菌苗主要有4种，即牛型19号弱毒活菌苗、羊型ReV.1弱毒活菌苗、牛型45/20死菌佐剂苗、羊型53H38死菌佐剂苗。

为了克服活菌苗产生副作用，近年来还提取了布氏杆菌细胞壁、核糖体、内毒素等成分，制备亚单位疫苗，用于预防接种，有一定的效果。

第八节 猪丹毒杆菌

猪丹毒杆菌存在于猪、羊、鸟类及鱼体表、肠道等处，是引起猪丹毒病的病原体。

一、生物学特性

1. 形态与染色

本菌为纤细的小杆菌，菌体直或稍弯，长0.5～2.5μm，宽0.2～0.4μm，无鞭毛、无荚膜、不产生芽孢，革兰染色阳性；老龄培养物中菌体着色能力较差，常呈阴性。病料中单在、成双或成丛排列，慢性病猪心脏疣状物中的细菌多为长丝状。

2. 培养与生化特性

本菌为微嗜氧菌，实验室培养时兼性厌氧。最适pH为7.2～7.6，最适温度为30～37℃。在普通琼脂培养基和普通肉汤中生长不良，而培养基中加入血液、血清、1%葡萄糖、0.5%吐温-80有明显促生长作用；在血琼脂平板上经37℃培养24h后，可形成湿润、光滑、透明、灰白色、露珠样的圆形小菌落，并形成α溶血环。麦康凯培养基上不生长。普通肉汤培养呈轻度浑浊，管底部形成颗粒样沉淀，振动后呈云雾上升。

在加有5%马血清和1%蛋白胨水的糖培养基中可发酵葡萄糖、果糖和乳糖，产酸不产气；不发酵甘露醇、山梨醇、蔗糖等。产生H_2S，不产生靛基质、不分解尿素。甲基红及V-P试验阴性。明胶培养基穿刺培养6～10d，呈试管刷状生长，不液化明胶。

3. 抗原结构与血清型

本菌抗原结构复杂，具有耐热抗原和不耐热抗原。根据其对热、酸的稳定性，又可分为型特异性抗原和种特异性抗原。用阿拉伯数字表示型，用英文小写字母表示亚型，可分为25个血清型和1a、1b及2a、2b亚型。大多数菌株为1型和2型，从急性败血症分离的菌株多为1a型，从亚急性及慢性病例分离的多为2型。

4. 抵抗力

本菌是无芽孢杆菌中抵抗力较强的，在干燥环境中可存活3周，在污水中可存活15d，在深埋的尸体中可存活9个月。对热和直射日光较敏感，70℃经5～15min可完全杀死。对常用消毒剂抵抗力不强，0.5%甲醛几十分钟可杀死。用10%生石灰乳或0.1%过氧乙酸涂刷墙壁和喷洒猪圈是目前较好的消毒方法。本菌可耐0.2%的苯酚，对青霉素、磺胺类药物敏感。

二、致病性

在自然条件下，可通过呼吸道或损伤皮肤、黏膜感染，引发3～12月龄猪发生猪丹毒；3～4周龄的羔羊发生慢性多发性关节炎；禽类也可感染，鸡呈衰弱和下痢症状，鸭呈败血症经过。实验动物以小鼠和鸽子最易感。人可经外伤感染，发生皮肤病变，称"类丹毒"。

三、微生物学检验方法

病料采集，败血型猪丹毒，生前耳静脉采血，死后可采取肾、脾、肝、心、淋巴结，尸体腐败可采取长骨骨髓；疹块型猪丹毒可采取疹块皮肤；慢性病例，可采心脏瓣膜疣状增生物和肿胀部关节液。

1. 涂片镜检

取上述病料涂片染色镜检，如发现革兰阳性、单在、成对或成丛的纤细的小杆菌，可初步诊断。如慢性病例，可见长丝状菌体。

2. 分离培养

取病料接种于血液琼脂平板，经24～48h培养，观察有无针尖状菌落，并在周围呈α溶血，取此菌落涂片染色镜检，观察形态，进一步明胶穿刺等生化反应鉴定。

3. 动物试验

取病料制成乳剂，对小白鼠皮下注射0.2mL或鸽子胸肌注射1mL，若病料有猪丹毒杆菌，则接种动物于2～5d死亡，死后取病料涂片镜检或接种培养基进行确诊。

4. 血清学诊断

可用凝集试验、协同凝集试验、免疫荧光法进行诊断。

四、防治原则

本菌具有良好的免疫原性，用猪丹毒氢氧化铝甲醛菌苗或猪丹毒弱毒活苗，每头注射1mL，免疫期分别可达6个月和9个月以上；猪丹毒、猪肺疫二联灭活菌苗，每头注射5mL，免疫期可达6个月；猪瘟、猪丹毒、猪肺疫三联苗，也可有效预防此病。

治疗可选用青霉素和磺胺类药物。

【复习思考题】

1. 葡萄球菌和链球菌常引起哪些疾病？试述它们的致病因素。
2. 葡萄球菌病和链球菌病的实验室诊断要点有哪些？
3. 比较大肠杆菌与沙门菌培养特性及生化特性的异同。
4. 如何防治大肠杆菌病与沙门菌病？
5. 简述构成炭疽杆菌的毒力因素及其作用。
6. 简述炭疽杆菌微生物学诊断方法及采取病料时应注意的事项。
7. 简述厌氧芽孢梭菌所致的动物疾病。
8. 试述肉毒梭菌毒素与产气荚膜梭菌毒素的检查方法。
9. 简述破伤风梭菌的致病条件及致病机制。
10. 多杀性巴氏的微生物学诊断要点有哪些？
11. 简述布氏杆菌致病特点及微生物学诊断要点。
12. 简述猪丹毒杆菌的微生物学诊断要点及防制措施。

（李明彦　王汝都）

第十二章　主要病原性病毒及检验

【能力目标】

能利用所学的病毒理论和技能，结合临床具体病例设计实验室诊断方案，并能用实验结论指导生产，提出正确的防制措施。

【知识目标】

了解马立克病病毒、减蛋综合征病毒、痘病毒、小鹅瘟病毒、鸭瘟病毒、犬细小病毒、口蹄疫病毒、猪瘟病毒、猪传染性胃肠炎病毒、猪呼吸与繁殖综合征病毒、新城疫病毒、禽流感病毒、传染性法氏囊病病毒、禽传染性支气管炎病毒、狂犬病病毒、犬瘟热病毒、兔出血症病毒、朊病毒的生物学性状及其致病性和防制原则；掌握其微生物学检查方法。

第一节　DNA病毒

一、马立克病病毒

马立克病病毒（MDV）是鸡马立克病的病原体。鸡马立克病是一种传染性肿瘤疾病，以淋巴细胞增生和形成肿瘤为特征。马立克病传染性强、危害性大，已成为危害养鸡业的主要传染病之一。

1. 生物学性状

MDV是双股DNA病毒，属于疱疹病毒科疱疹病毒甲亚科的成员，又称禽疱疹病毒2型。MDV在机体组织内以无囊膜的裸病毒和有囊膜的完整病毒两种形式存在。裸病毒为二十面体对称，直径约为85～100nm；有囊膜的完整病毒近似球形，直径约为130～170nm。其中具有感染性的为有囊膜的完整病毒，主要存在于羽毛囊上皮细胞中。

新孵出的雏鸡、鸡胚和鸡胚成纤维细胞，均可用来培养和检测病毒。在病毒感染的单层细胞培养物中常可见到小灶性的病变，逐渐形成圆形、折光性强的变性细胞簇，称为蚀斑，通常直径不到1mm。

MDV共分为三种血清型。致病性的MDV及其人工致弱的疫苗株均为血清1型；无毒力的自然分离株为血清2型；火鸡疱疹病毒（HVT）为血清3型，对火鸡可致产卵下降，对鸡无致病性。

有囊膜的感染性病毒有较大的抵抗力。随着病鸡皮屑的脱落，羽毛囊上皮细胞中的有囊膜的病毒会污染禽舍的垫草和空气，并借助它们进行传播。在垫草或羽毛中的病毒在室温下4～8个月和4℃至少10年仍有感染性。禽舍灰尘中含有的病毒，在22～25℃下至少几个月还具有感染性。

2. 致病性与免疫性

MDV主要侵害雏鸡和火鸡，野鸡、鹌鹑和鹧鸪也可感染，但不发病。1周龄内的雏鸡最易感，随着鸡日龄增长，对MDV的抵抗力也随之增强。发病后不仅引起大量死亡，耐过的鸡也会生长不良，MDV还对鸡体产生免疫抑制，这是疫苗免疫失败的重要因素之一。成鸡感染MDV，带毒而不发病，但会成为重要的传染源。MDV以水平方式传播。马立克病根据临床症状可分为四种类型，内脏型（急性型）、神经型（古典型）、眼型和皮肤型。致病的严重程度与病毒毒株的毒力、鸡的日龄和品种、免疫状况、性别等有很大关系。

MDV 各血清型之间具有很多共同的抗原成分，所以无毒力的自然分离株和火鸡疱疹病毒接种鸡后，均有抵抗致病性 MDV 感染的效力。疫苗接种后，常发现疫苗毒株和自然毒株在免疫鸡体内共存的现象，即免疫过的鸡群仍可感染自然毒株，但并不发病死亡。若疫苗进入鸡体内的时间晚于自然毒株，则不产生保护力，所以应在雏鸡 1 日龄进行接种。在 MDV 感染后 1～2 周，有免疫力的鸡体内可检测到沉淀抗体和病毒中和抗体。

3. 微生物学检查

（1）病毒分离培养　采集病鸡的羽毛囊或脾，将脾脏用胰酶消化后制成细胞悬液或用鸡的羽髓液，接种 4～5 日龄鸡胚卵黄囊或绒毛尿囊膜，也可接种鸡肾细胞进行病毒培养。若有 MDV 增殖，在鸡胚绒毛尿囊膜上可出现痘斑或在细胞培养物中形成蚀斑现象。

（2）PCR 鉴定　PCR 方法具有很强的特异性和敏感性，适于马立克病的早期诊断。

（3）血清学诊断　用于马立克病诊断的血清学方法有琼脂扩散试验、荧光抗体试验和间接血凝试验等。其中最简单的方法是琼脂扩散试验，中间孔加阳性血清，周围插入被检鸡羽毛囊，出现沉淀线即为阳性。

4. 防治

由于雏鸡对 MDV 的易感性高，所以防治本病的关键在于搞好育雏室的卫生消毒工作，同时做好 1 日龄雏鸡的免疫接种工作，防止早期感染。加强检疫，发现病鸡立即淘汰。

目前免疫接种常用疫苗有四类，即强毒致弱 MDV 疫苗（如荷兰 CVI988 疫苗）、天然无致病力 MDV 疫苗（如 SB-1 苗）、火鸡疱疹病毒疫苗和双价苗及三价苗。

二、减蛋综合征病毒

减蛋综合征病毒（EDSV）是减蛋综合征（EDS76）的病原体，该病最早报道于 1976 年。在临床上主要表现为群发性产蛋下降，以产薄壳蛋、退色蛋或畸形蛋为特征。该病在世界范围内已成为产蛋损失的主要原因。

1. 生物学性状

EDSV 是双股 DNA 病毒，为腺病毒科禽腺病毒属的成员。病毒粒子无囊膜，核衣壳为 20 面体立体对称，大小约 70～80nm。EDSV 能凝集多种禽类如鸡、鸭、鹅、鸽等的红细胞。可在鸭胚、鸭源或鹅源肾或成纤维细胞中增殖，产生细胞病变和核内包涵体。EDSV 只有一种血清型，对乙醚、氯仿不敏感，能抵抗较宽的 pH 范围。室温下至少可以存活 6 个月，70℃经 20min 或 0.3%甲醛处理 24h 可完全灭活，但 56℃经 3h 仍保持感染性。

2. 致病性与免疫性

本病毒的自然宿主主要是鸭和鹅，但发病一般仅见于产蛋鸡。各种日龄和品系的鸡均可感染，产褐壳蛋鸡尤为易感。在性成熟前病毒潜伏于感染鸡的输卵管、卵巢、咽喉等部位，感染鸡无临床症状且很难查到抗体；开产后，病毒被激活，并在生殖系统大量增殖。本病可水平传播，也可垂直传播。

3. 微生物学检查

（1）病毒分离培养　采集病死鸡的输卵管、变形卵泡、无壳软蛋等病料，匀浆处理后取上清液，接种于 10～12 日龄鸭胚尿囊腔培养。收集尿囊液，用血凝试验测其血凝性。若有血凝性，进一步进行病毒鉴定。也可用鸡胚成纤维细胞分离该病毒。

（2）电镜观察　将尿囊液负染后用电镜观察，可见典型的腺病毒样形态。

（3）血清学鉴定　用 HA-HI 试验对分离到的病毒进行鉴定，若此病毒能被 EDS76 的标准阳性血清所抑制，而不被 NDV、AIV、IBV 和支原体标准阳性血清所抑制，可判为阳性。也可用琼脂扩散试验、ELISA、中和试验和荧光抗体技术等进行诊断。

4. 防治

严格执行全进全出制。在本病流行的疫区，用疫苗在开产前2～4周预防接种，可降低本病的发病率，但不能防止病毒传播。目前免疫接种常用的疫苗有减蛋综合征油苗和新城疫-传染性支气管炎-减蛋综合征三联苗。

三、痘病毒

痘病毒可引起各种动物的痘病。痘病是一种急性和热性传染病，其特征是皮肤和黏膜发生特殊的丘疹和疱疹，通常取良性经过。各种动物的痘病中以绵羊痘和鸡痘最为严重，病死率较高。

1. 生物学性状

引起各种动物痘病的痘病毒分属于痘病毒科、脊索动物痘病毒亚科的正痘病毒属、羊痘病毒属、猪痘病毒属和禽痘病毒属，均为双股DNA病毒，有囊膜，呈砖形或卵圆形。砖形粒子大小约为长220～450nm、宽140～260nm、厚140～260nm，卵圆形者长250～300nm、直径为160～190nm。该病毒是动物病毒中体积最大、结构最复杂的病毒。多数痘病毒在其感染的细胞内形成胞浆包涵体，包涵体内所含病毒粒子又称原生小体。大多数的痘病毒易在鸡胚绒毛尿囊膜上生长，并产生溃烂的病灶、痘斑或结节性病灶。痘斑的形态和大小随病毒种类或毒株而不同。

痘病毒对热的抵抗力不强。55℃ 20min或37℃ 24h均可使病毒丧失感染力。对冷及干燥的抵抗力较强，冻干至少可以保存三年以上；在干燥的痂皮中可存活几个月。将痘病毒置于50%甘油中，－15～－10℃环境条件下，可保存3～4年。在pH3的环境下，病毒可逐渐地丧失感染能力。紫外线或直射阳光可将病毒迅速杀死。0.5%福尔马林、3%石炭酸、0.01%碘溶液、3%硫酸、3%盐酸可于数分钟内使其丧失感染力。常用的碱溶液或酒精10min也可以使其灭活。

2. 致病性与免疫性

绵羊痘病毒是羊痘病毒属的病毒。病毒可通过空气传播，吸入感染，也可通过伤口和厩蝇等吸血昆虫叮咬感染。在自然条件下，只有绵羊发生感染，出现全身性痘疱，肺经常出现特征性干酪样结节，感染细胞的胞浆中出现包涵体。各种绵羊的易感性不同，死亡率在5%～50%不等。有些毒株可感染牛和山羊，产生局部病变。鸡痘病毒是禽痘病毒属的代表种，在自然情况下，各种年龄的鸡都易感，但多见于5～12月龄的鸡；有皮肤型和白喉型两种病型。皮肤型是皮肤有增生型病变并结痂，白喉型则在消化道和呼吸道黏膜表面形成白色不透明结节甚至奶酪样坏死的伪膜。康复动物能获得坚强的终生免疫力。

3. 微生物学检查

痘病一般通过临床症状和发病情况即可做出正确诊断。如需确诊，可采取血清、痘疱皮或痘疱液进行微生物学及血清学诊断。

（1）原生小体检查　对无典型症状的病例，采取痘疹组织片，按莫洛佐夫镀银法染色后，在油镜下观察，可见有深褐色的球菌群样圆形小颗粒，单在或呈短链或成堆，即为原生小体。

（2）血清学诊断　将可疑病料做成乳剂，并以此为抗原，同其阳性血清做琼脂扩散试验，如出现沉淀线，即可确诊。此外，还可用补体结合试验、中和试验等进行诊断。

（3）病毒分离鉴定　必要时可接种于鸡胚绒毛尿囊膜或采用划痕法接种于家兔、豚鼠等实验动物，观察鸡胚绒毛尿囊膜的痘斑或动物皮肤上出现的痘疹进行鉴定。

4. 防治

主要措施为定期接种疫苗。目前预防绵羊痘常用的有羊痘氢氧化铝苗和鸡胚化羊痘弱毒疫苗；预防鸡痘常用的疫苗有鸡胚化弱毒苗、鸽痘疫苗、组织培养弱毒疫苗和鹌鹑化弱毒疫苗。

四、小鹅瘟病毒

小鹅瘟病毒（GPV）又名鹅细小病毒，是雏鹅小鹅瘟的病原体。该病是一种急性或亚急性败血性传染病，主要发生于3～20日龄的雏鹅。此病于1956年由我国方定一教授首先发现，取名为小鹅瘟，并研制了疫苗及有效的免疫措施。此病具有传播快，发病率和死亡率高的特点，发病率和死亡率均可达90%以上。

1. 生物学性状

GPV是单股DNA病毒，为细小病毒科细小病毒属的成员。病毒呈六角形或圆形，大小约20～25nm，无囊膜。本病毒初次分离培养必须使用12～14日龄鹅胚，经尿囊腔接种后5～7d胚死亡。死亡的胚体有广泛的出血，尤以毛囊的出血最为明显；肝脏有变性和坏死；绒毛尿囊膜有轻度水肿。鹅胚适应毒株可在鹅成纤维细胞内增殖，引起细胞圆缩、脱落等细胞病变。对病变细胞进行染色镜检，可见有核内包涵体。GPV只有一个血清型。

本病毒对外界因素如热、酸、脂溶剂和胰酶等有很强的抵抗力，50℃ 3h或37℃ 7d对感染力无影响；在乙醚等脂溶剂或pH3的酸性条件下处理后，接种鹅胚，与未经处理的病毒没有区别。本病毒与其他细小病毒属成员的一个显著区别，就是对多种动物和禽类的红细胞均无凝集作用。

2. 致病性与免疫性

在自然条件下，小鹅瘟病毒只能感染雏鹅和雏番鸭。发病率和死亡率与雏鹅日龄有密切关系，随日龄增加，其发病率和死亡率逐渐降低，症状减轻，病程延长。7～10日龄发病率和死亡率最高，可达90%～100%；11～15日龄死亡率为50%～70%。16～20日龄为30%～50%，21～30日龄为10%～30%，1月龄以上为10%。康复后的雏鹅或经隐性感染的成年鹅可获得坚强的免疫力，并能将抗体通过卵黄传给后代，使雏鹅被动的获得抵抗GPV感染的能力。

3. 微生物学检查

(1) 病毒分离鉴定　采集病死雏鹅的肝、脾、肾等器官，匀浆后取上清液，接种12～15日龄鹅胚尿囊腔，经3～6d鹅胚死亡；若死胚出现典型病变，如绒毛尿囊膜增厚，全身皮肤充血，翅尖、趾、胸部毛孔、颈和喙旁均有出血点等，取尿囊液病毒通过理化特性测定、中和试验等做进一步鉴定。

(2) 血清学诊断　常用的有中和试验和琼脂扩散试验，可用于检测鹅血清中的抗体，也可用于检测病死鹅体内的抗原。

4. 防治

应用鹅胚化弱毒疫苗接种种鹅，后代可获得天然被动免疫。也可在孵化场内对雏鹅做气雾免疫。

五、鸭瘟病毒

鸭瘟病毒（DPV）可使鸭发生鸭瘟，偶尔也能使鹅发病。病毒主要侵害鸭的循环系统、消化系统、淋巴样器官和实质器官，引起头、颈部皮下胶样水肿，消化道黏膜发生损伤、出血、坏死，形成伪膜，肝有特征性的出血和坏死。本病传播迅速，大批流行时发病率和死亡率都很高，严重威胁养鸭业的发展。

1. 生物学性状

DPV是双股DNA病毒，为疱疹病毒科甲疱疹病毒亚科成员。病毒呈球形，直径为80～120nm，呈二十面体对称，有囊膜。本病毒缺乏血凝特性，也无红细胞吸附作用。鸭瘟病毒可在8～14日龄的鸭胚中生长繁殖和继代，接种后多在3～6d内死亡，剖检鸭胚肝脏有特征性的灰白色或灰黄色针尖大的坏死点。病毒也能在鸭胚细胞或鸡胚细胞培养物中增殖和继代，引起细胞病变，形成空斑和核内包涵体。人工接种可使1日龄小鸡感染。病毒只有一个血清型，但不同分离株毒力不同。

本病毒对外界因素的抵抗力较强。56℃ 10min、50℃ 90～120min能破坏其感染性；22℃以下30d感染力丧失；含有病毒的肝组织，－20～－10℃低温347d对鸭仍有致病力；在－7～－5℃环境中，3个月毒力不减；但反复冻融，则容易使之丧失毒力。在pH7～9的环境中稳定，但pH3或pH11可迅速灭活病毒。70%酒精5～30min、0.5%漂白粉和5%石灰水30min即被杀死。病毒对乙醚、氯仿和胰酶敏感。

2. 致病性与免疫性

在自然情况下，鸭瘟病毒主要侵害家鸭。各种年龄和品种的鸭均可感染，但以番鸭、麻鸭和绵鸭易感性最高，北京鸭次之。自然流行中，成年鸭和产蛋母鸭发病和死亡较高，1月龄以下的雏鸭发病较少。但人工感染时，雏鸭较成年鸭易感，而且死亡率也高。传染源主要是病鸭、潜伏期的感染鸭、病愈不久的带毒鸭及污染的环境，通过接触传染。耐过鸭可获得坚强的免疫力，对强毒攻击呈现完全保护。

3. 微生物学检查

一般根据流行病学、临床症状和病理变化不难做出正确的诊断，但对初次发生本病的地区，必须进行病毒的分离鉴定，才能达到确诊目的。

(1) 病毒分离鉴定　采集病鸭的肝、脾或肾等病料，处理后取上清液，接种于9～14日龄鸭胚绒毛尿囊膜上，接种4～14d鸭胚死亡，呈现特征性地弥漫性出血。本法敏感性不如用上清液接种1日龄易感鸭，易感鸭在接种3～12d内死亡，剖检可见到该病的典型病灶。也可用细胞分离培养病毒，对分离到的病毒通过电镜观察、中和试验等进一步鉴定。

(2) 血清学诊断　血清学试验在诊断急性感染病例中的价值不大，但鸭胚或细胞培养做中和试验，可用于监测。

4. 防治

免疫母鸭可以将免疫力通过鸭蛋传给小鸭，形成天然被动免疫。但免疫力一般不够坚强、持久，不足以抵抗强毒鸭瘟病毒的攻击。鸡胚或鸭胚化的弱毒疫苗，可使鸭、鹅获得坚强的免疫力。平时应防止带毒野生水禽进入鸭群。

六、犬细小病毒

犬细小病毒（CPV）是犬细小病毒病的病原体，1978年首次报道该病，我国在20世纪80年代初发现CPV。该病毒具有高度的稳定性，并经粪-口途径有效传播，所有犬科动物均易感，而且有很高的发病率与死亡率，所以犬细小病毒病能在全世界大流行。

1. 生物学性状

CPV是单股DNA病毒，为细小病毒科细小病毒属成员。粪便中经负染的病毒粒子呈球形或六边形，直径约20nm，无囊膜。病毒可在多种细胞内增殖，近年来常用MDCK和F81等传代细胞分离培养病毒。病毒增殖后可引起F81细胞脱落、崩解等明显的细胞病变，能在MDCK内很好增殖，但无明显细胞病变。4℃下，犬细小病毒可凝集猪和恒河猴的红细胞，用此特性可作为鉴定犬细小病毒的参考指标。CPV对外界因素有强大的抵抗力，能耐受较高温度和脂溶剂处理，而不丧失其感染力。

2. 致病性与免疫性

犬细小病毒主要感染犬，尤其2～4月龄幼犬多发。健康犬直接接触病犬或污染物而遭受传染。本病在临床上主要有心肌炎型和肠炎型两种类型。组织学检查可见局灶性心肌坏死，心肌细胞内形成核内嗜碱性包涵体。患犬白细胞减少，病程稍长的犬可见小肠和回肠增厚，浆膜表面具有颗粒样物，呈现胸腺萎缩、脾及淋巴结淋巴滤泡稀疏以及腺上皮细胞坏死。

犬感染3～5d后即可检出中和抗体，并达很高的滴度，免疫期较长。由母体初乳传给幼犬的免疫力可持续4～5周。

3. 微生物学检查

本病的检查除了注意临床上是否有明显的呕吐、腹泻与白细胞减少外，还应注意病犬的年龄，因刚断乳的幼犬最易感。要确诊本病有赖于病毒的分离鉴定和血清学检查。

(1) 病毒分离鉴定　取发病早期的粪样，处理后取上清液，接种于原代犬胎肠细胞培养，用荧光抗体技术、电镜及HA-HI试验进一步鉴定。

(2) 血清学诊断　最简便的方法是采集发病早期病犬的粪便直接做HA试验，若能凝集猪或恒河猴的红细胞即可基本确诊。HI试验主要用于检测血清或粪便中的抗体，适合于流行病学调查。对粪便样品负染后借助电镜观察，可做出快速诊断。还可用 ELISA、荧光抗体试验等方法检测病毒。

4. 防治

可用灭活苗及弱毒苗防疫，但易受母源抗体的干扰。由于母源抗体水平的差异，最好在幼崽6～8周龄内接种疫苗，并每隔2～3周后再次接种疫苗，直至18～20周龄。在产生有效的免疫保护之前，还应对幼犬隔离饲养。

第二节 RNA 病毒

一、口蹄疫病毒

口蹄疫病毒（FMDV）能感染牛、羊、猪、骆驼等偶蹄动物，使患畜的口腔黏膜、舌及蹄部等发生特征性的水疱。本病传染性极强，发病率可达100%，往往造成广泛流行，给畜牧生产带来巨大的经济损失，是当前各国最关注的家畜传染病之一。

1. 生物学性状

FMDV 是单股 RNA 病毒，为微核糖核酸病毒科口蹄疫病毒属的成员。病毒粒子无囊膜，二十面体立体对称，呈球形或六角形，直径约20～25nm。用感染细胞做超薄切片，在电子显微镜下可看到 FMDV 在胞浆内呈晶格状排列。FMDV 可在牛舌上皮细胞和甲状腺细胞、猪肾细胞、仓鼠肾细胞等细胞内增殖，并常引起细胞病变。在猪肾细胞内增殖，引起的细胞病变以细胞圆缩、核致密化为特征。在传代细胞如 BHK-21、HBRS-2 等细胞中也可生长。鸡胚绒毛尿囊膜接种可增殖和致弱 FMDV。

口蹄疫病毒有7个不同的血清型，A、O、C、南非（SAT）1、南非（SAT）2、南非（SAT）3及亚洲1型，各型之间无交互免疫作用，每一血清型又有若干个亚型。各亚型之间的免疫性也有不同程度的差异，每年还会有新的亚型出现，这给本病的检疫、疫苗的制备及免疫带来了很多困难。

直射日光能迅速使口蹄疫病毒灭活，但污染物品如饲草、被毛和木器上的病毒却可存活几周之久。厩舍墙壁和地板上干燥分泌物中的病毒至少可以存活1个月至2个月。病毒经70℃ 10min、80℃ 1min、1%NaOH 1min 即被灭活，在 pH3 的环境中可失去感染性。最常用的消毒液有2%氢氧化钠溶液、过氧乙酸和高锰酸钾等。

2. 致病性与免疫性

在自然条件下，牛、猪、山羊和绵羊等偶蹄动物对口蹄疫病毒易感，水牛、骆驼、鹿等偶蹄动物也能感染，马和禽类不感染。实验动物中豚鼠最易感，但大部分可耐过，因此常常用其做病毒的定型试验。乳鼠对本病毒易感，可用以检出组织中的微量病毒。皮下注射7～10日龄乳鼠，数日后出现后肢痉挛性麻痹，最后死亡；其敏感性比豚鼠足掌注射高10～100倍，甚至比牛舌下接种更敏感。其他动物如猫、狗、仓鼠、野鼠、大鼠、小鼠和家兔等均可人工感染。小鼠化和兔化的口蹄疫病毒对牛毒力显著减弱，可用于制备弱毒疫苗。人类偶能感染，且多为亚临床感染，也可出现发热、食欲差及口、手、脚产生水疱等。

本病康复后获得坚强的免疫力，能抵抗同型强毒的攻击，免疫期至少一年，但可被异型病毒感染。

3. 微生物学检查

世界动物卫生组织（OIE）把口蹄疫列为A类疫病，我国也把口蹄疫定为14个一类疫病之一，诊断必须在指定的实验室进行。

（1）病毒的分离鉴定　送检的样品包括水疱液和水疱皮等，常用 BHK 细胞、HBRS 细胞等进行病毒的分离，做蚀斑试验，同时应用 ELISA 试剂盒诊断。如果样品中病毒的滴度较低，可用 BHK-21 细胞培养分离病毒，然后通过 ELISA 或中和试验加以鉴定。RT-PCR 可用于动物产品检疫，快速且灵敏。

（2）动物接种试验　采水疱皮制成悬液，接种豚鼠跖部皮内，注射部位出现水疱可确诊。

（3）血清学诊断　常用ELISA、间接ELISA以及荧光抗体试验。对口蹄疫的诊断还必须确定其血清型，这对本病的防治是极为重要的，因为只有同型免疫才能起到良好的保护作用。应用补体结合试验、琼脂扩散试验等可对口蹄疫血清型做出鉴定。

4. 防治

由于病毒高度的传染力，防治措施必须非常严密。严格检疫，严禁从疫区调入牲畜，一旦发病，立即严格封锁现场，焚毁病畜，周边地区畜群紧急免疫接种疫苗，建立免疫防护带。人工主动免疫可用弱毒苗或灭活苗，弱毒苗有兔化口蹄疫疫苗、鼠化口蹄疫疫苗、鸡胚苗及细胞苗；灭活苗有氢氧化铝甲醛苗和结晶紫甘油疫苗。因为弱毒苗有散毒的可能，并对其他动物不安全，如用于牛的弱毒疫苗对猪有致病力；且弱毒疫苗中的活病毒可能在畜体和肉中长期存在，构成疫病散播的潜在威胁；而病毒在多次通过易感动物后可能出现毒力返祖，更是一个不可忽视的问题，故推荐使用浓缩的灭活疫苗进行免疫。

二、猪瘟病毒

猪瘟病毒（CSFV）只侵害猪，发病后死亡率很高，呈全球流行，给养猪业造成严重经济损失，是猪最重要的一种传染病。OIE将本病列入A类传染病之一，并规定为国际贸易重点检疫对象。

1. 生物学性状

CSFV是单股RNA病毒，为黄病毒科瘟病毒属的成员。病毒粒子呈球形，直径约为38～44nm，核衣壳为二十面体，有囊膜。本病毒只在猪源原代细胞如猪肾、睾丸和白细胞等或传代细胞如PK-15细胞、IBRS-2细胞中增殖，但不能产生细胞病变。猪瘟病毒没有血清型的区别，只有毒力强弱之分。在强毒株、弱毒株或几乎无毒力的毒株之间，有各种逐渐过渡的毒株。

该病毒对理化因素的抵抗力较强，血液中的病毒56℃ 60min或60℃ 10min才能被灭活，室温能存活2～5个月，在冻肉中可存活6个月之久，病毒冻干后在4～6℃条件下可存活一年。阳光直射5～9h可失活，1%～2% NaOH或10%～20%石灰水15～60min能杀灭病毒。猪瘟病料加等量含0.5%石炭酸的50%甘油生理盐水，在室温下能保存数周，可用于送检材料的防腐。猪瘟病毒在pH5～10条件下稳定，对乙醚、氯仿敏感，能被迅速灭活。

2. 致病性与免疫性

猪瘟病毒除对猪有致病性外，对其他动物均无致病性。能一过性地在牛、羊、兔、豚鼠和小鼠体内增殖，但不致病。人工感染于兔体后毒力减弱，如我国的猪瘟兔化弱毒株，已用其作为制造疫苗的种毒。病猪或隐性感染猪是主要的传染来源，健康猪接触污染的饲料和饮水，通过消化道感染发病。此外，各种用具如车辆、猪场人员的衣着等都是传播媒介。

近年来已经证实猪瘟病毒与牛病毒性腹泻病病毒有共同的可溶性抗原，二者既有血清学交叉，又有交叉保护作用。

3. 微生物学检查

应在国家认可的实验室进行。

（1）病毒分离鉴定　采取疑似病例的淋巴结、脾、扁桃体、血液等，用猪淋巴细胞或肾细胞分离培养病毒，因为不能产生细胞病变，通常用荧光抗体技术检查细胞浆内病毒抗原。用RT-PCR可快速检测感染组织中的猪瘟病毒。

（2）血清学诊断　常用荧光抗体法、酶标抗体法或琼脂扩散试验等血清学试验来直接确诊病料中有无猪瘟病毒。

4. 防治

我国的猪瘟兔化弱毒疫苗使用方便，保护率高，广泛应用，控制了猪瘟在我国的大面积流行。但由于变异野毒株的不断出现，以不易被察觉和确诊的亚临床和隐性感染传播，并在一定条件下暴发，在猪群中呈现地方流行性。针对现状，不仅需要强化计划免疫，保证猪群的有效免疫水平；还要加强兽医卫生的检疫和饲养管理。

三、猪传染性胃肠炎病毒

猪传染性胃肠炎病毒（TGEV）是猪传染性胃肠炎的病原体，仅感染猪，而且各种年龄的猪均可感染，世界各地都有发现。此病是一种急性、高度接触性胃肠道传染病，临床特征为水样腹泻，并伴有呕吐，3周龄以下的仔猪有较高的死亡率，但有时成年猪也有高死亡率。

1. 生物学性状

TGEV是单股RNA病毒，为冠状病毒科冠状病毒属的成员。有囊膜，形态多样，呈球形或椭球形，直径80～220nm，核衣壳螺旋状对称。该病毒不易在鸡胚和实验动物体内增殖，可在猪肾细胞、猪甲状腺细胞和睾丸细胞上增殖。IBRS-2、ST、PK-15细胞系是实验室进行病毒增殖的常用细胞系。TGEV只有一个血清型，各毒株之间有密切的抗原关系。

该病毒对胰酶有一定抵抗力，在pH4～8条件下稳定。病毒粒子对光敏感，在阳光下6h即被灭活。在低温条件下储存稳定，－20℃条件下储存一年，病毒滴度无明显下降。但在37℃条件下存放4d，病毒感染性全部丧失。

2. 致病性与免疫性

猪传染性胃肠炎病毒仅引起猪发病。病猪或恢复后的带毒猪，可通过饲料、垫草及乳头散布病毒，引起本病流行。各种年龄猪均可感染发病，5日龄以下仔猪的病死率可达100%；随年龄增长，病死率逐渐降低，16日龄以上仔猪的病死率降至10%以下。该病的病变仅限于胃肠道，包括胃肿胀及小肠肿胀，内含未吸收的凝乳块。由于绒毛损坏，肠壁变薄。

多个国家的研究证明，机体对猪传染性胃肠炎病毒以局部的体液免疫和全身的细胞免疫发挥抗感染作用。只有通过黏膜免疫即消化道和口鼻才能产生具有抗感染意义的分泌型IgA，其他免疫途径产生的IgG为循环抗体，仅有诊断意义，抗感染能力较弱。因此，口服或鼻内接种是该病的最佳免疫途径。仔猪可通过乳汁获得母源抗体，产生被动免疫。

3. 微生物学检查

通常根据临床症状及病理变化进行诊断，必要时进行实验室检查。

(1) 病毒分离鉴定　病毒分离可用猪甲状腺原代细胞、猪甲状腺细胞株PD5或睾丸细胞，产生细胞病变，再进一步用中和试验进行鉴定。

(2) 血清学诊断　取疾病早期阶段的仔猪肠黏膜做涂片或冰冻切片，通过荧光抗体或ELISA可快速检出病毒。采集发病期及康复期双份血清样品做中和试验或ELISA检测抗体，根据抗体的消长规律确定病毒的感染情况，是最确实的诊断方法。

(3) 动物接种试验　取病猪粪便或空肠组织，制成5%～10%悬液，取上清加抗生素处理后，喂给2～7日龄的仔猪，若病料中有病毒存在，仔猪常于18～72h内发生呕吐及严重腹泻，并可引起死亡。

4. 防治

坚持自繁自养、全进全出和多点饲养是控制本病的有效措施。发生疫情后，应严格隔离、彻底消毒。可用弱毒苗紧急预防接种母猪，但免疫效果不佳。也可用发病仔猪的小肠饲喂怀孕母猪，这种做法可使仔猪通过母源抗体获得最佳保护，但容易造成散毒和长期带毒。

四、猪呼吸与繁殖综合征病毒

猪呼吸与繁殖综合征病毒（PRRSV）主要危害种公猪、繁殖母猪及仔猪，是猪呼吸与繁殖综合征的病原体。被感染猪表现为厌食、发热、耳发绀（故曾称为蓝耳病）、繁殖机能障碍和呼吸困难，给养猪场带来巨大损失。

1. 生物学性状

PRRSV是单股RNA病毒，为动脉炎病毒科动脉炎病毒属的成员。病毒粒子为球状颗粒，直径为50～70nm，核衣壳呈20面体对称，有囊膜。该病毒仅能在猪肺泡巨噬细胞、CL2621、MARC-145细胞上生长，并产生细胞病变。目前将PRRSV分为两个基因型，欧洲型和北美型，二者在抗原上有差异。该病毒对乙醚、氯仿敏感，不耐热，56℃ 45min或37℃ 48h可彻底灭活。在pH低于5或高于2的环境中，病毒感染性将损失90%以上。－70℃可保存4个月。

2. 致病性与免疫性

PRRSV仅感染猪，不同年龄、性别和品种的猪均可感染，但易感性有一定差异。母猪和仔猪较易感，发病时症状较为严重。可造成母猪怀孕后期流产、死胎和木乃伊胎；仔猪呼吸困难，易继发感染，死亡率高；公猪精液品质下降。病理损伤主要在肺，常见局限性间质性肺炎。病毒可由空气经呼吸道感染，也可垂直传播。病猪和带毒猪是本病的传染源，耐过猪可长期带毒排毒。病毒在猪群中传播极快，2～3个月内一个猪群的血清学阳性率可达85%～95%，并可持续数月。

感染猪于若干周内在抗体存在的同时出现病毒血症，平均持续4周以上；并且已经证实抗体可增强病毒的感染性。

3. 微生物学检查

(1) 病毒分离鉴定　采集病猪或流产胎儿的组织病料、哺乳仔猪的肺、脾、支气管淋巴结、血清等制成病毒悬液，接种于仔猪的肺泡巨噬细胞进行培养，观察细胞病变，再用RT-PCR或ELISA进一步鉴定。

(2) 血清学诊断　适合于群体水平检测，而不适合于个体检测。常用方法有ELISA、间接免疫荧光试验等。

4. 防治

对病猪采取对症治疗以减少损失，但本病无特异有效的治疗手段。目前多采用基因缺失苗或灭活疫苗进行免疫接种。对种猪场和规模化养猪场要加强管理与检疫，建立无病猪场是根本的措施。

五、新城疫病毒

新城疫病毒（NDV）是鸡和火鸡新城疫的病原体。新城疫又称亚洲鸡瘟或伪鸡瘟，此病具有高度传染性，死亡率在90%以上，对养鸡业危害极大。

1. 生物学性状

NDV是RNA病毒，为副黏病毒科副黏病毒亚科腮腺炎病毒属成员。病毒粒子有的近似球形，有的呈蝌蚪状，直径140～170nm，核衣壳螺旋对称，有囊膜。囊膜上的纤突有血凝素、神经氨酸酶和融合蛋白，它们在病毒感染过程中发挥重要作用。神经氨酸酶介导病毒对易感细胞的吸附作用；融合蛋白以无活性的前体形式存在，在细胞蛋白酶的作用下裂解活化，暴露出末端的疏水区，导致病毒与细胞融合；NDV的血凝素能使鸡、鸭、鸽、火鸡、人、豚鼠和小鼠等的红细胞出现凝集，这种血凝性能被特异的抗血清所抑制。NDV多用鸡胚或鸡胚细胞来分离培养，引起的细胞病变主要是形成合胞体和蚀斑。该病毒只有一个血清型，但不同毒株的毒力有较大差异，根据毒力的差异可将NDV分成三个类型，强毒型、中毒型和弱毒型。

本病毒对外界环境抵抗力较强，pH2～12的环境下1h不被破坏；在新城疫暴发后的2～8周，仍能从鸡舍内分离到病毒；在鲜蛋中经几个月，在冻鸡中经两年仍有病毒生存。易被紫外线灭活。常用消毒剂有2%氢氧化钠、3%～5%来苏儿、10%碘酊、70%酒精等，30min内即可将病毒杀灭。

2. 致病性与免疫性

NDV对不同宿主的致病力差异很大。鸡、火鸡、珍珠鸡、鹌鹑和野鸡对NDV都有易感性，其中鸡对NDV的易感性最高。而水禽如鸭、鹅可感染带毒，但不发病。NDV对鸡的致病作用主要由病毒株的毒力决定，鸡的年龄和环境条件也有影响。一般鸡越小，发病越急。本病一年四季均可发生，病鸡和带毒鸡是主要传染源。病鸡与健康鸡直接接触，经眼结膜、呼吸道、消化道、皮肤外伤及交配而发生感染。

抗体产生迅速，血凝抑制抗体在感染后4～6d即可检出，并可持续至少2年。血凝抑制抗体的水平是衡量鸡群免疫力的指标。雏鸡的母源抗体保护可达3～4周。血液中IgG不能预防呼吸道感染，但可阻断病毒血症；分泌性IgA在呼吸道及肠道的保护方面具有重大作用。

3. 微生物学检查

（1）病毒分离鉴定　采取病鸡脑、肺、肝和血液等，处理后取上清液，接种鸡胚尿囊腔，检查死亡胚胎病变。收集尿囊液，用0.5%鸡红细胞做血凝试验，若出现红细胞凝集，再用新城疫标准阳性血清做血凝抑制试验即可确诊。病毒分离试验只有在患病初期或最急性期才能成功。

（2）血清学诊断　采集发病鸡群急性期和康复期的双份血清，用血凝抑制试验测其抗体，若康复期比急性期抗体效价升高4倍以上，即可确诊。也可用病鸡组织压印片进行荧光抗体试验确诊，此方法更快、更灵敏。

4. 防治

新城疫是OIE规定的A类疫病，许多国家都有相应的立法。防治须采取综合性措施，包括卫生、消毒、检疫和免疫等。由于NDV只有一个血清型，所以疫苗免疫效果良好，通常采用由天然弱毒株筛选制备的活疫苗及强度株制备的油乳剂灭活苗。

目前我国常用的生产弱毒疫苗的毒株有Mukte-swar系、B1系、F系以及Lasota系四种，制备的疫苗分别称为Ⅰ、Ⅱ、Ⅲ、Ⅳ系疫苗。其中Ⅰ系苗为中毒型，适用于已经新城疫弱毒苗（如Ⅱ、Ⅲ、Ⅳ系）免疫过的2月龄以上的鸡，不得用于雏鸡；常用方法是皮下刺种和肌内注射。Ⅱ、Ⅲ、Ⅳ系疫苗毒力较弱，适用于所有日龄的鸡，可作滴鼻、点眼、饮水、气雾免疫等。新城疫的免疫接种除使用弱毒疫苗外，近10年油佐剂灭活苗的应用也很广泛。灭活苗对于各种日龄鸡的免疫均可使用，免疫方法为皮下或肌内注射。

免疫接种时，必须根据疫病的流行情况、鸡的品种、日龄、疫苗的种类等制定好免疫程序，并按程序进行免疫。由于鸡在免疫接种后15d仍能排出疫苗毒，因此有些国家规定鸡在免疫接种21d后才可调运。

六、禽流感病毒

禽流感病毒（AIV）是禽流感的病原体。禽流感又称欧洲鸡瘟或真性鸡瘟。高致病性禽流感（HPAI）已经被OIE定为A类传染病，并被列入国际生物武器公约动物类传染病名单。我国把高致病性禽流感列为一类动物疫病。

1. 生物学性状

AIV是单股RNA病毒，为正黏病毒科甲型流感病毒属的成员。典型病毒粒子呈球形，也有的呈杆状或丝状，直径80～120nm，核衣壳呈螺旋对称。外有囊膜，囊膜表面有许多放射状排列的纤突。纤突有两类，一类是血凝素（H）纤突，现已发现15种，分别以H1～H15命名；另一类是神经氨酸酶（N）纤突，已发现有9种，分别以N1～N9命名。H和N是流感病毒两个最为重要的分类指标，不同的H抗原或N抗原之间无交互免疫力，二者以不同的组合产生多种不同亚型的毒株。H5N1、H5N2、H7N1、H7N7及H9N2是引起鸡禽流感的主要亚型。不同亚型的毒力相差很大，高致病力的毒株主要是H5和H7的某些亚型毒株。禽流感病毒能凝集鸡、牛、马、猪和猴的红细胞。

AIV能在鸡胚、鸡胚成纤维细胞中增殖。病毒通过尿囊腔接种鸡胚后，经36～72h，病毒量可达最高峰，导致鸡胚死亡，并使胚体的皮肤、肌肉充血和出血。高致病力的毒株20h即可致死鸡胚。大多数毒株能在鸡胚成纤维细胞培养时形成蚀斑。

该病毒55℃ 60min或60℃ 10min即可失去活力。对紫外线、大多数消毒药和防腐剂敏感，在干燥的尘埃中能存活14d。

2. 致病性与免疫性

禽流感宿主广泛，各种家禽和野禽均可以感染，但以鸡和火鸡最为易感。本病一年四季均发，受感染禽是最重要的传染源，病毒可通过粪便排出，并可在环境中长期存活。病毒可通过野禽传播，特别是野鸭。除候鸟和水禽外，笼养鸟也可带毒造成鸡群禽流感的流行。也可能通过蛋传播。该病以急性败血症死亡到无症状带毒等多种病征为特征。高致病力毒株引起的高致病性禽流感，其感染后的发病率和病死率都很高，对养鸡业威胁很大。

感染鸡在发病后的3～7d可检出中和抗体，在第2周时达到高峰，可持续18个月以上。

3. 微生物学检查

禽流感病毒的分离鉴定应在国务院认定的实验室中进行。

(1) 病毒分离鉴定　活禽可用棉拭子从病禽气管及泄殖腔采取分泌物或粪便，死禽采集气管、肝、脾等送检。处理病料取上清液接种于9～11日龄SPF鸡胚尿囊腔，收集尿囊液，用HA测其血凝性。病毒分离呈阳性后，再对病毒进行血凝素和神经氨酸酶亚型鉴定和致病力测定。病毒鉴定的实验主要有ELISA试验、琼脂扩散试验、HI试验、神经氨酸酶抑制试验、RT-PCR及致病力测定试验。

(2) 血清学诊断　主要有HI、琼脂扩散试验、免疫荧光试验等。

4. 防治

预防禽流感的主要方法是防止病毒传入及蔓延，特别要注意防止病毒由野禽传给家禽。一旦发生疫情应立即上报，采取果断措施防止扩散。

做好疫苗免疫工作是避免家禽暴发禽流感的一项有效措施。目前，我国农业部批准使用的禽流感疫苗有禽流感灭活疫苗和基因工程重组病毒活疫苗。H5亚型禽流感灭活疫苗主要有2种：禽流感灭活疫苗（H5N2亚型，N28株）和重组禽流感灭活疫苗（H5N1亚型，Re-1株）。H5亚型基因工程重组病毒活疫苗主要有2种：禽流感重组鸡痘病毒载体活疫苗（H5亚型）和新城疫、禽流感重组二联活疫苗（rL-H5株）。另外还有预防H9亚型禽流感的H9N2亚型灭活疫苗。在进行禽流感免疫时，需明确当地流行的禽流感亚型，根据免疫禽的种类和日龄等合理使用或配合使用疫苗，以达到最佳免疫效果。

七、传染性法氏囊病病毒

传染性法氏囊病病毒（IBDV）是鸡传染性法氏囊病的病原体。该病于1957年首先发现于美国特拉华州的冈博罗，故又称为冈博罗病。本病是一种高度接触性传染病，以法氏囊淋巴组织坏死为主要特征。

1. 生物学性状

IBDV是双股RNA病毒，为双股RNA病毒科禽双RNA病毒属的成员。病毒粒子直径55～60nm，正二十面体对称，无囊膜。能在鸡胚、鸡胚成纤维细胞和法氏囊细胞中繁殖。该病毒有两个血清型，二者有较低的交叉保护，仅1型对鸡有致病性，火鸡和鸭为亚临床感染；2型未发现有致病性。毒株的毒力有变强的趋势。

IBDV对理化因素的抵抗力较强。耐热，56℃ 5～6h，60℃ 30～90min仍有活力。但70℃加热30min即被灭活。病毒在－20℃贮存3年后对鸡仍有传染性，在－58℃保存18个月后对鸡的感染滴度不下降，并能耐反复冻融和超声波处理。在pH2环境中60min不灭活，对乙醚、氯仿、吐温和胰蛋白酶有一定抵抗力，在3%来苏儿、3%石炭酸和0.1%升汞液中经30min可以灭活，但对紫外线有较强的抵抗力。

2. 致病性与免疫性

IBDV的天然宿主只限于鸡。2～15周龄鸡较易感，尤其是3～5周龄鸡最易感。法氏囊已退化的成年鸡呈现隐性感染。鸭、鹅和鸽不易感，鹌鹑和麻雀偶尔也感染发病，火鸡只发生亚临床感染。病鸡是主要的传染源，粪便中含有大量的病毒，可污染饲料、饮水、垫料、用具、人员等，通过直接和间接接触传染。昆虫亦可作为机械传播的媒介，带毒鸡胚可垂直传播。

IBDV可导致免疫抑制，诱发其他病原体的潜在感染或导致疫苗的免疫失败。目前认为该病毒可以降低鸡新城疫、鸡传染性鼻炎、鸡传染性支气管炎、鸡马立克病和鸡传染性喉气管炎等各种疫苗的免疫效果，使鸡对这些病的敏感性增加。据报道，鸡早期传染性法氏囊病，能降低鸡新城疫疫苗免疫效果40%以上，降低马立克病疫苗效果20%以上。

3. 微生物学检查

（1）病毒分离培养　采取病鸡法氏囊，处理后取上清液，接种鸡胚绒毛尿囊膜，接种后胚胎3d左右死亡，检查其病变。也可用雏鸡或鸡胚成纤维细胞进行培养，用中和试验或琼扩试验进一步鉴定。还可用RT-PCR等分子生物学技术进行快速诊断。

（2）血清学诊断　常用方法主要有琼脂扩散试验、中和试验、ELISA试验等。

4. 防治

平时加强对鸡群的饲养管理和卫生消毒工作，定期进行疫苗免疫接种，是控制本病的有效措施。目前常用的疫苗有活毒疫苗和灭活疫苗两大类。活毒疫苗有两种类型，一是弱毒力苗，接种后对法氏囊无损伤，但抗体产生较迟，效价较低，在遇到较强毒力的IBDV侵害时，保护率较低；二是中等毒力疫苗，用后对雏鸡法氏囊有轻度损伤作用，但对强毒的IBDV侵害的保护率较好。两种活毒疫苗的接种途径为点眼、滴鼻、肌内注射或饮水免疫。灭活疫苗有鸡胚细胞毒、鸡胚毒或病变法氏囊组织制备的灭活疫苗，此类疫苗的免疫效果较好，但必须经皮下或肌内注射。高免卵黄抗体的使用在本病的早期治疗中有较好的效果。

八、禽传染性支气管炎病毒

禽传染性支气管炎病毒（IBV）是禽传染性支气管炎的病原体。该病是一种急性、高度接触性传染的呼吸道疾病，常因呼吸道、肾或消化道感染而死亡，给养鸡业带来严重危害。

1. 生物学性状

IBV是单股RNA病毒，为冠状病毒科冠状病毒属的成员。病毒粒子为多边形，但大多略呈球形，大小约为18～120nm。有囊膜，囊膜上有较长的棒状纤突，呈花瓣状。核衣壳螺旋状对称。病毒能在鸡胚和鸡胚肾、肺、肝细胞培养物上生长。初次分离最好用9～11日龄鸡胚，经尿囊腔接种。随传代次数的增加，形成蜷缩胚。未经处理的IBV不能凝集红细胞，但鸡胚尿囊液中的IBV经1%胰蛋白酶37℃下处理3h后，能凝集鸡的红细胞。IBV容易发生变异，病毒分为若干个血清型，已报道呼吸型IBV有11个血清型，肾型IBV有16个血清型。

多数IBV株经56℃ 15min和45℃ 90min被灭活。病毒不能在－20℃保存，但感染的尿囊液在－30℃下几年后仍有活性。感染的组织在50%甘油盐水中无需冷冻即可良好保存和运输。对乙醚和普通消毒剂敏感。

2. 致病性与免疫性

IBV主要感染鸡，1～4周龄的鸡最易感。该病毒传染力极强，特别容易通过空气在鸡群中迅速传播，数日内可传遍全群。雏鸡患病后死亡率较高，蛋鸡产蛋量减少和蛋质下降。

感染后第3周产生大量中和抗体，康复鸡可获得约一年的免疫力。雏鸡可从免疫的母体获得母源抗体，这种抗体可保持14d，以后逐渐消失。

3. 微生物学检查

（1）病毒分离鉴定　采集感染初期的气管拭子或感染1周以上的泄殖腔拭子，经处理后接种于鸡胚尿囊腔，至少盲传4代，根据死亡鸡胚特征性病变，可证明有病毒存在。可用中和试验、琼脂扩散试验、ELISA等进一步鉴定。目前RT-PCR或cDNA探针也已使用。

（2）血清学诊断　常用方法有中和试验、免疫荧光试验、琼脂扩散试验、HI、ELISA等。

4. 防治

对鸡场执行严格的管理和卫生防疫制度，切实防止病毒的侵入。对鸡群进行疫苗接种，可用弱毒苗点眼、滴鼻、饮水和气雾免疫，灭活油苗皮下注射免疫。目前预防呼吸型的疫苗主要有H_{120}和H_{52}株活疫苗，预防肾型的有28/86、W株活疫苗。MASS株和Ma_5株活疫苗对呼吸型和肾型都有预防作用。此外，还有与新城疫病毒做成的联苗。要针对当地流行的不同血清型合理选择疫苗，以获得良好效果。

九、狂犬病病毒

狂犬病病毒侵害动物的神经系统，能引起人和各种家畜的狂犬病。本病在临床上特征性的症状为各种形式的兴奋和麻痹状态，病理组织学特征为脑神经细胞内形成包涵体即内基氏小体。

1. 生物学性状

狂犬病病毒是单股 RNA 病毒，为弹状病毒科狂犬病病毒属的成员。病毒粒子呈子弹形，长 180nm，直径 75～80nm，具有囊膜及膜粒，圆柱状的核衣壳呈螺旋形对称。该病毒在 pH6.2、0～4℃条件下可凝集鹅的红细胞，并可被特异性抗体所抑制，故可进行血凝抑制试验。病毒在动物体内主要存在于中枢神经组织、唾液腺和唾液内。在自然条件下，能使动物感染的强毒株称野毒或街毒。街毒对兔的毒力较弱，如用脑内接种，连续传代后，对兔的毒力增强，而对人及其他动物的毒力降低，称为固定毒；可用于疫苗生产。感染街毒的动物在脑组织神经细胞可形成胞浆包涵体即内基氏小体。内基氏小体的直径平均为 3～10μm，呈圆形、椭圆形或棱性。街毒可在大鼠、小鼠、家兔和鸡胚等脑组织、仓鼠肾和猪肾等细胞上培养，但一般不引起细胞病变，需用荧光抗体染色法以检测病毒抗原。通过实验动物继代后，病毒的毒力减弱，可用来制备弱毒疫苗。

本病毒能抵抗自溶及腐烂，在自溶的脑组织中可保持活力 7～10d。反复冻融、紫外线照射、蛋白酶、酸、胆盐、乙醚、升汞、70%酒精、季胺盐类消毒剂、自然光及热等处理都可迅速降低病毒活力，56℃ 15～30min 即可灭活病毒。

2. 致病性与免疫性

各种哺乳动物对狂犬病病毒都有易感性。实验动物中，家兔、小鼠、大鼠均可用人工接种而感染，人也易感，鸽及鹅对狂犬病有天然免疫性。易感动物常因被疯犬、健康带毒犬或其他狂犬病患畜咬伤而发病。病毒通过伤口侵入机体，在伤口附近的肌细胞内复制，而后通过感觉或运动神经末梢及神经轴索上行至中枢神经系统，在脑的边缘系统大量复制，导致脑损伤，出现行为失控、兴奋继而麻痹的神经症状。本病的病死率几乎 100%。

3. 微生物学检查

在大多数国家仅限于获得认可的实验室及具有确认资格的人员才能做狂犬病的实验室诊断。常用的诊断方法如下。

(1) 包涵体检查　取病死动物的海马角，用载玻片做成压印片。室温自然干燥，滴加数滴塞莱染色液（由 2%亚甲蓝醇 15mL，4%碱性复红 2～4mL，纯甲醇 25mL 配成），染 1～5s，水洗，干燥，镜检，阳性结果可见内基氏小体为樱桃红色。约有 70%～90%的病犬可检出胞浆包涵体，如出现阴性，应采用其他方法再进行检查。

(2) 血清学诊断　免疫荧光试验是世界卫生组织推荐的方法，是一种快速、特异性很强的方法。还可采用琼脂扩散试验、ELISA、中和试验、补体结合试验等进行诊断。必要时做病毒的分离和动物接种试验。

4. 防治

由于狂犬病的病死率高，人和动物又日渐亲近，所以对狂犬病的控制是保护人类健康的重要任务。目前各国采取的控制措施大致为几个方面，扑杀狂犬病患畜、对家养犬猫定期免疫接种、检疫控制输入犬、捕杀流浪犬，这些措施大大降低了人和动物狂犬病的发病率。

狂犬病的疫苗接种分为两种，灭活苗和弱毒苗。对犬等动物，主要是做预防性接种；对人则是在被病犬或其他可疑动物咬伤后作紧急接种。对经常接触犬、猫等动物的兽医或其他人员，也应考虑进行预防性接种。注意监测带毒的野生动物，发达国家对狐狸和狼的狂犬病预防靠投放含弱毒疫苗的食饵，对臭鼬等野生动物使用基因工程重组疫苗控制。

十、犬瘟热病毒

犬瘟热病毒是引起犬瘟热的病原体。本病是犬、水貂及其他皮毛动物的高度接触性急性传染病。以双相热型、鼻炎、支气管炎、卡他性肺炎以及严重的胃肠炎和神经症状为特征。

1. 生物学性状

犬瘟热病毒是单股RNA病毒，为副黏病毒科副黏病毒亚科麻疹病毒属的成员。病毒粒子多数呈球形，有时为不规则形态，直径约为150～330nm，核衣壳呈螺旋对称排列。外有囊膜，囊膜表面存在放射状的囊膜粒。该病毒能在鸡胚绒毛尿囊膜上生长并产生病变，也能在鸡胚成纤维细胞上生长。病毒培养也可用犬胎、脑，幼犬脾、肺、肠系膜淋巴结、睾丸细胞，犬肾原代细胞等。

犬瘟热病毒对理化因素抵抗力较强。病犬脾脏组织内的病毒－70℃可存活1年以上，病毒冻干可以长期保存，而4℃只能存活7～8d，55℃可存活30min，100℃ 1min灭活。1%来苏儿溶液中数小时不灭活；2%氢氧化钠30min失去活性，3%氢氧化钠中立即死亡；在3%甲醛和5%石炭酸溶液中均死亡。最适pH为7～8，在pH4.4～10.4条件下可存活24h。

2. 致病性与免疫性

本病毒主要侵害幼犬，但狼、狐、豺、獾、鼬鼠、熊猫、浣熊、山狗、野狗、狸和水貂等动物也易感。患畜在感染后第5天于临床症状出现之前，所有的分泌物及排泄物均排毒，有时可持续数周。传播方式主要是直接接触及气雾。青年犬比老年犬易感，4～6月龄的幼犬因不再有母源抗体的保护，最易感。雪貂对犬瘟热病毒特别敏感，自然发病的死亡率高达100%，故常用雪貂作为本病的实验动物。人和其他家畜无易感性。

耐过犬瘟热的动物可以获得坚强的甚至终生的免疫力。犬瘟热病毒与麻疹病毒、牛瘟病毒之间存在共同抗原，能被麻疹病毒或牛瘟病毒的抗体所中和。

3. 微生物学检查

因经常混合感染，诊断比较困难，确诊必须经过实验室检查。

(1) 包涵体检查　刮取膀胱、胆囊、舌、眼结膜等处黏膜上皮，涂片，染色，镜检可见到细胞核呈淡蓝色，胞浆呈玫瑰色，包涵体呈红色。

(2) 动物接种　采取肝、脾、淋巴结等病料制成1%乳剂，接种2～3月龄断奶幼犬5mL，一般在接种后5～7d（时间长的8～12d）发病，且多在发病后5～6d死亡。

(3) 血清学检查　可用荧光抗体技术、中和试验或ELISA等来确诊本病。

4. 防治

关键措施是检疫、卫生及免疫接种。幼犬免疫接种的日龄取决于母源抗体的滴度。也可于6周龄时用弱毒疫苗免疫，每隔2～4周再次接种，直至16周龄。治疗可用高免血清或者纯化的免疫球蛋白。

十一、兔出血症病毒

兔出血症病毒（RHDV）是兔出血性败血症的病原体。本病以呼吸系统出血、实质器官水肿、瘀血及出血性变化为特征。于1984年初首先在我国江苏等地暴发，随即蔓延到全国多数地区。此后，世界上许多国家和地区也报道了本病。

1. 生物学性状

兔出血症病毒是嵌杯病毒科兔嵌杯状病毒属的成员。病毒粒子呈球形，直径32～36nm，二十面体对称，无囊膜。该病毒具有血凝性，能凝集人类的各型红细胞，肝病料中的病毒血凝价可达10×2^{20}，平均为10×2^{14}。该病毒也可凝集绵羊、鸡、鹅的红细胞，但凝集能力较弱，不凝集其他动物的红细胞。红细胞凝集试验在pH4.5～7.8的范围内稳定，最适pH为6.0～7.2；如pH低于4.4，则会导致溶血；pH高于8.5，吸附在红细胞上的病毒将被释放。该吸附-释放现象可用于RHDV的提纯。RHDV不能在鸡胚上增殖，也难于在各类细胞中稳定增殖。该病毒只有一种血清型，欧洲野兔综合征病毒与兔出血症病毒抗原性相关，但血清型不同。对乙醚、氯仿和pH3有抵抗力，能够耐受50℃ 1h。

2. 致病性与免疫性

引进的纯种兔和杂交兔比我国本地兔对该病毒易感，毛用兔比肉用兔易感。在自然条件下，只感染年龄较大的家兔；病毒主要通过直接接触传染，也可通过病毒污染物经消化道、呼吸道、损伤的皮肤黏膜等途径感染；大多为急性和亚急性型，发病率和死亡率都较高。2月龄以下的仔兔自然感染时一般不发病。其他动物均无易感性。

3. 微生物学检查

兔出血性败血症大多数为最急性或急性型，根据临床症状和病理变化可做出初步诊断，确诊则需经实验室检查。常用的方法为血凝（HA）和血凝抑制（HI）试验，也可用其他方法如ELISA等诊断。

（1）病毒抗原检测　无菌采取病兔的肝、脾、肾及淋巴结等，磨碎后加生理盐水制成1∶10悬液，冻融3次，3000r/min离心30min，取上清液做血凝试验。把待检的上清液连续2倍稀释，然后加入1%人“O”型红细胞，37℃作用60min，观察结果。凝集价大于1∶160判为阳性。再用已知阳性血清做HI，如血凝作用被抑制，血凝抑制滴度大于1∶80为阳性，则证实病料中含有本病毒。也可用荧光抗体试验、琼脂扩散试验或斑点酶联免疫吸附试验检测病料中的病毒抗原。

（2）血清抗体检测　多用于本病的流行病学调查和疫苗免疫效果的检测，常用的方法是血凝抑制试验。也可用间接血凝试验检测血清抗体。

4. 防治

除采取严格的隔离消毒措施外，预防接种是防制本病的主要措施。可取人工攻毒致死家兔，取肝、脾等脏器匀浆制成组织灭活疫苗，对兔群进行免疫接种，免疫期为6个月。高免血清的使用也有较好的预防和治疗效果。

第三节　朊　病　毒

朊病毒是动物和人传染性海绵状脑病的病原。该病毒不同于传统意义上的病毒，它没有核酸，是一种具有感染性的蛋白质颗粒。由朊病毒所致的动物重要疾病有牛海绵状脑病和绵羊痒病。

1. 生物学性状

朊病毒是细胞正常蛋白经变构后而获得致病性的一种蛋白。该病毒可在小鼠或仓鼠接种传代。它对许多足以杀灭病毒及其他微生物的物理、化学因素或各种环境因素有极强的抵抗力，这些因素对它几乎无效。

2. 致病性与免疫性

朊病毒感染动物有一定的潜伏期。感染可引致脑组织空泡变性、淀粉样蛋白斑块、神经胶质细胞增生等，不引起炎性反应。无包涵体、不诱导干扰素、不破坏宿主淋巴细胞的免疫功能，也不引发宿主的免疫反应。

感染动物的脑灰质出现神经元空泡、神经元变性并丧失，星状胶质细胞肥大及增生。牛海绵状脑病俗称“疯牛病”，往往是突然发作，表现为颤抖、感觉反常、体位异常、烦躁不安，后肢共济失调，最后死亡。病程为14d至6个月。绵羊痒病表现为兴奋异常，头、颈震颤，不断擦痒，最终死亡。病程为1～6个月。感染途径普遍认为是经口感染，牛可垂直传播，羊尚未定论。

3. 微生物学检查

除根据临床症状、脑组织的病理学检查诊断外，还可用脑组织作免疫组化、用脑组织提取液或脑脊液作免疫转印进行诊断。但对病畜或隐性感染的动物尚无成熟的检测方法。

4. 防治

迄今尚无预防朊病毒感染的疫苗。一般采取屠杀发病动物以及有接触史的动物、销毁尸体等控制本病的进一步流行。加强海关检疫，禁止进口有牛海绵状脑病和绵羊痒病国家或地区的活牛羊及其产品或被污染的饲料，禁止销售和食用病牛羊肉，禁止在饲料中添加反刍动物蛋白。

【复习思考题】

1. 名词解释：内基氏小体　街毒　朊病毒

2. 口蹄疫病毒有几个血清型？各型之间是否有相同的抗原性？在疫苗免疫时应注意哪些问题？如何进行口蹄疫病毒的微生物学诊断？

3. 简述猪瘟的微生物学诊断要点及防制措施。

4. 简述禽流感病毒的致病特点及防制措施。

5. 简述新城疫病毒的微生物学诊断要点及防制措施。

6. 简述传染性法氏囊病病毒的致病特点及防制措施。

7. 简述犬瘟热病毒的微生物学诊断要点。

8. 简述兔出血症病毒的微生物学诊断要点及防制措施。

（牟永成　郭洪梅）

第十三章　其他病原性微生物及检验

【能力目标】

能利用所学的知识和技能，设计曲霉菌、霉形体、螺旋体、猪附红细胞体的实验室诊断方案，提出正确的防治措施。

【知识目标】

了解病原性烟曲霉菌、黄曲霉、白色念珠菌、霉形体、螺旋体、猪附红细胞体、立克次体的主要生物学特性；熟悉致病性；掌握微生物学诊断方法。

第一节　病原真菌

根据真菌致病性的差异，主要可分为两大类。一类是真菌侵入动物机体而引起感染的病原性真菌；一类是通过产生毒素，当动物采食了含有其毒素的饲料而引起中毒的产毒性真菌。但这种分类是人为的，有的真菌既能感染动物组织，同时也产生具有致病作用的毒素，如烟曲霉菌。

一、感染性病原真菌

这是一类腐生性或寄生性真菌，可感染动物机体，并在感染部位生长繁殖或产生代谢产物而对机体致病。对动物有重要致病作用的有皮肤真菌、假皮疽组织胞浆菌、白色念珠菌等。

（一）皮肤真菌

皮肤真菌是一类只侵害人畜体表角化组织（皮肤、毛、发、指甲、爪、蹄等），而不侵害皮下等深部组织或内脏的浅部病原性真菌。畜禽的主要皮肤真菌为毛癣菌属和小孢子菌属成员。本菌主要在表皮角化层、毛囊、毛根鞘及其细胞内繁殖，有的穿入毛根内生长繁殖，使皮肤发生丘疹、水泡和皮屑，有的毛发区发生脱毛、毛囊炎或毛囊周围炎，有黏性分泌物或上皮细胞形成痂壳等。

1. 生物学特性

菌丝均有分隔并分枝，不产生有性孢子。毛癣菌属菌丝呈螺旋状、球拍状、结节状或鹿角状等；大分生孢子数目少或无，孢子呈长棒状或细梭状，具有2～6个横隔，大小约10～50μm；小分生孢子数量多，单细胞，简单侧生呈葡萄串状、梨形或棒状等；有时还可见厚壁孢子。小孢子菌属菌丝呈结节状、梳状或球拍状等；大分生孢子呈纺锤状，其表面粗糙有棘，壁厚，有5～15个横隔，大小为40～150μm；小分生孢子呈卵圆形或棒状，单细胞，无小梗或小梗很短，孢子均单独生长在侧枝的末端，不呈葡萄串状排列，初次培养时，孢子出现较少；厚壁孢子较常见到。

该类菌对营养要求不高，需氧，在葡萄糖蛋白胨琼脂上能良好生长。最适生长温度为22～28℃，一般要培养1周以后，长出的菌落有绒絮状、粉粒状、蜡样或石膏样；随着时间的延长，菌落形成灰白、淡红、橘红、红、紫、黄、橙、棕黄及棕色等颜色。

2. 微生物学检查

皮肤真菌病最常用的检查方法为显微镜检查和分离培养鉴定。首先将患部用75%酒精消毒后，用镊子拔下感染部被毛、羽毛；皮肤、皮屑及爪甲部病料用小刀刮取。

（1）镜检　将病料放在玻片上，加氢氧化钾液，在火焰上稍加热使材料透明，加盖玻片后用低倍镜及高倍镜检查。也可在被检材料上加1～2滴乳酸酚棉蓝，加盖玻片10min后镜检。感染毛癣菌的毛，可见孢子在毛上呈平行的链状排列，有的孢子在毛内，有的孢子在毛内、外均可见。感染小孢子菌时，可见孢子紧密而无规则地排列在毛干周围（图13-1）。

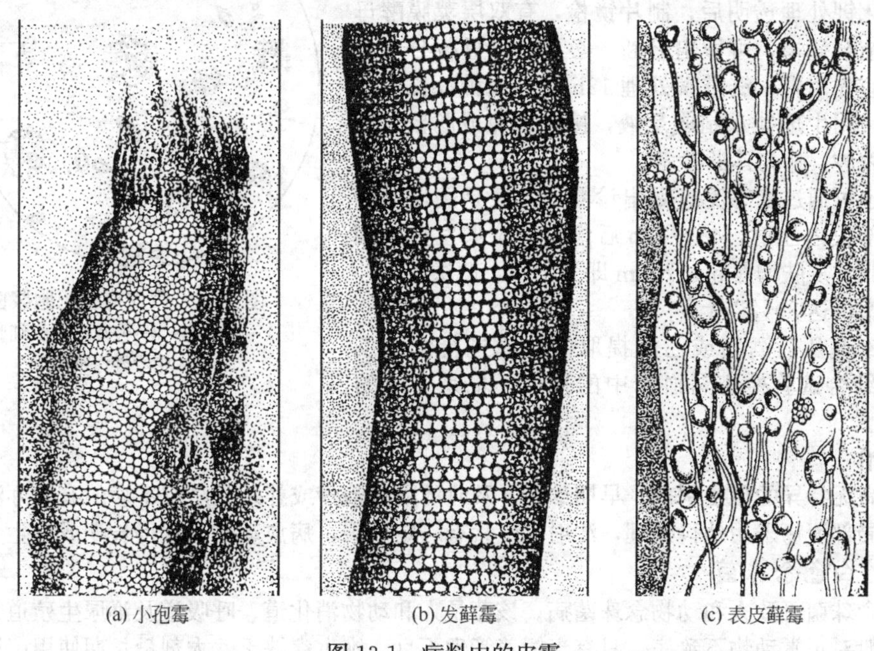

(a) 小孢霉　　(b) 发藓霉　　(c) 表皮藓霉

图13-1　病料中的皮霉

（2）培养　将被检病料用酒精或石炭酸水浸泡2～3min杀死杂菌，以无菌生理盐水洗涤后，接种于加有抗生素的葡萄糖蛋白胨琼脂培养基上，22～28℃培养2周，根据菌落特性、菌丝和孢子的特征进行鉴定。

3. 防治

皮肤真菌的传播主要靠孢子，其孢子的抵抗力较强，遇到潮湿和温暖的环境就可发芽繁殖。皮肤癣菌感染无特异预防方法，主要是注意皮肤卫生，避免与患畜接触，保持环境的干燥。当畜禽发生皮肤真菌病时，可用5%或2%热碱水、3%福尔马林或0.5%过氧乙酸进行笼舍和桩柱的消毒。治疗可用灰黄霉素。

（二）假皮疽组织胞浆菌

原名假皮疽隐球菌，是马属动物流行性淋巴管炎的病原体，特征为皮下淋巴管和淋巴结发炎、肿胀、化脓和皮肤溃疡，属慢性接触性传染病。

1. 生物学特性

本菌为典型的双相型真菌，在组织中呈酵母样细胞，室温培养时形成菌丝体。

侵入动物体时孢子繁殖以芽生方式为主，从母细胞产生芽孢子。芽孢子呈卵圆形或瓜子形，为具有双层膜的酵母样细胞（图13-2）。大小为（2～3）μm×（3～5）μm，多单在或2～3个排列，菌体胞浆均匀，内含2～4个圆形、呈回旋运动的小颗粒。在培养物中繁殖呈菌丝状，分枝分隔、粗细不匀，菌丝末端形成瓶状假分生孢子。在病变组织和脓汁中也偶尔可检出菌丝。

本菌为需氧菌，最适温度为25～30℃，pH5～9。常用培养基有1%葡萄糖甘露醇甘油琼脂、2%葡萄糖甘油琼脂等，但只有在这些培养基中加入10%的牛、绵羊、马或兔血清才能使本菌发育良好，而且初步培养比较困难，生长发育相应缓慢，一般在接种后15～20d才能出现菌落，约30d才能生长出蚕豆至拇指大小的菌落，菌落边缘不齐，表面有皱褶，呈淡黄色或褐色，如爆玉米花状。

本菌不发酵多种糖类，不产生靛基质和H_2S，V-P试验阴性，能凝固石蕊牛乳，能轻微液化明胶。

2. 微生物学检查

取脓汁或分泌物，适当稀释，镜检；或取痂皮加10%氢氧化钾处理透明后，制片镜检，有双层荚膜酵母样细胞，结合病情，可做出诊断。必要时可进行分离培养，病料应先用青、链霉素处理12h后再接种。长出典型菌落时，用生理盐水制成悬液，接种家兔或豚鼠，观察是否有脓肿，作为诊断参考。

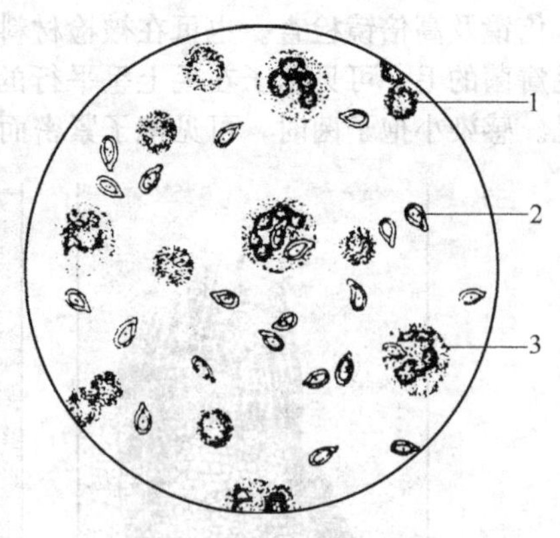

图 13-2 假皮疽组织胞浆菌
1—红细胞；2—假皮疽组织细胞；3—嗜中性白细胞

该菌也可通过变态反应做出诊断。方法是用该菌的培养物颈部皮内注射，48～72h后注射部位如发生硬固的热痛肿胀，皮肤增厚超过5mm即为阳性。此法特异性强、检出率可达80%以上。

应用经高压后酒精或乙醚提取的抗原进行沉淀反应、补体结合试验检查马血清中的抗体，也是有效的诊断方法。

3. 防治

目前尚无特异的免疫制剂。早期诊断、及时的隔离治疗或扑杀是防制本病的有效办法。对发病动物的局部溃疡采用外科处理，注射抗生素有一定效果，病愈动物可获得长期或终生免疫。

（三）白色念珠菌

白色念珠菌可致人和动物念珠菌病。该菌是人和动物消化道、呼吸道及泌尿生殖道黏膜的常在菌，一般对正常动物不致病，只有当饲养管理不良、维生素缺乏、大剂量长期使用广谱抗生素或免疫抑制剂，使机体抵抗力下降时，才引起内源性感染，是条件性致病菌。患念珠菌病的动物多在消化道黏膜形成乳白色伪膜斑坏死物，主要侵害家禽，特别是雏鸡。牛、猪、犬和啮齿动物也可能感染。

1. 生物学特性

为假丝酵母菌，在病变组织渗出物和普通培养基上产生芽生孢子和假菌丝，不形成有性孢子。菌体形成卵圆形，壁薄，大小为(3.0～6.5)μm×(3.5～12.5)μm。新分离的菌株假菌丝上常带有球状成团的芽生孢子，菌丝中间或顶端常有大而薄的圆形或梨形细胞，这些细胞逐渐发展成为厚壁孢子。革兰染色阳性，着色不匀。

本菌在普通琼脂、血液琼脂与沙堡葡萄糖琼脂培养基上均可良好生长。需氧，室温或37℃培养1～3d可长出菌落。菌落呈灰白色或乳白色，偶呈淡黄色，表面光滑，有浓厚的酵母气味；培养稍久，菌落增大，菌落表面形成隆起的花纹或呈火山口状。菌落无气生菌丝，但有向下生长的营养假菌丝，在玉米粉培养基上可长出厚壁孢子。本菌的假菌丝和厚壁孢子可作为鉴定依据(图13-3)。

本菌能发酵葡萄糖、麦芽糖、甘露糖、果糖等，产酸产气；发酵蔗糖、半乳糖产酸不产气；不发酵乳糖、棉子糖等。不凝固牛乳，不液化明胶。家兔或小鼠静脉注射本菌的生理盐水悬液，4～5d后可引起死亡，剖检可见肾脏皮质有许多白色脓肿。

2. 微生物学检查

取坏死伪膜病料，经氢氧化钾处理后，革兰染色镜检有大量椭圆形酵母样细胞或假菌丝，可做出初步诊断。初代分离培养用血液琼脂，有大量菌落生长对确认有重要意义。免疫扩散试验、乳胶凝集试验及间接荧光抗体试验对全身性假丝酵母感染的诊断有一定的价值。也可用家兔做动物试验，其结果可确诊。

3. 防治

无特异性防制措施。加强管理、提高动物机体免疫力、正确使用抗生素，可减少本病发生。用1%氢氧化钠溶液或2%甲醛溶液经1h处理该菌可得到抑制；5%氯化碘液处理3h，也能达到

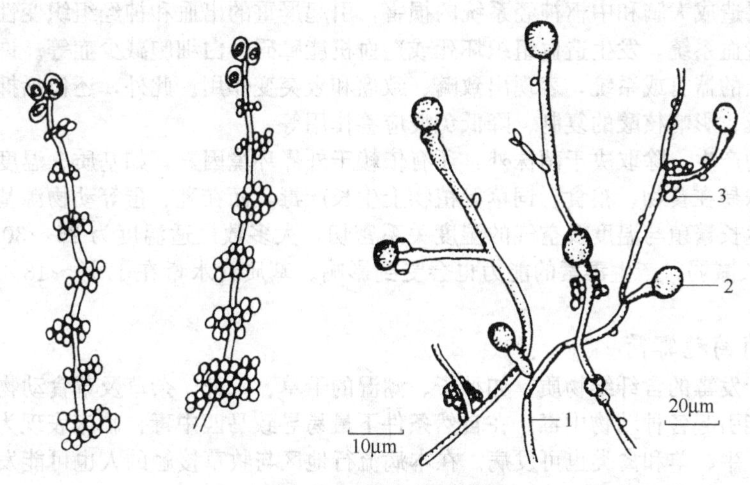

图 13-3 白色念珠菌

1—假菌丝；2—厚壁孢子；3—芽生孢子

消毒目的。

（四）新型隐球菌

本菌是动物和人的一种条件致病菌，是自然界中的腐生菌。常存在于土壤、鸽粪、牛奶、植物、污水及腐烂的水果蔬菜中，可引起马的呼吸道病，牛、羊的乳腺炎以及人的肺炎、慢性脑膜炎。鸟类尤其是鸽子是本菌的自然宿主，但一般不致病。

1. 生物学特征

本菌菌体为圆形或卵圆形孢子，细胞直径为4～20μm，在组织中菌体稍大。致病性隐球菌外围有一层透光的厚荚膜，厚度为5～8μm，比孢子本身大1～2倍。一般染色法难以着色而不被发现，故称为隐球菌。用印度墨汁染色时，镜下可见在黑色的背景中呈圆形或卵圆形的菌体外包有一层透明的荚膜。孢子出芽或不出芽，多为边芽殖。

该菌在沙堡葡萄糖琼脂上生长缓慢，37℃培养1～2周方见白色、皱纹样菌落，继续培养时呈湿润、黏稠、光滑、乳酪色或淡褐色典型的酵母菌落；在液体培养基中培养，可形成菌环，但不形成菌膜。

不分解葡萄糖、麦芽糖、蔗糖和乳糖，硝酸盐试验阴性。分解尿素，此点可与念珠菌区别。

2. 微生物学检查

直接镜检时，可采集脑、肺、乳汁及脊髓液、脓汁等制片，用印度墨汁染色观察。革兰染色阳性。必要时做分离培养或动物试验。

动物试验可用37℃培养物或病料乳剂，腹腔、尾静脉或颅内注射小鼠，小鼠经2～3周死亡，再用死鼠组织制片镜检。

血清学试验诊断本病具有高度的敏感性和特异性，常用补体结合反应、反向乳胶间接凝集试验、荧光抗体技术进行检测。

3. 防治

预防本病的主要措施是防止吸入污染鸟粪尤其是鸽粪的尘埃。避免长期使用皮质类固醇和免疫抑制剂，发病时可使用两性霉素B等。

二、中毒性病原真菌

凡能产生毒素、导致人和动物发生急性或慢性中毒的真菌，称为中毒性病原真菌。

中毒性病原真菌产生的真菌毒素是一类次生代谢产物，种类很多。人们根据各种真菌毒素毒性作用的靶器官分为肝脏毒、肾脏毒、神经毒、造血组织毒等几类。①肝脏毒，主要引发肝细胞变性、坏死或引起肝硬化、肝癌。②肾脏毒，主要引发肾脏急性或慢性病变，使肾功能丧失。

③神经毒，主要造成大脑和中枢神经系统的损害，引起严重的出血和神经组织变性。④造血组织毒，主要损害造血系统，发生造血组织坏死或造血机能障碍，白细胞减少症等。许多真菌毒素往往作用两种以上的器官或系统，表现出致畸、致癌和致突变作用。此外，还包括抑制细胞的分裂或蛋白质的合成、影响核酸的复制、降低免疫应答作用等。

真菌毒素的产生，除取决于菌株外，还有依赖于外界环境因素，如基质、温度和湿度等。一般真菌产毒菌株易在食物、粮食、饲草等植物上生长产毒，而在乳、蛋等动物源基质上产毒能力较低。真菌的生长繁殖与温度及空气的湿度关系密切，大多数最适温度为25～30℃，低于10℃或高于40℃生长减弱，产生毒素的能力也会受到影响。基质含水量在17%～18%时，是真菌产毒的最适条件。

（一）黑葡萄穗霉菌

本菌常见于发霉的含纤维物质，如种子、潮湿的干草、禾秆、杂草及草食动物粪便。它产生的葡萄穗霉素能引起各种动物中毒。在自然条件下最易导致马匹中毒，临床表现为坏死性口腔炎及胃肠炎。猪、牛、羊和禽类也可发病。在本病流行地区与牧草接触的人也可能发生中毒，其主要表现为皮炎、卡他性咽炎、出血性鼻炎、胸闷等症状。

1. 生物学特性

分生孢子梗直立于营养菌丝上，基部近于透明，顶部呈烟褐色，表面粗糙或有颗粒。营养菌丝分枝分隔，分生孢子梗顶端产生花瓣样小梗，呈长卵圆形；小梗上长分生孢子，大部分呈卵形，比小梗稍粗，褐色，光滑，老龄时呈黑色。

本菌为专性需氧霉菌，最适温度20～25℃，要求的相对湿度为30%～45%，对营养要求不高。在琼脂培养基上菌落呈湿絮状、橙棕色圆形，背面为橙色。黑葡萄穗霉菌产生的毒素熔点为162～166℃，溶于各种有机溶剂，对120℃高温和酸稳定，易被20%～40%的氢氧化钠溶液破坏，毒素无抗原性。

2. 微生物学检查

刮取饲草、饲料上黑色菌层镜检，可见分枝分隔菌丝和特征性的小梗及分生孢子等结构。也可培养观察菌落。还可进行毒素检查，方法是将纯培养物接种于灭菌的潮湿干草上，20～25℃培养20d后，用乙醚浸渍6h，再经浓缩后，涂于白色家兔体侧皮肤，另一侧皮肤涂用优质干草按同法制备的浓缩物。如试验侧皮肤于48～72h内出现明显充血、水肿以至坏死，对照侧无反应，则证明所分离物为产毒菌株。

3. 防治

患病动物不出现免疫反应，感染恢复且仍保持易感性。平时要注意保持草料的干燥，勿饲发霉的草料。

（二）镰刀菌属

又称镰孢霉属。本属的菌种繁多，分布广泛，是危害各种作物的病原菌，有些也是人、动物、昆虫的病原菌。

1. 生物学特性

本属菌镜下可见有大分生孢子和小分生孢子两种（图13-4）。大分生孢子由气生菌丝或分生孢子座产生，或产生在黏孢团中，为多细胞，一般有3～5个隔，少数有2～6个隔，形态多样，有镰刀形、线形、锥形、钩形、柱形和纺锤形等。小分生孢子产生于分生孢子梗上，多为单细胞、少数有1～3个隔，形态不一，呈卵圆形、腊肠形和纺锤形等。气生菌丝、黏孢团、子座、菌核呈各种颜色，基质也可被染成各种颜色。有些镰刀菌有性繁殖器官，产生闭囊壳，内含子囊及子囊孢子。

在马铃薯葡萄糖琼脂培养基上，菌落生长扩展迅速，呈白毛、粉色、粉红、橙红、黄色、紫色等。气生菌丝发达，高的0.5～1.0cm，低的为0.3～0.5cm。有的气生菌丝不发达或完全无气生菌丝，由营养菌丝组成子座，分生孢子梗座直接在子座上生出。

产生毒素的镰刀菌主要为禾谷镰刀菌、三线镰刀菌、串珠镰刀菌、木贼镰刀菌、拟枝镰刀菌和雪腐镰刀菌等。产生的毒素十分复杂，种类因镰刀菌而异。大致可分为3大类，一类是玉米赤霉烯酮，另一类为单端孢霉烯族化合物毒素，第三类为丁烯酸内酯。

玉米赤霉烯酮是一种白色结晶，不溶于水，而溶于碱性水溶液、乙醚、苯、二氯甲烷中。此毒素可引起仔猪子宫、外阴肿大，母猪阴门及乳腺肿大，子宫外翻、流产、胎儿畸形，所以称此为雌性发情毒素。牛有一定的抵抗力，但食入毒素的奶牛奶中可含毒素，对人有危害。

单端孢霉烯族化合物是一组毒素的统称，主要引起动物呕吐、消化道黏膜溃疡及发炎、出血性病变以及神经症状，发生拒食与呕吐综合征，猪多发。马属动物食入污染毒素的饲料也易发病，临床表现有神经症状和消化道出血，病理上出现脑白质软化等。

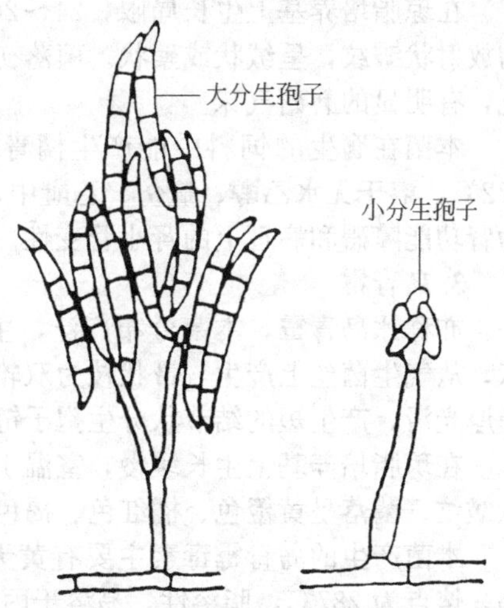

图13-4　镰刀菌的分生孢子

丁烯酸内酯为棒状结晶，易溶于水，微溶于二氯甲烷和氯仿，在碱性水溶液中极易水解。主要引起水牛的“蹄腿腐烂病”，喂饲带此毒素的霉败稻草后，蹄和皮肤处破裂，有时蹄匣脱落或尾尖、耳尖干性坏死。

2. 微生物学检查

可进行分离培养鉴定。也可做毒素检测，即从可疑饲料提取毒素，腹腔接种小鼠，如有此毒素可引致精神委顿、腹泻、胃肠出血，口部有坏死灶，最终死亡。

3. 防治

防止用发霉的饲料饲喂动物。

（三）青霉菌属

本属是一群种类多、分布广的真菌。其中黄绿青霉、橘青霉、岛青霉、圆弧青霉、扩展青霉是本属中主要常见的产毒素真菌，对人和动物机体的毒性作用各有不同。本属的基本特征是，营养菌丝从无色到有鲜明颜色，菌丝有隔；气生菌丝呈密毯状、棉絮状或部分集结成菌索；分生孢子梗有隔，光滑或粗糙，顶端有呈扫帚状的轮生分枝，称帚状枝；分生孢子呈球形、椭圆形或圆柱形，大部分呈黄绿、绿或灰绿色。

1. 黄绿青霉

又称毒青霉。分布广泛，可由霉变米或土壤中分离到。分生孢子梗从贴于基质表面的菌丝中出生，壁光滑。帚状枝多为单轮，分枝较少，小梗密集。分生孢子呈球形或近似球形，壁薄而光滑，呈串状。

在琼脂培养基上室温培养12～14d，可长出直径为2～3cm的菌落，表面有皱褶，呈钮扣状，中心隆起或凹陷。大部分菌落呈明显的柠檬色及黄绿色，经14d后变成浊灰色，表面呈绒状或絮状，略带霉味。

黄绿青霉代谢产生的黄绿青霉素是很强的神经毒素，为橙黄色柱状结晶，熔点为107～110℃，可溶于丙酮、氯仿、冰醋酸、甲醇或乙醇中，微溶于苯、乙醚，不溶于石油醚和水。紫外线下呈黄色荧光，有特殊臭味。耐热，270℃才能失去毒性。黄绿青霉素可使动物发生急性中毒，典型症状为上行性进行性神经麻痹，其他症状包括呕吐、痉挛和呼吸系统紊乱（脊髓麻痹），严重可引起死亡。该毒素可使猫、犬、猴、兔、大鼠发生中毒。毒素主要分布在脑、肝、肾、脾脏中。

2. 橘青霉

多存在于土壤、霉败的粮食和饲料中。本菌分生孢子梗大部分从基质上产生，也有从菌落中央的气生菌丝上生出的，不分枝、帚状枝有3～4个轮生梗基，每个梗基上生出6～10个密集而平行的小梗。分生孢子呈圆形，壁光滑，形成串状孢子链。

在琼脂培养基上生长局限，24～26℃培养 10～14d 长出菌落，直径为 2.2～2.5cm，有典型的放射状皱纹，呈绒状或絮状。菌落初期呈蓝绿色，日久则变为黄绿色，菌落背面呈黄色至橙黄色，有明显的蘑菇气味。

本菌在腐生的饲料中能产生橘青霉素。橘青霉素属肾脏毒，为柠檬色针状结晶，熔点为 172℃，溶于无水乙醇、氯仿、乙醚中，不溶于水。橘青霉素可引起牛、猪和禽类中毒，其表现为肾功能障碍和病理上的肾小管变性。

3. 岛青霉

亦称冰岛青霉，本菌分布广泛，主要在大米、玉米、大麦中生长。分生孢子梗短，呈分枝状，从气生菌丝上产生，帚状枝为双轮对称，小梗平行密集，每簇 5～8 个。分生孢子为椭圆形，壁厚光滑，产生短的结节状分生孢子链。

在琼脂培养基上生长缓慢，室温 14d 菌落直径达 2.5～3cm，具有显著的环带及轻微的放射状皱纹，菌落呈黄橙色、橘红色、褐色及暗绿色等多种颜色。

本菌产生的岛青霉毒素主要有黄天精及环氯素，均为肝脏毒。黄天精呈黄色六面体针状结晶，熔点为 287℃，脂溶性。易溶于丙酮、甲烷、正丁醇和乙醚等有机溶剂，不溶于水。急性中毒引起动物肝萎缩，慢性中毒引起肝纤维化、肝硬化或肝肿瘤。环氯素又称含氯肽，白色针状结晶，熔点为 251℃，水溶性。毒性与黄天精相似，但作用非常迅速，动物急性中毒时体温低、竖毛、昏睡而死；肝充血、肥大，有时小肠出血。

（四）甘薯黑斑病霉菌

本菌主要侵害甘薯的虫害部分或损伤部位，可引起乳牛、黄牛及水牛的中毒症，羊次之。但目前甘薯已不再是主要饲料，此病也趋于消失。

本菌无性繁殖产生分生孢子和厚垣孢子，分生孢子着生于孢子梗顶端，单细胞，圆筒形、棒形或哑铃形。厚垣孢子呈暗褐色，椭圆形，壁厚，能抵抗不良环境。有性繁殖产生子囊果，基部呈球形，颈部细长，整个子囊果如一长颈瓶。子囊果内有梨形子囊，内含 8 个子囊孢子，子囊孢子呈钢盔状，单细胞，无色、椭圆形。

本菌能在人工培养基上生长，幼龄菌丝呈白色，老龄变为深褐色。接种于甘薯块根时，局部迅速形成黑色斑，其中产生黑粉和刺毛，并有恶臭气味。

本菌在甘薯上可产生甘薯醇和甘薯酮等多种毒素。牛采食这种霉烂甘薯后，可引起急性肺水肿和间质肺气肿为特征的中毒症，主要表现是突然发生极度的呼吸困难，严重时死亡。

本菌的防治措施首先是预防甘薯侵染本病，并勿用病薯及其加工后的残渣饲喂牛和其他动物。

（五）曲霉菌属

本属菌在自然界中分布广泛，种类繁多。曲霉菌中对畜禽危害严重的有黄曲霉、烟曲霉、寄生曲霉、棕曲霉、杂色曲霉、构巢曲霉、白曲霉及黑曲霉等。曲霉菌病临床不多见。正常机体对本菌有一定抵抗力，当机体抵抗力降低时可引起感染。本菌较明显地因其所作用的机体体质类型、机体反应性以及作用环境状况的不同而引起不同类型的疾病。如感染性疾病、变态反应性疾病与霉菌毒素中毒性疾病。在免疫缺损或受抑制的患者体内，可引起急性播散性曲霉菌病，死亡率高，经数日即可死亡。黄曲霉菌可产生毒性很强的黄曲霉毒素，食后可引起中毒，并有明显的致癌作用。

本属菌的特性是菌丝分枝分隔，细胞多核。由营养菌丝或气生菌丝特化形成的足细胞上生出分生孢子梗，顶端膨大呈圆形称顶囊。顶囊上长着许多小梗，小梗单层或双层，小梗上着生分生孢子。分生孢子呈链状，并分为黄、绿、黑、灰等颜色（图 13-5）。

1. 烟曲霉菌

烟曲霉菌广泛分布于全世界，土壤、腐败有机物内均可繁殖，常可从玉米、大麦、小麦和霉草中分离出。烟曲霉菌是曲霉菌属致病性最强的霉菌，既可引起畜、禽的感染，如导致禽的曲霉性肺炎及呼吸器官组织炎症，并形成肉芽肿结节；也可产生毒素，导致动物发生痉挛、麻痹，直至死亡。

(1) 生物学特性　烟曲霉的分生孢子梗常带绿色，光滑。顶囊呈绿色，上长满辐射状的小梗，小梗顶端长出的成串的球形分生孢子，呈绿色，表面粗糙有细刺。在葡萄糖马铃薯培养基、沙堡培养基、血琼脂培养基上经25～37℃培养，生长较快，菌落最初呈白色绒毛状或棉絮样，迅速变为绿色、暗绿色以及黑色，外观呈细粉末状或绒毛状，菌落反面无色或带褐色。

(2) 微生物学检查　取病禽肺、气囊或腹腔上肉眼可见的小结节，置载玻片上，加生理盐水1～2滴，压盖玻片镜检，检查有无烟曲霉的特殊形态。也可取肺、肝或脾做切片，染色镜检可见呈花冠状分生孢子，即可确诊。分离培养时，取肝等实质器官，接种于马铃薯培养基上，37℃下培养3d，可见菌丝生长。

(3) 防治　主要措施是加强饲养管理，保持禽舍通风干燥，不让垫草发霉。环境及用具保持清洁。本菌对一般的抗生素均不敏感，制霉菌素、两性霉素B、灰黄霉素及碘化钾对本菌有抑制作用。

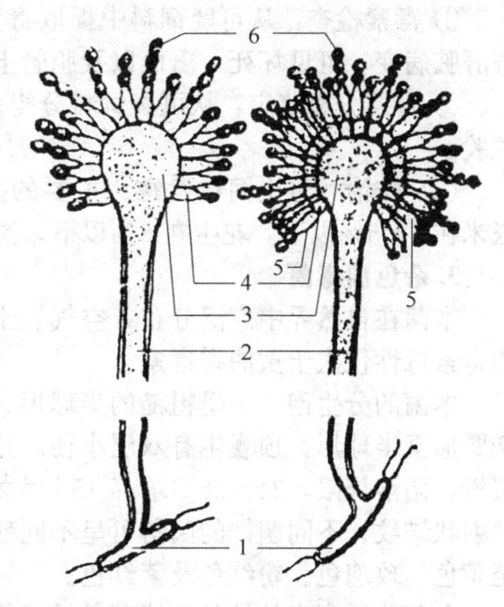

图13-5　曲霉菌的形态结构

1—足细胞；2—分生孢子柄；3—顶囊；4—初生小梗；5—次生小梗；6—分生孢子

2. 黄曲霉菌

黄曲霉通常寄生于各类粮食、花生、棉籽、鱼粉及肉制品上，当收获、加工和储藏过程中处理不当，便会大量繁殖。大多数菌株腐生于谷物后，对畜禽和人无害；但少数的菌株在繁殖时能产生毒素，可引起多种畜禽发生真菌毒素中毒症，并能导致癌症，也严重危害人类的健康。

(1) 生物学特性　黄曲霉的分生孢子梗壁厚而粗糙，无色。顶囊大，呈烧瓶状或近球形，上有单层或双层小梗。分生孢子有椭圆形及球状，呈链状排列。

本菌的培养常用察氏琼脂，最适温度为28～30℃，经10～14d菌落直径可达3～7cm，最初带黄色，然后变成黄绿色，老龄菌落呈暗色，表面平坦或有放射状皱纹，菌落反面无色或略带褐色。

自然界中的黄曲霉菌分有毒株和无毒株，能形成黄曲霉毒素的是有毒菌株。该毒素常见于霉变的花生、玉米等谷物及棉籽饼等，在鱼粉、肉制品、咸干鱼、奶和肝脏中也可发现。黄曲霉毒素从化学上可分为B_1、B_2、G_1、G_2、B_{2a}、G_{2a}、M_1、M_2、P_1、GM_2、毒醇等多种，不同毒素的毒性大小不同。在各种黄曲霉毒素中，B_1的毒性最强，其次是G_1。黄曲霉污染物中，最常见的也是黄曲霉毒素B_1。黄曲霉毒素的熔点为200～300℃，非常耐热，煮沸不能使之破坏；在pH 9～10的强碱溶液中，毒素能迅速分解；几乎不溶于水，可溶于乙醇、氯仿、丙酮等有机溶剂。

不同动物对黄曲霉毒素的敏感性不同，鸭、兔、猫、猪、犬较敏感，猴、豚鼠、小鼠、羊敏感性较低。根据黄曲霉毒素的毒性作用，可将中毒分为3类，即急性或亚急性、慢性、致癌性。

① 急性或亚急性中毒：雏鸭对黄曲霉毒素B_1的毒性试验证明，LD_{50}为0.33mg/kg。雏鸭急性中毒时，主要表现为肝实质细胞变性、坏死、胆管增生、肝出血等。其毒性比氰化钾大100倍，仅次于肉毒毒素，是霉菌毒素中最强的一种。

② 慢性中毒：人或动物持续地摄入一定量的黄曲霉毒素引起中毒，主要表现为生长障碍，肝脏的慢性损伤。

③ 致癌性：人和动物长期摄入较低水平的黄曲霉毒素，或在短期摄入一定数量的黄曲霉毒素，经过较长时间后发生肝癌。实验证明，黄曲霉毒素是目前发现的最强烈的致癌物质，其致癌能力约为二甲基偶氮苯的900倍，约为二甲基亚硝胺的75倍。除引发肝癌外，还能诱变胃腺癌、肾癌、直肠癌等其他肿瘤。

(2) 微生物学检查

① 毒素检查：从可疑饲料中提取毒素，进行生物学鉴定。可用一日龄鸭进行试验，着重检查肝脏病变，可见坏死、出血以及胆管上皮细胞增生等。或用薄层层析法检测毒素。

② 真菌分离鉴定：从可疑饲料分得真菌后，根据形态学及培养特点进行鉴定，并进行产毒试验。

(3) 防治　防止饲料发霉，主要的措施是控制温度和湿度。一般粮食含水量在13%以下，玉米在12.5%以下，花生在8%以下，真菌即不易繁殖。另外，勿用发霉饲料饲喂动物。

3. 杂色曲霉菌

本菌在自然界中广泛分布，空气、土壤、腐败的植物、多种粮食及饲料中都可分离到，产生的毒素毒性仅次于黄曲霉毒素。

本菌的分生孢子头呈粗糙的半球形、放射状。分生孢子梗无色或微黄、壁厚、光滑。顶囊半椭圆形至半球形，顶囊生有双层小梗。分生孢子为球形，有小刺，呈链状。在琼脂培养基上生长缓慢，菌落局限，24～26℃培养15d后菌落直径可达2～3cm，呈绒状、絮状，中心较高，呈现放射状皱纹。不同菌株的菌落可呈不同颜色如黄、绿、橙黄、深绿、灰绿、粉红色等，背面无色至黄色、玫瑰色、粉红色及紫红色。

杂色曲霉毒素的纯品为淡黄色针状结晶，熔点246℃，耐高温，246℃才裂解。易溶于氯仿、吡啶和二甲基亚砜等有机溶剂，不溶于水及强碱性溶液。紫外线下呈橙红色荧光。

杂色曲霉毒素为肝脏毒素，具有急性、慢性毒性及致癌性，主要损害肝、肾。致死病变主要表现在肝及肾的坏死，亦可见胃肠道、心包和所有浆膜出血。慢性中毒可见肝脏变性，产生再生结节、肝细胞癌变等。

第二节　牛放线菌

本菌为牛放线菌病的病原。牛多侵害上、下颌骨和颊肌，形成局部肉芽肿样炎症和坏死样脓肿；猪也可传染，病变多局限于乳房；对马、犬及人也有致病性。

一、生物学特性

本菌形态随所处环境不同而异。在培养物中呈杆状或棒状，可形成Y、V或T形排列的无隔菌丝，直径为0.6～0.7μm。革兰阳性。在病灶脓液中可形成黄色小菌块，颜色似硫磺，故称“硫磺颗粒”。将硫磺状颗粒在载玻片上压平镜检时呈菊花状，菌丝末端膨大，向周围呈放射状排列。革兰染色时，菌块中央部分为阳性，周围膨大部分为阴性。培养比较困难，厌氧或微需氧，最适pH为7.2～7.4，最适温度为37℃，在1%甘油、1%葡萄糖、1%血清的培养基中生长良好。在血液琼脂上，37℃厌氧培养2d可见半透明、乳白色、不溶血的粗糙菌落，仅贴在培养基上，呈小米粒状，无气生菌丝。血液肉汤内培养时，沿管壁发育成颗粒状，肉汤往往透明。

能缓慢发酵葡萄糖、果糖、蔗糖、乳糖、麦芽糖，产酸不产气。不分解甘露醇。明胶上生长少，不液化。牛奶不凝固、不胨化，变酸，有时无生长。不还原硝酸盐。不产生吲哚、H_2S。

对干燥、高热、低温抵抗力弱，80℃经5min或0.1%升汞5min可将其杀死。对石炭酸抵抗力较强，对青霉素、链霉素、四环素、头孢霉素、林可霉素、锥黄素和磺胺类药物敏感，但因药物很难渗透到脓灶中，故不易达到杀菌目的。

牛、猪、马、羊易感染，主要侵害牛和猪，奶牛发病率较高。牛感染放线菌后主要侵害颌骨、唇、舌、咽、齿龈、头颈部皮肤及肺，尤以颌骨缓慢肿大为多见。猪表现为乳房炎，马表现为鬐甲瘘。该菌免疫原性不强。豚鼠可产生实验感染。

二、微生物学诊断

取少量脓汁加入无菌生理盐水中冲洗，沉淀后将硫磺样颗粒放在载玻片上，加1滴5%氢氧化钾液，盖上盖玻片镜检。或用盖玻片将颗粒压碎，固定，革兰染色，镜检。若有典型的菊花瓣状结构，结合临床特征即可诊断。分离培养时用血液琼脂，厌氧培养后可形成细小、圆形、乳白色菌落，继续培养菌落不增大。将硫磺样颗粒加少量生理盐水注射于豚鼠腹腔，经3～4周后捕杀剖检，可在大网膜上见到灰白色小结节，外有包膜，取之分离培养较易成功。

三、防治

合理的饲养管理及遵守卫生制度，特别是防止皮肤、黏膜发生损伤，有伤口时及时处理、治疗，对本病的预防非常重要。本菌对青霉素、金霉素、四环素和头孢霉素等敏感，可用于治疗。

第三节 常见的病原性霉形体

一、猪肺炎霉形体

对猪具有致病性的霉形体常见有猪肺炎霉形体、猪鼻霉形体和猪滑液霉形体等。下面只介绍猪肺炎霉形体。

本菌是引起猪地方流行性肺炎即猪喘气病的病原体。我国于1973年才分离到。猪感染后的死亡率不高，但严重影响猪的生长发育，给养猪业的发展带来严重危害。

1. 生物学特性

形态多样，大小不等。在液体培养物和肺触片中，以环形为主，也见球状、短链状和丝状等。可通过300nm孔径滤膜，革兰染色阴性，着色不佳；姬姆萨或瑞氏染色良好。兼性厌氧，对营养要求比一般霉形体更高，在霉形体专用培养基中生长，37℃培养7～10d可长成直径4mm的菌落，菌落圆形，中央隆起丰满，缺乏“脐眼”样特征。可用6～7日龄鸡胚卵黄囊或猪肺单层细胞培养。

对外界环境的抵抗力较弱，病料于15～25℃保存36h即失去致病力。病肺组织中的病原体在－15℃可保存45d，1～4℃可存活4～7d。经冷冻干燥的培养物在4℃可存活4年。对常用化学消毒剂均敏感，对青霉素、红霉素和磺胺类药物等不敏感；对放线菌素D、丝裂菌素C最敏感，对四环素类、泰乐菌素、螺旋霉素、林可霉素敏感。

2. 致病性

自然感染仅见于猪，可使不同年龄、性别、品种的猪感染，引起地方流行性肺炎，其中以哺乳仔猪和幼猪最为易感。本菌经呼吸道传播，将培养物滴鼻接种2～3月龄健康仔猪，能引起典型病变。环境因素的影响或猪鼻霉形体及巴氏杆菌等继发感染时，常使猪的病情加剧乃至死亡。

3. 微生物学诊断

根据临床症状、剖检变化，结合流行病学一般可确诊；必要时也可进行微生物学诊断。

初代分离培养可将病料研碎，接种于液体培养基中培养，为抑制猪鼻霉形体干扰，可在液体培养基中加入抗猪鼻霉形体免疫血清。常需连续移植、继代，逐渐适应繁殖后才能检出。动物感染试验可将分离的纯培养物或病料悬液经气管、肺或鼻腔接种给健康仔猪，2周后可发病。

进一步可用血清学代谢抑制试验、生长抑制试验、免疫荧光试验、间接血凝试验及酶联免疫吸附试验等鉴定。

4. 防治

感染本菌的康复猪可获得一定的免疫力。我国研制的猪喘气病冻干兔化弱毒菌苗有一定的免疫效果。

二、禽败血霉形体

禽的霉形体有多种，有明显致病性作用的有禽败血霉形体、滑液囊霉形体和火鸡霉形体等。下面只介绍禽败血霉形体。

本菌是引起鸡和火鸡等多种禽类慢性呼吸道病的病原体，又称鸡败血霉形体。从鸡、火鸡、珍珠鸡、野鸡、鹌鹑、鹧鸪、鸭、鸽、孔雀、麻雀等10多种禽类均分离到本菌。

1. 生物学特性

菌体通常为球形，直径约0.2～0.5μm，也有卵圆形或梨形。以姬姆萨或瑞氏染料着色良好，革兰染色为弱阴性。

需氧和兼性厌氧，对营养要求较高，在含灭活的马、禽或猪血清和酵母浸出液以及葡萄糖等的培养基中生长良好。为了抑制杂菌的生长，需加入醋酸铊和青霉素，pH7.8～8.0为宜。在液体培养基中，37℃经2～5d的培养，可呈现轻度浑浊乃至均等浑浊；在固体培养基上经3～10d，可形成圆形、表面光滑、透明、边缘整齐、菌落中央有颜色较深且致密的乳头状突起的露滴样小菌落，直径约0.2～0.3mm。固体培养基上的菌落，于37℃可吸附鸡、豚鼠、大鼠及猴的红细胞、人与牛的精子和HeLa细胞等，此吸附作用可被相应的抗血清所抑制。能在5～7日龄鸡胚卵黄囊内良好繁殖，使鸡胚在接种后5～7d内死亡，病变表现为胚体发育不良，水肿、肝肿大、坏死等，死胚的卵黄及绒毛尿囊膜中含有大量本菌。

本菌对理化因素的抵抗力不强。离开机体后迅速失去活力。在肉汤培养物中－30℃能存活2～4年，经低温冻干后4℃能存活7年，在卵黄中37℃能存活8周，在孵化的鸡胚中45℃经12～24h处理可灭活。对泰乐菌素、红霉素、螺旋霉素、放线菌素D、丝裂霉素最为敏感，对四环素、金霉素、链霉素、林可霉素次之，但易形成耐药菌株。对青霉素、多黏菌素、新霉素和磺胺类药物有抵抗力。

2. 致病性

本菌主要感染鸡和火鸡，引起呼吸道疾病，对鸡胚有致病性。亦可感染珍珠鸡、鸽、鹧鸪、鹌鹑及野鸡等。病原体存在于病鸡和带菌鸡的呼吸道、卵巢、输卵管和精液中，可垂直传播。火鸡被感染发生鼻窦炎、气囊炎及腱鞘炎。并发细菌或病毒感染时，致病力增强。

3. 微生物学诊断

可取呼吸道的分泌物作分离培养和鉴定，但因分离率极低，一般常用血清学方法诊断。通常采用平板凝集试验，试管凝集试验、琼脂扩散试验、血细胞凝集抑制试验和免疫荧光试验等。

4. 防治

病鸡康复后具有免疫力。弱毒菌苗形成免疫需要时间较长，免疫力不坚强。灭活苗效果也不理想。

三、牛、羊的致病霉形体

能致牛、羊霉形体病的有丝状霉形体丝状亚种、殊异霉形体、牛霉形体、丝状霉形体山羊亚种、无乳霉形体、山羊霉形体等。下面只介绍其中的两种。

（一）丝状霉形体丝状亚种

此菌是传染性胸膜肺炎又称牛肺疫的病原体，存在于病牛的肺、纵隔淋巴结、胸膜与胸腔的渗出物以及气管和鼻腔的排出物中，具有高度的传染性，引起以纤维性肺炎和胸膜肺炎为主的病变。

1. 生物学特性

菌体长度相差很大，最常见的是球形颗粒，还有球杆、丝状和分枝等形状。革兰染色阴性，姬姆萨液或瑞氏液染色较好。本菌需氧，适宜的生长温度是36～38℃，pH7.8～8.0。对营养要求不太高，只需在培养基中加入8%～10%的血清便可生长。初次分离时生长迟缓。在琼脂培养基上培养5～7d出现细小露滴状菌落，菌落呈“油煎蛋状”。菌落没有吸附红细胞的能力。

可轻度分解葡萄糖、果糖、麦芽糖，产酸不产气。葡萄糖可促使本菌生长，但由于产酸，经过一定的时间后，反而会加速其死亡。不分解乳糖和蔗糖。

本菌对外界环境抵抗力不强，能被常用的消毒剂杀死。不耐高温、干燥和阳光。对低温有一定的抵抗力，在－20℃以下能存活数月。50%甘油可作为本菌的保存剂。对青霉素和磺胺类药物有抵抗力，对四环素、土霉素和大环内酯类抗生素敏感。

2. 致病性

本菌引起的传染性胸膜肺炎主要发生于黄牛、水牛、牦牛和奶牛。通过飞沫传染，绵羊、山羊和骆驼在自然条件下多不感染。正常情况下实验动物不感染。

3. 微生物学诊断

可采肺病变组织、渗出液和胸部淋巴结等材料进行培养。用血清琼脂平板经7～10d培养后，长出露滴状、透明、中央隆起的小菌落，有一定的诊断意义。

对病牛或耐过牛可采血清做补体结合试验及微量凝集试验。或用病料做荧光抗体染色检查。

4. 防治

康复牛可获得明显的抵抗力。有兔化牛肺疫疫苗和绵羊化牛肺疫疫苗，均有良好的免疫效果。

（二）丝状霉形体山羊亚种

该亚种是引致山羊传染性胸膜肺炎的病原体，对牛无病原性。

1. 生物学特性

细胞呈多形性，可见点状、球状、小环状或丝状。培养基中加入微量油酸（50μg/mL）能刺激丝状体形成。需氧，对营养要求相对不严，供给少量甾醇即能生长，在无血清的培养基中也能轻度生长。在含血清的琼脂上生长3d后可形成直径为1.5～2.5mm的菌落，菌落最大可达4mm，圆形，有脐。在液体培养基中，呈现轻度浑浊，并出现明显的乳光。菌落不吸附红细胞。该菌能凝集豚鼠红细胞，但不凝集牛红细胞。可在鸡胚卵黄囊中生长。

本菌抵抗力弱，60℃ 40min、1%煤酚皂液5min、0.5%石炭酸48h即可杀死。

2. 微生物学诊断

可采肺病变组织、渗出液和纵隔淋巴结等材料进行培养。用血清琼脂平板经3d培养后，长出露滴状小菌落。在液体培养基中呈现轻度浑浊，并出现明显的乳光，有一定的诊断意义。

补体结合试验、间接红细胞凝集试验和琼脂扩散试验与丝状霉形体丝状亚种有交叉反应，但用生长抑制和代谢抑制试验可以区别开。

3. 防治

灭活疫苗和鸡胚化弱毒苗均安全有效。

第四节 常见病原性螺旋体

一、伯氏疏螺旋体

伯氏疏螺旋体属疏螺旋体属，是莱姆病的病原体。莱姆病的发生是由带螺旋体的蜱叮咬所致，是一种以野生动物为贮存宿主的自然疫源性人畜共患的疾病。该病由于在20世纪70年代首先发现在美国的康尼狄克州的莱姆镇而得名，现已遍布全世界。

1. 生物学特性

菌体细长，长约4～30μm，直径约0.2μm，有4～20个大而宽疏的较规则的螺旋。在菌体两端各生长着平均7根鞭毛，缠绕着菌体并在中部相交叠，位于外膜和胞浆膜之间。能进行转动和横向运动。革兰染色阴性，用姬姆萨染色效果好。不经染色在暗视野或相差显微镜下能观察到菌体。

能在含牛血清的人工培养基上生长，微需氧，最佳生长温度为34～37℃。本菌和其他疏螺旋体不同，抗原性较稳定。

2. 致病性

伯氏疏螺旋体能致人、犬、牛和马的关节炎。病人会出现皮肤红斑性丘疹，但犬未发现有疹块，表现为游走性关节炎，临床可见跛行、关节肿胀，急性发作时伴有嗜睡、厌食，有时发热及淋巴结肿大。通常可持续数天，2～4周后往往复发，有的犬会发生肾功能紊乱。硬蜱在吸吮感染动物的血液之后，可在数年内都具有传染性。啮齿动物是伯氏疏螺旋体的天然宿主。

3. 微生物学诊断

采蜱叮咬部的附近皮肤、患病关节液，用暗视野显微镜或做姬姆萨染色可观察到疏螺旋体。

伯氏疏螺旋体培养困难且耗时长，除了进行形态学检查外，可用PCR法和血清学试验检查。实验室一般常用ELISA法检测抗伯氏螺旋体IgM和IgG抗体。犬在感染4周后即可测出抗体，3个月后抗体达高峰，此时犬可持续感染。抗体滴度维持高水平至少18个月。在疫区仅有5%血清阳性的犬表现临床症状，但50%以上的犬可检出抗体阳性。

4. 防治

强力霉素或阿莫西林可用于莱姆病的治疗，但只能一定程度缓解病情，并不能完全消灭伯氏疏螺旋体。

在疫区可进行预防接种。疫苗有两种，一种是全菌灭活疫苗，能导致不良反应，而且免疫效果不可靠。另一种亚单位疫苗，可用它免疫犬，对哺乳动物体内的伯氏疏螺旋体无效。

二、鹅疏螺旋体

鹅疏螺旋体是蜱传播的能引起禽类螺旋体病的病原体，广泛分布于全世界。

1. 生物学性状

本菌长8～20μm，宽0.2～0.3μm，有5～8个螺旋。瑞氏染色呈蓝紫色，碱性复红染色呈紫红色。暗视野下螺旋体明亮细长，以明显移位方式活泼运动。

本菌不能在普通培养基上生长，可在鸭胚或鸡胚中生长，并可用幼鸡或幼鸭每间隔3～5d连续传代和保存菌种。本菌对各种理化因素抵抗力不强，对多种抗生素敏感，在4～5℃下可存活2个月左右。

2. 致病性

本菌可感染鸡、鸭、鹅、火鸡及多种鸟类，而鸽、小鼠、大鼠、家兔及其他哺乳动物均不易感。感染禽发病突然，以高温、拒食、沉郁、腹泻和贫血为特征，发病率不一，但死亡率相当高。蜱是重要的传播媒介和贮存宿主。鸡的各种羽虱也能传播该螺旋体。

3. 微生物学诊断

在病禽高温期采血，涂片染色镜检；或用生理盐水适当稀释，制成血压滴标本片，用暗视野显微镜观察；也可取肝、脾等病变组织染色镜检，如能检查到螺旋体即可初步诊断。首次检查阴性者，隔天可再做镜检。

分离培养可接种于鸡胚或鸭胚卵黄囊。还可用无相应抗体的雏鸡做人工感染试验，同时接种啮齿动物，若雏鸡发病，而啮齿动物不发病可确诊。

也可用琼脂扩散试验、凝集试验、间接免疫荧光技术等进行血清学诊断。

4. 防治

用鹅疏螺旋体灭活苗免疫可获得坚强的体液免疫力。发病禽群可用土霉素拌饲料治疗。同时注意消灭环境中的蜱和虱。

三、兔梅毒密螺旋体

兔梅毒密螺旋体是目前已知的密螺旋体属中与兽医有关的唯一致病螺旋体。它是兔梅毒的病原体，是兔的一种性传播的慢性传染病。病变部位初在生殖器，然后在脸、眼、耳和鼻部皮肤出现疱疹、结节和糜烂。本病原体也可使小鼠、豚鼠和仓鼠慢性感染，人不感染。

本螺旋体长6～16μm，宽0.25μm，有8～14个致密而规则的螺旋。能活泼运动。以姬姆萨染色可染成玫瑰红色。用福尔马林缓冲溶液固定时，普通碱性苯胺染料亦可着染。至今没有在人工培养基上培养成功。但可通过家兔睾丸内接种进行繁殖。

微生物学诊断以病灶部皮肤挤出的淋巴液或刮取物涂片，用印度墨汁、镀银或姬姆萨染色镜检，可发现病原体。一般兔会阴部病变刮取物检出率较高。

四、猪痢疾短螺旋体

猪痢疾短螺旋体为短螺旋体属，是猪痢疾的病原体。经口传染，病的传播迅速，发病率较高而致死率较低，本病的发生常需有肠道某些其他微生物的协助作用。

1. 生物学特性

菌长约6～10μm，宽约0.4μm，呈波浪形，多为2～4个弯曲，两端尖锐，形似双燕翅状。在电镜下观察每端有7～9根轴丝向对端延伸，相互重叠于原生质柱的中部。革兰阴性或弱阳性，姬姆萨染色微红色，也可用镀银法染色。能通过0.45μm孔径的滤膜。

该螺旋体严格厌氧，常用的一般厌氧环境不易培养成功。对培养基的要求也相当苛刻，通常要采用加入10%胎牛或兔血清的酪蛋白胰酶消化物大豆胨汤或脑心浸液汤的液体或固体培养基，并在含有 N_2 和10% CO_2 混合气体的条件下才能生长。菌落为扁平、半透明、针尖状，并有明显的β溶血。为抑制其他杂菌生长，提高肠道样品中的分离率，可在培养基中加入壮观霉素(400μg/mL）或多黏菌素B。本菌能发酵葡萄糖和麦芽糖，不能发酵其他碳水化合物；在含6.5%NaCl条件下能生长。

2. 致病性

猪痢疾短螺旋体常引发8～14周龄幼猪发病。临床表现为不同程度的黏膜出血性下痢和体重减轻。特征病变为大肠黏膜发生卡他性、出血性和坏死性炎症。自然发病猪康复后，可产生相应的抗体，但对其能否保护机体抵抗再感染说法不一，一般认为具有一定的保护力。以本菌的弱毒株口服或注射免疫抗体，只能产生微弱的保护力，如反复静脉注射则可产生对同菌株攻击的保护力。猪痢疾短螺旋体用琼脂扩散试验可区分为8个血清型。

3. 微生物学诊断

可取新鲜稀粪、结肠病变组织或结肠内容物制成压滴标本，暗视野镜检或制作涂片或组织切片，用姬姆萨染色法、印度墨汁做负染或镀银染色法染色镜检。也可将待检样品与适量生理盐水混合后制成压滴标本片，置于相差或暗视野显微镜下镜检。

分离培养可采集镜检证实有可疑螺旋体存在的病料，用灭菌生理盐水做5～10倍稀释，轻度离心去沉渣，上清液用大孔径滤膜过滤，滤液再经0.8μm和0.45μm滤膜依次过滤。用前述血琼脂平板厌氧37～38℃培养3～6d，每隔2d检查1次，当观察到平板上出现强β溶血现象时，即可挑取可疑菌落，作成悬滴或压滴标本，用暗视野显微镜检查，或涂片染色镜检。

动物试验可将待检菌株的新鲜培养物制成悬液，给10～12周龄仔猪灌服，每天1次，每次灌服50mL/头（$0.5\sim1\times10^8$ 菌/mL），连续2d。若在接种后30d以内，有一半猪下痢和产生肠道病变，即可证明具有致病力。此外，还可做猪结肠结扎试验。将饥饿48h的10～12周龄仔猪用常规方法结扎其结肠，每段5～10cm，间隔肠段为2cm左右。然后向结扎肠管内注入待检菌液（10^8 菌/mL）5mL，另设一个注入无菌生理盐水的肠段作为阴性对照。试验猪可饮水，停食2～3d，打开腹腔检查。如试验肠段出现明显膨胀，内含多量带黏液或血液的渗出物，黏膜肿胀、充血或出血，涂片镜检有大量短螺旋体，即可确定菌株其致病性。对照肠段应无此反应。也可用体重1.5～2kg的家兔做此项试验。

血清学可用直接或间接免疫荧光抗体染色法检查。

4. 防治

目前对猪痢疾尚无可靠或实用的免疫制剂。治疗普遍采用抗生素和化学药物控制此病，培育SPF猪、净化猪群是防治本病的主要手段。

五、细螺旋体属

本属是一大类菌体纤细、螺旋致密，一端或两端弯曲呈钩状的螺旋体，故又称为钩端螺旋体。其中大部分营腐生生活，广泛分布于自然界，尤其存活于各种水生环境中，无致病性。少部分寄生性和致病性的螺旋体可引起人和动物的钩端螺旋体病。

1. 生物学特性

钩端螺旋体呈纤细的圆柱形，长 6～20μm，宽 0.1～0.2μm。螺旋细密，并较规则，螺旋至少有 18 个。用暗视野观察，形似细长的串珠样形态。菌体一端或两端可弯曲成钩状。以多种形式运动，如可做翻转和屈曲运动，使菌体形成 C、S、O 等字母形（图 13-6），且可随时迅速改变和消失。革兰染色阴性，但较难着色。较好的染色方法是镀银染色法和刚果红负染，用暗视野显微镜较易观察其形态和运动力。

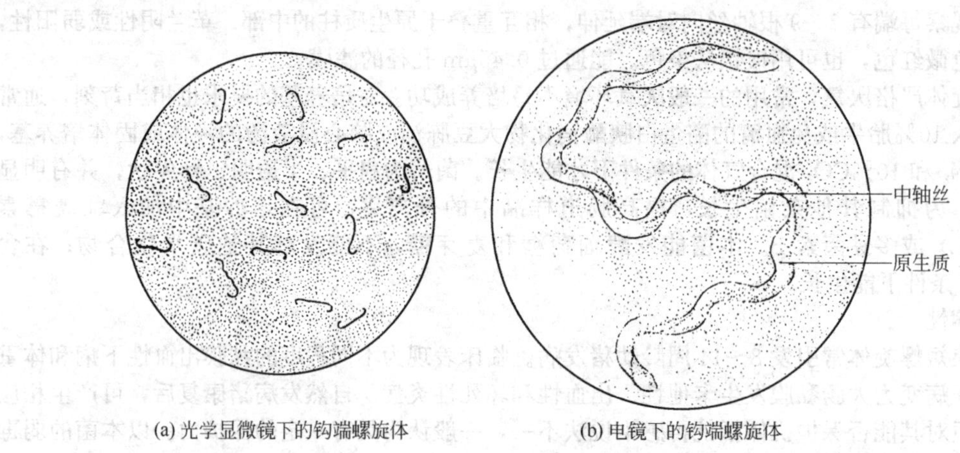

(a) 光学显微镜下的钩端螺旋体　　(b) 电镜下的钩端螺旋体

图 13-6　钩端螺旋体

钩端螺旋体严格需氧，对营养要求不高，是一种较易在人工培养基上生长的致病性螺旋体。在含动物血清和蛋白胨的柯氏培养基、不含血清的半综合培养基、无蛋白全综合培养基以及选择性培养基上可良好生长。最适 pH 为 7.2～7.4，最适温度为 28～30℃。生长缓慢，一般需 2～4d 才可生长，通常在接种后 7～14d 生长最好。在液体培养基中，可见半透明、云雾状浑浊，以后液体渐变透明，管底出现沉淀块。在半固体培养基中，菌体生长较液体培养基中迅速、稠密而持久，大部分钩端螺旋体在表面下数毫米处生长，形成一个白色致密的生长层。在固体培养基上可形成无色、透明、边缘整齐或不整齐、平贴于琼脂表面的菲薄菌落，大者 4～5mm，小者 0.5～1.0mm，故在挑取菌落时应与琼脂一起钩取。钩端螺旋体生化反应极不活泼，不发酵糖类，不分解蛋白质，某些菌株能产生溶血素。

钩端螺旋体在污染的河水、池塘水和潮湿的土壤中可存活数月之久，故该病主要经污染的水源传播。钩端螺旋体对热敏感，45℃ 30min、50℃ 10min、60℃ 10s 即可致死；对低温抵抗力较强，4℃冰箱中可存活 1～2 周，−70℃可保存 2 年多。直射阳光和干燥均能迅速将其致死。常用浓度的各种化学消毒剂在 10～30min 内可将其灭活；用漂白粉使水中有效氯含量在 2mg/L 时，可于 1～2h 内杀死水中的钩端螺旋体。

细螺旋体属分 2 个正式种。一种是对人及动物无致病性的腐生钩端螺旋体，称为双曲细螺旋体。另一种可致家畜、野生动物和人类的细螺旋体病，称为似问号细螺旋体。目前全球已发现的致病性钩端螺旋体有 25 个血清群，至少 190 个不同的血清型。国内统一选定 13 群 14 型作为我国的标准菌株。

2. 致病性

致病性钩端螺旋体能引起人和多种动物的钩端螺旋体病，是一种人畜共患传染病。由于人的感染总是间接或直接来源于家畜和野生动物，因此本病在医学上又称其为动物源性疾病。与钩端螺旋体致病力有关的毒力因子主要有吸附物质、溶血素、内毒素样物质和细胞毒性因子。

致病性钩端螺旋体可感染大部分哺乳动物和人类，鼠类和猪是钩端螺旋体的主要贮存宿主和传染来源，带菌率高，排菌期长。钩端螺旋体在家畜大多数呈隐性带菌感染而不显症状，但它可在肾脏内长期繁殖，并随尿不断排出，污染土壤和水源等环境。人和家畜则通过直接或间接地接触这些污染源而被感染。在家畜中以牛和羊的易感性最高，其次是马、猪、犬、水牛和驴等，家禽的易感性较低。许多野生动物，特别是鼠类易感。钩端螺旋体病的临床表现可因不同血清型而有所差异，但基本大同小异。急性病例的主要症状为发热、贫血、出血、黄疸、血红素尿及黏膜和皮肤的坏死；亚急性病例可表现为肾炎、肝炎、脑膜炎及产后泌乳缺乏症；慢性病例则可表现为虹膜睫状体炎、流产、死产及不育或不孕。

3. 微生物学诊断

根据临床症状、剖解病变及流行病学分析可进行初步诊断，确诊则有赖于微生物学检查。检查用病料要根据病程而定，一般发病在1周内可采集血、脑脊髓液，剖检可取肝和肾；发病1周以后可采集尿液；死后为肾。如做血清学检查，可采集血液分离血清。常采用方法为：将病料用差速离心集菌后，取沉淀物制成悬液的压滴标本片，暗视野直接镜检，看有无钩端螺旋体的典型形态与运动方式。也可用姬姆萨染色或镀银染色法染色镜检，前者呈紫色，后者呈黑黄色。

分离培养可用柯氏培养基，病料接种后，置28～30℃恒温箱内培养，每5～7d观察一次钩端螺旋体生长情况并取样镜检，连续四周或更长时间，未见出现钩端螺旋体者可做阴性处理。如病料中含有钩端螺旋体，培养7～10d后可观察到培养基略呈乳白色浑浊，轻摇试管有云雾状生长物向下移动，取培养物做暗视野检查，能见到大量的典型钩端螺旋体。

动物接种试验通常用豚鼠或乳仓鼠腹腔接种病料悬液，如病料中含有钩端螺旋体，接种1～2周后会出现体温升高和体重减轻，此时可剖检取肾和肝，进行镜检和分离培养。

钩端螺旋体病的血清学检查方法很多，常用的有以下几种。

① 显微凝集溶解试验。动物感染钩端螺旋体后，3～8d即可产生凝集素和溶菌素两种抗体，12～17d达到高峰，并持续存在一年以上。试验时，用当地常见菌株型或我国标准菌株的活钩端螺旋体作为抗原，与不同稀释度的被检血清在37℃下作用2h，然后取样做暗视野镜检。若待检血清中有不同型抗体，则可见钩端螺旋体相互凝集成“小蜘蛛状”，继而菌体膨胀成颗粒样，随后便裂解成碎片。如血清稀释度过高时，仅发生凝集而无溶解现象。被检血清的凝集或溶解效价在1∶800或以上者即可判为阳性反应；1∶400为可疑；1∶400以下的被检动物，应间隔10～14d后，再次采血做上述检查，如第二次血清效价较上次增高4倍，即可确诊为钩端螺旋体病。若以分离钩端螺旋体株的活菌作为抗原，与已知的钩端螺旋体分型血清做同样试验，即可鉴定出分离株的血清型。

② 补体结合试验。动物感染钩体发病后3～4d，其血中就有补体结合性抗体出现，第4周达到高峰，并能维持一年之久。故此法对钩体病的早期诊断、流行病学调查以及追溯动物的隐性感染均有一定意义。

③ 酶联免疫吸附试验。其敏感性高于显微凝集溶解试验，而且快速简便，现多用于钩端螺旋体病的早期诊断。

还有SPA协同凝集试验、间接凝集试验、DNA探针以及PCR技术等多种检测方法。

4. 防治

预防措施主要是搞好防鼠与灭鼠工作。疫苗注射有良好的免疫预防效果。我国已经有钩端螺旋体单价苗、双价苗以及多价苗在应用。

治疗首选的药物是青霉素，也可用庆大霉素、金霉素及四环素等抗生素。

第五节　兽医学上常见的几种立克次体

一、贝氏柯克斯体

惯称Q热立克次体，是Q热的病原体。广泛存在于世界各地，蜱是传播媒介，牛、羊等动物是传染源。

Q热立克次体呈多形性，多见有短杆状或球杆状，常排列成对，也往往聚集成堆。个体较小，约为（0.2～0.4）μm×（0.4～1）μm，无鞭毛或荚膜。染色常用姬姆萨或马基维罗染色法，可使其分别染成紫色或红色。革兰染色虽为阴性，但常不稳定，也可染成阳性。魏-斐二氏反应阴性，通常对实验动物不引起急性中毒性反应。耐热、嗜酸，发育周期中能形成芽孢，具有滤过性，多在宿主细胞吞噬溶酶体内繁殖，对理化因素抵抗力较强，可通过气溶胶进行传播感染，是立克次体中唯一不借助媒介节肢动物传播的种。不能在普通培养基上生长，通常多用鸡胚、鸡胚和鼠胚细胞、豚鼠和乳兔肾细胞等培养。

Q热立克次体主要引致人类Q热，主要症状是发热、头痛、肌肉酸痛，并常伴有肺炎、肝炎等，病死率低。能感染Q热立克次体的家畜有牛、羊、马、犬、猫和禽等。受感染动物通常无明显症状，但它们的乳汁、粪和尿以及胎盘组织中均含有数量不等的病原体。排出体外的病原体污染外界环境，通过空气或接触污染物及吮食乳汁而感染人畜。多种蜱可将本病原传染给动物。

病原体的检查可采取胎盘、子宫分泌物、乳汁及其他排泄物涂片，用马基维罗法或姬姆萨法染色镜检，如能在细胞内见有大量染成红色或紫色的球状或球杆状颗粒，可作初步诊断，但须与布氏杆菌、鹦鹉热亲衣原体相鉴别。分离培养可将病料腹腔接种仓鼠或豚鼠，待其发热后，取脾脏做涂片镜检，观察胞浆内的立克次体。也可用鸡胚或组织培养法分离病原体，用已知阳性血清做补体结合反应进行鉴定。血清学检查可采集被检动物血清，通过补体结合试验检查动物血清抗体，也可用此法检查乳清中抗体。此外，也可用凝集试验及免疫荧光试验测定特异性抗体。

二、腺热艾立希体

腺热艾立希体是马的单核细胞艾立希体病或马艾立希体结肠炎的病原体，可致人腺热。马感染后，可表现发热、抑郁、厌食、腹泻、死亡率高，但也有的呈隐性感染。啮齿类动物是其自然疫源，可经蜱传播。病原体有大、小两种细胞形态，且周围有双层膜。鸡胚上不能生长，可用马血液的原代单核细胞或白细胞培养传代此菌。临床上可用ELISA诊断本病。

三、反刍兽可厥体

反刍兽可厥体是由蜱传播的可致牛、山羊、绵羊及野生反刍动物的心水病的病原体。本菌多形，球状大小为0.2～0.5μm，杆状大小为（0.2～0.3）μm×（0.4～0.5）μm，也有成双排列。姬姆萨染色呈深蓝色，美蓝、复红、结晶紫也能着色。人工培养基上不生长，可用山羊和绵羊嗜中性白细胞培养。病原体存在于宿主血管内皮细胞的胞浆内，常呈丝状集落，大小约2～15μm，在大脑皮层灰质的血管或脉络膜丛中更易见到。患畜发热，伴有神经症状，消化道有病变，羊等小反刍动物常见有心包积液，牛则不多见。野生反刍兽多呈隐性感染。急性败血症者死亡率高。

四、猪附红细胞体

猪附红细胞体寄生于猪的红细胞表面及血浆中，引起猪的附红细胞体病，病猪以高热、贫血、黄疸为主要特征。目前已有30多个国家和地区报告了动物及家畜附红细胞体感染。由于附红细胞体病的传播之广及其对畜牧经济所造成的危害之大，越来越引起全世界畜牧兽医界、外贸检疫界的重视。这种人畜共患传染性疾病对人体的危害已逐渐引起医学界注意。

附红细胞体病是由附红细胞体感染机体而引起的人畜共患传染病。附红细胞体是寄生于红细胞表面、血浆及骨髓中的一群微生物。目前国际上广泛采用1984年版《伯杰细菌鉴定手册》进行分类，将附红细胞体列为立克次体目、无形体科、血虫体属也称附红细胞体属。在不同动物中寄生的附红细胞体各有其名，如绵羊附红细胞体、温氏血虫体、猪附红细胞体、牛附红细胞体和人附红细胞体等。迄今已发现和命名的附红细胞体有14种。

附红细胞体呈圆形、卵圆形、环形、逗号形、月牙形、网球拍形和杆形等，附着于红细胞表面或游离于血浆中。直径0.2～2μm，最大可达2.5μm。游离于血浆中的附红细胞体做摇摆、扭转、翻滚等运动。但附着于红细胞表面时则看不到运动，当红细胞上附有多量附红细胞体时，有时能看到红细胞的轻微晃动、震颤。一个红细胞上可能附有1～15个附红细胞体，以6～7个最多，被寄生的红细胞变形为齿轮状、星芒状或不规则形状。

附红细胞体的运动不受红细胞溶解的影响。在新鲜血滴涂片上，加1滴0.1%稀盐酸将红细胞溶解后，附红细胞体活动力仍不减弱。但在涂片上加1滴1%碘液后，可使其运动停止，这一特性具有鉴别作用。

附红细胞体对于干燥和化学消毒剂的抵抗力不强，0.5%石炭酸于37℃经3h可将其杀死，一般常用浓度的消毒药也可使其灭活。在4℃条件下用柠檬酸钠抗凝的无菌血液中可保存15～30d，仍有感染力。附红细胞体对低温抵抗力强，在加入15%甘油的血液中，－30℃能保持80d的感染力，冻干后可存活2d。

附红细胞体多由吸血昆虫叮咬传播。使用未经严格消毒的器械，对猪进行剪齿、断尾、打记号、阉割或注射，也可造成交叉传播，此外，附红细胞体也可经胎盘传染给仔猪。

附红细胞体吸附在红细胞上后，能够改变红细胞膜的通透性，使红细胞易于溶解和破裂，从而引起红细胞数量减少，血红蛋白含量降低，导致机体免疫机能下降，易于继发感染其他病原，以及出现贫血、黄疸等现象。此外，猪附红细胞体使红细胞膜抗原发生改变，被自身免疫系统视为异物，导致自身免疫溶血性贫血。被感染红细胞的携氧能力降低，导致机体出现贫血和呼吸困难。

病原体的检查可采取病猪血液制成血涂片，然后用瑞氏或姬姆萨染色，油镜观察，见红细胞表面和血浆中有大小不等、形状不一的虫体即可确诊。瑞氏染色的虫体呈淡蓝色，姬姆萨染色虫体呈淡紫色或紫红色。被侵害的红细胞为红色，呈星状、齿轮状或菠萝状。

但当感染率低时，可用浓集法处理后，涂片染色检查，以提高检出率。红细胞的感染率一般在50%～60%，最高可达90%以上。附红细胞体易于着色，故多种染色液均可使用。

也可采用补体结合试验、荧光抗体试验、间接血凝试验、酶联免疫吸附试验等血清学方法进行鉴定。此外，PCR方法也是进行该病诊断和研究的一种有价值的方法。

【复习思考题】

1. 解释名词：硫磺颗粒　莱姆病
2. 简述假皮疽组织胞浆菌的致病性及微生物学诊断要点。
3. 简述白色念珠菌的致病性。
4. 简述中毒性病原真菌主要产生哪几类毒素？作用如何？
5. 简述黄曲霉毒素的毒性作用。
6. 简述牛放线菌的致病作用及微生物学诊断要点。
7. 简述猪痢疾短螺旋体的致病特点及微生物学诊断要点。
8. 简述钩端螺旋体的致病性及微生物学诊断要点。
9. 简述猪肺炎霉形体的致病作用及微生物学诊断要点。
10. 简述禽败血霉形体的致病作用及微生物学诊断要点。

（王　珅　姜　鑫）

第四篇

微生物在生产实践中的应用

第十四章　微生物与饲料、畜产品及微生态制剂

【能力目标】

能将所学的微生物知识应用于畜牧生产实践，提高产品品质。

【知识目标】

掌握青贮饲料、单细胞蛋白、微生态制剂的概念；熟悉饲料和畜产品中微生物的来源；理解饲料和畜产品中微生物对产品品质的影响及公共卫生意义；了解微生态制剂在畜牧兽医工作中的应用。

第一节　微生物与饲料

一、微生物与青贮饲料

青贮饲料就是把青绿或半干饲料装入青贮窖内，在厌氧条件下靠乳酸菌发酵制成的能长期保存的饲料，又称乳酸发酵饲料。

1. 与青贮饲料有关的微生物

青贮过程中参与活动和作用的微生物很多，主要有乳酸菌、真菌、梭菌和腐败菌等。其中乳酸菌主要产生乳酸，能迅速降低 pH，促进青绿作物的发酵，在青贮过程中起决定作用。

(1) 乳酸菌　是驱动青贮饲料进行乳酸发酵的菌类，能发酵糖类形成乳酸。乳酸菌依据乳酸发酵产物的不同分为同型发酵乳酸菌和异型发酵乳酸菌。主要的同型发酵乳酸菌有植物乳杆菌、干酪乳杆菌、戊糖乳杆菌、嗜酸乳杆菌、乳酸乳杆菌、德氏乳杆菌、乳酸片球菌、戊糖片球菌和啤酒片球菌、粪肠球菌、屎肠球菌、乳酸乳球菌、牛链球菌、粪链球菌等；同型发酵乳酸菌发酵糖类主要形成乳酸。主要异型发酵乳酸菌有布氏乳杆菌、短乳杆菌、发酵乳杆菌、肠膜明串珠菌和魏斯菌属的菌株等；异型发酵乳酸菌发酵糖类除了形成乳酸外，还产生乙醇和二氧化碳。

(2) 真菌　与青贮饲料有关的酵母有表面生长的假丝酵母、汉逊酵母和毕赤酵母，有深层生长的球拟酵母。酵母菌活动强烈时，会使青贮饲料可用糖含量减少，增加干物质的损失量；同时在厌氧条件下，酵母利用乳酸使青贮的 pH 升高，促进了许多别的腐败细菌的生长。因此，酵母被认为是使青贮在开始时就变质的最重要的微生物因素。与青贮饲料有关的霉菌没有固定的种类，存在于青贮饲料的边缘和表层等接触空气的部分。霉菌是青贮饲料的有害微生物，也是导致青贮饲料好气性变质的主要微生物。

(3) 梭菌　梭菌又称丁酸菌或酪酸菌。它在厌氧的状态下生长，能分解糖、有机酸和蛋白质，是青贮饲料中的有害微生物。根据梭菌的有害作用，可划分为乳酸发酵型和氨基酸发酵型两类。乳酸发酵即一些梭菌发酵乳酸和糖为丁酸，主要有丁酸梭菌、类腐败梭菌和酪丁酸梭菌。氨基酸发酵是一些梭菌可发酵氨基酸为氨或胺，这种梭菌主要有双酶梭菌和生孢梭菌。在青贮饲料中还可能存在其他种类的梭菌，如产气荚膜梭菌和楔形梭菌等。丁酸发酵的程度是鉴定青贮饲料好坏的重要标志，丁酸含量越高，青贮饲料品质越次。

(4) 腐败细菌　青贮饲料中的腐败菌有许多种，主要有大肠杆菌和芽孢杆菌等，它们主要分解青贮饲料中的蛋白质和氨基酸。其中芽孢杆菌属细菌对青贮饲料的好气性变质起重要作用，使它腐烂变质，产生臭味和苦味。在一些条件下，梭状芽孢杆菌可能生长，引起青贮饲料变质。

2. 青贮各阶段微生物的活动

青贮发酵过程按微生物的活动规律，大致可以分为三个阶段。

(1) 预备发酵阶段　当青贮料装填压紧并密封在青贮窖或塔内之后，附着在原料上的微生物即开始生长，由于铡断的青鲜饲料内可溶性营养成分的外渗，以及青贮饲料间或多或少的空气，各种需氧菌和兼性厌氧菌都能旺盛地进行繁殖，包括腐败菌、酵母菌、肠道细菌和霉菌等，而以大肠杆菌和产气杆菌群占优势。随着青贮料的植物细胞的继续呼吸作用和微生物的生物氧化作用，饲料间残留的氧气很快耗尽，形成厌氧环境；同时，由于各种微生物的代谢活动，产生乳酸、醋酸、琥珀酸等，使青贮料变为酸性，逐渐造成了有利于乳酸菌生长繁殖的环境。此时，乳酸链球菌占优势，其后是更耐酸的乳酸杆菌占优势。当青贮料 pH 在 5 以下时，绝大多数微生物的活动便被抑制，霉菌也因厌氧环境而不能活动。

预备发酵阶段的长短，随着原料的化学成分和填窖的紧密程度而有不同，含糖多和填装得紧密的饲料，一般酸化得较快。

(2) 酸化成熟阶段　此阶段起主要作用的是乳酸杆菌。由于乳酸杆菌的大量繁殖，乳酸进一步积累，pH 进一步下降，使饲料进一步酸化成熟，其他一些剩余下的细菌就全部被抑制，无芽孢的细菌逐渐死亡，有芽孢的细菌则以芽孢的形式保存休眠下来，青贮料进入最后一个阶段。

(3) 完成保存阶段　当乳酸菌产生的乳酸积累到一定程度，pH 约为 4.0～4.2 时，乳酸菌本身也受到了抑制，并开始逐渐地死亡，青贮料在厌氧和酸性的环境中成熟，并长时间地保存下来。

二、单细胞蛋白饲料

1. 单细胞蛋白的定义

单细胞蛋白（SCP）亦称微生物蛋白或菌体蛋白，是利用工业废水、废气、天然气、石油烷烃类、农副加工产品以及有机垃圾等作为培养基，培养非致病性细菌、真菌和微藻类单细胞生物和简单多细胞生物，从菌体中获取的蛋白质，然后经过净化干燥处理而制成，富含动物生长和发育所必需的各种营养物质，是当今世界食品工业和饲料工业积极研究的重要蛋白质资源。它能够促进动物的新陈代谢，有利于充分发挥畜禽的生产潜力。

2. 单细胞蛋白的种类

目前用于生产 SCP 的微生物种类很多，主要集中在非致病和非产毒的真菌（酵母、霉菌、担子菌）、细菌和微藻类。SCP 的营养成分因培养条件和微生物种类的不同而存在着差异。其中细菌蛋白质含量较高，但其他成分较复杂，核酸含量较高，含有毒物质的可能性较大，分离出的蛋白质不如其他微生物蛋白易消化。因此，目前 SCP 开发重点集中在真菌和微藻类。

(1) 真菌　酵母菌是当前生产 SCP 的微生物类群中最受关注、应用最广的一类。酵母菌营养丰富，粗蛋白质含量高达 45%～60%，几乎含所有的氨基酸，尤其是赖氨酸、苏氨酸、亮氨酸、苯丙氨酸等必需氨基酸的含量高，而且维生素含量也比较丰富。常用的有酵母属、球拟酵母属、假丝酵母属、红酵母属、圆酵母属等属的啤酒酵母、产朊假丝酵母、热带假丝酵母、解脂假丝酵母、石油酵母等菌种。此外，目前应用较多的还有地霉属、曲霉属、根霉属、木霉属、青霉属、镰刀菌属、担子菌和伞菌目的霉菌等，其营养价值接近酵母蛋白，但没有酵母蛋白口感好，大规模生产受到限制。

(2) 细菌　用于生产 SCP 的细菌较多，常见的有甲烷极毛杆菌属、氢极毛杆菌属、芽孢杆菌属以及放线菌属中的分枝杆菌、诺卡氏菌、小球菌等非病原性细菌和光合细菌、氢细菌。目前生产细菌蛋白的菌种主要以光合细菌和氢细菌为主，包括红螺细菌、绿硫细菌、着色细菌和自养产碱杆菌。光合细菌是一类于厌氧条件下进行光合作用并且不产生氧的特殊生理类群的细菌总称。光合细菌营养丰富，含有 60%以上的蛋白质、多种维生素和生物活性物质，以及促生长因子等。

(3) 微藻　微藻是一类分布最广、蛋白质含量很高的微量光合水生生物。它繁殖快，光能利用率高，主要有小球藻属、栅列藻属和螺旋藻属等。小球藻为绿藻门自养型单细胞藻类，是第一种人工培养的微藻；小球藻富含蛋白质、脂质、多糖、食用纤维、维生素、微量元素和活性代谢产物。目前，全世界开发研究、利用最多的是螺旋藻。螺旋藻的生长条件与小球藻基本相同，喜生长于含氮量高、有机物多的碱性水中；在温度较高地区的小型浅水湖中，夏秋季节生长旺盛。

3. 生产单细胞蛋白的原料

（1）石油及其产品类　近年大规模生产 SCP 多数以石油及其产品为原料。利用石蜡、正烷烃、甲烷、甲醇、乙醇等作为原料来繁殖酵母菌和单胞菌，经干燥制成菌体蛋白，称为石油蛋白或烃蛋白，其蛋白质含量达 45%～60%。

（2）工厂废液　在酿酒、淀粉、味精、柠檬酸、造纸、油脂等工业生产过程中，产生大量废液，将其收集起来接种白地霉、胶质红色假单胞菌，可生产 SCP。

（3）食品厂废渣　食品厂废渣广泛、种类很多。如薯类淀粉厂的木薯渣、甘蔗渣、废糖蜜、甜菜渣，酒厂酒渣、水果加工厂果渣等，若不加以妥善处理，则可能会造成环境污染。选育木霉和青霉等能利用纤维素的菌种，对食品废渣进行适当预处理，以破坏其纤维结构便于酶解。假丝酵母、球拟酵母和汉逊酵母被广泛应用于食品废渣生产 SCP。

（4）植物纤维素类物质　随着草腐类食用菌的广泛栽培，利用麦秸、玉米秸、玉米芯、花生茎、米糠、木屑等做培养基栽培食用菌，经过菌化作用，长出的菌菇供人类食用，残余物经加工粉碎可制作菌糠类饲料。

（5）光合细菌和微藻类　主要指一些能进行光合作用的自养微生物，进行化能自养型生长。可用于生产蛋白含量极高的 SCP，作为人畜直接或间接的食物。

4. 单细胞蛋白的特点

SCP 营养丰富，一般 SCP 蛋白质含量为 40%～80%，其中酵母类 45%～55%，霉菌类 30%～50%，细菌高达 69%～80%，藻类 60%～70%；富含畜禽生长发育所必需的氨基酸；生物效价高，在畜禽体内经水解后，转化为多肽和氨基，吸收率可达 90%左右；含有丰富的生理活性物质，不但适用于饲料行业，还可用于人类食品、制药、饮料和发酵工业；含有一定量的活性细胞和生理活性物质，在动物体内起到净化肠道的作用。此外，SCP 生产原料广泛，可以就近取材；生产周期短、生产效率高；使用设备简单，占地面积小。特别对于缓解世界面临食物短缺、环境污染和能源缺乏等问题显得尤为重要。SCP 作为饲料蛋白，已被世界广泛应用，但也存在一些不足。主要表现在以下几方面。

① 核酸含量过高，尤其是 RNA 的含量高。易引起痛风或风湿性关节炎症，也可导致尿结石形成及代谢失衡。所以应限制 SCP 在日粮中的用量，使其不超过蛋白补给量的 15%。

② 某些 SCP 还可能对动物具有毒性作用，尤其是细菌蛋白和在培养基中含有石油衍生物时。因此要慎重地选择生产 SCP 的微生物基质。

③ 含 SCP 的饲料，其消化率比常规蛋白质低 10%～15%，这是因为 SCP 中含有毒菌肽，能与饲料蛋白质结合，阻碍蛋白质的消化。同时，SCP 中还含有一些不能被消化的物质，如甘露聚糖，对饲料干物质的消化起副作用。

④ 喂食 SCP 也可造成氨基酸供应不平衡的弊端。可以在加工 SCP 过程中添加适量的蛋氨酸和精氨酸，使氨基酸的比例趋于合理。

第二节　微生物与畜产品

一、乳及乳制品中的微生物

乳与乳制品是一类营养丰富的食品，是各种微生物极好的天然培养基。微生物在代谢过程中产生各种代谢产物，可以引起乳与乳制品变质或食物中毒。

1. 鲜乳中微生物的来源

鲜乳中的微生物主要来源于乳畜自身、外界环境和工作人员。

（1）乳房　乳腺组织内无菌或含有很少细菌，乳房内的细菌主要存在于乳头管及其分枝。细菌常常污染乳头开口部并蔓延至乳腺管及乳池下部，因此，在最先挤出的少量乳液中，会含有较多的细菌。正常情况下，随着挤乳的进行，乳中细菌数会显著下降。所以在挤乳时最初挤出的乳应单独存放，另行处理。正常存在于乳房中的微生物，主要是一些无害的球菌，其数量和种类并不多。只有在管理不良、污染严重或当乳房呈现病理状态时，乳中的细菌含量及种类才会大大增加，甚至有病原菌存在。

（2）乳畜体表　乳畜体表及乳房上常附着粪便、草屑及灰尘等。挤乳时不注意操作卫生，这些带有大量微生物的附着物就会落入乳中，造成严重污染。这些污染菌中，多数为芽孢杆菌和大肠杆菌。

（3）空气　畜舍内的空气，尤其是含灰尘较大的空气中含有很多的细菌，其中多数为芽孢杆菌及球菌，此外也含有大量的霉菌孢子。挤乳及收乳过程中，空气中的尘埃落入乳中即可造成污染。

（4）容器和用具　挤乳时所使用的容器及用具，如乳桶、挤乳机、滤乳布和毛巾等，如不事先进行清洗杀菌，则可通过这些用具使鲜乳受到污染。特别在夏秋季节，当容器及用具洗刷不彻底、消毒不严格时，微生物便在其中生长繁殖，这些细菌又多属耐热性球菌（约占70%）和杆菌，一旦对乳造成污染，即使高温瞬间灭菌也难以彻底杀灭。

（5）饲料及褥草　挤乳前饲喂干草时，附着在干草上的细菌随同灰尘、草屑等飞散在厩舍的空气中，既污染了牛体，又污染了所有用具；或在挤乳时直接落入乳桶，造成乳的污染。此外，往厩舍内搬入褥草时，特别是灰尘多的碎褥草，舍内空气可被大量的细菌所污染，成为乳被细菌污染的来源。

（6）工作人员　操作工人的手和服装常成为乳被细菌污染的来源。挤乳人员如不注意个人卫生，不严格执行卫生操作制度，挤乳时就可直接污染乳汁。如果工作人员患有某些传染病或是带菌（毒）者，则更危险。

2. 鲜乳中的微生物类群

鲜乳中污染的微生物有细菌、酵母和霉菌等多种类群。但最常见且活动占优势的微生物，主要是一些细菌。

（1）乳酸菌　一类能使碳水化合物分解而产生乳酸的细菌，主要包括乳酸杆菌和链球菌两类，约占鲜乳内微生物总数的80%。较为常见和重要的链球菌类有乳酸链球菌、乳酪链球菌、粪链球菌、嗜热链球菌、液化链球菌。较常见的和重要的乳酸杆菌类有嗜酸乳杆菌、保加亚利乳杆菌、干酪乳杆菌、短乳杆菌、发酵乳杆菌、乳酸乳杆菌等。

（2）胨化细菌　使不溶解状态的蛋白质变成溶解状态的简单蛋白质的一类细菌。常见的有芽孢杆菌属中的细菌，如枯草杆菌、地衣芽孢杆菌、蜡状芽孢杆菌等；假单胞菌属中的细菌，如荧光假单胞菌和腐败单胞菌等。

（3）脂肪分解菌　主要是革兰阴性杆菌，其中具有较强分解脂肪能力的细菌是假单胞菌属和无色杆菌属等。

（4）酪酸菌　一类使碳水化合物分解而产生酪酸、二氧化碳、氢气的细菌。已知的酪酸菌种有二十余种，有的属厌氧菌，有的属需氧菌；如牛乳中出现的魏氏杆菌就属此种。

（5）产生气体菌　是一类能分解碳水化合物而产酸和产气的细菌，如大肠杆菌和产气肠细菌。

（6）产碱菌　有些细菌能使牛乳中所含的有机盐如柠檬酸盐分解而形成碳酸盐，从而使牛乳变成碱性。如粪产碱杆菌、稠乳产碱杆菌。

（7）病原细菌　鲜乳中除有可能存在能引起牛乳房炎的病原菌外，有时还出现人畜共有的病原菌，如布氏杆菌、结核杆菌、病原性大肠杆菌、沙门菌、金黄色葡萄球菌和溶血链球菌等。

（8）真菌　常见的酵母菌主要有脆壁酵母、洪氏球拟酵母、高加索乳酒球拟酵母、球拟酵母等；常见的霉菌有乳粉孢霉、乳酪粉孢霉、黑念珠霉、变异念珠霉、腊叶芽枝霉、乳酪青霉、灰绿青霉、灰绿曲霉和黑曲霉等。青霉属和毛霉属等较少发现。

3. 鲜乳室温贮藏中微生物的变化

鲜乳在消毒前都有一定数量、不同种类的微生物存在，如果放置在室温10～21℃下，微生物的生长过程可分为以下5个时期。

（1）抑制期　鲜乳中含有多种抗菌性物质，具有杀灭或抑制乳中微生物的作用。在这期间，乳液含菌数不会增高，但持续时间与抗菌物质含量、环境温度、乳液最初含菌数有关。含菌少的鲜乳，13～14℃可持续36h。

（2）乳链球菌期　鲜乳中的抗菌物质减少或消失后，存在于乳中的微生物即迅速繁殖。这些细菌主要是乳链球菌、乳酸杆菌、大肠杆菌和一些蛋白质分解菌等，其中尤以乳链球菌生长繁殖特别旺盛，使乳液的酸度不断升高，抑制了其他腐败细菌的活动。当酸度升高至一定限度时，一般达pH4.5时，乳链球菌本身就会受到抑制，不再继续繁殖，并且相反地会逐渐减少，这时期就会有乳液凝块出现。

（3）乳酸杆菌期　由于乳酸链球菌在乳液中繁殖，随着乳液pH值下降，乳酸杆菌的活动力逐渐增强。当pH值继续下降至4.5以下时，乳酸杆菌尚能继续繁殖并产酸。在这阶段，乳液中可出现大量乳凝块，并有大量乳清析出。

（4）真菌期　当酸度继续升高至pH3～3.5时，绝大多数微生物被抑制甚至死亡，仅酵母和霉菌尚能适应高酸性的环境，并能利用乳酸及其他一些有机酸。由于酸被利用，乳液的酸度就会逐渐降低，使乳液的pH值不断上升接近中性。

（5）胨化菌期　经过上述几个阶段的微生物活动后，乳液中的乳糖含量已大量被消耗，残余量已很少，在乳中仅是蛋白质和脂肪尚有较多的量存在。因此，适宜于分解蛋白质的细菌和能分解脂肪的细菌能在其中生长繁殖，出现乳凝块被消化即液化，乳液的pH逐步提高，向碱性转化，并有腐败臭味产生的现象。这时的腐败菌大部分属于芽孢杆菌属、假单胞菌属以及变形杆菌属中的一些细菌。

4. 鲜乳在冷藏中微生物的变化

未消毒鲜乳在冷藏保存的条件下，一般的嗜温微生物增殖被抑制，而低温微生物能够增殖，但生长速度缓慢。低温中，鲜乳中较为多见的细菌有假单胞菌、醋酸杆菌、产碱杆菌、无色杆菌、黄杆菌属等，还有一部分乳酸菌、微球菌、酵母菌和霉菌等。多数假单胞菌属中的细菌，在低温时活性非常强并具有耐热性，即使在加热消毒后的牛乳中，残留脂肪酶还有活性，使乳脂肪分解。

5. 乳制品中的微生物

乳除供鲜食外，还可利用微生物的有益作用制成多种制品，乳制品不但具有较长的保存期和便于运输等优点，而且也丰富了人们的生活。

（1）奶粉中的微生物　奶粉是由全脂乳液或脱脂乳液经过消毒、浓缩、喷雾干燥而制成的粉状制品。在奶粉制造过程中，绝大部分微生物被清除或杀死，且奶粉含水量较低，一般为2%～3%左右，不利于微生物存活，故经密封包装后细菌不会繁殖。如果原料乳污染严重，则会成为奶粉中含菌量高的主要原因；此外，加工不规范、容器及包装材料清洁不彻底等可造成第二次污染。奶粉中污染的细菌主要有耐热的芽孢杆菌、微球菌、链球菌、棒状杆菌等；甚至会有病原菌出现，最常见的是沙门菌和金黄色葡萄球菌。

（2）酸乳制品中的微生物　酸乳制品是鲜乳制品经过乳酸菌类发酵而制成的产品，其中含有大量的乳酸菌、活性乳酸及其他营养成分。普通酸乳一般用保加利亚乳杆菌和嗜热链球菌作为发酵剂而制成，这两种乳酸菌在乳中生长时保持共生关系。普通酸乳中含有大约1%的乳酸，不适于病原菌的生存。乳酸菌还能产生抗菌物质，起到净化酸乳的作用。如果鲜乳在加热前受到葡萄球菌污染，可在乳中生长繁殖并产生毒素，在制作酸奶加热消毒过程中，葡萄球菌被杀死，而毒素则留在乳中，从而会引起食物中毒。嗜酸菌乳是利用嗜酸乳杆菌发酵而制成的乳制品。嗜酸乳杆菌可在人和动物的胃肠道内定居，并能产生嗜酸菌素等多种抗菌物质，抑制有害菌类，维持肠道内微生物区系的平衡。

(3) 炼乳中的微生物　由于淡炼乳水分含量已减少，装罐后经过115～117℃、15min高温灭菌或超高温灭菌后，可使制品不含有病原菌和引起变质的杂菌。但如果由于加热灭菌不充分，有抗热力大的细菌残留；或装罐不密封，被外界微生物污染，会造成淡炼乳发生变质。如污染枯草杆菌、嗜热乳芽孢杆菌、蜡状芽孢杆菌、单纯芽孢杆菌、巨大芽孢杆菌等，会出现凝乳；耐热性的厌氧芽孢菌可引起产气乳；刺鼻芽孢杆菌和面包芽孢杆菌等引起苦味乳。

甜炼乳是借乳液中高浓度糖分形成的高渗环境来防止微生物的生长，装罐后不再进行灭菌。但有时原料乳污染严重，或加工过程中的再污染，特别是加入含有较多微生物的蔗糖，以致装罐后的甜炼乳发生变质。炼乳球拟酵母、球拟酵母等可在甜炼乳中繁殖而产生气体，使罐头膨胀。葡萄球菌、枯草芽孢杆菌和马铃薯芽孢杆菌等细菌，可引起甜炼乳变稠。在原料乳中污染了较多的细菌后，即使细菌已死亡，但酶的凝乳作用并不消失，因此仍会出现变稠现象。葡萄曲霉和芽枝霉等霉菌可使甜炼乳罐头在贮存中发霉。

(4) 干酪中的微生物　干酪是在乳酸菌作用下，使原料乳经过发酵、凝乳、乳清分离、压榨成型、盐渍与成熟等过程而制成的一种固体乳制品。由于原料乳品质不良、消毒不彻底或加工方法不当，往往会使干酪污染各种微生物而引起变质。大肠杆菌类等有害微生物可使干酪膨胀。腐败菌类使干酪表面湿润发黏，甚至整块干酪变成黏液状，并有腐败气味。苦味酵母、液化链球菌、乳房链球菌等微生物强力分解蛋白质后，使干酪产生不快的苦味。污染霉菌会引起发霉。干酪的食物中毒以葡萄球菌污染引起的较多见，其次是病原性大肠杆菌，沙门菌再次之。

二、肉及肉制品中的微生物

1. 鲜肉中微生物的来源

健康动物的胴体，尤其是深部组织，是无微生物存在的，但从解体分割到消费要经过许多环节，组织中经常会有不同数量的微生物存在。鲜肉中微生物的来源与许多因素有关，如动物生前的饲养管理条件、机体健康状况及屠宰加工的环境条件、操作程序等。

(1) 宰前微生物的污染　健康动物的体表及与外界相通的腔道、某些部位的淋巴结内都不同程度地存在着微生物，尤其是消化道内的微生物类群更多。通常情况下，这些微生物不侵入肌肉等机体组织中；只有在动物机体抵抗力下降的情况下，某些病原性或条件性致病微生物可进入淋巴液、血液，并侵入到肌肉组织或实质脏器。有些微生物也可经体表的创伤、感染而侵入深层组织。此外，动物感染病原微生物时，在它们的组织内部也可以有相应的病原微生物存在。

(2) 屠宰过程中微生物的污染　宰杀时，在放血、脱毛、剥皮、去内脏、分割等过程中，存在于动物被毛、皮肤、消化道、呼吸道、泌尿生殖道中的微生物，以及屠宰加工场所的卫生状况等，均会造成鲜肉的污染。因此，宰前对动物进行淋浴，使用符合《中华人民共和国生活饮用水卫生标准》的水源，坚持正确操作及注意个人卫生，可减少微生物对鲜肉的污染。

2. 鲜肉中常见的微生物类群

鲜肉中的微生物种类甚多，包括细菌、病毒、真菌等，可分为致腐性微生物、致病性微生物及食物中毒性微生物三类。

(1) 致腐性微生物　主要有细菌和真菌。细菌是造成鲜肉腐败的主要微生物，主要包括假单胞菌属、无色杆菌属、产碱杆菌属、小球菌属、链球菌属、黄杆菌属、八叠球菌属、明串珠菌属、变形杆菌属、埃希杆菌属、芽孢杆菌属、梭状芽孢杆菌属等。真菌在鲜肉中不仅没有细菌数量多，而且分解蛋白质的能力也较细菌弱，生长较慢，在鲜肉变质中只起一定作用；常见的有假丝酵母菌属、丝孢酵母属、芽枝霉属、卵孢霉属、枝霉属、毛霉属、根霉属、青霉属、曲霉属、交链孢霉属、念珠霉属等，而以毛霉及青霉为最多。

(2) 致病性微生物　有人畜共患病微生物和只感染动物的微生物两类。前者常见的有炭疽杆菌、布氏杆菌、李氏杆菌、鼻疽杆菌、土拉杆菌、结核分枝杆菌、猪丹毒杆菌、口蹄疫病毒、狂犬病病毒、水泡性口炎病毒、鸡新城疫病毒、流感病毒等。后者常见的有多杀性巴氏杆菌、坏死杆菌、猪瘟病毒、兔病毒性出血症病毒、鸡传染性支气管炎病毒、鸡传染性法氏囊病毒、鸡马立克病毒、鸭瘟病毒等。

(3) 中毒性微生物　有些致病性微生物或条件性致病微生物，污染后产生大量毒素，从而引起食物中毒。常见的细菌有沙门菌、志贺菌、致病性大肠杆菌、变形杆菌、蜡样芽孢杆菌、链球菌、空肠弯曲菌、小肠结肠炎耶尔森菌等。常见的真菌有麦角菌、赤霉、黄曲霉、黄绿青霉、毛青霉、冰岛青霉等。

3. 冷藏肉中微生物的来源及类群

冷藏肉的微生物来源，以外源性污染为主，如屠宰、加工、贮藏及销售过程中的污染。肉类在低温下贮存，能抑制或减弱大部分微生物的生长繁殖。嗜冷性细菌，尤其是霉菌常可引起冷藏肉的污染与变质。冷藏肉类中常见的嗜冷细菌有假单胞杆菌、莫拉菌，不动杆菌、乳杆菌及肠杆菌科的某些菌属，尤其以假单胞菌最为常见。常见的真菌有球拟酵母、隐球酵母、红酵母、假丝酵母、毛霉、根霉、枝孢霉、青霉等。

4. 肉制品中的微生物来源及类群

肉制品的种类很多，一般包括熟肉制品、灌肠制品和腌腊制品。由于加工原料、制作工艺、贮存方法各有差异，因此各种肉制品中的微生物来源与种类也有较大区别。

(1) 熟肉制品中的微生物来源及类群　加工时，加热不完全，一些耐热的细菌或细菌的芽孢及某些霉菌仍然会存活下来。熟肉制品的微生物一般是加热后污染的，包括微球菌、棒状杆菌和库特菌。引起变质的微生物主要是真菌，特别是霉菌。较为常见的根霉、青霉和酵母。熟肉制品造成食物中毒主要是由金黄色葡萄球菌引起的。此外，污染鼠伤寒沙门菌或变形杆菌等后，亦可引起食物中毒。

(2) 灌肠制品中的微生物来源及类群　此类肉制品原料较多，由于各种原料的产地、贮藏条件及产品质量不同，以及加工工艺的差别，对成品中微生物的污染都会产生一定的影响。此外，绞肉的加工设备、操作工艺、原料肉的新鲜度以及绞肉的贮存条件和时间等，都对灌肠制品产生重要影响。常见的有耐热性链球菌、革兰阴性杆菌及蜡样芽孢杆菌属、梭菌属的某些菌类、某些酵母菌及霉菌。这些菌类可引起灌肠制品变色、发霉或腐败变质。

(3) 腌腊肉制品中微生物的来源及类群　主要来源于原料肉和腌制液的污染。此外，腌腊制品的生产工艺、环境卫生状况及工作人员的素质，对这类肉制品的污染都具有重要作用。腌腊制品中多以耐盐或嗜盐的菌类为主，弧菌是极常见的细菌，也可见到微球菌、异型发酵乳杆菌、明串珠菌等。一些腌腊制品中可见到沙门菌、致病性大肠杆菌、副溶血性弧菌等致病性细菌。一些酵母菌和霉菌也是引起腌腊制品发生腐败、霉变的常见菌类。

三、蛋及蛋制品中的微生物

1. 鲜蛋中微生物的来源

健康禽类所生的鲜蛋内部一般是无菌的，蛋由禽体排出后的蛋壳表面有一层胶状物质，蛋壳内层有一层薄膜，再加上蛋壳的结构，具有防止水分蒸发、阻碍外界微生物侵入的作用。其次，在蛋壳膜和蛋白中存在一定的溶菌酶，也可以杀灭侵入壳内的微生物。故正常情况下鲜蛋可保存较长的时间而不发生变质。但在鲜蛋中经常可以发现有微生物存在，即使刚产下的鲜蛋中，也有带菌现象。

(1) 产前污染　禽类感染沙门菌等蛋传染性病原微生物后，卵巢及输卵管中往往有病原微生物侵入，当卵黄在卵巢内形成时可被污染。

(2) 产道污染　在形成蛋壳之前，泄殖腔内的细菌上行污染至输卵管，从而导致蛋的污染。当蛋从泄殖腔排出时，由于在外界空气的自然冷却的条件下引起蛋内容物收缩，空气中的微生物也可通过蛋壳上小孔而进入蛋内。

(3) 产后污染　蛋产下后，蛋壳立即受到禽类、空气等环境中微生物的污染。特别是贮存期长或经过洗涤的蛋，污染的微生物就会透过气孔进入蛋内，当保存的温度和湿度过高时，侵入的微生物就会大量生长繁殖，结果造成蛋的腐败。蛋壳表面易受沙门菌的污染，尤其是水禽蛋感染率较高，不得用作糕点原料。此外，蛋因搬运、贮藏受到机械损伤，蛋壳破裂，极易受微生物污染，发生变质。

2. 鲜蛋中微生物的类群

以大肠菌群、假单孢菌属、产碱杆菌属、变形杆菌属、青霉属、枝孢属、毛霉属、枝霉属等较为常见。另外，蛋中也可能存在病原微生物，如沙门菌、金黄色葡萄球菌、变形杆菌、禽白血病病毒、鸡新城疫病毒、禽传染性支气管炎病毒、禽呼肠孤病毒等。

3. 蛋制品中微生物来源及类群

蛋制品可分为两大类，一类是去壳的液蛋、冰蛋、蛋粉、蛋白片等；另一类是鲜蛋加入盐、碱、糟、卤等辅料加工而成的腌制品，主要包括变蛋、咸蛋、糟蛋、卤蛋等。液蛋中的微生物主要来自蛋壳、变质蛋及打蛋工具等，其类群主要有微球菌、葡萄球菌、芽孢杆菌和少数革兰阴性菌。液蛋杀菌的主要目标是沙门菌。冰蛋融化不适当，细菌数量会迅速增加。蛋粉、蛋白片加工过程中多数细菌被杀死，其中主要的细菌有肠球菌和形成芽孢的杆菌。沙门菌是这类制品的主要微生物问题。腌制品中的微生物主要来自原料蛋、变质蛋及腌制液等。

第三节　微生态制剂

一、微生态制剂的概念

微生态制剂是在微生态理论指导下，采用已知有益微生物，经特殊工艺加工成的含活菌或其代谢产物的活菌制剂。在美国称为直接饲用微生物（DFMs），欧盟委员会将其称为微生物制剂。微生态制剂的英文名“probiotics”，来源于古希腊语，意为“for life”（有益于生命），我国也有人译为“益生素”、“活菌制剂”或“生菌剂”，但多数人仍称之为“微生态制剂”。微生态制剂可直接饲喂动物，并能有效促进动物体调节肠道微生态平衡，具有无副作用、无残留、无污染以及不产生抗药性等特点。目前，微生态制剂已被公认为是有希望取代抗生素的饲料添加剂。

二、微生态制剂的种类及生产菌种

1. 微生态制剂的种类

根据不同的分类依据可有不同的划分方法，但常根据微生态制剂的物质组成划分为益生素、益生元、合生元三类。

（1）益生素　指改善宿主微生态平衡而发挥有益作用，达到提高宿主健康水平和健康状态的活菌制剂及其代谢产物。

（2）益生元　又称化学益生素，是一种不能被宿主消化吸收，也不能被肠道有害菌利用，只能被有益微生物选择性吸收利用或能促进有益菌的活性的一类化学物质。能选择性促进肠内有益菌群的活性或生长繁殖，起到增进宿主健康和促进生长的作用。最早发现的益生元是双歧因子，后来又发现多种不能被消化的功能性寡糖，如果寡糖（FOS）、低聚木糖（XOS）、甘露寡糖（MOS）、乳寡糖（GAS）、寡葡萄糖（COS）、半乳寡糖（TOC）和寡乳糖（CAS）等。

（3）合生元　又称为合生素，是指益生菌和益生元按一定比例结合的生物制剂，或再加入维生素、微量元素等。其既可发挥益生菌的生理性细菌活性，又可选择性地增加这种菌的数量，使益生作用更显著、持久。

2. 生产菌种

用于微生态制剂生产的菌种，首先应该是GRAS菌（公认的安全菌，generally recognized as safe），如乳杆菌、某些双歧杆菌和肠球菌。只要有任何安全性疑问，在用作生产用菌种前，就有必要做短期的或长期的毒理学试验。

国外使用微生态制剂的历史悠久，如日本已形成了使用双歧杆菌制剂的传统。美国食品与药物管理局审批的、可在饲料中安全使用的菌种包括：黑曲霉、米曲霉、4种芽孢杆菌、4种拟杆菌、5种链球菌、6种双歧杆菌、12种乳杆菌、2种小球菌以及肠系膜明串珠菌和酵母菌等。英国除了使用以上菌种外，还应用伪长双歧杆菌，尿链球菌（我国称为屎链球菌）、枯草杆菌 Toyoi变异株等。

2003年我国农业部公布了可直接用于生产动物饲料添加剂菌种15个，包括干酪乳杆菌、植物乳杆菌、嗜酸乳杆菌、两歧双歧杆菌、粪肠球菌、屎肠球菌、乳酸肠球菌、枯草芽孢杆菌、地衣芽孢杆菌、乳酸片球菌、戊糖片球菌、乳酸乳杆菌、啤酒酵母、产朊假丝酵母和沼泽红假单胞菌。

三、微生态制剂的作用

1. 拮抗病菌并维持肠道微生态平衡

在正常情况下，动物肠道微生物种群及其数量处于一个动态的微生态平衡状态。当机体受到某些应激因素的影响，这种平衡可能被破坏，导致体内菌群比例失调，需氧菌如大肠杆菌增加，并使蛋白质分解产生胺、氨等有害物质，动物表现下痢等病理状态，生产性能下降。在动物饲料中添加微生态制剂不仅可以保持微生态环境的相对稳定，而且可以有效地抑制病原体附集到胃肠道黏膜上，起到屏蔽作用，阻止致病菌的定植与入侵，以保护动物体不受感染。

2. 产生多种酶类

益生素在动物体内还能产生各种消化酶，能提高饲料转化率。如芽孢杆菌有很强的蛋白酶、脂肪酶、淀粉酶活性，还能降解植物性饲料中较复杂的碳水化合物。乳酸菌能合成多种维生素供动物吸收，并产生有机酸加强肠蠕动，促进吸收。某些酵母菌有富集微量元素的作用，使之由无机态形式变成动物易消化的有机态形式。益生素能够维持动物小肠绒毛的结构并加强其功能，从而促进营养物质的吸收利用。

3. 营养和促生长作用

益生素在动物肠道内生长繁殖，能产生多种营养物质如维生素、氨基酸、促生长因子等，参与机体的新陈代谢。此外，一些益生素还产生一些重要的营养因子，从而促进矿物质元素利用，减少应激反应。

4. 增强机体免疫功能

益生素能提高抗体的数量和巨噬细胞的活力。乳酸菌可诱导机体产生干扰素、白细胞介素等细胞因子，通过淋巴循环活化全身的免疫防御系统，提高机体抑制癌细胞增殖的能力。霉菌分泌的一些代谢产物，可以增强机体免疫力。双歧杆菌细胞壁中的完整肽聚糖可使小鼠腹腔巨噬细胞中 IL-1、IL-6 等细胞因子的 mRNA 的表达增多，从而在调节机体免疫应答反应中起作用。

5. 提高反刍动物对纤维素的消化率

益生素尤其是酵母和霉菌，具有促进瘤胃微生物繁殖和活性的能力，稳定瘤胃内环境，促进瘤胃菌体蛋白质合成，改变十二指肠内氨基酸构成比，促进厌氧菌特别是乳酸菌生长繁殖，进一步提高瘤胃中纤维素成分的早期消化，可使纤维素成分消化速度加快，加强对瘤胃内氮的利用和蛋白质的合成，提高磷的消化利用率。

四、微生态制剂使用注意事项

1. 选用合适的菌株

理想的微生态制剂应对人畜无毒害作用，能耐受强酸和胆汁环境，有较高的生产性能，体内外易于繁殖，室温下有较高的稳定性，对所用动物应该是特异性的。

2. 考虑用药程序

要考虑到饲料中应用的抗生素种类、浓度对微生态制剂效果的影响。使用微生态制剂的前后应停止使用抗生素，以免降低效果或失效。

3. 正确使用

确保已经加入饲料或饮水中的制剂充分混匀，并有足够的活菌量。微生态制剂是活菌制剂，应保存于阴凉避光处，以确保微生物的活性。贮存时间不宜过长，以防失效。

【复习思考题】

1. 解释名词：青贮饲料　单细胞蛋白　微生态制剂
2. 简述青贮饲料中的微生物种类及其作用。
3. 简述单细胞蛋白的特点。
4. 简述鲜乳中微生物的来源及预防措施。
5. 简述鲜肉中微生物的来源及危害。
6. 简述预防鲜蛋变质的措施。
7. 简述微生态制剂的作用。

（王　涛　张素丽）

附录　微生物及免疫学实验室的注意事项

在进行微生物学及免疫学实验时，可能接触肉眼看不见的病原微生物，如不慎则可造成实验室污染和实验人员的感染，甚至会向外散播病原。因此，实验者必须严格遵守实验室规则，认真进行操作，防止发生意外事故。

第一，实验前要认真预习实验步骤，明确教学目标和内容。

第二，进入实验室的实验人员必须穿工作服，如沾有可传染的材料，应脱下用消毒药浸泡过夜或高压蒸汽灭菌后洗涤。

第三，在实验中要保持安静，认真操作，仔细观察，对实验结果做详细记录，并认真填写实验报告。

第四，实验室内禁止饮食及用嘴湿润标签等物。

第五，要牢固树立无菌操作观念，用过的培养物、病料、实验动物及器材均须放入指定的消毒容器内消毒灭菌，不准随意乱放或用水冲洗。

第六，实验中一旦发生意外，如划破皮肤、细菌或病料污染了实验台或地面等，应立即报告老师，不可自己随意处理。

第七，注意安全，一切易燃品应远离火源，酒精灯、电炉等用完应立即熄灭。

第八，爱护公物，使用显微镜等各种仪器时，要按规程操作及保养，避免不必要的损耗及损坏。

第九，节约水电和实验用品。

第十，实验完毕，整理桌面、洗手消毒后方可离开实验室。

参 考 文 献

[1] 陆承平. 兽医微生物学. 第4版. 北京：中国农业出版社，2007.
[2] 王珅，乐涛. 动物微生物. 北京：中国农业大学出版社，2007.
[3] 刘莉，金璐娟. 动物微生物及免疫. 哈尔滨：黑龙江科学技术出版社，2004.
[4] 杨汉春. 动物免疫学. 第2版. 北京：中国农业大学出版社，2003.
[5] 黄青云. 畜牧微生物学. 第4版. 北京：中国农业出版社，2003.
[6] 姚火春. 兽医微生物学实验指导. 第2版. 北京：中国农业出版社，2002.
[7] 白文彬，于康震. 动物传染病诊断学. 北京：中国农业出版社，2002.
[8] 蔡宝祥. 家畜传染病学. 第4版. 北京：中国农业出版社，2001.
[9] 杜念兴. 兽医免疫学. 第2版. 北京：中国农业出版社，2000.
[10] 王世若，王兴龙，韩文瑜. 现代动物免疫学. 第2版. 长春：吉林科学技术出版社，2001.
[11] 任家琰，马海利. 动物病原微生物学. 北京：中国农业科技出版社，2001.
[12] 李舫. 动物微生物及检验. 北京：中国农业出版社，2001.
[13] 葛兆宏. 动物微生物. 北京：中国农业出版社，2001.
[14] 余伯良. 发酵饲料生产与应用新技术. 北京：中国农业出版社，2000.
[15] 王明俊. 兽医生物制品学. 北京：中国农业出版社，1997.
[16] 殷震，刘景华. 动物病毒学. 北京：科学出版社，1985.
[17] 中国农业科学院哈尔滨兽医研究所. 动物传染病. 北京：中国农业出版社，2008.
[18] 欧阳素贞，曹晶. 动物微生物与免疫. 北京：化学工业出版社，2009.